设计的理性思维丛书

纺织品在室内设计中的应用

textile for interiors

[美]托马斯·查尔斯 著

Thomas Charles

中国纺织出版社有限公司

内 容 提 要

本书系统地介绍了家用纺织品在室内（包括商业、公共空间和住宅空间）设计中的应用方法，国家及国际先进的产业标准和设计标准，行业的应用习惯和模式；详细介绍了纤维的基本知识，面料织造技术及特征，纺织品的常用品类、原料、产地、优缺点和生产规格，国内外的相关产品制造标准，各种纺织品在家具、窗帘、墙饰、地毯、床品等领域的应用技术、方法及维护，为纺织品在建筑与室内设计和工业化产品设计中的应用提供了有效的理论和技术依据。

本书适合高等院校环境艺术设计、建筑与室内设计、家居产品设计、工业产品设计、纺织品设计和特种工业等专业的学生和行业内的设计工作者阅读、学习和参考。

著作权合同登记号：图字：01-2023-3293

图书在版编目（CIP）数据

纺织品在室内设计中的应用 / （美）托马斯·查尔斯（Thomas Charles）著. -- 北京：中国纺织出版社有限公司，2023.8
（设计的理性思维丛书）
ISBN 978-7-5229-0717-8

Ⅰ.①纺… Ⅱ.①托… Ⅲ.①纺织品－应用－室内装饰设计－研究 Ⅳ.①TS105.1②TU238.2

中国国家版本馆CIP数据核字（2023）第115807号

责任编辑：孔会云　　责任校对：高　涵　　责任印制：王艳丽

中国纺织出版社有限公司出版发行
地址：北京市朝阳区百子湾东里 A407 号楼　邮政编码：100124
销售电话：010—67004422　传真：010—87155801
http://www.c-textilep.com
中国纺织出版社天猫旗舰店
官方微博 http://weibo.com/2119887771
北京华联印刷有限公司印刷　各地新华书店经销
2023 年 8 月第 1 版第 1 次印刷
开本：889×1194　1/16　印张：24.5
字数：337 千字　定价：398.00 元

序一：为了安全与信任的设计

美国工业设计工作者托马斯·查尔斯（Thomas Charles）的中文名字叫朝阳。我相信，五年前在中国的设计圈子里，这个名字通常还只被认为是北京的一处地名，但是今天，已有不少同行将它与一位总是将笑意藏在胡子后面的美国设计工作者联系在一起。

朝阳（托马斯·查尔斯）能在不太长的时间里让自己的专业形象在我国同行中获得认可，缘于他将大洋彼岸的设计知识和实践经验与各年龄段、各种专业背景的学生分享。他的课堂内容很新颖，互动性很强，并且往往击中工业产品和设计行业缺乏安全保障与信任机制的痛点，所以广受业界和高校学生的欢迎，他以丰富的市场实践为基础的设计认知和基于安全与信任理念的世界产业标准以及科技数据论证，获得了越来越多年轻设计师的认可。

本书所涉及的学科，应该是在学校的设计专业中呈现的，但实际却是由业界完成。在学校外逐步发展社会化的职业能力教育，是完备的专业教育体系所必需的，是与学校内以学科导向为主的基础知识教育互为补充的，是以实践导向为主的职业能力培养的重要组成部分，它可以是企业培训、个人教室，也可以是产业化的教育集团方式。目前，以这种方式存在的社会化职业教育正在世界各地蓬勃发展。

朝阳是一位专业的工业设计工作者，在美国有三十年的工业设计执业经历，有长期的纺织品设计经验和基于市场需求、消费反馈的专业见解，比如他对室内纺织品应用设计的调性与语言选择与国内的流行并不完全一致，但却具有进入欧美市场和中高端消费市场的穿透力，这是基于他多年产业经验的积累。他的作品可以进入对设计品质及工艺要求都极为苛刻的艺术消费圈，并形成自己的品牌号召力。这种被广大消费者接受的销售力，源自美国职业教育中大量以安全适用与舒适优雅为追求的技术标准和人文偏好习惯。美国是诞生第一代独立工业设计师的地方，某种意义上，作为一种"职业化"而非"学理化"的工业设计专业，始于这代设计人大量细致而艰辛的市场实践，从苛刻的市场对话、消费挑剔与文化偏好中反复磨合而成的设计品质，是这个职业圈中宝贵的核心价值。这个体系的物质载体，是百年设计实践中积累如山的样本、色卡、数值、标准，而非物质的载体则是游走于各种客服、比稿、辩证与评标之间得出的经验与判断。

正是看到了这一点，五年前初识朝阳时，我鼓励他将美国所学带到中国，以在现实中争取到的条件与认可程度为基础开始工作，以社会化的教育方式为平台，为国内院校设计教育补上这一"短板"。

从托马斯·查尔斯的设计经验中，至少可以收获三层价值：基于理化知识基础的专业设计经验，基于人性化设计前提的设计标准概念以及融理性方式于人性化标准之中的设计思维。所有这些，都是当今正在快速成长的中国工业设计及其教育内涵急缺、急需和急用的。

关于第一层"基于理化知识基础的专业设计经验"，指的是囿于高中教育的文理分科方式，设计专业的学生大部分不具备理化学科基础知识。如果说具体的学科知识通过后续的学习尚可有所改善的话，对于理化知识"不感兴趣"则是大部分设计专业学生缺乏理化基础的主要原因。而朝阳的课可以声情并茂、深入浅出地帮助学生进入相应的理化学习情景，通过生动的设计案例，帮助学生关注甚至热爱"物料""生产""应用"这些理化知识，这是一项极为重要的"补短板"工程，重要性自不待言。

关于"基于人性化设计前提的设计标准概念"，指的是目前正被越来越多同道引为共识的"设计标准"概念，以及正在逐步将其引入建设议事的"国家设计标准工程"。五年前，设计标准的概念远不像今天这样广为人知，被广泛认可。在当时的习惯概念中，听到"标准"二字，就会下意识地产生"标准难道不是对创造力的限制吗"这样的疑问。但是我始终认为，现代工业体系中的"标准"，是设计师提升创造力的基础平台，这个平台不但应该存在，而且必须随着设计专业水平的提升而不断提升，因为只有在这样的提升中才能为设计师带来真正广阔和自由的创造空间。比如工业产品设计中的安全与信任问题，从理论上说，只有真正奠定了产品生产与使用安全的标准，才能构成产品服务于人民生活的基础，否则就是安全隐患。人们容易将其理解为材料部门而非设计环节的责任，但事实上安全问题比想象的要复杂得多，就目前所掌握的材料知识而言，它不仅包含在人尽皆知的暴露性危险中，还隐藏于人类尚无法完全排除的一些技术中。在这一点上我与朝阳有着高度的共识，尽管他是研究产业标准的，并不专门研究设计标准，但是已经率先将国际同道关于"设计标准"的规范与经验应用到他的授课内容中，对此我是认同的。

最后，关于"融理性方式于人性化标准之中的设计思维"，是强调在推广基于"安全与信任"的设计价值时所必须秉持的理性思维方式，指的是设计思维中的逻辑性、规范性与科学性。必须强调的是，作为一种基准性的工作原则，没有人会对"理性"与"科学性"的要求提出质疑，真正的难度在实践过程、在原则与利益产生矛盾时、在理想目标与现实处境的边际价值之间。毫无疑问，这些问题的彻底解决在任何国家都不是一件易事，在今天提出，正逢其时。

我相信，目前没有一个人能够真正读懂和把握这部成果中所包含的全部信息，所以这是一项需要时间深化与集体辩证的巨大工程。好在凡事总需开头，尽管它可能并不完美，甚至并不全都是真理，却是一个好的出发点。因为一件与人们日常生活朝夕相伴的产品，在实现世界性、民族性、现代性等众多指标之前，先期解决"安全与信任"的问题，无论如何都不是多余的。作为专业建树的第一步，朝阳愿意将多年的时间夯实在这个基础性研究的命题上，我认为是有见地的，愿意为之呐喊助力。

与生命的混血方式不同，朝阳是在美国长大的华裔青年，属于文化的混血类型。中美两种伟大文明的理想性与复杂性，在他身上都有所体现，文化混血的内在冲突可能比生物混血常常面临更加深层的矛盾，也正因为如此，在多层价值面临冲突的同时，也可能产生更加深入与宏大的文化可塑性。

真诚地希望朝阳从这部著作开始，一步一步走好他置身于中美文化之间的工业设计之路，希望这也是一条闪耀着理性精神与感性亮点的专业成长之路。

中央美术学院研究生院原院长、教授、博士生导师

许平

2022年，记于望京景岭里

序二

　　人类创造过绚丽的文化，她作为多种传达信息的有序符号，承载着创造者所处时代的生存方式。历史已由我们的祖先完成了，然而对现在和未来的创造是我们当代的实践和梦想。

　　人的审美心理结构实际上是人类在创造物质文明的同时所创造出来的内在精神文明。因此，抽象的形式美法则的形成，即是人从掌握自然的形体和创造第二自然"造型"中的升华，它们在人脑中的积淀使人类往往忘却了形式法则的起因及媒介，只是简单地滥用一些符号、元素、纹饰或形式，走入形式主义的歧途。所谓均衡、节奏、韵律、和谐、对比等形式美是人类对自身以往历史的浓缩和抽象，而随着人类对自然认识与改造的能力和维度不断扩展和深化，新的文明、新的文化被升华，抽象成新的形式或符号。同时，形成美的规律不断开拓、发展，又指导人类创造更丰富的文化。这个永无止境的循环就是人类自古以来并延展到未来的设计活动。内容与形式的统一毫无疑问是共生的过程，也只有内容与形式的统一才能被沉淀下来成为"美"，其结果必然是传统与创新的共生、内容与形式的共生、科学与艺术的共生、自然与人的共生，历史与现在的共生……不同文化的共生、不同美学观的共生，在重叠、共生、综合、交融的基础上，组合成一个完整的、无限的系统，在矛盾中求统一。而其结晶体大大超过两者之和，这就是当代革命的哲学观与方法论，也是马克思主义辩证唯物主义与历史唯物主义在美学观上的体现。有意识地把异类组合在一起，使之产生多重含义的所谓"共生"，就是现在所称的"系统工程"，也就是共生美学的力量。"反常而合道"，正是这种革命美学观的写照。

　　材料革命、科技推动社会进步。科技的进步、材料的革命自然会带来社会的进步，可以给设计师提供更多的创新手段、更多的设计机会，从而解决更多的设计问题或社会问题。而从另一个角度看，设计师提出一个解决方案，目前的材料却无法满足，这反过来就给材料研发提出了一个课题和压力，科学家要攻关改良，去创造设计所需要的材料，那么新材料就出现了。所以新材料的研发分两种，一种是在正常的研究中诞生的，另一种是需求倒逼材料转型，产生新的材料。

　　新材料、新科技必然与设计互相推进。科技追求更高、更快、更强。设计是否一定要这样呢？采用高技术，通常"高"就是贵、复杂。所以设计往往是平衡科技、商业的发展，落脚点是人类、社会，是我们。

材料、技术只是工具，是被设计选择的。

通读了朝阳（托马斯·查尔斯）先生所著的《纺织品在室内设计中的应用》一书后，感慨不已。类似纺织品材料的书不少，但鲜有如此把纺织品的应用当作一部设计科学著作的研究对象来对待的。

《纺织品在室内设计中的应用》一书不仅将纺织品各种应用的时代、应用的场景和范围做了详尽的论述，更值得推荐的是，将各种纺织品的品种、原料、产地、优缺点、生产规格、国内外的标准作了详细介绍，也阐述了各种纺织品应用的方式、维护、禁忌，并对它们在服装、家具、帷幔、墙饰、地毯中的应用作了研究，可谓是一部纺织品的"百科全书"。此外，著作中的许多图片都是作者自己的设计作品或研究成果。特别值得一提的是，作者收集了纺织品应用的国家标准和国际标准体系，这为室内设计的应用提供了依据，所以此书不仅是一部纺织材料的介绍，也是一部纺织品的应用介绍，更是一部严谨的科学研究成果，这对国内设计界的启迪将发挥导向性的作用。

我写这些文字，不是受友情之托，而是对当前设计界乃至社会对设计认识的不少误区、存在的问题、我们所面临的机遇及巨大的提升空间有感而发。迫切希望与我国设计界同仁共勉！

清华大学美术学院责任教授、博士生导师

柳冠中

2022年11月18日

前言：让科技成为设计的语言

　　设计是一门多学科交叉的应用学科，因此，在人们寻找诠释设计的依据时，科学与技术则成为设计的关键语言。本书是基于国际化的先进设计理论，工业产业标准和行业发展趋势，并结合中国目前设计行业与国情的实际状况，进行了长达13年的行业综合考察与实践完成的。中国的设计行业正在日新月异地发展，但在与纺织品相关的设计专业应用技术和理念上，尚缺乏能和当代世界产业化密切结合的系统化的工具书供高校设计类专业的师生、行业的设计工作者参考、查阅和学习，而这些经过专业化培养的人才将是中国今后设计发展的中坚力量。与实践相结合，将国际产业标准的理念纳入设计体系，把国际上先进的技术、方法以及创新思维作为今后人才培养和专业工作的重要内容，以促进国际上的专业交流和相互学习，是本书编写的根本目的，同时也希望以此提高国内在设计类教学和专业出版领域的水平。

　　本书系统详细地从微观到宏观阐述了室内与产品设计中涉及的纤维及纺织品基础知识、织造工艺、产业和国家/国际标准，以及与此相关的全球发展趋势，有效地引导和帮助设计类学生、教师以及设计工作者快速地理解、查找相关的产品属性、技术指标和特性，正确、科学、理性地将纺织品的相关知识运用到教学和设计工作中，并能正确援引先进的国际产业标准，然后去构思和创新，为研发规范先进、技术领先的家居环境设计方案提供快捷、精确和多重性的科学参考依据。

　　本书在设计理论方法和创新思想上给读者以新的思维方式和有效的参考，为读者提供设计工作必备的知识结构、逻辑思维与分析能力，使其熟悉并懂得应用国际产业标准和专业技术手段为设计依据，了解纺织行业的发展趋势，从而有效地提高读者的专业设计能力和设计水准，以及后期的专业把控能力和专业话语权，使读者打开设计视野，从而了解世界先进的专业化工作方法，有的放矢地规划和完善自身的专业学习方向，使读者自己构建具有批判能力的思维模式，形成有效、理性的思辨能力，在设计过程中逐步形成清晰、独立和创新的思维以及自我学习、自我完善的能力机制，成为对社会真正有用的设计人才。本书所提供的"模拟实战"的问题，将使学习者的设计专业能力得到根本的提升并产生影响深远的专业转化。

本书在写作过程中，得到了国内外的学者、企业以及科技工作者的无私奉献和大力支持。在此对清华大学美术学院的柳冠中教授，中央美术学院研究生院原院长、中国高等教育研究院院长许平教授，北京服装学院王阳教授，新疆师范大学李群教授，中国纺织工业联合会谢方明秘书长，广东家纺协会邓源津会长，天祥（Intertek）（上海）实验室的张晓红女士、辛文平女士和张亚乾先生，德国纤维制造品牌企业 Trivera CS-Ms. Jenny Zhang，日本川岛丝织资深纺织品设计专家后藤求先生，日本西斯艾斯纺织设计专家加纳龙先生，美国 Global Unisiltech LLC 公司董事长、Silcatch® 有机硅应用资深专家 James Liu 先生，上海古典丝织的国际知名丝绸艺术家安东尼·朝先生，CCD 郑中设计事务所的郑中先生和胡伟坚先生，北京紫香舸国际装饰艺术顾问有限公司董事长黄伟先生，青年插画工作者陈梦婷女士，资深室内及产品设计工作者崔江平先生和他的同事王书君先生，表示诚挚的感谢，同时特别致谢纽约著名摄影家 Ellen McDermott 为本书的封面封底提供的精美图片，对在百忙中参与支持本书写作工作的前辈、老师和朋友以及对本书的出版付出大量心血的中国纺织出版社有限公司的孔会云女士以及编辑们，一并表示衷心的感谢。其中柳冠中教授和许平教授为本书作了序，李群教授作了跋，在此对各位老师的鼎力支持表示感谢！

托马斯·查尔斯（Thomas Charles）
2022 年 11 月 20 日于美国加利福尼亚圣伯纳丁诺

如何阅读和应用这本书

您读这本书，无疑是在读一个独一无二的剧本，您需要在这本书中找到剧本中的自己以及您所期待扮演的角色，只是这个角色将来不会出现在剧院的舞台上，而是出现在您的现实工作和生活中。在您读完这本书之后，最大的变化就是：您不再为日趋激烈的职业挑战而恐惧和忧虑，相反，您会找到失去已久的设计话语权、富有创造性的灵感和令人敬仰的专业自信。

从托马斯·查尔斯的设计经验中，至少可以收获三层价值：基于理化知识基础的专业设计经验，基于人性化设计前提的设计标准概念以及融理性方式于人性化标准之中的设计思维。所有这些，都是当今正在快速成长的中国工业设计及其教育内涵急缺、急需和急用的。

————中央美术学院研究生院原院长、教授、博士生导师　许平

每个人看待纺织专业的角度和需求都是不一样的。本书涉及纺织品设计应用专业的诸多相关领域，如高校设计类学生/教师、家具制造/销售行业、床品生产和销售商、地毯制造与销售、窗帘和软装从业人员、室内设计师、家居产品设计工作者、零售商、纤维制造和研发/设计工作者等，都会以其各自不同的商业需求和专业角度来读取本书中的内容。本书列举了非常详细的目录可供读者浏览和查找，读者可以根据自身的需求，在目录中快速查找和获取对自己有用的信息和数据内容，包括详细的产业标准和实验室数据。

在建筑与室内设计工作中，纺织品的使用始终贯穿其中。如何选择、优化、设计和应用品类众多的纺织品，并在室内空间合理地实施，熟悉和了解纺织品本身的材质、制造工艺、组织结构、特征、性能、适用范围、使用习惯以及产品的标准等，是设计工作者必须具备的基础知识与能力。由于纺织品涉及的技术层面的内容非常烦琐和庞大，查阅起来比较困难，也很零散，甚至很多是碎片式的信息，有可能不准确，也很容易陈旧过时。本书从一个资深设计工作者的角度和经验出发，在庞大的纺织品产业知识体系中选取与室内和产品设计相关的纺织品知识，供广大设计工作者参阅和使用。

为了让设计工作者能够妥善、熟练、合理地把握纺织品的相关知识，并在室内设计工作中合理应用，从纺织品行业和市场的宏观知识到纤维分子结构的微观知

识，从纤维的性能数据到专业设计的表述方式，从行业的标准到国家的法律法规，本书都一一做了相关介绍和描述，希望能够帮助设计工作者不仅知其然，也能够知其所以然。

书中的内容在2022年11月做了最后的更新和升级，大部分相关数据在行业科技工作者的支持下得到修改和确认。21世纪的科技是以日新月异的速度在更新换代，如有与读者所面临的标准和数据不相符的地方，建议：

第一，以您所在地能执行的法律法规为准；

第二，结合当地（当时）的技术条件，以用户需求为主，因地制宜，尽可能把人文化、高效率、绿色环保、高性价比和具有可持续性的设计方案与产品呈现给广大消费者。

如何让设计方案得到用户的充分认可，并且赋予设计方案丰富的价值和语言，激发用户强烈的体验感和使用欲望，是本书写作的诉求之一。本书在开始的章节，从感性到理性的认知过程，一直到从社会心理学和消费行为学的角度做了详细的剖析，解答了很多表象下的"为什么"，让读者能够彻底领会人的本能（潜意识）所导致的纺织品消费行为。但书中有些内容并非消费者一时所能完全理解的专业知识，如何把知识转化为工具来为消费者服务，需要设计工作者不断地继续学习和完善工作中的各个环节，为用户"制造"各种具有吸引力的趣味性语言、体验感和环境，最终为用户设计出具有丰富人文关怀（符合人性的）内涵的空间与产品。

本书在写作过程中，涉及的学科与专业跨度较大，采集的信息较多，首次将工程技术类专业引进室内设计专业。学习对设计工作者来说是一生持续不断的事业，本书的作用是抛砖引玉，引导设计工作者进入对专业知识深入探索和研究的大门。设计工作者不仅应该充分了解基础研究的常识，也需要了解市场和用户的需求，在这样的基础上才能更好地应用材料科技，为广大消费者提供更加优质的设计服务。也只有这样循序渐进、坚持不懈地学习与实践、深入产业基层、了解纺织材料和制造工艺、保持对快速更新换代的世界产业标准的熟悉状态，才能让自己的设计能力得到不断改善、提升和精进。

由于时间和个人能力的局限，本书在写作过程中难免会有遗漏、不全面甚至偏颇之处，以待后续做进一步调整。欢迎业界的前辈、老师和朋友们提出宝贵的意见，以便我们再版时补充、修改和完善。

托马斯·查尔斯（Thomas Charles）

2022年11月20日于美国加利福尼亚圣伯纳丁诺

目　录

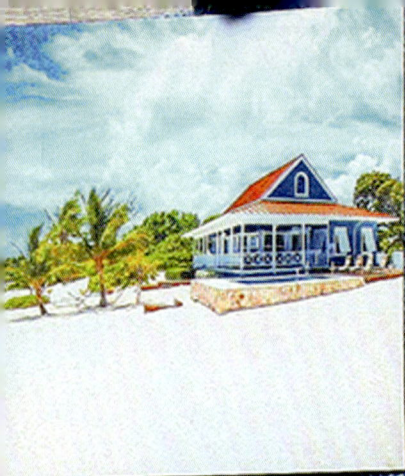

第一章

设计的主要思维
方式与导向

设计工作者在着手一个设计方案时，大多会以两种思维为主要导向：感性思维和理性思维。无论是哪一种思维方式，最好都能够提供超出用户所期待的设计方案，无论是在空间、服务，还是产品设计上，设计方案需要体现丰富的专业内涵与核心竞争力。除了使用各种办公软件，如3D、CAD、PPT、Keynote、MP4、VR等技术表现手段外，具有专业化数据和科学的诠释、符合或超越当代国际产业标准的专业技术高度、展现充分的人文关怀、丰富的用户体验感等，才是形成设计工作者应有的专业高度和话语权的关键所在。

第一节　设计的感性思维

感性思维是人的初级思维，也是由较直观的视觉、触觉、听觉、嗅觉和味觉所产生的本能反应，通常也是设计工作者把用户的基本需求整理为比较清晰、完整、真实的需求的初级过程，在这个阶段，用户和设计工作者在对空间和产品需求方面的解读和阐述都可能因为在感性上的不同解读而出现巨大偏差，而往往设计工作者所提供的内容却不在用户需求的"清单"里，也可能是用户的"要求"并不符合用户本身的利益。这就需要设计工作者能够具备"读懂"用户需求的耐心和解读能力，美国教育家斯蒂芬·柯维（Stephen Covey）曾说："需求理解，再寻求被理解（Seek first to understand, then to be understood）。"只有耐心听懂别人的需求，才能让别人"听懂"自己的设计。

一、用户的需求

因为用户的需求大多建立在非专业的社会普遍认知层面上，很多人的需求，尤其是对新功能和时代审美的需求，并非完全来自自身的需求和感受，而是受到社会环境的感染和影响，这种用户的"需求"往往缺乏真实性和准确性。用户对于如何选择产品和服务的概念往往是模糊的，甚至有着很大的误解和差异。比如，用户对窗帘的需求经常停留在遮光或隐私的功能上，而对其他功能，如声控、降噪、保温隔热、阻燃安全、抗静电、抗过敏、耐候性以及抗微生物功能等并不了解，但不等于他们不需要。这就需要设计工作

者对用户进行耐心教育和引导，因为这也是设计工作者的职责之一。

1.用户对文化的模糊概念和对色彩及风格的个人诉求

用户的生活方式和成长经历决定了其对不同消费文化的理解程度，比如，当用户告知他们喜欢地中海式或欧式风格，有可能只是他们在某一个展厅、朋友的家、样板房、旅行时住的酒店或图片上看到的感觉，而刚好那个场景（图片）被命名或误传，甚至是道听途说的所谓的"地中海式或欧式"风格。设计工作者在解读用户对文化的需求时，单凭这一点信息不足以准确判断用户对某种文化风格的偏爱。事实上，用户喜爱某一种风格中的体验感（即展现的生活方式）可能更符合她/他的需求，如更喜爱简约、明亮的设计，而不是古典和烦琐。在用户的诉求背后，隐喻着对文化的不同解读。最好的方法是增加沟通的次数和时间，深入了解用户的生活方式和偏爱，虽然语言的形容也可以说明一些问题，但不是全部。精准解读用户对生活、文化、风格和色彩的感性需求，才有可能设计出用户期待，甚至超出期待的作品。

2.传统与当代的碰撞：矛盾的用户心理

传统家庭的消费行为和审美对消费的影响是分阶段的。儿童的生活习性、饮食习惯是在七岁以前形成，而视觉审美则是在7岁以后才逐步开始建立。因为儿童的视觉细胞（视锥和视杆细胞）是在7岁以后才趋向成熟，并开始感受到和成年人同样

的视觉。居住地的迁徙、受到的不同程度和不同地域的教育、职业和家庭的经济状况及变化都会对用户的消费与审美行为产生较大的影响。设计工作者应该了解这些情况，并且有充分的心理准备。在公共使用空间和产品设计上，用户会表现出对个性化相对妥协的态度，而在个人空间和用品上，则要彰显个性化。大部分用户的消费心理是感性的，甚至是初级感性的，尽管当今的消费者随着信息化社会的发展，在商品和服务的选择上更加多样化和理性化，但是仍然不可避免地会产生上述问题，毕竟感性的认知是潜意识的，是不需要去动脑筋思维的，是本能的反射。设计工作者如果不加强自身的专业建设，对产品和文化的理解甚至不如用户，是难以设计出令用户满意的作品的。

二、感性思维的表现和拓展

在纺织产品上，感性思维主要来自视觉和触觉的感官，大致分以下几类。

1. 风格、文化和色彩的关系

为什么每当谈到设计时，都会用"风格"来衡量呢？似乎每一件作品都代表着某种"风格"，究竟风格是什么？我们为何常常引用某种风格来开始设计工作呢？为何用户动辄以"风格"来表达和归类他们对外观，甚至生活方式的需求呢？

其实风格并不是用户与生俱来的，大部分用户在长期的生活中很难形成自己独特的生活风格。风格是一种长期的文化和生活方式汇总的简称，往往以历史时代和地域来划分（如巴洛克与洛可可风格、地中海风格、东南亚风格等），或以历史上的文化运动来划分（如装饰艺术、包豪斯风格等），还可以生活方式来划分（法式乡村、托斯卡纳风格等）。风格往往体现了当时历史时

期的生活特点和文化思想，经过文化的传播和演绎而形成的对生活方式的一种广泛认知和解读。用户很容易采集熟悉风格中的元素信息，并且解读这些元素所代表的文化与社会属性。通常形成风格的元素是过去式的，在人们的生活中或多或少依然存在，也很容易被归类和解读。比如风格常携带强烈的时代感元素，其中的造型元素、色彩关系元素、材料元素、工艺特征元素和时代的状态元素息息相关，这种直观的感受往往成为用户感性思维的初始阶段，很容易被设计工作者领会，成为用户与设计工作者沟通的语言之一。

从风格和文化属性去寻找色彩关系是一种相对比较"直观"的捷径，但是很有效，前提是把文化和风格的关系理解透彻（因为大部分消费者对风格的概念是模糊的，甚至是有很大理解偏差的）。每个历史时期的文化和风格都不一样，随着工业革命和信息社会的发展，对风格属性的解读也发生了很大变化，一些陈旧、传统的风格也被赋予新的定义，这个定义就是一种象征性的标签——装饰感。具有装饰感的诸多形容词会使用到这些装饰感的标签上，每一种装饰感都会对应相应的产品，产品的属性在感性上是由装饰风格定义的。熟悉产品的风格属性对于选择产品的外观装饰感有着直接的帮助和定义。提炼出设计元素中感性认知的部分会起到比较直观和简洁的效果。如古典主义（文艺复兴）、巴洛克/洛可可风格、新古典主义、装饰艺术、乡村风格、后现代主义、现代主义（包豪斯）和极简主义等。

当代工业化与信息化社会的发展对产品和空间设计最大的冲击是多元化（diversity），多元化的结果一方面很容易形成容易混淆的碎片化信息和知识，同时也给予消费者和设计工作者更多的选择和创新的空间。而文化风格的变迁更多是以元素的提取和演绎为主要的创新设计手段，以此

满足用户对新的时代文化层面的消费需求，而不是一模一样地复制。

提炼文化元素时，着重从以下方面提取：

· 形式，造型和其比例特征；

· 色彩特征，明暗度，饱和度，冷暖度，色相；

· 肌理效果，触感和纹理效果（视觉质感归类）；

· 图案细节，表面图案的艺术风格和表现形式的规律；

· 光线控制，对光的反射/折射的规律（哑光、亮光、半哑光等）。

以法式乡村风格为例（图1-1），提炼元素如下：

· 形式：纤细，曲线，偏薄，尺寸偏小，疏大于密；

· 色彩特征：饱和度低，暗淡，浅色，全色轮都有；

· 肌理效果：粗糙，棉麻质感强烈，朴素，厚重而旧，开放式涂装；

· 图案细节：古典花型，单色印花或提花图案，素色为主；

· 光线控制：全哑光，偶尔用笨拙做旧的亮光。

工业革命前，对农业社会的观感，几乎所有乡村风格的属性都是类似的，只是在国家、地域和民族风格上会有一些形体和色彩特征的区别。法式乡村风格呈现的是法国当时的一种典型郊区生活方式，经过较长时期的历史演绎形成的一种文化：大量晒得褪色的手工织造的棉麻布、双宫丝绸，彰显出笨拙的手工痕迹，纺织品没有了往日的光鲜，乡村宽敞的空间和贴近自然景观的质朴的单色印花工艺，就地取材的手工锻打的铁艺和偏粗糙的自制木器，更注重舒适感和随意性，而不再注重都市豪华和精致的生活方式。这种乡村生活方式逐渐取代了都市的喧嚣和压力下的非自然环境，形成了至今仍然备受欢迎的乡村生活方式——简约、舒适、亲切、自由而贴近自然，

图1-1 传统的法式乡村风格家具造型

并且仍然充满浪漫和怀旧的历史文化气息。

喜欢法式乡村风格的用户对文化品位和氛围需求或许要求更高，随意中的精湛工艺和闲散中的细节考究是法式乡村风格的设计技巧和特点。每个设计元素的提取无一不在唤醒和示意用户的文化根源。棉麻的质朴感非常容易拉近用户与产品间的距离，用户非常愿意亲身体验，而不会产生任何压力。法式乡村文化是欧洲典型的人文主义思想的产物之一，至今仍然受到广大消费者的喜爱。

2.对生活方式的不同理解和表达

任何一种风格都是对生活方式和态度的表达形式，是一种长期以固有的生活方式和态度形成的文化。风格的元素实际上是浓缩和提炼自生活方式的元素。如法式乡村风格所呈现的生活方式，设计工作者可从其中的一些表现元素来解读：

• 乡村生活空间：简约，开阔，方便，不拘一格，不拘形式；

• 古典主义对乡村文化的影响：沿袭传统的风格，形体和生活方式上留有浓郁的古典主义风格的痕迹；

• 乡村居住的时间所产生的年代感：不经常迁徙，以居住为主的住宅需求；

• 手工作业的痕迹：很多当地和自制的作品，鲜有工业化生产介入；

• 乡村的生活方式：天然，绿色，充满阳光，充满生活的热情，明亮的色彩表达的是愉悦的心情，休闲，慢节奏，极度温馨，怀旧，健康和浪漫。

3.对流行和时尚文化的捕捉和演绎

（1）对国际时尚和生活方式的关注

用户和设计工作者对时装界的变化和趋势都应关注，因为时装界的变化比家居产品快，尤其是女性消费者的衣着变化，不仅选择性非常广，更新周期也很短。消费者对时装变化的追求会影响生活方式和态度，消费心理和行为也会随之改变。时装界的风格、款式和文化诉求会直接影响消费者的家居生活方式，偏感性或时尚感强烈的用户，通常对空间和产品的色彩和款式的浪漫程度及时尚程度要求较高；而偏爱简约且素雅、但是追求高品质的时装消费者则对产品和空间的内涵与品质要求较高；经历过生活的起伏，"洗净铅华"类的消费者，对经典的艺术风格、实用功能和生活品质更注重，通常喜欢舒适程度高、可持续性长久、人文性较高、绿色环保的家居产品和空间。时装的时尚元素也能反映社会发展的轨迹，有的是短暂的，有的则是经典不衰的。设计工作者需要具有分辨能力，辨别哪些是时尚噱头，哪些是经典传承。

（2）对国际家居界新品发布的关注

国际家居行业的更新大约分几类，其产品的设计也是根据消费者消费习惯的改变而改变的。

① 色彩与花型的改变

纺织品的时尚性在家居行业里可持续2~3年，有的家居零售企业会更快，如Zara Home的款型每年甚至每季度都会变化，让消费者应接不暇。经典的产品设计会持续更久，但基本不会超过六年，酒店行业的六年更新制度，并非产品的磨损和陈旧的问题，而是酒店的设计过时了。尤其是FF&E（Furniture Fixture & Equipment）的设计工作者，对色彩和花型的选择一定要注意这一点，如何在六年后让一家酒店显得并不落伍和陈旧，并且仍然具有一定的时尚性。

② 风格的交替和变化

风格的交替实际上是针对整个市场的消费习惯和产品结构的变化导致的，没有时尚性的色彩及花型的变化那么快捷和便利。年轻消费群体因为工作的属性、地点变迁的频率和生活节奏的加快，对住宅和生活空间的要求有着显著的不同，简约、时尚、便捷实用、性价比高、绿色环保，具有个性化的强烈的极简主义风格的产品与生活空间更受到年轻用户的青睐。新一代的消费习惯不再是随大流和注重大品牌，他们关注的是时尚性、舒适性、性价比、个性化以及自我价值的体现，单纯的"面子"上的外观考量已不再是他们的诉求。

③ 居住环境的改变对产品功能和尺寸的改变

新一代消费者的居住环境比之前有了很大改善，空间的利用更实用，对产品的需求更注重自我体验感。功能与尺寸相对更直接和简约，尽量减少打理和维护，对产品的要求更注重功能化、实用化，如面料的舒适程度和抗菌、抗污功能等。在形体上，随着消费者居住空间的改变，在舒适的前提下，对产品的形体要求更加精致且少占用空间。

④ 工业化生产的发展对材质的改变

工业化的进程改变了生产方式和材料成本，很多家居企业正在向人工智能设计和工业自动化生产迈进，同时也加快了设计与产品品质的升级速度和周期，消费者面临更多、更容易获取产品信息和物美价廉的家居产品的机会。设计工作者尤其需要关注基础工业的发展，否则会因为自身的知识结构没有及时更新而使设计方案落后。

（3）对面料行业新品发布的关注

随着高速电子龙头织机、数码印花、无水染色、多经轴设备以及原液染色技术的普及和应用，纺织品的更新换代也加快了步伐。每年春秋两季的国际（德国法兰克福为主）家纺面料展，中国（上海、深圳为主）家纺面料展都会展示纺织行业推出的新技术、新花型、新材料、新工艺和色彩系列产品。

① 德国法兰克福面料展 Heimtextil

·每年一届，1月8日至11日

·展会地点：德国法兰克福展览中心 Ludwig-Erhard-Anlage 1, 60327 Frankfurt am Main.

·参展商：2759（2017年数据）

·专业观众：70000个（135个国家，2017年数据）

② 中国上海国际家用纺织品博览会 Intertextile SHANGHAI Hometextiles

·春夏展3月14～16日；秋冬展：9月27～29日

·展会地点：中国上海国家会展中心（上海市青浦区崧泽大道333号）

·参展商：春季291（10个国家，2019年数据），秋季1091（2018年数据）

·专业观众：20982个（60个国家，2019年数据），39730个（104个国家，2018年数据）

③ 日本国际家用纺织品展览会 Heimtextile JAPAN

·每年7月17～19日

·展会地点：日本东京国际展览中心，3-11-1 Ariake, Koto-ku. Tokyo 135-0063.

·参展商：810（2018年数据）

·专业观众：25456个（2018年数据）

④ 美国纽约家用纺织品采购展览会 Hometextiles Sourcing

·每年7月22～24日

·展会地点：Javits Centre. 655 West, 34th Street, Manhattan, NY, U.S.A

·参展商：750

·专业观众：6820个（2018年数据）

在纺织品设计上，中国企业的研发和设计能力近年来有了巨大的进步，企业投入也逐步增大。随着市场需求的变化，专业花型设计的成本也在大幅下降，高校培养的大量平面和环境艺术设计类毕业生进入产品与空间设计行业，使行业人才济济。随着产业的升级和分工更加细化，纺织品的设计已有了很大改进。

（4）对国际建筑材料新品发布的关注

室内设计常和建筑设计连在一起，建筑与室内已成为一个绑定的学科（Architecture & Interior），建筑学是最早的"模数化"应用科学，数据化的理性思维融入建筑学的理论中。建筑材料学的应用会直接影响室内设计和相关产品的应用。如窗户玻璃的导热系数（BTU, British Thermal Unit）会直接影响窗帘的设计和窗帘面料的选择。

因为建筑的规范、模数化程度、建筑安全标准等比室内产品更规范详细，在建筑上使用的材料技术指标优于，甚至领先于室内产品。关注建筑材料和技术的发展，会给室内空间和产品设计很多承上启下的思路和视野。比如，21世纪的纳米氧化铟锡涂层技术在玻璃和建筑外立面的应用，使窗户的热传导系数的可控程度大幅提高，设计工作者对窗帘的材料和工艺设计也有了更多选择。

室内设计和产品设计工作者要关注每年在中国上海，日本东京和美国芝加哥、拉斯维加斯等地举办的国际建筑建材和家居材料展，是了解行业的科技发展动态、新材料、新技术的应用是设计工作者重要的工作之一。

（5）对国际当代艺术和设计行业潮流的关注

对消费流行趋势、艺术运动和行业的发展是设计工作者必须关注的，也是设计工作者不可缺少的功课之一，尤其要关注当代国际艺术的走向和设计潮流以及代表市场主流的设计思想。在每个历史阶段的发展规律中，人们生活方式和消费方式的改变是随着环境的改变而改变的，产品结构也会随之相应改变。当代艺术的发展是快速多变的，设计潮流的变化也会随着传播速度的倍增而更加短暂和迅速。在深切关注当代艺术和设计行业潮流发展的同时，更要专注和把握自身的专业建设，把自己的专业技术和基础工业的发展等同起来。

设计工作者永远都是在设计明天的生活方式，而不是过去。除了关注一些国际性的专业展会，例如，德国的法兰克福面料展，比利时布鲁塞尔的国际家用纺织品展览会（MoOD-Meet only Original Designs, 以前的DECOSIT），法国巴黎的Maison & Objet Paris，意大利米兰的纺织展和家具展，美国拉斯维加斯的酒店设计展和芝加哥的Necon商业家居展，以及中国上海、深圳的纺织品展等，也需要关注纺织行业在基础工业的发展趋势。基础工业的发展标识是产业标准，设计工作者必须熟悉与设计有关的产业标准以及每年的更新状况。以美国的材料与试验协会（ASTM）和欧洲的国际标准化组织（ISO）为主，中国、日本以及欧盟使用的都是ISO标准系统。所以，了解了中国标准（GB是目前世界上最庞大的产业标准）和美国（ASTM）的产业标准，对全世界的产业标准状况和基础工业的发展情况也就大致明白了。

（6）对行业发展方向的把控和学习

对于从事设计工作者来讲，自我学习和自我完善是工作中最具挑战的一部分。设计工作进行得越深入，就会发现自身的知识储备越短缺。这时候需要系统地、有计划有步骤地去学习和完善自己的知识结构。

从事室内空间和产品设计工作其实是一个跨专业的多学科交叉的职业，需要了解的知识非常多而广。设计是一个综合性工作，PPT、3D效果图或CAD图纸都是设计的表现形式，但并非展示用户需求的唯一工具。设计标准、材料板、样品的打造与体验、模拟视频演示等都是展现设计方案和引导用户的方法和手段。

设计工作者也需要加强学习并且掌握、运用其他学科的知识，包括以下九个"了解"（但不限于）：

·纺织材料学：了解纺织品的各种材料属性、制作工艺和性能。

·绿色环保标准：了解先进的"零排放"概念并熟悉和运用，才能设计出优质的方案。

·国际行业标准：了解先进的产业发展趋势，找到设计的起点。

·社会心理学：了解用户的心理和行为并进行解读，才能设计出用户体验感强烈的方案。

·消费行为学：了解和解读不同用户的消费习惯和心理趋势。

·视觉神经生物学：了解人的视觉是如何产生的。

·世界艺术史：了解世界每个历史时期艺术运动的发展过程。

·当代设计史：了解当代设计的发展历史，解读当代设计的根本目的和方法。

·建筑材料学：了解建筑与材料的科技和应用。

第二节　设计的理性思维

一、理性思维中设计元素的概念和运用

理性思维是设计工作中逻辑思维的主要表现方法和手段。当代设计离不开工业化进程与发展中科学与技术的指引和更新，设计工作者离不开工业化生产的材料、产品、工艺、技术和标准，毕竟人们设计和应用的产品也是工业化产物，所以设计工作仅以感性思维模式来创新是远远不够的，既不彻底、也不专业，更不切实际。工业化产品最大的特点是模数化，设计好坏的标准是用科学的数字来证明的，而不是解决单纯的审美和艺术等偏感性，甚至抽象的哲学问题。设计的结果需要得到用户的验证，在用户眼中，产品的功能远比审美更重要。即便是时尚产品，也要解决消费者社会属性的功能问题，而不是单纯的"好看"与否。

在理性思维中，对设计工作者最具挑战的是专业化训练和经验的缺乏，甚至有些设计工作者的知识结构都需要重建。人类的智慧是由三个阶段发展起来的——本能、情感和逻辑思维，依照这三个发展阶段，依次得到满足才会有最后的逻辑思维，人的本能包括生存最基本的需求——饥饿、繁衍和安全。人的本能存在于潜意识里，是不需要用语言和思维就可以迅速做出决策的能力。比如，身体躲避突如其来的石块，不需要经过大脑思考，是本能的驱使，对异性的关注也是人的本能。在本能得到满足的情况下，才会有情感的发展，如浪漫的行为及其一系列情感举动。情感得到满足和发展后，人类才会开始接受经过有训练的逻辑思维（教育），经过逻辑思维，才有可能产生清晰的思维条理。所以，任何一个受欢迎的空间和产品设计，都需要植入和满足人类这三个方面的基本需求。理性思维就是为了满足用户的上述需求而形成的高度专业化思维方式，

其在和纺织品有关的技术层面重点强调以下五个基本元素。

1.形体

功能的展示：形体是表达一种可使用的功能和作用（本能驱使）。

情感的需求：形体是传达一种情感的方式（情感驱使）。

文化的阐述：形体是表达一种生活方式所映射的文化（逻辑驱使）。

形体的表现技巧主要有以下四种：

·衬托：有意地衬托主题，用疏衬托表现主题的"密"；

·平衡：布局的平衡手法，疏和密分量感的不同，从而产生视觉上的差异平衡；

·节奏：空间的节奏感，因为疏密、体量和曲直的不同和重复而产生视觉上的节奏感；

·方向和秩序：视觉的引导和延伸，形体疏密的节奏感引导和延伸视觉的方向和秩序。

2.色彩特征

色彩特征是指一个颜色的特点及其所代表的社会属性和功能。色彩本身没有属性，是在人类历史发展过程中被人们使用而人为赋予的结果。人们用色彩代表相应的社会行为，如祭祀、婚庆、出生、丰收和丧葬等社会活动，色彩自人类出现阶级社会时就作为一种符号被用于划分阶级和族群。

色彩附随在二维或三维的形体上，不同色彩和不同组合代表着不同的语言和文化，也就是说，在不同的文化背景下，色彩具有不同的解读和含义。人类对色彩的认知是主观的，是视网膜上的视杆神经（感受明暗）和视锥神经（感受色彩）感受可视光谱，随后产生的生物电子脉冲信号刺激大脑皮层所形成的图像信号。人们所看到的五颜六色，其实在自然界并不存在，只是不被物体所吸收的光谱的反射效应而已，而且很多动物看到的光谱频率范围和人类是不一样的。

成年人和儿童对色彩的解读也不一样，儿童的视网膜在45个月以后才开始趋向完全发育，在此之前的15~45个月，他们的视网膜感受的细节和光谱只是成年人的70%，这也是儿童绘画使用和选择的色彩很鲜艳的原因。儿童并不一定就喜欢鲜艳的颜色，这也是在他们7~8岁视觉细胞发育成熟以后，开始拒绝父母给他们使用幼年时期鲜艳的服装和床品的原因。

在长期的人类社会活动中，人们对色彩有了一定社会属性的归纳和使用习惯。比如，根据女性的柔美特点，使用的色彩（光谱频率在可见光的范围内）可视度相对柔和；粉红和嫩绿等是来自新生的植物嫩芽和婴儿的色彩，是表示年轻的颜色；紫色和金色因为难以获取而显得昂贵，往往象征着具有支配能力的权利和财富。

每个色阶的可见光谱代表的特点：

（1）渐变色：色彩的变化

纺织品通常是在经向纱线的排列上进行色彩渐变的组合排列，这种组织结构在排列经线（牵经轴）的工序中非常耗时和费工，织造出来的产品色彩效果具有梦幻感。扎染工艺也会产生过渡色，使扎染的纺织品具有色彩斑斓的美感。

（2）饱和度的高低：原色、间色和复色的尺度（灰度）

色彩的饱和度是指色彩的纯度，从光谱学的角度讲，是指物体反射光频谱的多样性。不同物体反射的电磁波是不同的，有的整齐，有的则光谱频率范围跨度很大，这造成视网膜接收到的电磁波（光）信号是多重波段，也就是人们所感觉到的色彩的饱和度。色彩的纯度受两种因素影响：明暗和灰度，前者是视杆细胞的作用，后者是视锥细胞的感受。视杆细胞更适合弱光视觉，但只能感知光的强度，而视锥细胞可以辨别颜色，但它们在明亮的光线下效果最佳。

在可见光的光谱中，以红色光谱的波长最长（700nm），紫色最短（400nm），所以，可见光并不是一个循环的色轮，而是两个相反方向的光谱。而红外线则是1000nm的波长。雷达的波长是1cm，电视和调频（FM）收音机的波长是1m左右，而调幅收音机（AM）的电磁波长则高达100m，紫外线的波长短到10nm，X光的波长则为0.1nm，Y射线的电磁波长是0.001nm。由此可见，波长越短，电磁波的辐射越强；波长越长，电磁波的辐射越弱。

计算机显示器所显示的灰度有256个等级，人的眼睛能够识别的灰度为8级、16级、32级时，识别率分别是93.16%，68.75%和45.31%。这意味着灰度越高，人眼的识别力越低，超过32级灰度时，人眼的视觉识别能力大幅下降。

灰度在色彩里扮演着重要的角色，因为灰度可以增加和减少视觉的分辨率，通过调整灰度来

使产品和空间的色彩更加强烈或宁静、强硬或柔和、沉重或轻盈、明亮或暗淡、古典或时尚等，满足不同的视觉需求。

分辨率是影响人视觉的核心要素，掌握了分辨率的使用技巧，设计工作者将其应用在纺织品的设计中，则可以游刃有余地把色彩按照合理的秩序用在正确的位置上，并且符合人们的视觉习惯（图1-2）。

渐变色不仅是颜色的过渡，纱线在加捻时不同颜色的纤维混合也会产生辉映的效果，即以交织辉映的色彩呈现渐变效果，交织也是纺织品常用的织造技术之一，尤其是丝绸类或仿丝绸类的色织产品。

色织中的渐变是把经纱的颜色有秩序地横向排列而产生的渐变效果，渐变的工艺在现代化织机上都能完成，只是成本问题。越复杂的渐变，涉及经纱的颜色变化越多，尤其是在高经密的经线排列上（如丝绸）会显得更加复杂和重要（图1-3）。

（3）颜色的明暗：明度的尺度

色彩的明度会产生相应的视觉效果：

① 空间感

颜色深的空间，反射的电磁波少，空间分辨

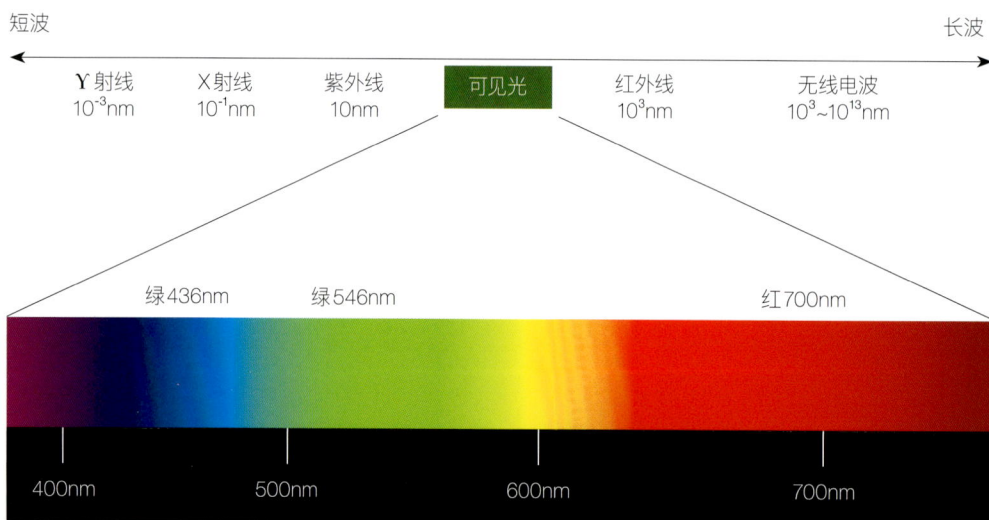

图1-2　可见光频谱示意图

率显得低,空间感下降。

②明快感

明度高的产品或空间会因为分辨率高而产生充满光线的明快感。

③轻盈感

明度低的产品或空间因为分辨率低,会显得沉重和凝固,反之则会显得轻松。

④颜色的肌理效果

由纹路所产生的视觉差异化,纺织品的色彩会以不同的肌理效果呈现。面料的组织结构决定了肌理的不同,不同的肌理会反射不同的颜色(光谱),肌理的变化可以使面料的质感发生变化,

图1-3 渐变的提花条纹效果(图片由古典丝织的安东尼·朝提供)

图1-4 竹节双宫真丝面料(图片由古典丝织的安东尼·朝提供)

从而丰富颜色的表现方式和效果。在后面章节面料产品的细节中会讲述织造所产生的肌理效果。

3.光泽/肌理效果

不同颜色的纱线交织会产生特殊的色彩,如图1-4所示,这种由几种不同色纱交织的工艺在纺织面料上应用得非常广泛,交织辉映的色彩和肌理所体现的光泽和组织结构不仅能满足人们对纺织品的使用需求,也是一种文化的体现和延续。比如,手工粗布的织造在今天的工业化生产中不再能实现产品的量产,但是其笨拙的肌理效果(如竹节组织)仍然可在机织面料上体现。

光泽/肌理效果是纺织品常用的表现手法,织造过程中不仅可以利用先进的纺织技术和设备来表现各种各样的光泽和肌理效果,肌理还可以传承文化的内涵。如沙发面料常用的雪尼尔纱,体现沙发面料独特的质朴、柔软的质感和温馨。

肌理效果所呈现的表象也隐喻着其所代表的社会审美、生活方式和文化属性,与形体的造型有关。面料的肌理是指物理上的几何肌理,不仅会产生色彩的变化,也会造成产品属性的变化。肌理效果和面料的组织结构有关,肌理的设计和应用不仅是美的需要,也是针对使用功能而做出的选择。

细腻的肌理效果对纱线要求颇高,越细的纱线织造出的产品体现的细节越多,色彩也更丰富。图1-5中的绿色和粉色塔夫绸面料是采用高经密❶的织造方式交织而成,呈现出精致的细节、细腻的纹理、浪漫的色彩和柔软的手感。细

---

❶ 经密:1英寸(2.54cm)宽的织物中纬纱的根数称为经密,通常经密100根以上的织物称为高经密织物。经密越高,纱线越细,排列得越紧密,织造的花型越细腻。

图1-5 塔夫绸和提花面料（图片由古典丝织的安东尼·朝提供）

腻的肌理表达的是一种生活态度，对生活精益求
精的品位和需求。这样的肌理不仅限于丝绸，在
很多高档床品和装饰面料上也频繁地出现。

　　图1-6所示的提花面料，以北美印第安文化
中的岩画为主题，是具有强烈的印第安民族风格
的图案设计，可用于北美的原木家具沙发和坐垫
面料。所用的雪尼尔纱线很粗，经密仅为64根，
纬密23根。图中深蓝色的雪尼尔纱织造出不规
则、粗犷的类似岩石肌理的效果，印第安人手拿
长矛奔跑狩猎的情景跃然纸上。雪尼尔纱手感柔
软、温暖、耐用，因为提高了经密，使得面料的
耐磨强度和抗变形指数得到了大幅提高。

　　图1-7是丝麻混织提花面料。在纺织品中，
用不同颜色的丝线混合加捻，不同颜色的经纱和
纬纱交织出的颜色称为交织色。交织面料的颜色、
光泽、灰度的丰富程度高，手感、性能和用途多
样化。不同质地的纱线交织，可以满足对不同面

图1-6 雪尼尔提花面料（作者设计）

料品质的需求。如丝与麻、棉交织，人造丝与棉交织、人造丝与涤纶/棉交织、黏胶丝与真丝交织、人造丝与人造毛交织等。交织工艺通常用在色织产品上，能产生丰富的色彩细节和光泽感。

图1-8是丝和黏胶纤维混纺纱织造的缎纹组织面料。缎纹以经纱为主的称为经缎（Satin），以纬纱为主的则称为纬缎（Sateen）。Satin中文直译为"色丁"，因为其手感柔软，悬垂感强，常用于窗帘、床品、床罩、女装衣裙、睡衣和内衣等产品。

色丁布因为轻薄、柔顺、舒适和富有光泽等优势占领了市场的一席之地，其价格优势非普通

面料所能比，广泛用于服装、鞋材、箱包（里衬）、家纺、工艺品制造等领域。在日常生活中，各类材质织造的色丁布随处可见。涤纶、黏胶纤维和丙纶织造的色丁布最常见。

4.图案

（1）图案的意义

在物体上绘制图案要追溯到新石器时代的仰韶文化。图1-9所示为1955年在西安半坡村出土的人面鱼纹陶盆上的图案。在历史的演变过程中，图案的绘制和应用成为人们记录生活与环境

图1-7　丝麻混织提花面料（作者设计）

图1-8　丝和黏胶纤维混织缎纹组织面料

人面鱼纹图案

人面鱼纹陶盆

图1-9　人面鱼纹图案和人面鱼纹陶盆（藏于中国国家博物馆）

的一种方式，可以说是具象文字的另一种表达方式。而这种演变在几千年后的今天无处不在，尤其在装饰面料上更是丰富多彩。1959年，重庆巫山县大溪遗址33号坑出土的陶器显示，在公元前4400～公元前3300年新石器时代，就已经有绘制精美的图案了（图1-10）。

新石器时代的陶器在北方（华北）是平底深钵的形体，称为"罐"，而在长江中下游（华中）

图1-10 重庆巫山县大溪遗址33号坑出土的陶器

和南方（华南）的圆底深钵的形体称为"釜"，大多数以烹煮功能为主。陶器的图案大多记录了当时的生活与环境状况，陶艺制作者在汇集图案时大多以当时的农耕渔林（猎）为主要题材。

图案是增加物体内涵的常见表达方式，是为了增加装饰效果。图案能直观反映当时人文地理的内容、时代的生活方式和文化族群的属性（图1-11、图1-12），所以在选择图案的设计方案时，文化属性和时代生活方式的艺术提炼要优先考量。

中国传统纺织品的图案通常也会以纹样形成最基本的构造，纹样是以不同的花型形成面料的不同组织结构的表现（有的用手工刺绣或缂丝来完成）。例如，汉代的四重锦和夹金技术，云纹、云气纹和水纹是汉代纺织文化的特点；到了三国时期，已经出现植物类的图案，如串枝花、忍冬草、大卷叶和宝相花等连续的几何图案；唐代是中国纺织品艺术高度发展的时期，纹样丰富，四方连续的放射形图案大量出现，朵花、组花、团

图1-11 日本川岛织造的和服腰带沿用琳派艺术风格（图片由川岛织造的后藤求先生提供）

图1-12　路易十六的皇后玛丽·安托瓦内特的（缂丝）披肩（图片由古典丝织的安东尼·朝提供）

花、禽鸟花、棱子图案花等各呈异彩；宋代的写生花纹样、缂丝和网状形装裱用锦很流行，如北宋时期的"李装花"，南宋时期的"药斑布"；元代多用夹金技术；明清多用织锦品种。

欧洲工业革命后，纺织工业的机械化程度大幅提高，以往昂贵的手工织造的提花图案现在使用电脑控制的提花技术，工艺变得更加简单、廉价和产量化。尽管家用纺织品的花色品种琳琅满目，但并不意味着设计工作者面对千变万化的提花图案就会失去自己的设计主见而忽略其独有的文化和生活属性的归类及选择（图1-13）。图1-14所示为贵州黔东南凯里苗侗族自治州博物馆陈列的蜡染图案，图中的人面鱼身图案和图1-9新石器时代仰韶文化的代表作人面鱼纹陶盆似乎有某种关联。图1-14的蜡染图案是近代的苗族画娘所作，而1955年出土的人面鱼纹陶盆距今已有6300～6800年历史。

图案可以解读文化和历史的渊源，设计工作者需要关注图案的细节，才能准确地在空间和产品上体现文化元素及其内涵和意义。

（2）图案的细节

纺织品的图案通常是以风格来进行系列分类的。在使用时，每个风格系列的面料体系都会有相应配套的花型、色彩以及肌理效果。如沙发面料常会配置不同的抱枕和单椅的花色面料。大部分以更容易归类的艺术风格来区分系列之间的不同。

纺织品图案按艺术风格可划分为：

- 古典主义风格
- 新古典主义风格
- 巴洛克/洛可可风格
- 乡村风格（英式、法式和美式乡村）
- 装饰艺术风格
- 现代主义风格
- 极简主义风格
- 现代抽象主义风格……

纺织品图案按平面设计可划分为：

图1-13　涤纶和棉混纺的大马士革（Damask）提花面料

图1-14　黔东南凯里苗侗族自治州博物馆陈列的蜡染图案

• 几何图形

• 抽象图形

• 色彩图形

• 写实图形……

纺织品图案按地域（民族）可划分为：

• 欧式风格

• 美式风格（纽约风格、加州风格、西南风格、印第安风格等）

• 东南亚风格

• 和式风格

• 中式风格（工笔、写意、线描等）

• 伊斯兰风格

• 波西米亚风格……

图1-15是安东尼·朝创作的经典艺术丝绸绣品，灵感来自18世纪法国洛可可风格。洛可可风格具有较多曲线和轻盈的元素，取代了巴洛克的烦琐细节，带有异国情调的奢华和享乐交织的风情。洛可可风格受中国丝绸艺术的影响很大，具有不对称的图案和精细的工笔画的表现方式，相对于巴洛克风格的色调，洛可可风格增加

图1-15　丝绸绣品（图片由古典丝织的安东尼·朝创作）

了许多娇艳的颜色，如粉红、粉绿、粉蓝、猩红和金色等，更加优雅和女性化。洛可可风格常用的卷草舒花，缠绵盘曲地连成一体，表现的人物不再是神或者圣人，而是王公贵族，风景画更多地体现田园诗般的生活。

图1-16采用的立体丝绒提花技艺是一项堪称"丝绸艺术金字塔尖"的传统丝绸手工提花技艺。在高低不平的花型里，由交织纱线采用不同的组织织造成辉映的立体图案，有缎纹组织、提花组织、圈绒组织，有割绒工艺，幅宽只有58cm。21世纪以来，能够完成三色以上

图1-16　手工织造的纯丝绸立体丝绒提花面料和塔夫绸格子面料（古典丝织的安东尼·朝的藏品）

图1-17　几何图案的高密度丙纶割绒地毯（图片源自山东日照东升地毯）

图1-18　茹衣图案（Toile de Jouy）沙发面料是法式乡村风格的代表性图案

图1-19　古典主义风格的丝绸立体提花丝绒（古典丝织的安东尼·朝的藏品）

立体多彩丝绒提花工艺的有法国里昂的Tassinari & Chatel，日本京都的川岛织造（Kawashima Silkon）和中国上海的古典丝织（安东尼·朝Anthony Chao）（图1-17～图1-20）。

川岛织造位于日本京都的左京区，历史悠久（可追溯到1843年）。从1910年开始进入室内装饰领域，在明治、昭和时期是从事宫殿室内装饰的名门世家。19～20世纪，川岛丝织图案吸取了大量中国汉唐元素，在构图上受到日本琳派艺术家神坂雪佳的作品影响，应用大块面积的图案变化和金色（图1-21）。川岛织造现已迈进现代纺织的行列，是丰田汽车用面料的主要供应商，并仍然坚持传承古老的手工丝织艺术。

① 图案的尺寸：图案在产品及空间上的尺度把控

纺织品的图案设计具有强烈的目的性，图案特征和花型大小会直接影响以下几个方面：

• 设备的织造难度（花型循环的限制）

• 应用的合理性（如床品、窗帘和抱枕的基本尺

图1-20　具有浓郁汉唐风情的云纹和花卉的和式风格丝绸提花面料（图片由日本川岛织造的资深设计工作者后藤求提供）

图1-21　受琳派艺术影响的日本川岛丝绸织物（图片由日本川岛织造的资深设计工作者后藤求提供）

寸必须得到满足）

·风格的审美需求（符合视觉和文化审美习惯）

·合理的性价比（符合消费者对成本的期待）

②图案的内容：需要表达的目的

纺织品图案的内容常集风格元素于一体的画面，也是围绕着这一类艺术风格的图案、花型、色彩和肌理效果来设计和织造的。设计工作者在选取纺织品的花色时，应该仔细解读图案的内涵、应用的技巧，而不是简单、感性地看色彩和花型是否好看，但没有具体内容。

（3）制订图案方案时易犯的错误

·忽略图案的风格差异，只顾及色彩。

·图案过大（如窗帘）或过繁（家具用面料）都会让物体的效果超过视觉效果所能平衡的尺寸。

·没有充分解读用户的意图，配置的图案缺乏或误解了文化内涵和寓意。

·忽略原创图案的精美程度，是由于设计工作者对原作产品的生疏导致的。

·和周边的生活环境、消费群体产生冲突和不协调（如在极简主义的环境中使用田园花卉类的图案，在现代风格环境中使用大马士革提花图案等）。

·图案过多或过密、过少或过稀等，缺乏节奏感和力度。

·缺乏图案之间的对比和衬托，使图案的表现效果不强烈，弱化了图案的功能。

·在同一个空间和一个系列产品中重复使用同样的图案，造成审美疲劳。

·为了使用图案而使用图案，不遵循视觉透视规律，一味追求局部效果而忽略了整体的完整。

窗帘面料上的图案太大会造成视觉比例不协

调,容易产生透视秩序和视觉习惯上的混乱。人类视觉分辨形体的能力依赖于对光的辨识和透视中所产生的前后、大小、清晰与模糊等秩序感,过分强调面料上的形体图案,会造成视觉透视秩序的混乱,看上去显得杂乱。

有些看似舒适的色彩和图案的场景设计实际上是符合透视习惯、井然有序表述的结果。大量使用衬托、对比和虚实等手法来呈现良好视觉效果,是一个成熟的设计工作者常用的技巧和方法。因为在一个空间里,物体的摆放和陈列秩序是多层次的,利用好光(日光和灯光)的效应,在有限的空间内安排好其中的主次、前后、虚实,以相互衬托、辉映成一个要表达的主题,而不能仅使用好看的图案,还需要兼顾整个空间的协调性(图1-22)。

图1-23为以现代几何图案为主题设计的地毯用在办公场所,显得时尚有活力,而且年轻化。图1-24为经磨毛处理的涤纶面料,使用空气变形涤纶纱线织造,近似羊毛的哑光,光泽柔

和,而且手感柔软温暖,常使用在家具面料上。

5.光的控制

光对空间的照射和物体(纺织品)对光线的反射会直接影响空间和产品的使用效果,对光的控制除了对光源(日光和灯光)的控制外,也要关注物体本身的材质对光的反射作用。设计工作者需要关注以下几方面:

• 光源,自然光源和人造光源的控制;

• 纺织品的反光(光泽)程度会影响人的视觉感受;

• 光的舒适度和性能;

• 光在纺织品与其他家居环境中的关系;

• 光在社会文化中的审美属性。

光泽是一种材质所表现的直观的表面反光程度。对于人类所有的感官来讲,视觉认知是第一印象,视网膜上的视杆细胞对光(尤其是弱光)的辨识度优先于视锥细胞对色彩和细节的感受(视杆细胞比视锥细胞的数量多出18倍多)。视

图1-22 窗帘的尺寸大小是相对于产品的用途和空间来决定的

图1-23　办公场所以现代几何图案为主题设计的地毯（图片源自苏州东帝士地毯）

图1-24　经磨毛处理的涤纶面料

觉的生理本能对偏弱光或偏低反射光的物体的反应更加舒适、自然，因为不需要努力缩小瞳孔来降低强光对视网膜的刺激，这种被动的视觉体验会很快造成视觉上的疲劳和心理上的回避。面料上哑光、半哑光、亮光、蛋壳光、平光等各种光泽的产生，实际上是不同纤维纱线在一定组织结构下对光反射的结果。对不同的产品和用途，人们对光泽的期待和需求是不一样的。纯棉面料由于棉纤维较短且螺旋形的特点，大多数面料呈哑光，没经过精梳和丝光处理❶的棉织品容易起球，经过丝光处理后的纯棉面料会呈现柔和的丝光效果，细腻、光洁、柔软。涤纶织物因为涤纶的纤维非常整齐规则，反光度高，故涤纶面料过于光亮，纤维设计工程师通过改变纤维的肌理和横截面的造型对纤维进行消光处理（如在纤维原料中加入二氧化钛），或改变纱线的形状（空气或拉伸变形），和棉、麻纤维混纺等措施，来控制涤纶的反光程度，并且可以按照丝光棉和羊毛的光泽及手感来进行织造。

二、理性思维中的设计原则

所谓的设计原则，实际上指设计工作中总结的一些规律和技巧。任何一种设计思想，都需要一个实际的形体或界面来表达其可应用的各个方面。设计工作者要把一个设计思想转化为成熟的产品思想，并且通过设计表达出来。

用户在审视一个方案或产品（或设计作品）时，试图在极短暂的时间内建立产品和自身（使用）的联系，这个极短时间内建立的关系称为

"秒懂"的设计（产品），这是一个很容易被设计师忽略的问题。很多设计工作者常抱怨找不到灵感，甚至不知道用户究竟要什么，在这种状况下，有再好的产品和软件，都无法设计出满足用户需求的方案和产品。设计工作首先是一种利他的工作，而不是以设计工作者自身的个性和审美观为主导。设计工作是为了解决用户渴望解决的问题，如奢侈品的设计师首先需要解决用户对自身社会属性、阶层和形象的划分，而并不是把经久耐用的品质作为第一考量。新生代因快节奏的生活方式，对居住公寓中家具的需求偏向舒适、时尚且少占用空间，而不是气派与豪华的高消费。读懂用户的根本需求，找到切中用户利益的核心价值，才是设计工作者所寻找的"灵感"。

设计原则的形成常归纳为以下五个方面。

1.尺度把握

尺度包括尺寸和比例的大小、简单或复杂程度、色彩浓淡、厚重与轻薄、深浅或冷暖程度等。尺度掌握的原则在于设计工作者需要了解用户的需求和产品功能（属性），每一个需要把握尺度的环节都需要一一评估。大部分的尺度需求是一种常识，在人们的文化和生活中已经形成了习惯，如沙发的高度大部分为450～500mm，主卧室的大小为24～28m²或以内比较舒适，抱枕的大小以400～600mm为主。宽幅面料（2800～3000mm）更适合做窗帘和床品，是因为除了价格优势外，窗帘和床品对面料的密度和捻度要求没有家具用面料那么高，家具用面料常因为摩擦系数和形体稳定等问题采用窄幅面料

---

❶ 丝光处理：面料的后处理工艺，棉纤维用氢氧化钠或氨溶液浸泡后，纤维横向膨化，截面变圆，天然转曲消失，使纤维呈现丝一般的光泽。棉制品（纱线、织物）在有张力的条件下，用浓的烧碱（氨溶液）处理，然后在张力下清洗，以增加产品表面的光泽。

（1370～1400mm）。另外，用户的使用需求和制造工艺的性价比要求，如家具用面料大部分花型的纵向花距都在27.5英寸（70cm）以下，这是大部分家具的尺寸所需要的花型尺寸。机织块毯的尺寸总有一边是4m或以下，因为大部分地毯织机的幅宽只能达到4m。

常有尺度把握失控的设计，通常是设计工作者自身的经验和生活阅历、专业能力和知识结构等不足造成，无法准确把握用户需求和表现方式与尺度之间的关系。例如：设计窗帘时，缺乏对窗帘多种款式的表达，只是把一整面墙用窗帘从头到脚覆盖，显得沉闷而拥挤；设计刺绣花型时，只想表达巨大刺绣花卉图案的视觉冲击效果，而忽略了在使用过程中刺绣产品需要呈现精美的品质，巨大的图案通常无法呈现刺绣艺术本身的精致和细腻。

营造一个合理、舒适的视觉空间，关键因素很多，其中一个就是在有限的空间内形成一个符合视觉本能的透视秩序，包括几何透视和色彩透视在尺度上的秩序感。这也是在设计工作中常容易失控和被忽略的。

在设计工作中，尺度的把控是较难把控的环节之一，涉及诸多方面：艺术与人文、视觉与生活习惯、社会与地域背景、预算与功能、市场与制造等，都需要设计工作者去考量、学习和思索，并作出合理判断。

2.重点强调

（1）功能秩序的排列

设计工作者在方案初始的时候，需要确认设计工作（产品）将要满足的功能，按照主次来区分和排列，这样才会在一个产品（或空间）里依照主次顺序表现相关的特性（特征）。比如，设计（或选用）酒店公共空间的家具面料时，需要

关注的秩序为：

- 公共空间使用的面料要注重安全和耐用问题，如高耐磨系数，抗污、抗菌、抗静电等功能。

- 面料色彩、花型和肌理效果的公共性、时尚性和可持续性（因为属于公共空间）。

- 产品的性价比和供货的便捷性。

（2）视觉秩序的排列

空间需要有主次视觉秩序，产品也同样有。纺织品的花型、色彩、肌理、组织结构都需要依据先后次序和重点强调的主题进行安排和计划。无论是二维的还是三维的关系，都会存在主次顺序。这与需要突出主题的准确选择有非常大的关系，否则会造成视觉秩序的混乱而显得杂乱无章，用户也会在解读上出现困惑，从而大幅度降低用户的体验感。

人的视觉在空间上有几何透视和色彩透视的区别。几何透视是指在同一空间里要表达的主体产品和配套产品在几何造型上的秩序，如沙发用面料、抱枕面料和地毯的花型。色彩的明暗和饱和度（灰度）之间的关系会有一个合理的变化秩序：抱枕→沙发→地毯，强调的程度依次减弱。沙发、背几和窗帘之间的关系也是如此，有时在太小或过大的空间里需要人为地增加或降低几何形体和色彩的灰度（明度），以达到增加或减少几何与色彩透视的程度。

人的视觉成像和相机类似，物体在视网膜（眼球）轴向的前后一定范围形成可以接受的较为清晰的成像点，也就是视觉焦点，那么视觉范围内的几何与色彩成像就会有一个比较合理的秩序关系，要表达的主题清晰，后面的依次减弱或模糊，这种关系称为透视秩序。设计中无法让每个物体和纺织品的每个细节变得模糊或清晰，但是可以在几何图案（形体）、色彩的灰度和明度

上依照透视秩序来降低相关的指数，从而达到清晰地表达主题内容的目的，用户的体验感也随之会得到最大满足。

视觉秩序不仅是三维空间才有的需求，在二维的平面（界面）上也会存在类似的问题。中国古典绘画中有一种所谓的多点透视，让画面变得有多重焦点，实际上就是视觉透视的多重性造成的。在纺织品的设计工作中存在大量透视秩序的案例，比如对一组花型的细节强调，需要找出主题和配置的连带从属关系，突出主题，弱化配置，从而清晰地设计出合理的视觉效果（图1-25）。

（3）文化元素的排列

随着信息化的普及，当代社会已经成为多元文化的社会，人们从审美到文化和对生活的选择中，不再是单一文化元素的获取或植入在某个空间或产品上，设计工作者需要考虑多元文化的植入，并且有秩序地体现在同一个二维或三维空间里。

设计中应该避免杂乱无章地堆砌和没有技巧地盲目表现。提取文化元素重在提取，而不是简单地"复制/粘贴"，可以溯源正本来提取和表现文化元素的特征有很多，如形体特征、色彩特征、肌理特征、图案特征、光泽特征。

如果设计工作者对世界文化史很熟悉，文化元素特征就非常容易获取。而对文化元素的浅显认知往往是因为缺少对历史的了解，因此无法对时尚的解读有更深层次的理解。在表现文化元素时难免会简单地堆砌和错误地引用。

在多元文化的表达方式和技巧上，仍然需要主体文化元素和其他要素的演变和有秩序地排列。很多时尚的设计常需要借鉴古典的艺术元素来彰

图1-25　有秩序的视觉关系可以在有限的空间里设计出丰富的内容（图片源自古典丝织的安东尼·朝工作室）

显文化的根基和形成的依据，但并不排除当代时尚文化的变迁对古典文化所带来的冲击。多元文化的表现更加关注文化艺术元素的延续和传承，只有在轻、重、缓、急的比例上加以秩序化，才会有丰富的文化内涵。对用户来讲，在满足使用功能的同时，文化审美也得到了最大化的满足。

3. 节奏

表现设计元素时，有五项常见的指标赋予空间和作品节奏感，如同音符一样，在一个空间或产品体系里，需要使形体、色彩、肌理、图案和光的表现具有节奏感，节奏感的应用使用户在解读设计思想时获得流畅和有趣的视觉感官上的舒适性。如同音乐一样，设计的节奏感可以是不同尺度的强烈、柔美、浪漫或平静。

（1）形体的节奏感

按照需要表达的内容分出大小、曲直、方圆等形体秩序，并形成可读性的节奏变化。人的视锥细胞可辨别物体的细节，形体的变化让视觉产生主次的"秩序感"，设计工作者可以将这种"秩序感"引入所表现的空间和产品功能上，引导用户去关注主题和重要的元素。秩序感的形成就是形体节奏感的编排，在空间设计及纺织品的应用上常会用到形体尺寸、大小和造型的比例关系。这种比例关系形成的原则关乎产品的实用性及其文化属性。

（2）色彩的节奏感

指通过视觉将灰度、明度和颜色的冷暖度合理地分配到产品或空间中的色彩布局比例。色彩的节奏可以理解为可见光谱因视觉细胞的敏感程度不同所产生的不同视觉冲击力或分辨率。人的视觉细胞能感知的可见光波长为400～700nm，而人的视网膜最容易接收到的可见光则是555nm，这就是饱和的绿色光和接近红外线与

紫外线光的色彩显得不那么舒适与和谐的原因，需要增加一定的灰度后才会更耐看。增加灰度这个举措就是在调整色彩的节奏感。

人的眼球后部的视网膜中央凹处没有视杆细胞，而是视锥细胞聚集最多的地方，这个区域的视觉称为明视觉（photopic），也称为中央视觉。中央凹轴线偏离20°的地方则是视杆细胞密度大，这个区域的视觉称为暗视觉（scotopic），暗视觉的视觉感受区域由于都在中央凹轴线的边缘，故也称为边缘视觉。这也是在微/暗光下，观察目标放在视觉中心反而不如放在边缘观察得更清楚的原因。

中央视觉用来分辨色彩和物体的细节，同样的光能量下，对不同色彩（波长）的感受是不一样的，最敏感的黄绿色（555nm）和最暗的紫色（400nm）和红色（700nm）及其之间的变化和节奏是可以根据视觉的特点来掌控的，把主要呈现的内容和元素用中央视觉区高分辨的颜色细节来进行设计和规范，而不重要的部分则用模糊、低分辨率的方式处理。

在光线足够强的条件下，视锥细胞分辨色彩和物体的细节，当人们看面料的细节时，是视锥细胞在起作用。当可视物体在视网膜的中央轴线时，视敏度（visual acuity，指眼睛分辨物体细微结构的最大能力）最高，但只要偏离中央轴线5°，视敏度则会降低一半，这就是所谓的聚焦。如果偏离中央轴线40°～50°，则视觉分辨力只有在中央轴线时的1/20，视觉的敏感程度和视锥细胞的分布有关，人的视网膜中央凹处的视锥细胞最多，而在视网膜的边缘处却是大量辨别暗光的视杆细胞和少量的视锥细胞，这就是在暗光下分辨率会变低、细节会变少、颜色会变得不再鲜艳的原因。

设计工作者需要深入学习和了解人的眼球构

造和视觉产生的基本原理（图1-26、图1-27），这样才会基于人的视觉习惯合理地设计和安排空间设计中的明暗、色彩、图案和尺寸的秩序。比如，把所要表达的主题放在眼睛视敏度较高的区域内，也就是视锥细胞较为集中的中央区，或者说在同一个视觉空间中，主题要集中表现在视锥细胞最能集中的可视区域，否则会造成视觉上的零乱、散漫而被忽略。同样的内容，不在一个可视范围内，则会出现完全不同的效果。

视敏度，也叫视觉敏感度，视杆细胞和视锥细胞最敏感的光频谱分别为500nm（草绿色）和550nm（柠檬黄色）（图1-28）。了解视敏度

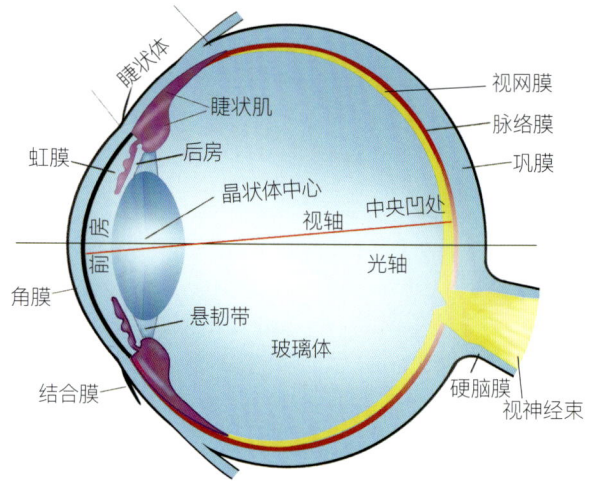

图1-26　人的眼球结构剖面示意图（作者绘制）

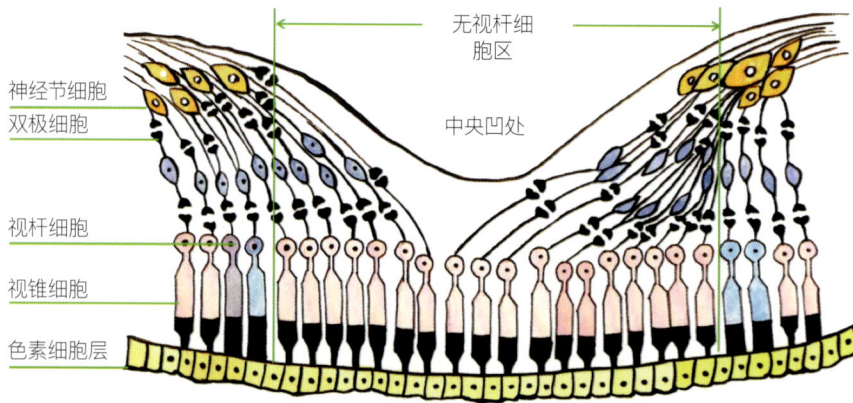

图1-27　视网膜结构示意图（插画工作者陈梦婷女士绘制）

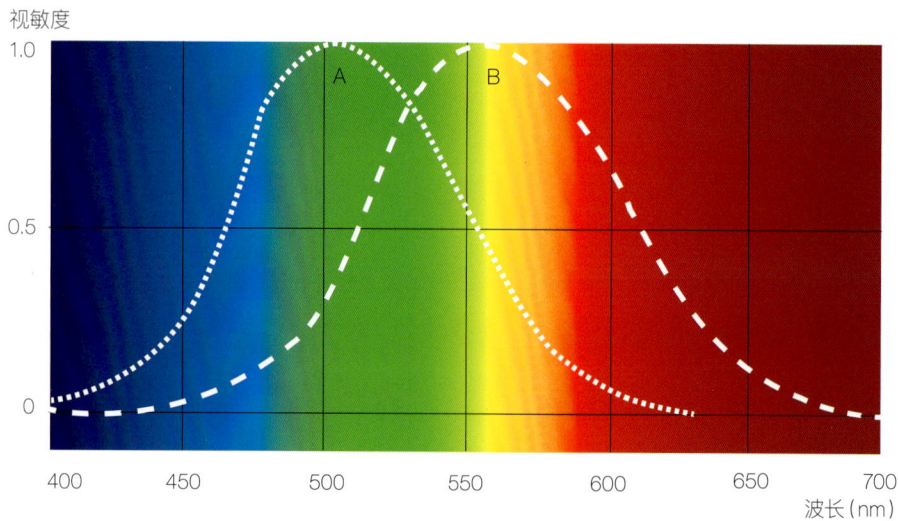

图1-28　暗视觉Scotopic曲线（A）和明视觉Photopic曲线（B）图（作者绘制）

的区别，比较容易掌握纺织品的色彩在使用和选择上的一些技巧，如明快的颜色，除了浅色外，草绿色和柠檬黄色是常使用的颜色系列。

（3）肌理的节奏感

面料按照需要表达的内容分为粗细、繁简、平皱等肌理秩序，根据视觉特征，有意识地形成肌理上的对比和差异化组合。肌理的节奏感是为了有效地衬托需要表现的主题，肌理的变化会对视觉进行引导和聚焦，并形成可视化节奏，让视觉在对物体的分辨和认知的过程中容易、快捷、准确地获取需要的信息。肌理的变化除了物理特性的展示外，也随着社会属性的变化而彰显不同的内容和信息，设计工作者要根据用户的需求，在纺织品的肌理效果上进行有效控制和分类。

精细的纺织品（如缎面、塔夫绸）肌理表面，具有较亮的光泽。采用单一的纤维和组织结构，使用较张扬或夸张的表现手法，向消费者传递丝质奢华的概念。粗糙的纺织品（如磨毛、雪尼尔绒等）肌理表面，具有哑光和较粗的肌理，采用较粗的特种纱线织造成相对较复杂的表面，这种纺织品虽然是粗糙和哑光的表面效果，但也具有强烈的视觉冲击力，这样的纺织品通常纱线捻度较低，手感柔软，亲和力强，常应用在沙发、椅子等相对面积较小的家具面料中。

（4）图案的节奏感

图案按照需要表达的内容分为大小、强弱、几何（曲直）和疏密等形体秩序，设计者需要掌握主题元素的秩序，并形成可读性的节奏。在诸多图案元素的影响下，主题的突出是图案节奏感的关键，多个主题图案容易使空间和产品要表现的主题产生混乱，分类别的图案表现是设计工作者需要关注的。

在图案的节奏感上，厘清图案的主次关系，

尽量避免重复表达，比如床品通常会在枕套和装饰枕上突出图案的主题，当被套上有图案时，枕套和装饰枕的图案就要非常简单或采用"去图案"设计。

（5）光泽的节奏感

一直处于同一种光泽下的空间和产品显得单调和呆板。纺织品光泽的变化应针对人的视觉特征来设计，在需要用户读取细节的主题上偏向明视觉下的色彩和细节，在辅助或不重要的区域使用模糊甚至低分辨率的手法来表达。不同纤维的光泽是不一样的，材料直接影响纺织品的光泽。

影响纺织品光泽的因素有：

• 纤维的种类
• 纱线的捻度及成分
• 面料的组织结构
• 后处理工艺

多方式可以改变纺织品的光泽及其应用，在后面的纤维章节里会详细讲述相关的知识。纺织品光泽的节奏感其实是对产品质感的掌握，除满足视觉本能的意义外，还要彰显纺织品的精致程度和社会属性。比如，高密度棉绒的光泽非常精致、整齐和优雅，这样的外观光泽与其密度及纤维的品质有关，而化纤绒因为密度低，绒毛倒伏等原因，光泽显得较杂乱，客观地反映出廉价和低品质等属性。在处理纺织品光泽的节奏感时，应当注意品质的配比和光泽的统一。

图1-29中塔夫绸具有比沙丁缎更加含蓄的特殊光泽与细腻、精致及脆质肌理的特征，使其成为一种在时尚界和家居产品中的奢侈品。尤其是其脆质特性，使塔夫绸服装（衣裙）和窗帘等产品会产生婆娑蓬松与沙沙作响之声，这是塔夫绸的独特之处。塔夫绸的细腻表面表现为其所折射出的不同光泽和色彩，是交织的

丝绸才有的特征，丝纤维的细度（5～10μm）相当于人类头发（25.4～50μm）的1/5，精细的丝纤维赋予塔夫绸精致天然的肌理效果，是其他天然纤维和人造纤维无法取代的。图1-30所示为丝绸缎面刺绣和提花面料所呈现的不同光泽。表1-1为部分天然纤维的细度。

图1-29 塔夫绸（左）和沙丁缎（右）

表1-1 部分天然纤维的细度比较

纤维	细度（μm）	纤维	细度（μm）
丝纤维	5～10	苎麻纤维	25～30
棉纤维	11～22	黄麻纤维	17～20
人类头发	25.4～50	羊绒	14～19
亚麻纤维	12～16	羊毛	16～40
安哥拉羊毛	14～16	骆驼毛	20

雪尼尔纱线是将"绒头"的短纱线放在两根"芯纱"之间加捻而成的，这些"绒头"的边缘与芯线成直角，使雪尼尔纱既柔软又具有独特的外观。雪尼尔纱线通常由棉纤维制成，也可使用聚丙烯腈纤维、黏胶纤维、涤纶和丙纶（图1-31）。

4.对比度

纺织品的对比度涉及色彩冷暖、灰度和明度的对比、肌理质感的对比、形体大小、曲直和疏密的对比、图案简繁的对比。

对比是设计中常用的表现手法，没有对比就不可能彰显产品主体的魅力。对比不仅会强化用户对产品的视觉效果，也会弥补产品本身的缺点和不足。人的视觉在辨识一个色彩或细节时，总是本能地寻找参照物来确认尺寸、光泽、肌理、色彩，甚至功能。

用户对物体的辨识不会使用逻辑分析，因

图1-30 丝绸缎面刺绣（左）和丝绸提花面料（右）的光泽

图1-31 雪尼尔绒（Chenille Velvet）面料

为逻辑分析过程是缓慢的。大部分没有经过专业训练的消费者对物体的辨识是依靠视觉和经验，关键的因素之一就是形成明显甚至略微夸张的对比环境。对比过程是一个互补的过程，加大差异化的目的是对主体效果的增强。对比的节奏是有秩序的，对比的强弱由空间的主题和主体功能秩序、形体与色彩透视的主次关系两个方面决定。

对比度越大，纺织品的细节表现和层次感越清晰可见，颜色越鲜艳明亮、清晰、完整；对比度小，则会使整个画面显得灰蒙蒙、不精神。有些暗色或暗部表现的纺织品，需要适当调高对比度，使得细节表现的优势增强（图1-32～图1-35）。

图1-32 沙发面料在不同背景下所产生的视觉对比效果

图1-33 用户可以通过手机屏幕的大小比较，清晰地确定自己的需求

图1-34　黄色、蓝色和红色面料单独陈列时并不出色

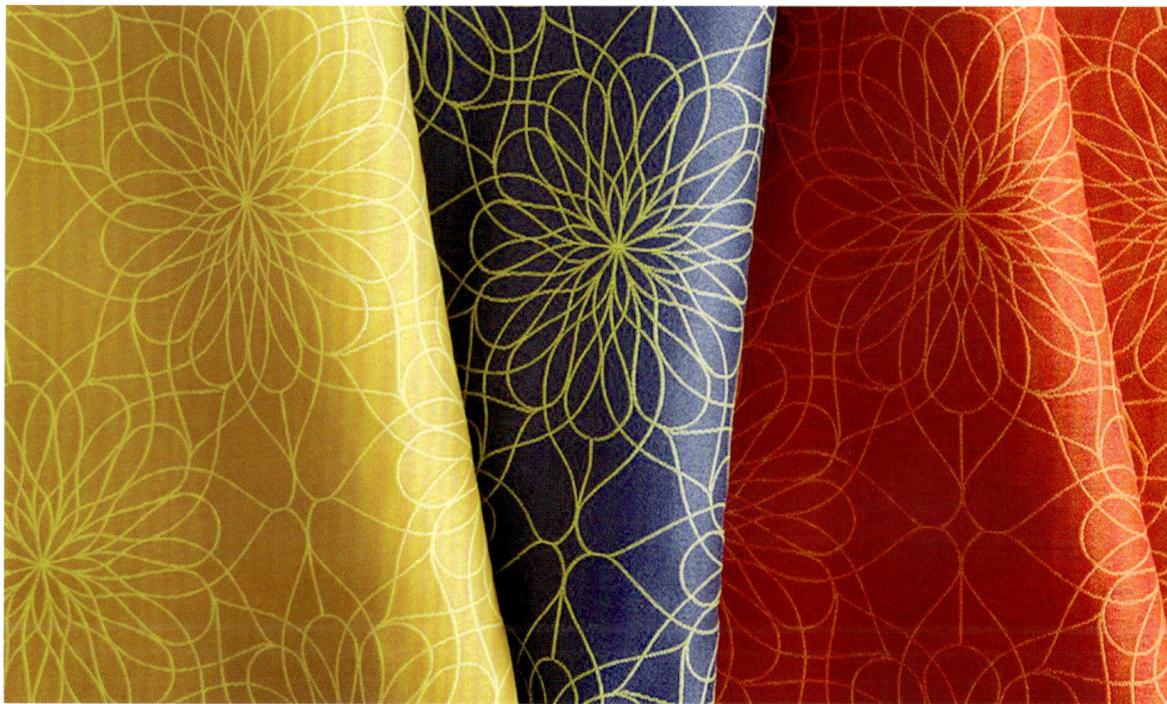

图1-35　黄色、蓝色和红色面料对比时显得张力十足

5. 综合和谐度

无论是设计空间还是产品，都可以通过以下五个基本原则来实现和谐的目的。

（1）人文关怀

工业化发展在提高生产效率、降低生产成本的同时，也给人类带来了危害、污染和各种负面的影响，甚至灾难。人文关怀是一种体现在空间设计和产品应用及制作工艺上的人文主义思想，这是和用户每天的生活和工作息息相关的，比如，窗帘的隔热、保温、隔音、阻燃功能，地毯的抗静电、抗微生物等安全保障可大幅提升用户的生活品质，也属于人文关怀的重要内容。一个处处充满人文关怀的产品很容易被用户接受，这是所有体验感中最强烈的一个。

（2）高效率

纺织品应用的高效率体现在原材料的获取、生产和使用的难易程度、耐用和免打理、维护等功能上；耐摩擦系数、耐候性、色牢度及抗静电等一系列高性能指标为用户带来高效率的使用功能，丝光处理后的床品容易清洗、烘干后减少皱褶，甚至可免熨烫。设计餐巾和餐台布的材料成本，不仅要考虑频繁的漂白和洗涤对纤维造成的伤害，也要考虑能够使污渍快速脱落而设计特殊截面的纤维结构和捻度等。设计工作中多一份"细心"，就可以让使用者的工作效率大幅提高。

（3）绿色环保

同样是窗帘，是否含有有害的总挥发性有机化合物（TVOC）染料或后整理剂，纤维是否因不耐紫外线辐射而断裂飘扬在空气中；地毯纤维的吸湿率是否可以防止微生物的生长等，都是对用户健康的保障。在产品制作过程中，研发和新技术的使用（如原液或无水染色技术），生产方式对生态的破坏程度（如不可再生的原材料对生态环境的破坏），再生材料的再利用，产品使用后的回收和再利用机制，制造和使用能耗，碳排放对生态环境所造成的影响等，都是设计过程中应该考量的因素。

（4）高性价比

高度工业化带来物美价廉的产品，设计中合理运用产品的材料与工艺，能给用户带来高附加值、价低且实用的设计。比如，空气变形纱线（Air Textured Yarn，ATY）的应用，解决了涤纶面料亮光和手感差的问题，成本还非常低；混色纱线交织的产品既有羊毛的质感，成本也大幅下降，可使用户受益。

（5）可持续性

可持续性在设计中对产品的要求不仅仅是产品的经久耐用，还包括时尚的可持续性。纺织品的可持续性与其产业标准的等级有关。选用先进的标准，纺织品的可持续性会比较长久。比如，国际上住宅使用的家具面料的耐摩擦系数是15000转，而商业使用的家具面料耐摩擦系数是30000转，在条件允许的情况下，提升耐摩擦系数至商业等级，在同样的使用环境下客户所使用的家具会延长使用寿命和提高整洁程度。在空间和产品的设计案例中，在成本和当地基础工业生产能力允许的情况下，尽量采用先进的产业标准作为设计依据，甚至设计一些超越先进产业标准之上的产品和方案，可持续性会大幅提升。可持续性也包括纺织品在生产过程中对环境所产生的影响的评估，以及纺织品回收再利用的可能性及比例。

满足上述五个条件的设计自然是一个非常和谐的设计方案，这需要设计工作者对纤维和面料的属性、构造和工艺、纺织品的功能识别及其应用以及相关的国内和国际产业技术标准等知识进行深入了解和熟练掌握。

三、风格特征的理性表现

1.色彩的社会属性

了解色彩对人类的作用，除了解人的视觉对不同波长可见光的反应机制外，还要了解社会发展史上人类历史的演变。如金色和银色作为古代的货币，从而使金/银色的属性带有"贵金属"的社会属性，在装饰以高级或"伪高级"为目的时，多用金色、银色。人们形容富丽堂皇的场所也会和"金碧辉煌"相提并论，金色、银色成为财富、地位和权力的象征。

旧石器时代的壁画中使用的大都是黑色、白色和铁锈红等颜色。黑色是最容易获取的颜色（木炭），白色则是白泥土或石灰岩的颜色，铁锈红色是含有氧化铁成分较高的红色泥土（矿石）的颜色。

古代的祭祀都伴随杀生，血红色一直是人对生命本能的崇敬和象征。当代时尚的、色彩浓郁的大红色斗篷以及大红灯笼代表着人们对生命的渴望和追求。红色在可见光中是低能见度的色彩，但是在其社会属性里张力却很大。祭祀、战争中的受伤和死亡等，都会出现血红色。小面积的红色使人感受到生命的存在，甚至是温暖，而大面积的红色则会使人感到局促不安。这种强烈的视觉压力实际上是来自人对危险的本能反应。

第二次世界大战后，粉红色是女孩的颜色、蓝色是男孩的颜色开始占据主导地位，到20世纪80年代普及开来，被消费者广泛认知。这也是为什么今天以色彩区别性别的习惯开始存在，因为它们本质上就是营销策略的结果。从生产或大众营销的角度来看，这是一种人为的以产品分类的诱导消费。因此，"蓝色是男孩的颜色"实际上是商家给消费者的一个消费理由而已。

直到20世纪50年代，婴儿用品的颜色仍然混用（图1-36、图1-37）。粉红色是女孩的颜色、蓝色是男孩的颜色只在20世纪的美国出现。从20世纪初开始，婴儿书籍、新的婴儿公告和卡片、礼品清单和报纸文章表明，粉红色对于男婴与女婴是没有区别的，产品分类（Classification）实际上是商家对消费行为的诱导技巧。

色彩大部分是由于社会属性所规范的习惯，研究色彩在当代社会的"法则"意义并不大，对商家来讲，更多的是一种消费的诱导和广告行

图1-36　婴儿服装

图1-37　婴儿鞋

为，对消费者来说，则是一种消费的理由。这样导致的"产品细分"会大幅增加消费者的购买品类（量），比如，婴儿产品里再分"初生婴儿"和"学步儿童"，家居产品又细分为"婴儿家具""青少年家具""成年人家具"等，用户自己"对号入座"选择即可。

如图1-38、图1-39所示，公路上的停车牌（强制执行）和方向指示牌是截然不同的颜色，对驾驶人的警示目的也不同。

紫色因为当时很难获取，曾经是古代贵族和皇室的专用色，但是在当代社会，紫色和其他颜色一样大量使用。所以商业引导仍然是当今社会对色彩应用的主要理论和社会依据之一。

2.纺织品色彩风格的多重性

纺织品色彩表现风格有杂色，多色或单色。

纺织品的色彩工艺有交织、色织、多色印染、匹染、拔染、段染、扎染等。

图1-38　公路上的停车牌

图1-39　公路上的方向指示牌

交织物是采用两种不同原料、不同颜色或不同结构的纱线织成的织物。这类织物可以具有经纬向各异的特性，也可以具有表面肌理化的特性。例如，经纱用真丝，纬纱用棉纱织成的丝棉织物；经纱用苎麻纱，纬纱中一组用真丝，一组用苎麻纱织成的丝麻缎织物等。

交织物可利用各种纤维的不同性能来改善织物的使用性能，并在色彩上获得某些特殊的外观效应，从而满足不同的视觉需求。交织的色织物多用于制作服装、装饰布等，因为不同纤维和色彩交织产生的闪烁感是其他染色工艺无法实现的。丝绸常使用交织的方法来实现色彩表现，这与真丝纱线独有的细腻和天然光泽有关。

色织是指将纱染好后再进行织造的工艺。色织的纱线有两种：一种是将纱线染色的染色纱；

另一种是色纺纱，即人造纤维在色母粒熔融后喷出来的丝就有颜色，纺成纱后即是有色纱。

色织面料通常都有比较复杂的色彩和花型，通过更换不同颜色的经纬线来变化面料的颜色和图案，交织色也是色织的一种。

图1-40为交织双宫丝（Dupioni Silk），紫色和金色纱线交织辉映的色彩富丽堂皇，这种大胆的补色关系使金黄色的丝绸显得更加耀眼和靓丽。

色纺纱织造的面料，其色牢度是目前其他染色工艺无法超越的，在色纺的人造纤维中，漂白水（次氯酸）和其他氧化还原剂很难对其漂白。

色织纺织品的色彩细节表现远远优于其他染色工艺，色织不仅可以变换经线和纬线的颜色，也可以变换材质和肌理效果，甚至以多重组织结

图1-40　交织双宫丝

构来呈现色彩和花型，是目前最丰富的展现纺织品色彩的织造方式。色织的纺织品颜色逼真，立体感强，细节丰富，虽然起订量少，单位成本超过匹染面料，但是色织产品的性价比要优越许多，色织产品的色牢度普遍远高于匹染纺织品（图1-41、图1-42）。

匹染（Piece Dyeing），是将原色坯布放入染缸卷染（或长车轧染）的染色工艺。匹染有起订量，每次染缸的定染数量不一，有小缸投染，成本略高，一百米的坯布也可以投染。匹染的颜色比较单一，色牢度也比色织产品低，但是因为生产速度快，价格低，常是大市场的产品。大量生产的单色床品和单色窗帘面料都是匹染纺织品，天然纤维和混纺面料大多采用匹染工艺染色。

图1-43的蜡染纺织品采用典型的生物活性匹染工艺。蜡染并非使用蜡来染色，而是用蜡在面料上作画（通常是棉、麻质地的天然纤维面料），将面料局部封闭，然后浸泡在蓝靛（由板蓝根植物发酵而成）池里漂染。主要的助染剂为乙醇（民间酿造的低度酒）、淀粉（产生糊精）和盐（氯化钠）。被蜡封闭的面料部分因染料无法进入而留白，未作蜡画的部分被染料染色，染色后再将蜡层用热水煮化后得到花型图案。民间

蜡染的面料多为平织的土布，浮色很多，经过多次漂洗后仍然会脱色，洗涤色牢度、摩擦色牢度和日照色牢度都较低。

工业化的"蜡染"称为"还原印染"，即将还原剂印在色布上还原脱色而形成图案。

3. 设计方案中的色彩组合和应用方法

纺织品的色彩组合和应用应以产品的属性及功能（目的）和消费群体为主要前提。

产品的属性（为谁服务）及功能（如何服务）决定色彩体系应用的前提。产品的属性决定了产品的色彩倾向。比如，空间的色彩体系是以人们滞留的时间长短来确定色彩的明度和灰度（饱和度）。

滞留的时间非常短暂，色彩效果往往会较强烈，如地产公司的样板房。

滞留的时间略长，色彩会较柔和，酒店的颜色就相对比较柔和，因为是公共设施，使用者来自不同年龄和地域，产品的色彩也相对比较偏中性，没有太大的起伏，无论从文化上还是生活习惯上（除了突出当地的文化特色外）。

家里是永久性的居住场所，色彩会非常柔和，以避免强烈的色彩导致审美疲劳，家是宁

图1-41　色织丝绸面料（左）和印花面料抱枕（右）

图1-42　色织提花面料抱枕

图1-43　蜡染纺织品

静、休息的地方，家里的颜色更偏向主人，尤其是女主人偏爱的色彩，浪漫是女性潜意识里重要的情感倾向，浪漫的色调（轻淡、柔美，灰度适中且明快的女性化色调）会比较受女性用户喜欢。

不同的消费群体有不同的喜好，年龄、教育背景、收入、职业以及地域都是产生对色彩不同认知的缘由。人的个性需求在不同的年龄段有着不同的诠释，同一个时尚概念，在20岁、30岁、40岁、50岁的男性和女性眼中会有着不同的认知和解读。地域包括地理和社会环境，环境往往可以轻易地让人对一种事物产生截然不同的看法。比如，在东北地区漫长的冬季中，冰雪覆盖的大地缺少五颜六色，因此对颜色的追求非常大胆和直率，大红、大紫、大绿的颜色很常见，这是因为地域原因导致的对色彩的认知。而南方却是四季常青，花红草绿，因此南方人追求的是在朴素和灰度中寻找微小的意境和差别，如浙江杭州的汉服，其颜色并没有因为年轻人穿着多而采用鲜艳和扎眼的颜色，反而是偏素净的色彩风格。

纺织品的色彩特征是一个相当复杂的系统，对设计工作者来讲，终其一生也未必能够研究完其中的变化规律，因为纺织品的色彩涉及的材料和产品是由大量的花色品种组成的，最好的办法就是涉及某一个专业领域时，再去细化产品的属性和功能。比如，沙发制造企业对沙发和抱枕面料的要求相对很多很细，范围也很小。沙发面料的色彩特征完全不同于床品、地毯和窗帘，无论是用途还是功能，即使是同一个年龄段和地域的消费者，都会对产品有不同的需求。设计工作者能够根据不同的产品和消费者做出合理的判断，需要对纺织品本身的属性和功能彻底了解和熟悉，这也是合理设计的基础。要让颜色鲜艳，但又不刺眼，其中一个技巧就是降低颜色整体的饱和度，增加灰度。这样在颜色耐看的同时，色彩依然明快，图1-44中的绿色是有灰度的草绿，橙红色面料因为灰度的增加显得更加沉稳、明快。从视觉的角度看，灰度的增加实际上是给予视锥细胞更多的可见光识别，所以人看到灰度丰富的色彩时，会感觉到颜色丰满而耐看，比原色（单光束）或间色（双原色）要丰富许多，使人的视觉产生更大的舒适感和满足感。

4.肌理造型

纺织品的肌理风格是通过触摸感觉和视觉光感给予人不同的心理感受，例如，粗糙与光滑，软与硬，轻与重等。肌理的视觉效果是随着织造工艺的改变而改变的，不断创新的现代科技和层出不穷的织造工艺赋予纺织品丰富的肌理效果。

纺织品有无绒、割绒、圈绒、植绒、平织、多层、斜纹、提花等产品类别，都有厚度，但在视觉上，面料是二维平面织物，它的触觉肌理主要体现在面料表面具有较强触摸感的立体感、颗粒感或浮雕效果。触摸感并不是一定需要触摸才能感受到效果，一种具有较强肌理设计的面料，会让人有触摸、揉搓的欲望。触摸感往往是在纺织品的肌理效果对视觉产生作用时就开始了。面料的肌理风格丰富，主要有绒毛、浮雕、毛圈、皱褶、凹凸、竹节等。设计工作者需要掌握纺织品改变肌理效果的方式，如宽松组织设计使面料变得透气柔软，而双层组织则赋予面料一定的重量，且形状美观，像双层纱布的垂褶类似于弹力棉或轻质亚麻布，但双层纱布在使用时不像亚麻布那么容易起皱，常用于夏季服装和家居用品，因为面料质轻但不透明，不需要单独的衬里，双层纱布还可制作柔软舒适的秋冬服装和配饰以及床品和披毯。

图1-44　用于餐厅、办公室和酒店等场合的面料

（1）组织结构带给用户不同的体验

纺织品织造时采用不同的组织结构可以产生不同的肌理效果，常用的组织结构有绉组织、圈绒组织和割绒组织及它们的结合组织以及双层、多层组织等。图1-45是缎纹组织、圈绒组织与割绒组织相结合织造的立体丝绒面料，该织造技术目前仅限于全手工织造，在全球的纺织企业中，日本的川岛丝织，法国的Tassinari & Chatel和中国上海古典丝织的安东尼·朝工作室可以织造此类多色丝绸艺术精品。

图1-46的绉❶组织织物（Crepe Weave）是有两种以上的组织变化而成，利用长短不一的浮长随机构成不规则的经纬线交错排列的微小颗粒，具有凹凸不平的肌理效应，是典型的通过改变组织结构产生的肌理效果。

图1-45　丝绸缎面和圈绒、割绒组合的多色立体绒肌理效果（图片由古典丝织的安东尼·朝提供）

---

❶ 绉是縐的简化字，读 zhòu。绉缎以经丝为平丝，强捻丝为纬丝，二左二右排列，采用缎纹组织交织，绉缎的原料一般以桑蚕丝为主，很像精细的葛布（俗称夏布）。

绉组织织物有多种织造技术，高捻度的纱线可增加起绉的肌理效果，经纬线中添加无捻纤维也可增加面料的起伏肌理效果。

树皮绉组织织物是由中长纤维采用模仿树皮肌理纹的提花组织构成的肌理效果（图1-47），网目、蜂巢、凸条等组织不仅具有不同的表面肌理效果，同时也具有不同的触觉感。随着纺织工业的进步，绉组织不仅可以增加色彩的丰富程度，还可以根据需要形成高低和大小不同的肌理。双层/多层组织（Double or Triple Gauze）在提花面料的设计中应用较多。双层/多层组织因表层密度大于里层密度可使表层隆起，在双层或多层组织中，适当配合填芯或接结组织可以形成更明显和丰富的凹凸或褶绉花纹（图1-48）。因此双层提花织物丰厚且富有弹性，能使花纹处像树皮一样永久性地隆起。

（2）纱线品质和性能特征的对比

在纺织品的设计与生产中，纱线（纺纱）是一种非常重要的材料（工序），在现代纺织工业中，纺纱和染色、织造一样，是一种单独生产原材料的加工工艺，是纺织产业链的重要组成部分，纱线的品质和性能特征很大程度上决定了纺织品织造技术的应用和效果。尤其是肌理效果，多种不同材质的纱线共同使用可以织造出肌理形态对比强烈、形式多样的面料产品。可以说，纱线的作用非常关键，纺纱技术决定了面料产品织造的水准。

① 纱线性能的对比应用

纱线材料的性能特点是触觉肌理形成的重要手段。在面料设计中，纱线的捻度、捻向、弹性等是面料触觉风格形成的关键。单向弱捻丝具有柔软和丰满感；单向强捻纱线不仅因自身抱合紧密而变硬，其捻缩还会使织物收缩而产生不规则的凹凸起伏肌理纹，如电力纺、双绉、顺纤、碧绉和乔其等织物。与强捻纱具有退捻倾向而形成的细微凹凸肌理相比，使用弹力纱将大大增强面料的凹凸感，在织物设计中，弹力纱浮长线的合理分布，可使面料表面产生隆起，形成类似浮雕的艺术效果。弹力纱除氨纶外，还有弹性涤纶（PTT弹力纤维）、收缩丝、弹力变形纱等，在纺织品生产中被用来形成特别的触觉肌理。

图1-46 绉组织织物

图1-47 树皮绉组织的肌理效果

图1-48　双层绉组织的肌理效果

② 纱线不同表观形态的对比应用

纱线的形态非常直观，在面料的触觉肌理形成方面发挥着非常重要的作用。因此，在面料设计中熟练运用纱线形态及粗细可以使纺织品具有不同的纹路、肌理和质感风格。纺织品的细腻程度及厚薄是由纱线的粗细和密度决定的，利用纱线粗细的变化，并与组织结构有机结合，能够在织物表面形成粗细对比，触摸其表面就可以感受到粗细不匀、凹凸不平、细腻中略带粗糙以及柔软的感觉。

传统的短纤纱与长丝纱比较常见，种类繁多的花式纱线也渐渐被设计工作者关注，特别是在装饰面料中的应用。花式纱线中的各种饰线能够让织物体现出多种多样的触觉肌理效果。目前比较常见的花式纱线主要有毛虫线、雪尼尔线和圈圈线等，其中在中国应用最广泛的是雪尼尔线。因为雪尼尔线具有细密的穗状绒毛，可使织物具有非常突出的

丝绒感，颇受消费者青睐。同时采用纤细、光滑、柔和的长丝纱与较粗的丝绒线能够使雪尼尔纱突出在织物表面，形成一种凹凸有致的特殊触觉肌理，除此之外，雪尼尔纱的柔软滑糯感和普通长丝纱的光滑感结合在一起，赋予面料一种丰富的触觉感受。粗硬的包缠纱与很细的网络捻丝对比运用，采用网目组织结构，可使面料摸上去既有硬纱的挺括感，又有细纱的光洁细腻感。

图1-49中举例说明的是可以利用纱线形态的变化和不同，使纺织品具有丰富的且富有趣味性的触觉肌理感受。方平组织与平纹组织高度相似，纱线的捻度不高，或者不加捻，但是纱线较粗，使面料的手感厚实、柔软而且、温暖，纱线织造时采用相同的平纹组织，但将两根或多根纱线组合并成一根（所用纱线的数量均匀且始终一致），这样就形成了更强调平纹的棋盘式图案。牛津布是利用方平组织织造的面料。

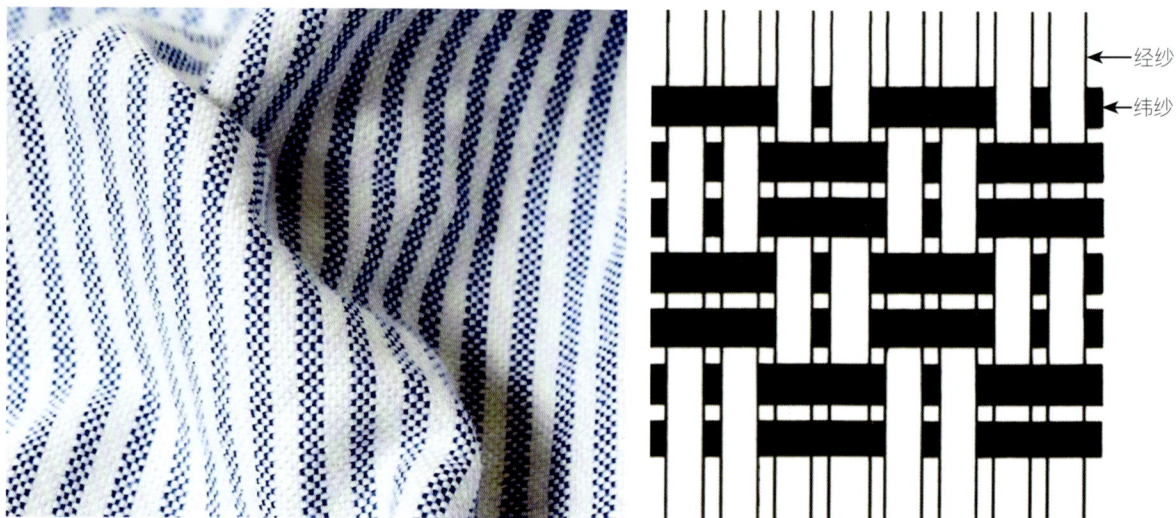

图1-49　方平组织织造的面料和组织结构示意图

图1-50所示的雪尼尔面料手感非常丰富，是家具面料中常使用的面料之一。

图1-51所示涤纶长丝面料采用涤纶长丝织造，幅宽可达3m。虽然方平组织结构简单，但是变化的纱线结构和后处理工艺也可使面料的表面光泽、肌理效果和手感丰富多彩。

手感：和其他产品不同，纺织品的手感是通过手的触感获得的反应来评估面料的质量。确定织物手感是物理、生理和心理因素的组合。物理因素是织物，生理因素是手感觉到的触觉或刺激，心理因素是大脑收到刺激信号并根据人的经验记忆给出回应。在测量面料手感方面面临的挑战是每个人对事物的看法不同。温暖、凉爽、平滑、粗糙、柔软、松散、生硬等手感的不同，彰显不同的产品属性和风格，也与用户使用的经验、功能需求和目的有关。每个人对纺织品的感觉是不同的，至今为止，行业里没有一个固定的标准来衡量手感的差异化。针对同一块面料，每个人的感受可能在柔软度上的接受度不同。习惯了天鹅绒的用户，对雪尼尔绒的粗糙感就会不以为然；喜欢麻织品粗糙的摩擦感的消费者，对丝光棉缎面般的细腻反而不会有足够的温暖和包覆感。

垂感：垂感有流畅柔顺的，也有生硬死板的，针对时装和窗帘用织物的技术要求，纺织

图1-50　雪尼尔面料

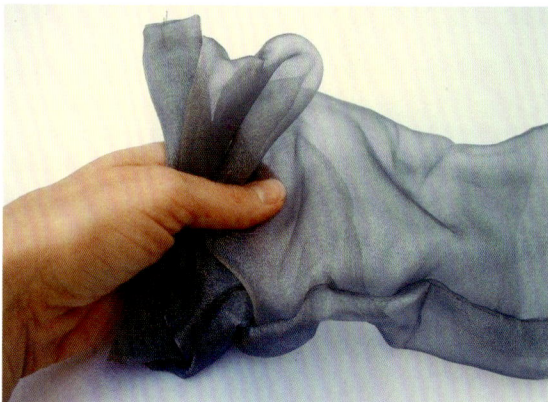

图1-51　涤纶长丝面料

品的垂感与组织结构和纱线的捻度有关。通常用于家具的纺织品，因为其对面料的形体稳定性和抗拉伸要求较高，以幅宽1.4m的面料为主（纬向的紧密度高，形体稳定性好）；而垂感好的面料通常是以经向为主的面料（窄幅面料幅宽137～150cm），但纱线的捻度和经纬密度都相对较低；窗帘用纺织品的幅宽大多是280～300cm（也有使用窄幅面料的），制作窗帘时，常把纬向作为窗帘的高度来使用，以便节省面料和缝制的人工及时间。

垂感好的面料也常会伴随较大的弹性模量，即挂久了的窗帘，面料会因较松弛的经纬密度而持续延长下垂。通常较松弛的针织面料下垂延长的概率比机织面料大，黏胶纤维（人造棉）面料和棉、麻纤维面料等因自身重量和吸湿率高等原因，也会产生较严重的延长下垂。

图1-52所示窗帘用宽幅织物的纬纱具有同窄幅面料的经纱一样的垂感。通常具有较明显垂感的纺织品，其捻度和经纬密度也相对较低，不适合用于对耐摩擦系数要求较高的产品，如沙发和餐椅用面料，对形体稳定性和摩擦系数要求较高。在设计室内空间时，设计工作者需要具有分

图1-52　用于窗帘的宽幅织物

辨能力，对宽幅面料和窄幅面料的性能和用途合理地区分对待。

5.产品造型的原则

空间造型在室内空间设计工作中俗称"摆场"，就是把设计工作者设计的所有产品按照设计方案的策划，呈现在指定的空间里。对产品设计师来说，完成最终的成品效果需要具备一个最后的工作步骤，即产品造型（Product Styling）。

产品造型是难度比较大、涉及范围比较广的一门学科，在室内和产品设计中，产品造型设计是实现设计形象目标的具体化呈现，它是以产品的价值为核心展开的一系列用户体验设计，对产品设计和研发的观念、性能、结构、技术、材料、造型、色彩、生产工艺、包装、营销策略等进行一系列策划与设计，使用户形成强烈的体验感和社会形象，并且可以起到提升、塑造和传播产品形象的作用，在产品经营、信誉、品牌、策划、销售服务、文化等诸多方面显示产品的个性标识，强化产品的整体效应。

如图1-53所示，纺织品在空间中的造型技巧直接影响最后的陈列效果和商品价值。掌握合理、充分的灰度并应用在面料的纱线和织造技巧上，会给纺织品和家居成品带来丰富的视觉效应。色彩的灰度越大，实际上是可视光谱的范围越宽，可视内容越丰富，加上合理的肌理效应，让视觉体验和可读性更强、更加和谐、明显和柔美。

产品造型也是一门相对独立的学科，与商品陈列学科不完全相同，产品造型更关注产品本身的品质与性能以及涉及的用户体验感。设计工作者应该多研究用户是如何感受产品的，而不是自身对产品造型的喜爱，否则很容易形成自娱自乐的"象牙塔"设计。

产品造型的18个原则如下。

（1）体现真实的价值

这种价值体现在解决用户的什么问题，如女性奢侈品手袋，解决的不是装东西的问题，而是主人的社会属性和身份象征。

（2）用户体验

设计一个给用户丰富体验感的产品细节，把这种体验和用户的生活轨迹结合在一起，使用户很容易产生联想，如阻燃纤维的安全性和抗菌纤维的益处。

（3）为用户着想

解决用户需要解决的问题，并且有更先进、便捷和容易的方法。

（4）价值感

显示是否具备值得购买的高性价比的吸引力。

（5）用途

凸显并引导真实的用途，直观地告诉用户可以获取的各种产品功能和附加值。

（6）注重细节

细节是和用户建立信任的重要工作，用户会感受到贴心的设计。坚持完善每一个细节的展示，细节体现价值，会让用户做出无怨无悔的决定。

（7）体现新颖性

展示最新版本的品质，让用户认为这是最新、最好的。

（8）注重功能和体验

摒弃所有不必要或可有可无的枝节，把功能和体验的主体做到极致。

（9）凸显产品的差异化

大部分同类纺织品能做到有差异化是最后10%的内容，其余90%的内容都是类似的内容。让用户能够立即感受到产品的差异，根本的问题在于设计工作者如何解决最后那10%的问题。

图1-53　纺织品在空间中的造型

比如，装饰面料在实现手感柔软的处理方式上，是磨毛还是使用ATY纱线，所占的工作比例在整个产品中还不到10%，但是会给用户带来不同的体验，往往这10%的工作对设计来讲是最具挑战性的。

（10）了解市场

掌握竞争对手的情况，不要陷入致命的、直接或间接的竞争漩涡中。比如，数码打印的纺织品生产门槛比较普及和容易，很容易导致市场上数码打印的纺织品肆意泛滥，在开发同类产品时需要对风险进行仔细评估。

（11）满足用户的期待值

纺织品的设计是否能成功满足用户的期待，最好的结果就是拉大期望值差距。用户的期待是比较主观的，彻底了解用户的诉求，使产品功能不仅能满足用户的诉求，而且会超出用户的期待。比如，用户担心地毯藏污纳垢，可用抗菌性能高的纤维（丙纶）和三叶形截面纤维来解决微生物的污染及耐脏耐用的问题。

（12）个人与公共价值的关系

在突出社会价值的同时，更应该建立公共价值和个人使用产品价值的关系（联系）。低碳环保不仅对社会有贡献，对家庭和个人使用也有益。比如，窗帘对室内温度、噪声和光线的控制，不仅可节省大量能源（25%～50%能耗来自窗户的热传导系数差异），也可以增加室内的舒适性。

（13）设计可能性

用户对产品的看法很多，当用户告诉设计者某些事情不适合他们或者他们认为不好，对于设计工作者来讲，不要急于去解决问题，应该深入了解潜在的问题，它可能只是无关紧要或生活习惯的不同而产生的。设计工作者不能盲目追随用户，也不必对用户的不理解而抱怨。例如，用户

对窗帘的衬里需要花费额外的费用感到费解和排斥，实际上是因为他们对纤维的耐候性缺乏了解而造成的，详细解释纤维如何在紫外线照射下发生破损和断裂，并在拉动时会飞扬在空气中，用户就会认为配置衬里非常有必要了。

（14）设计的行为得当

当设计方案无法引起用户的关注时，这说明用户的根本要求并没有被关注和了解，设计者应该多关注用户的需求。比如，用户对高性能纺织品的兴趣不大，却认为产品的性价比不高，这是因为设计工作者没有把高性能纺织品的优势和用户的需求及利益联系在一起，无法诠释产品的优越性能，从而使用户难以理解。

（15）每次专注于解决一个问题

市场的发展都是从一个个小问题的解决开始的。最打动人的设计是满足并解决用户的愿望和问题。比如，人们担心浅色的家具面料被污染难以清洗，要使用户了解拒水程度高的纤维，如涤纶、丙纶、腈纶等纺织品采用特殊的纱线和组织结构及后处理技术，抗污能力和易清洗能力是非常强的。

（16）格雷欣法则

警惕劣币驱逐良币。具有破坏性的产品看起来廉价，好用，而且很容易获取。往往这种产品占领了市场，会让优秀的产品无法生存。纺织行业和其他行业一样，也存在这种现象，所以在设计产品时，设计工作者需要考虑设计寿命和后期产品更新换代的时间，一个新的设计往往很快会被"劣币"追赶上，尽管品质上有差别，但是消费者在使用前并不知道其中的差距。

（17）产品设计的定位尤其关键

为哪个消费群体设计，如何宣传，如何让定位的用户理解和比较，设计的成品是新品还是改进型的产品，能解决用户的哪些问题，如何让

消费者以已有的知识来理解和学习新的产品系列，这都是设计定位所要思考的。以消防服装为例，中国对消防服装的阻燃要求（消防员灭火防护服标准 GA10—2014）是：100mm 长的面料燃烧时间不超过 2s，不允许滴落液滴和熔融，热稳定温度在（260+5）℃，保温层的温度为（180+5）℃，没有规范具体的纺织纤维种类和处理方式。其实在纺织品耐高温的选择上仍然有较大的上升空间，杜邦生产的对位芳纶（Dupont）和间位芳纶（Nomex）耐高温可达到 350℃ 和 550℃，PBI（聚苯并咪唑）纤维在 650℃ 高温下可保持持续稳定的状态。

（18）让市场和消费者分享设计产品

满足用户期待、解决用户问题的设计产品，一旦得到用户认可，用户将是最好的传播者，给予用户超值的设计和服务，用户会广为传播的。

上述 18 条产品造型原则讲的是如何使用户对产品设计快速认知并广为传播。所以，在纺织品的设计工作中，应考虑使用的材料是最合理、最富有性价比、最符合量化条件下的优选，针对用户的需求和解决用户自己无法解决的问题，这也是设计工作面临的巨大挑战。

6.纺织品的匹配程度

匹配程度是指对新设计的空间（产品）或已有空间内纺织用品的匹配要求，包括但不局限于：

- 使用功能状态
- 文化与材质的属性
- 设计元素是否符合设计原则
- 是否容易在产业链获取
- 性价比及用户的期待

纺织品往往通过工业化量化（物美价廉，大众化强）和个性化定制（价格高，没有产量要求，个性化强）两种方式来生产。

无论采用哪种方式生产的纺织品，都会涉及产品匹配程度的问题。比如床品的设计，家用或商用床品配置装饰抱枕的大小、数量不同，家用床品有的配 3～4 个装饰抱枕，有的配 5～6 个，酒店配置的装饰抱枕一般为 2～3 个，酒店采购床品时，通常是 1 配 3（一个房间采购 3 套），而家用床品很少会重复采购一款床品。所以，家用装饰抱枕和额外的睡枕都会分开设计和包装、销售。匹配程度不仅与性能及外观有关，与成本也有较大关联，没必要过多配套产品，这样会增加用户的购买成本。如家用床毯更偏向实用性而不是装饰性，而酒店的房间则恰好相反。

7.纺织品的时尚特征与设计寿命

设计者需要针对纺织品的使用功能、寿命和材料特征来考量时尚特征的寿命。比如，酒店软装的设计为六年更新一次，采用的所有材质涉及的风格、色彩和品质都不应超出其设计使用寿命的 1.5 倍，即该酒店的内装设计及选材不应超过十年，原因不仅是因为陈旧、破损，六年后，设计的时尚性会发生较大变化，这种变化甚至超过产品的耐用性，而用户对酒店与时俱进的时尚性则更加关注。

时尚特征的寿命还要考量对新技术和新理念的认知和使用，时尚性有新奇性、差异性、模仿性、大众性、短暂性和周期性等特征，在考虑使用新技术和新理念的时候，要对上述特征进行逐一分析。例如，很多酒店的房间里采用流行的智能化控制系统，虽然很时尚，但是缺乏普通开关给予的便利，虽然智能化开关可以有效控制不同情景模式下的灯光状况，但是无法和普通按键开关形成有效的差异，虽然看上去新奇，却只是形式上的模仿，并没有大众性（非解决大众问题的产品），具有强烈的短暂性和周期性特征，这是设计工作者不得不思考的重要环节。

市场上常见纺织品习惯性的设计寿命如下：

- 花型、图案与色彩细节：每年都有更新
- 花型与材质风格：2~3年
- 材料与工艺：10~30年
- 住宅使用的纺织品：3~6年
- 商业使用的纺织品：6~10年
- 特种工业使用的纺织品：1~3年
- 公共安全使用的纺织品：5年
- 交通工具使用的纺织品：2年
- 医用纺织品：6个月~1年
- 酒店用纺织品：6年
- 户外用纺织品：2~5年

时尚特征的寿命不能只考量消费流行元素的影响，工业化的进步、产业标准的升级、技术的迭代等都是与时俱进的产物。设计工作者有推动科技发展和教育用户的责任和义务，对新兴的、先进的产业标准和基础工业所提供的新型成熟的产品和技术，如新的高性能纤维，新的纺纱技术、无水染色技术，环保后处理工艺等，设计工作者应及时更新自身的知识架构，以便为用户提供更优秀的设计方案和产品。

四、纺织品的使用性能和安全度

纺织品在商业与住宅空间内的使用过程中，会随时涉及纺织品的使用性能和安全度的问题。在把产品（或设计方案）交付给用户之前，设计工作者必须清楚地了解并告知用户所设计的纺织品所应该具备的使用性能和安全条件，并且有科学的数据和权威的检测报告作为依据提供给用户参考。这不仅是一个能够优化设计方案的过程和手段，也是理性地、严谨地阐述设计方案和产品的科学性及可靠性，解决用户的后顾之忧。仅仅

是道听途说地传达一些未经确认的产品信息，或者是材料商单方面提供的未经验证的产品技术参数是远远不够的，也是缺乏严谨性与客观性的，是对用户不负责任的行为，也会对产品的使用、用户的消费权益和设计工作者的专业信誉和话语权造成不同程度的伤害，同时也是对社会资源的浪费。纺织品的性能和安全度表现在以下几方面。

1.隔热与保温性能

隔热和保温性能在室内纺织产品上主要体现在窗帘布艺、墙体保温材料和地面材料上。窗户的热传导系数是室内空间能耗和舒适程度的核心因素之一，室内有25%~50%的能耗是通过窗户玻璃传导的。

设计工作者除了要收集和分析不同品质和结构的玻璃门窗的热传导系数外，也要同时对窗帘面料的材质、制作工艺（皱褶的倍数）、窗帘衬里的层数和厚度，甚至窗帘的上下左右及中间交错等密封性作出一系列规范。室内墙体的软包装、硬包装、壁布等的应用不仅可以有效降噪，对室内温度（保温）的控制也有一定作用。地毯覆盖地面也是实现隔热和保温效果的有效举措（图1-54、图1-55）。

2.光和噪声的控制

室内的光污染和噪声也会给用户带来烦恼，对炫光和噪声的控制需要选择合适的产品和工艺。大面积纺织品的反光是室内光污染的一种（窗帘上容易发生），缺乏对室外光有效的遮挡，也是造成炫光的原因之一。在办公室等公共空间使用浅白（灰）色玻璃纤维或涤纶卷帘，并不能有效降低阳光的炫目，反而会增加阳光的衍射程度，让窗户变得白花花一片，有效的办法是使用

具有吸光作用的深色遮阳卷帘，不仅可以大幅度降低炫光程度，也会使室外的景观变得清晰美观（图1-56）。采用哑光纱线织造的面料用作窗帘，也会使室内显得温馨。

　　墙体纤维板的使用，对室内的降噪、音响效果、保温、美观、降低成本等功能起到巨大的作用，纤维板改变了硬体材料的功能、成本和设计局限，给设计工作者提供了无限的设计自由，以满足室内空间，尤其是公共建筑室内空间的功能和文化需求。

图1-54　皱褶深的窗帘降噪和保温性都较好

图1-55　地毯可以有效地吸音和保暖

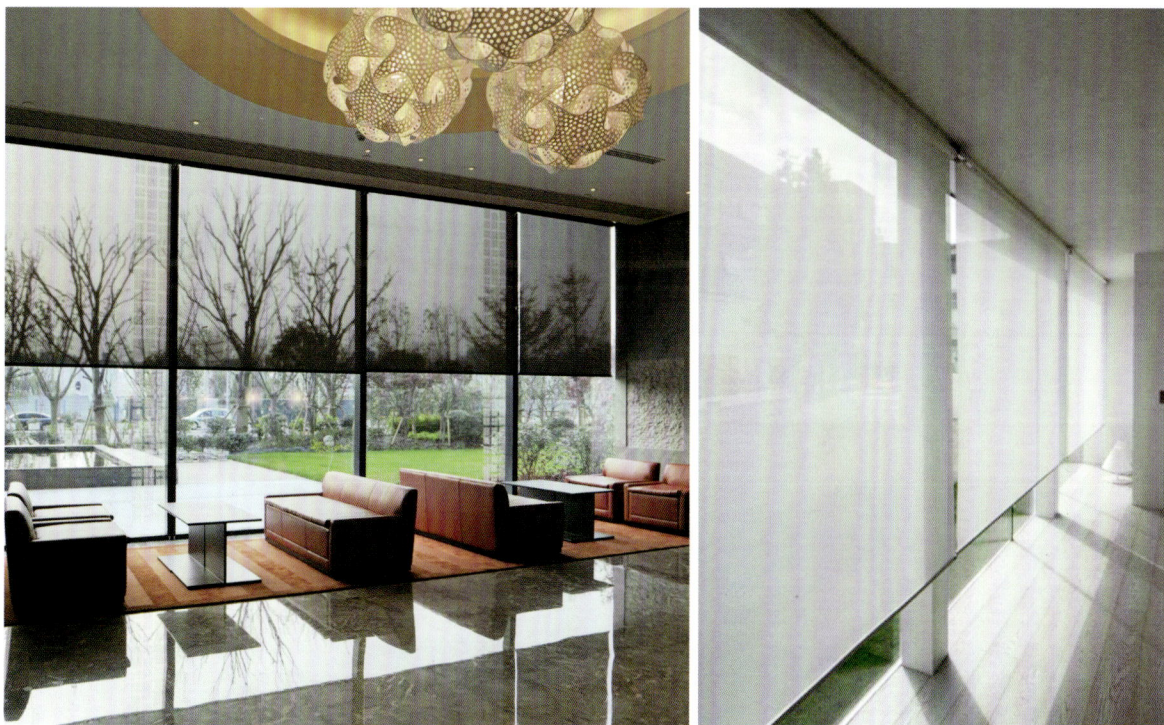

图1-56　玻璃纤维或PV包覆涤纶制作的遮阳卷帘可有效减少炫光和噪声，并符合BF1级阻燃标准

如图1-57所示，高频涤纶纤维板应用于天花板，在解决降噪和音质保真等问题的同时，也大幅度降低了吊顶的施工/维护成本，尤其对大型商业建筑空间设计来说，意义重大。

图1-57　高频涤纶纤维板应用于天花板

图1-58、图1-59所示的墙体纤维材料，在设计造型上打破了以往涂料和壁纸的二维平面局限，让设计师的艺术想象力得到无限发挥。

使用地毯也是有效降噪的手段之一。地毯和天花板上的纤维板同样可吸收声波。声波（Sound Wave）是纵波（Longitudinal Wave）的一种，实际上，声波在空气中的传递是空气介质（空气分子）发生压缩和拉伸变形，并产生使其恢复原状的纵向弹性力而实现的。因此，纵波只能在拉伸压缩的弹性介质中传播，一般的固体、液体、气体都具有拉伸和压缩弹性，所以都能传递纵波。声波在空气中传播时，由于空气介质的震动方向与波的传播方向一致，所以人站在喇叭前面时，面部可以感受到声音如吹气一般吹到脸上的震动效果。柔软和粗糙的纤维表面可以有效吸收震动的声波而不再回弹，从而抑制了室内噪声（回音和共振）的延续。所以有音控设计的室内空间，尤其是公共空间（办公室、会议室或餐厅等），声音会显得更加清晰和保真。

城市的光污染不仅仅是建筑的玻璃幕墙产生的强烈反光，室内的光线控制、纺织品的发光和反光都会令人不舒适。光在空气中传播时，遇到亮的织物会发生折射或反射，造成视觉上的不舒适。

下面一些方法和技术可使纺织品不反射光：

• 使纤维具有不同的截面和纵向形态（异型

图1-58　墙体纤维板不仅美观，还可以有效降噪、吸音和保温

图1-59　墙体纤维材料

截面人造纤维）；

　　•在纤维中加入二氧化钛弱化反射作用；

　　•改变纺纱工艺（使用短纤维、ATY空变纱、低捻度纱线等）；

　　•改变织造的组织结构（如粗糙、富有肌理的表面可改变光的折射方向）；

　　•改变面料中纤维的混合成分（如与棉、麻、羊毛混纺）；

　　•改变纱线的密度（如增加纱线的肌理和线密度）；

　　•后处理（如磨毛、拉毛处理）。

　　并非只有棉、麻、羊毛等天然纤维不反光，以目前基础工业的科技水平，几乎可以使任何纤维（涤纶、丙纶或腈纶）都不反光，人造纤维也能达到天然纤维的质感和手感。设计工作者应了解基本的织造技术，材料、组织结构和后处理工艺，使面料成为不反光的哑光产品。

　　哑光面料不再是短纤维或天然纤维独有的特性，现代纺纱和织造技术也可使人造长丝（如涤纶、丙纶、腈纶）织造成为哑光面料（图1-60），并且具有类似羊毛、棉、麻等天然纤维面料的质感、肌理和手感，在视觉和手感上，几乎可以乱真，并且在制造成本上大幅度下降，更适合广大的消费者选用。

3. 抗静电和抗尘螨性能

　　静电是两个不同的物体摩擦后产生的电子集聚，因为是绝缘体，无法把聚集的电荷导走，一旦遇到导体时会瞬间释放产生放电现象。冬季在北方城市，走过地毯后摸门的金属把手，往往会有放电现象（手指尖被电击了一下）。人在地毯上走动可产生1500～35000伏静电，在塑料地板上走动可产生250～10000伏静电，人在椅子上一蹭就会产生1500伏以上的静电。通常超过2500伏的静电瞬间释放，人就会有电击痛感。静电的高低主要取决于周围空气的湿度，湿度低于35%时，更容易产生静电，相反，空气湿度在45%以上时，静电则很难产生（因为水导电）。这也是为何在干燥的北方，静电发生的情况较普遍（尤其是冬季）；而在湿润多雨的南方，

图1-60　哑光纺织面料

则很少会产生静电。静电会吸附大量的尘埃，让室内灰尘、皮肤碎屑、毛发等聚集，滋生螨虫、真菌、细菌等污染物。

解决室内的静电问题，除了保持室内湿度外，纺织品的导电性是室内设计和产品设计的关键指标。绝大部分纺织纤维是绝缘体，把绝缘面料变为导体面料的解决方法如下：

· 在织物中加入导体纤维，如植入金属丝，或使用可以导电的石墨芯尼龙中空纤维；

· 与具有一定含湿率的纤维混纺，天然纤维的含湿率普遍比人造纤维高出十倍以上，所以天然纤维纺织品很少产生静电。粘胶纤维的含湿率也很高，回潮率高达13%，吸湿率高达50%，也是导体纤维；

· 加入后处理助剂来维持纺织品的含湿率，助剂中含有亲水基团的如 ROH（醇），RCOOH（羧酸），$R_2C=O$（酮），$RCONH_2$（酰胺）等，如丙三醇就是典型的亲水基团助剂；

· 容易获得正电荷的纤维有玻璃纤维、尼龙、羊毛、丝等；

· 容易获得负电荷的纤维有丙纶、涤纶、腈纶、氨纶，聚乙烯纤维等。

纺织品的回潮率和其天然的抗微生物性能也有关。回潮率越低，产生微生物的概率越小。水分（潮湿）是滋生微生物的根源。用丙纶织造的地毯，因为其极低的含湿率，不适合微生物滋生。因为天然纤维有高含湿率，因此麻、棉、羊毛和真丝地毯则容易发霉。

中国幅员辽阔，南北东西的气候和湿度大相径庭，设计工作者在选择纺织品时，需要考虑当地的气候条件和四季特征，其中空气的湿度对面料的影响（公定回潮率、也就是空气中的水分含量对纺织品的影响）较大。比如，南方地区梅雨季节时，湿度可高达85%，而北方地区的湿度才35%。北方用的座椅面料成分需要注意应和南方不同，吸湿率高的面料如棉、麻、人造棉、黏胶纤维或涤棉混纺等在相对干燥的北方使用并不会不妥，而憎水性和耐候性比较强的面料如涤纶、腈纶等在南方地区使用会更合适。部分纺织品及纤维的回潮率见表1-2。

表1-2 部分纺织品及纤维的回潮率（参照GB 9994—2008）

纤维类别	回潮率（%）	纤维类别	回潮率（%）
亚麻	12	聚丙烯纤维（丙纶）	0
醋酯纤维	7	芳香族聚酰胺纤维（芳纶）	0
莫代尔纤维	11	碳氟纤维	0
山羊绒	15	聚酯纤维（涤纶）	0.4
丝	11	聚丙烯腈纤维（腈纶）	2
安哥拉羊毛	14	聚酰胺纤维（尼龙）	4.5
精纺羊毛纱	16	黏胶纤维（人造棉）	12
棉纤维	8	氨纶	1.3

4. 甲醛污染

在纺织工业中，甲醛常应用在面料的后处理工艺中，甲醛挥发快，可去皱褶，使面料平整，提高硬挺度，但是残留的甲醛也会给人们的健康带来危害。

对甲醛的限量要求见表1-3。

表1-3　GB 18401—2010《国家纺织产品基本安全技术规范》对甲醛的限量要求

项目		A类	B类	C类
甲醛含量安全值（mg/kg）		20	75	300
pH值[a]		4～7	4～8.5	4～9
染色牢度[b]（级）	耐水	3-4	3	3
	耐酸、汗渍	3-4	3	3
	耐碱、汗渍	3-4	3	3
	耐干摩擦	4	3	3
	耐唾液	4	3	3
异味		无		
可分散致癌芳香胺染料[c]		禁用		

a. 后续加工工艺中必须要经过湿处理的非最终产品，pH值可放宽至4～10.5。

b. 对需要洗涤褪色工艺的非最终产品，本色级漂白产品不要求；扎染、蜡染等传统手工着色产品不要求；耐唾液色牢度仅考核婴幼儿纺织产品。

c. 致癌芳香胺清单见GB 18401—2010附录C，限量值≤20mg/kg。

按照GB 18401—2010中5.3规范：婴幼儿纺织产品必须在使用说明上标明"婴幼儿用品"字样。其他产品应在使用说明上标明所符合的基本安全技术要求类别，例如：A类、B类或C类，产品按件标注一种类别。

甲醛含量较高的纺织品有以下几类：

•经过防皱处理的纺织品，如纯棉纺织品容易起皱，含甲醛的助剂能提高其硬挺度；

•涂料印花纺织品；

•黑色、深蓝色等颜色较深的涤纶织物。

染色工艺中，禁止使用可分解芳香胺染料。若家具和装修用的板材中甲醛或苯含量较高，也会直接污染放在衣柜里的衣物。

5. 染色

染料是一种有色物质，它与被施加的基质化学键合，这使染料与颜料区别开来，因为颜料与它们着色的材料没有化学结合。染料通常在水溶液中使用，并且可能需要媒染剂以改善染料在纤维上的坚牢度。染料通常可溶于水，而颜料不溶。一些染料可以通过添加盐而变得不溶，以产生色淀颜料。

大多数天然染料来自植物的根茎、浆果、树皮、叶子、木材、真菌和苔藓。市场上工业化生产的大多数染料是石油化学品人工合成的。

图1-61所示为染色后的纱锭。染料类别及其染色条件见表1-4。

图1-61　染色后的纱线纺成纱锭后放在经轴上

表1-4　染料类别及其染色条件

染料类别	高温S型	中温SE型	低温E型
染料分子	大	中	小
升华温度	高	中	低
匀染性能	差	一般	良好
热溶固色温度（℃）	200～220	190～205	180～195
载体染色（100℃）	不用	可用	适用
印花	仅限部分	仅限部分	不适合
颜色范围	深色	中度深色	浅/中度色

　　纺织染色可以追溯到新石器时代。人们用当地普遍使用的材料使纺织品染色，稀有染料产生明亮和永久的颜色，如天然无脊椎动物染料骨螺紫色染料❶和深红色克尔姆斯染料❷在古代和

❶　骨螺紫（Tyrian purple）染料：又称腓尼基紫色，皇家紫色，是一种紫红色天然染料，它是从骨螺科中几种掠食性海螺产生的分泌物中提取。在古代，提取这种染料成本较高，因此该染料非常名贵。

❷　深红色克尔姆斯（Kermes）染料：Kermes是一种红色染料，来源于绛蚧属鳞片昆虫雌性的干燥体，Kermes绛蚧昆虫原产于地中海地区，以山毛榉和橡树的汁液为生。Kermes染料是丰富的红色和深红色，在丝绸和羊毛上具有良好的色牢度。在中世纪时期，丝绸和羊毛，特别是猩红色面料备受推崇。由于这种天然染料的稀缺性和成本昂贵，平民极少使用，多用于王室和贵族。

中世纪是非常珍贵的奢侈品。植物性染料如菘蓝❶、靛蓝、藏红花和茜草是亚洲和欧洲经济中的重要贸易商品。在亚洲和非洲，使用抗蚀染色技术生产图案织物，以控制染布时的颜色吸收。早期的染料来自动物、植物或矿物，很少由人工化学合成。到目前为止，天然染料的最大来源是植物，特别是植物的根茎、浆果、树皮、叶子和木材，其中只有极少数天然染料用于商业规模。

第一种合成染料——紫红色染料是威廉·亨利·珀金于1856年偶然发现的。该发现开始引起合成染料和有机化学的激增。接下来是其他苯胺染料，如品红，番红花和吲哚。此后又制备了数千种合成染料。

骨螺紫色染料在古代非常珍贵，因为颜色不易褪色，而且在风化和阳光下变得更亮。它有各种各样的紫色色调，最珍贵的是偏深色的如"黑色凝血"的紫色。骨螺紫色很昂贵，公元前4世纪古希腊历史学家泰奥庞浦斯报道，"小亚细亚的紫色染料在出版印刷的颜色中占据了重量"。其昂贵的程度使紫色纺织品成为地位的标志，其使用受到法律的限制。

图1-62是最高级的罗马地方法官穿的带有一条骨螺紫色条纹的宽松白色长袍（Prae-texta）。骨螺紫色染料的生产在随后的拜占庭帝

图1-62　不同海螺（海蜗牛）的分泌物染出不同的紫色面料

---

❶ 菘蓝（Woad）：俗称板蓝根，是二年生草本植物，夏季开黄花，可以在干燥、粉化和发酵后从叶子中提取蓝色染料。蜡染、扎染所使用的植物靛蓝染料都是从菘蓝植物中提取的。

国受到严格控制，并受到皇家宫廷的补贴，限制其只能用于帝国丝绸的着色。

图1-63所示为西西里岛罗杰二世的加冕护肩，丝绸染成金色和红色，并绣有金线和珍珠。图1-64和图1-65为菘蓝及从其中提取的靛蓝染色的苗族蜡染。

菘蓝的色牢度不高，传统的活性染料也只能染天然纤维。纺织工业中常见的化学染料如下：

（1）直接染料

染料直接溶解于水，对纤维素纤维有较高的直接作用，无须使用化学方法就能使纤维及其他材料着色的染料。直接染料能在弱酸性或中性溶液中对动物蛋白纤维（如羊毛、蚕丝）上色，还可应用于棉、麻和黏胶纤维染色。

优点：染色方法简单，色谱齐全，成本低。

缺点：耐洗和耐晒牢度较差。

直接染料具有磺酸基（—SOH）或羧基（—COOH）等水溶性基团，分子结构排列成直线型，因此直接染料对纤维素纤维具有较大的亲和力，在中性介质中直接染色，只要把染料溶解于水便可染色。染料在溶液中被纤维吸附到表面，然后不断向纤维的无定形区扩散，与纤维大分子形成氢键和范德瓦耳斯力❶结合。其派生的染料有直接耐晒染料和直接铜盐染料。

（2）活性染料

活性染料又称反应性染料，是在染色时与纤维起化学反应的一类染料。活性染料具有溶解性、扩散性、直接性和活泼性。1956年英国ICI公司❷首先生产了Procion牌活性染料。活性染料分子由母体染料和活性基两部分组成，能与纤

图1-63　西西里岛罗杰二世的加冕护肩（Royal Workshop，巴勒莫，西西里岛，1133-1134，维也纳艺术史博物馆）

---

❶ 范德瓦耳斯力（Van der Waals force）：在化学中指分子之间非定向的、无饱和性的、较弱的相互作用力，根据荷兰物理学家约翰内斯·范德瓦耳斯命名。范德瓦耳斯力是一种电性引力，比化学键或氢键弱得多，通常能量小于5kJ/mol。范德瓦耳斯力的大小和分子的大小成正比。

❷ ICI（Imperial Chemical Industries）公司：是英国帝国化学工业集团的简称，多乐士涂料就是ICI公司旗下的涂料企业，ICI公司成立于1926年，由当时英国4家大化工公司合并而成，总部设在英国。该公司于2008年正式被荷兰皇家阿克苏诺贝尔公司（来威漆Levis母公司）收购。

图1-64　开花的菘蓝　　图1-65　用菘蓝提取的靛蓝染色的苗族蜡染

维反应的基团称为活性基。可用于棉、麻、丝、毛等纺织品的染色。活性染料分子中含有能与纤维发生化学反应的基团，染色时染料与纤维反应，二者之间形成共价键。

优点：水洗牢度好，色谱广、色泽鲜艳。

缺点：湿摩擦色牢度、耐汗光复合色牢度差。

①X型活性染料

染料分子中含有二氯均三嗪活性基，活性较高，染色及固色温度较低（20～40℃），为普通型或低温型。其匀染性较好，稳定性较差，不耐酸性水解，不宜染深色，固色率约60%，如活性红X-3B。

②K型活性染料

染料分子含有一氯均三嗪活性基，由于三聚氰氯中的两个氯原子为其他基团所取代，活性较X型低，染色固色温度较高（80～100℃），也称热固型染料。与纤维亲和力大，可染深色，固色率为60% ～90%。

③M型活性染料

染料分子含有一氯均三嗪和β-羟乙基砜硫酸酯的双活性基染料，反应活性强，耐酸耐碱稳定性

高于K型和KN型，固色率高。

④KN型活性染料

染料的活性基为乙烯砜基（—SO_2CH ＝CH_2），染色时由—$SO_2CH_2CH_2OSO_3Na$生成，它的反应活性介于X型和K型之间，固色温度约60℃，在溶液中很稳定，不会发生水解，如活性黑KN-B。

⑤KD型活性染料

母体为直接染料，活性基为两个一氯均三嗪基，染料与纤维亲和力大，染色温度在70℃以上，适于染深色，如活性艳红KD-8B。

⑥P型活性染料

染料含有膦酸型活性基，由ICI公司开发成功，可在弱酸性（pH 6.0）条件下固色，可与分散染料一起使用，没有水解反应，固色率很高。

（3）硫化染料

硫化染料是以硫化碱来溶解的染料，常用品种有硫化黑、硫化蓝等。由芳烃的胺类、酚类或硝基物与硫磺或多硫化钠通过硫化反应生成的染料，是法国化学家克鲁西昂和布雷通尼埃首先合成的。

硫化染料主要用于纤维素纤维染色，也可用于棉纤维的混纺织物。硫化染料是有机物通过一定

的硫化作用形成的一种含硫染料，该种染料在染色时能够将硫化物通过一些方式溶解，最终完成染色。硫化染料不溶于水，染色时需使用硫化钠或其他还原剂将染料还原为可溶性隐色体。对纤维具有亲和力而上染纤维，然后经氧化显色恢复其不溶状态而固着在纤维上，所以硫化染料也是一种还原染料。色谱中缺少红色、紫色，只有硫化黑、硫化红棕、硫化宝蓝等较暗的颜色，适合染深色。

优点：成本低、水洗牢度好、日晒牢度好。

缺点：湿摩擦差、上染率低、缸差大。

（4）分散染料

分散染料是一类水溶性较低的非离子型染料。最早用于醋酯纤维的染色，称为醋纤染料。随着合成纤维的发展，锦纶、涤纶相继出现，尤其是涤纶，由于具有整列度高、纤维空隙少、疏水性强等特性，要在有载体或高温、热熔下使纤维膨

化，染料才能进入纤维并上染。因此，对染料提出了新的要求，要求染料具有更好的疏水性和一定分散性及耐升华等，目前印染加工中用于涤纶织物染色的分散染料基本上具备这些性能，但由于品种较多，使用时必须根据加工要求选择。

分散染料适合染黏胶纤维、腈纶、锦纶、涤纶等，水洗牢度不一，涤纶较好，黏胶纤维较差。分散染料上染涤纶的一般经过：染料分散在染浴中，然后呈单分子溶解于染液中，染料单分子吸附在纤维表面，最后在高温状态下向纤维内部扩散，不断地溶解、吸附、扩散，直至达到平衡状态。

主要分类：按化学结构来分，分散染料主要分为偶氮型、蒽醌型、杂环型三种，其中以偶氮型为主，偶氮型又分为单偶氮型和双偶氮型；按应用性能来分，可分为高温型、中温型及低温型三类，详细分类见表1-5。

表1-5　分散染料的类别及性能简介

类别	比例	性能简介
单偶氮型	>50%	分子量350~500，工艺简单，成本低，色谱全，匀染性能好，色牢度差异化大，深、中、浅色系列都有
双偶氮型	10%	以深、中色为主，橙、黄、蓝为主要色谱，工艺复杂，成本高，染色性能和色牢度普通
蒽醌型	25%	色泽鲜艳，红、紫、蓝为主要色谱，日晒牢度优良，合成工艺路线长，成本高，染色性能和色牢度优良，染色牢度差异较大
杂环型	<15%	色谱全面，光泽鲜艳，有荧光品类，生产工艺复杂，成本高，染色性能和色牢度都很好，结构品类多，发展较快

（5）酸性染料

酸性染料是一类结构上带有酸性基团的水溶性染料，在酸性介质中染色。酸性染料大多含有磺酸钠盐，能溶于水，色泽鲜艳、色谱齐全，主要用于羊毛、蚕丝和锦纶等的染色。

染料中的酸性基团一般以磺酸基（—SO$_3$H）为主，以磺酸钠盐（—SO$_3$Na）的形式存在于染料分子中，也有个别染料以羧酸钠盐

（—COONa）为酸性基团。

优点：水溶性好，色泽鲜艳，色谱较全，分子结构相对其他染料较简单。

缺点：染料分子中缺少较长的共轭连贯系统，染料的直接性较低。

主要分类如下：

① 按染色的pH分类

强酸性浴酸性染料：染色pH为2.5~4，日

晒牢度好，湿处理牢度差，色泽鲜艳，匀染性好。

弱酸性浴酸性染料：染色 pH 为 4～5，染料分子结构中磺酸基占比稍低，因此水溶性略差，湿处理牢度好于强酸性浴染料，匀染性略差。

中性浴酸性染料：染色 pH 为 6～7，染料分子结构中磺酸基占比更低，染料溶解度低，匀染性差，色泽不够鲜艳，但湿处理牢度高。

② 按染料母体的分子结构分类

蒽醌类：占 20%，主要是蓝、绿色系。

三芳甲烷类：占 10%，紫色、蓝色、绿色系，三芳基甲烷染料是取代的三芳甲烷衍生物和取代的氧化蒽类化合物，以不同的沉淀剂作用生成的染料。

杂环类：占 10%，红色、紫色系，杂环染料（heterocyclic pigments）在有机染料分子中含有杂环结构，主要是氧杂环或氮杂环作为发色体系。杂环染料色谱包括黄、橙、红、紫色，少数为蓝色，并且有分子对称性与平面性，许多品种显示出与酞菁类染料相似的优异耐热性、耐迁移性与耐气候性。

偶氮类：占 60%，具有广泛的色谱，偶氮染料 ❶ 是指含有一个或一个以上偶氮基（—N＝N—），并至少连接有一个芳香结构的染料。

作为一种重要的合成染料，偶氮染料呈现出各种各样的颜色，基本可覆盖整个可见光谱。其显色主要是由于偶氮染料具有顺、反几何结构体，两者间能量存在差异，在光照或加热时进行转换，这时就需要吸收特定的光作为能量，因此

会呈现出特定波长光的反色。生色基团主要有偶氮基、硝基和亚硝基等。苯环结构、醌型结构、共轭多烯体系等也是重要的生色来源。用偶氮染料染出的纱线颜色较鲜艳（图 1-66）。

除颜色多样外，偶氮染料还具有工艺简单、生产成本低、染色能力强的特点，因此被广泛应用于纺织品的染色，也用于纸张、皮革、油漆、塑料、橡胶等的着色。

偶氮染料虽然应用广泛，但是部分偶氮染料经还原裂解，会产生致癌芳香胺化合物，如被人体吸收，会严重威胁人体健康。尤其当用于纺织品、服装等制品中，在与人体长期接触时，可通过呼吸道、食道及皮肤黏膜进入人体，随着体内的新陈代谢，特定条件下会还原分解出致癌芳香胺。

鉴于芳香胺的极大毒性，能分解出芳香胺的偶氮染料陆续遭到各国禁用。商品化的偶氮染料有数千种，但禁用的为 200 余种。早在 1994 年，德国颁布了《食品和日用消费品法》（第二修正案），禁止在德国生产、进口、使用和销售可还原出致癌芳香胺的偶氮染料，但由于缺乏检测方法，直到 4 年后才实际执行。欧盟于 2002 年发布 2002/61/EC 指令，在欧盟境内禁止生产、进口、使用和销售可还原出致癌芳香胺的偶氮染料，主要涉及纺织品、服装和皮革制品，已于 2003 年 9 月 11 起正式实施。

中国于 2005 年实施强制性国家标准 GB 18401—2005《国家纺织产品基本安全技术规范》，首次将可分解芳香胺染料等能致癌的有毒有害物质列入监控范围，规定禁止生产、销售、

---

❶ 偶氮染料：英国化学家帕金在研制疟疾特效药奎宁时意外制得世界第一个合成染料——苯胺紫，开启了人工合成染料的大门。时隔 3 年，年仅 29 岁的德国化学专业肄业生彼得·格里斯成功实施了苯胺和亚硝酸的反应，在世界上首次制得重氮化合物，并由此开创重氮化反应（也称格里斯反应）。重氮化合物可用于许多芳香族化合物的合成，在染料发展史上功勋卓著。1861 年，芳香胺重氮盐能与芳香胺或芳香酚偶合，从此制得到第一个偶氮染料——苯胺黄。此后，越来越多的偶氮染料被开发出来，广泛应用于服装印染等行业。

图1-66　用偶氮染料染出颜色鲜艳的纱线

进口含有可分解芳香胺染料的纺织产品，对控制纺织品中的有害物质、保障消费者健康意义重大。该标准于2010年进行了修订，要求纺织品所用染料中不得检出24种分解致癌芳香胺，限量值为≤20mg/kg。

24类致癌芳香胺（苯胺类）见表1-6。

表1-6　24类致癌芳香胺

序号	名称	序号	名称
1	4-氨基联苯	13	3,3′-二甲基-4,4′-二氨基二苯甲烷
2	联苯胺	14	2-甲氧基-5-甲基苯胺
3	4-氯-2-甲基苯胺	15	4,4′-亚甲基-二（2-氯苯胺）
4	2-萘胺	16	4,4′-二氨基二苯醚
5	4-氨基-3,2′-二甲基偶氮苯	17	4,4′-二氨基二苯硫醚
6	2-氨基-4-硝基甲苯	18	2-甲基苯胺
7	2,4-二氢基苯甲醚	19	2,4-二氢基甲苯
8	4-氯苯胺	20	2,4,5-三甲基苯胺
9	4,4′-二氨基二苯甲烷	21	2-甲氧基苯胺
10	3,3′-二氯联苯胺	22	4-氨基偶氮苯
11	3,3′-二甲氧基联苯胺	23	2,4-二甲基苯胺
12	3,3′-二甲基联苯胺	24	2,6-二甲基苯胺

常见的偶氮染料主要用于以下纺织品类：

• 服装、被褥、毛巾、帽子、尿布及其他清洁卫生用品、睡袋；

• 鞋、手套、手表带、手提袋、钱包、公文包、椅子套；

• 纺织或皮革玩具、带有纺织或皮革服装的玩具；

• 消费者最终使用的织物和纱线。

偶氮染料是国际环保要求的必检项目之一，检验方法有薄层色谱法（TLC）、气相色谱及质谱联用法（GC—MSD）和高效液相色谱法（HPLC）。标准规定被检产品中不得含有24类偶氮染料中间体，若检出其中一种即为不合格产品，其限量为30mg/kg。中国GB/T 17529—2011《纺织品禁用偶氮染料的测定》规定小于5mg/kg作为"未检出"最终标准。

欧盟官方公布了有关有害偶氮染料测试方法的3项欧洲标准，实施欧盟2002/61/EC号令的配套文件分别是：

• CEN/ISO/TECHNICAL SPECIFICATION 17234：2003　皮革　化学测试：检验染色皮革是否含有某类偶氮染料；

• EN 14362-1：2003　纺织品　检验由偶氮染料释放出的芳族胺　第一部分：在无须提取的情况下测试产品是否含有某类偶氮染料；

• EN 14362-2：2003　纺织品　检验由偶氮染料释出的芳族胺　第二部分：提取纤维以测试产品是否含有某类偶氮染料。

6. 环保排放指标

如图1-67所示，在纺织行业中，染色是所有生产和使用环节中最大的污染，染色会造成污水排放，不仅会污染环境，也会波及用户。

在商用与住宅室内环境中，低碳排放和绿色

健康是设计工作者不可推卸的责任和义务。环保排放指标（零排放设计）通常重点关注的对象有：

• 总挥发性有机物（TVOCs）

• 生物有害物质（Biohazards）

• 高能耗与碳排放（High Energy & Carbon Emission）

• 垃圾与废水处理（Waste & Wastewater Treatment）

• 废物再生利用（Recycled Waste Material）

• 生态与环境污染（Ecology & Environment Pollution）

以"零排放"为指导思想和原则开展的设计工作是基于以下基本原理来实施和建设的。

（1）必须符合所在地（国家）的产业标准和法律法规

在基础工业的技术条件能够支撑的情况下，不仅局限于现时的法律法规和产业标准，要超越世界先进的产业标准，成为领先的设计。先进的产业标准都是在基础工业条件具备的情况下才得以立项和通过的，如果一个设计连世界先进的产业标准都未达到，设计工作和专业水准明显是滞后（落后）的。先进甚至领先的设计工作应该不仅是符合当代

图1-67　染色污水对环境的污染

先进的产业标准，更要超越并创建新的标准，促进产业的发展，才能成为一个领先的设计。

（2）在科学与技术的理论指导下完成

在科学与技术的理论指导下完成的设计才是先进的系统化设计，设计工作者才会拥有充分的话语权和对项目高度的责任感。一个创新、领先的设计是在现行的产业技术标准基础上脚踏实地迭代更新、推进和升级的。这不仅是一种工作原则，也是坚持不懈使自身的专业知识进步和自我完善。无论对设计的权威性、专业高度、话语权，还是设计的价值观，都会产生深远的影响。

（3）设计工作的创意和目的

设计工作是基于人文关怀、高效率、绿色环保、高性价比与可持续性这五项基本原则驱动来达到设计的创意和目的的。世界产业标准的应用只是一种手段，设计工作者应在此基础上敢于打破行业标准的局限，提升和超越。这需要设计工作者对科技、材料和工艺进行大量的研究和探索，为用户设计出安全、环保的方案。

（4）总挥发性有机物（TVOC）

按照世界卫生组织的定义，在一个标准大气压（101.325kPa）下，挥发性的有机化合物（含有碳氢键）的沸点在50～250℃之间，常温下以气体存在的称为TVOC。按照化学结构分为八类：烷类、芳烃类、烯类、卤代烃类、酯类、醛类、酮类和其他类。纺织品最大的污染来自甲醛，甲醛主要用来合成各种助剂。如织物整理用的树脂整理剂、反应性交联剂（固化剂）、固色剂、涂料印花交联黏合剂等，还有一些常见的柔软剂、防水剂、防缩剂、防皱剂、防腐剂等。用甲醛合成助剂能提高纺织品的色牢度，达到防皱、防缩、阻燃等作用，保持印花、染色的耐久性，改善手感。所以，生产过程中不可避免地会使用到甲醛。

TVOC的测试是一项难度较高的取证和采样工作，往往在空气中形成一定的浓度时，需要比较苛刻的客观条件，送到检测机构去检测需要较大体量的样品，时间也较长（可能长达三个月以上），成本也相对较高。VOC的排放很难以简单地喷涂和擦洗工作去除，有害物质的降解需要很长时间，有的甚至长达十年、二十年之久。VOC在密闭空间内浓度较高，最好的办法是产品的原材料或辅料尽量排除有可能造成VOC排放的物质。

7.减少疲劳度

以下设计缺陷是造成视觉疲劳的主要原因：

·饱和、单一的色彩关系；

·大幅、规则的花型图案或超过室内空间可以容纳的、夸张的比例；

·过度单一密集的形状；

·缺乏节奏的色彩与形状（花型图案），没有变化的"制式"设计；

·缺乏疏密感（节奏）和形体变化节奏；

·缺乏明度的变化；

·单一的光线控制和光泽度；

·缺少可读性的文化内容及可发现性的亮点，说明设计工作者没有理解消费者的心理需求和潜在的消费意识；

·缺少设计主题的表现或表现得太弱，说明设计主题的梳理和分析工作比较薄弱，强化设计主题，同时也是强化用户的体验和需求。

8.使用的安全度

无论是商用或住宅空间，还是产品设计，首要保证的是用户使用的安全性。缺乏安全性的设计，再好的审美和创意，也无法给用户的生活和工作带来应有的便捷与享受。

安全度顾名思义就是纺织品在使用过程中对用户的健康和环境所造成的危害性的规避，是设计工作最基本的保障和底线。安全度规避的不仅仅是各种污染和排放的危害，纺织品的织造工艺、性能、稳定性和售后服务所涉及的技术，都是设计工作者需要熟悉的，并要在设计工作中充分考量。

用户在选择产品时，面临"性能"和"审美"，用户总是优先选择有足够说服力的"性能"，在所有"性能"表现中，"安全度"应优先考量。安全性是一切设计的基础，缺乏安全性的设计，不仅会给用户带来灾难，也会给厂商、社会带来巨大伤害。

纺织品的安全度表现在以下诸多细节上。

（1）外观持久度（色牢度）

色牢度（Color Fastness）指纺织品染色的牢固程度，又称染色牢度、染色坚牢度，是纺织品的颜色对在加工和使用过程中的各种抵抗力。色牢度测试是纺织产品质量测试中的一项常规检测项目。

纺织品在使用过程中受到日光照射、洗涤、熨烫、汗渍、摩擦和各种化学品的作用，纺织品的后整理加工，如树脂整理、阻燃、砂洗、磨毛等，都需要纺织品的颜色保持相对的牢度。色牢度直接影响人的健康与安全，色牢度不好的产品，在使用过程中遇到水、汗、饮料等会造成面料上的颜色脱落和褪色，染料分子和重金属离子等有可能通过皮肤被人体吸收而危害健康。

国际产业标准（中国的国标体系GB、国际标准组织ISO、美国染色家和化学家协会AATCC、日本JIS、美国材料测试协会ASTM）中，常用的有关色牢度的标准是关于洗涤色牢度、日照色牢度、摩擦色牢度、汗渍色牢度及耐候色牢度。设计工作中需要根据产品的用途和当地法律法规的要求来确定检测项目，如羊毛纺织

产品需要检测耐日晒色牢度，户外纺织品（遮阳伞/篷、户外家具等）则需要测试耐候色牢度。

几种纺织面料的色牢度如下：

色纺面料：是目前色牢度最高的纺织品，因为色母粒在纤维切片熔融时已经混入，喷丝出来的纤维已经有颜色，这种颜色的稳定性最好（颜料被包裹在里面），经得起次氯酸的浸泡而不会变色。色纺的性能很高，不仅具有高色牢度，其阻燃性能、抗紫外线性能、三防性能、抗菌性能和抗静电性能都非常突出。

色织面料：先把纱线染色，再进行织造，色牢度不如色纺面料，但是起订量要求低，颜色选择多，时间周期合理，是大部分中、高档装饰面料的选择。

匹染面料：把面料织造好后，再将整匹布一次染色。这种面料的色牢度相对色纺和色织面料差，但是产量大，时间快，成本低，适合中、低端纺织品。

色牢度还与纤维的种类、纱线的结构、面料的组织结构，印染技术和方法，染料的种类和外加的使用条件有关。色牢度在装饰面料中主要分为日照色牢度、洗涤色牢度、摩擦色牢度、汗渍色牢度（床品和睡衣裤，毛巾等）。

① 日照色牢度

日照色牢度是指有颜色的纺织品在日光的作用下变色的程度。测试方式可以采用日光照射或仿日光（氙气脉冲光紫外线灯）照射后的样品与标准色样对比，色牢度从好到差分为8-1级，目前常见的民用纺织品最耐日照的产品是色纺的聚丙烯腈（腈纶，俗称亚克力）。日照色牢度常以小时为标准标注色牢度的等级，从200、500到1000小时不等。

低色牢度的纺织品不仅会在较短时间褪色、变色，紫外线也会分解和破坏纺织品中纤维的化

学键，造成损坏和断裂。

耐日照色牢度的标准有：

• GB/T 8427—2008《耐人造光色牢度：氙弧》

• ISO 105—B02：1994《耐人造光色牢度：氙弧》

• AATCC 163—2014《耐光色牢度：氙弧法》

② 洗涤色牢度

水洗和皂洗色牢度是指染色纺织品经过水洗或洗涤液洗涤后发生色泽变化的程度。通常采用1-5个等级，1级最差，5级最好。大部分装饰面料都是在3-4之间，全部色纺产品和部分色织纺织品可达到5级。装饰面料在设计生产和工艺上不像衣服一样需要频繁地洗涤，90%的装饰面料（床品类除外）建议干洗或现场蒸汽清洗。

耐洗涤色牢度的标准有：

• AATCC 61—2020《耐洗涤色牢度：水洗法》

• AATCC 107—2013《耐水渍色牢度》

• GB/T 12490—2007《耐家庭和商业洗涤色牢度》（沿用AATCC标准洗涤剂）

• GB/T 3921—2008《肥皂＋无水碳酸钠—耐皂洗色牢度》

• GB/T 5713—2015《纺织品色牢度试验　耐水洗色牢度》

皂洗色牢度是毛巾、浴巾、床品、睡衣裤和睡袍等纺织品常见的测试项目，是指测试的纺织品在皂洗后的褪色程度，包括原样褪色和白布沾色两项指标，在指定光源的标准灰卡下评估。5分最好，1分最差。在皂洗评测为4分时，其测试用洗涤剂的氯含量达到1.5%（洗涤液15%），

而5分时氯含量高达2.7%。

不同材料使用的染料和印染工艺不同，但是问题却类似，都是出现布面浮色和有色纤维转移。皂洗色牢度的好坏取决于未固着染料的数量。所以皂洗色牢度与键合染料的成键稳定性和后处理工艺有关。染料扩散、吸附充分，固色率就高，残留的染料和水解染料就少，染料和纤维共价键在染色和后处理时不易断裂，皂洗色牢度就高。

大部分装饰面料（除床品、毛巾、睡袍外）因为纤维种类、组织结构和后处理技术导致的湿缩率不同，建议在现场使用蒸汽/吸尘清洗或干洗。干洗也是需要液体将污垢置换出来，只是用的不是水，而是溶剂型液体——四氯乙烯（Perchloroethylene）[1]。四氯乙烯广泛使用在干洗行业和面料的后整理工艺中，目前为止，还没有更好的产品可以替代四氯乙烯的清洁作用。四氯乙烯在密闭的设备条件下洗涤、整理后，可全部回收，相对是比较环保的产品。

耐干洗色牢度的标准有：

• AATCC 132《耐干洗色牢度》

• GB/T 5711—2015《纺织品　色牢度试验　耐四氯乙烯干洗色牢度》

• ISO 105-D01：2010《纺织品　色牢度试验　第01部分：耐四氯乙烯干洗色牢度》

耐干洗色牢度的考核指标都是优等品为4-5，一等品≥4，合格品为3-4。

③ 摩擦色牢度

纺织品经过外力摩擦后的掉色程度，称为摩擦色牢度。摩擦分为干摩擦和湿摩擦。摩擦色牢度把布沾上颜色的程度作为评价的依据，摩擦色牢度分为5个等级，1级最差，5级最好。色纺面

---

[1] 毒性评估可参考美国环保署对四氯乙烯的毒理学评估报告——Toxicological Review of Tetrachloroethylene/Perchloroethylene Case No. 127-18-4。

料的摩擦色牢度几乎都是5级，色织面料的在3—4级。摩擦色牢度越差，纺织品的使用寿命就越短。

耐摩擦色牢度主要参照以下测试标准执行：

• GB/T 3920—2008《纺织品　色牢度试验　耐摩擦色牢度》

• GB/T 29865—2013《纺织品　色牢度试验　耐摩擦色牢度　小面积法》

• AATCC 116—2018《耐摩擦色牢度测试方法：旋转垂直摩擦仪法》

• ISO 105–X12：2016《耐摩擦色牢度》

• ISO 105–X16：2016《耐摩擦色牢度　小面积》

• JIS L0849—2013《耐摩擦色牢度》

不同纤维的结构和形态不同，染料扩散和透染程度也不同，染料在不同纤维上的分布和固色率也不同，纤维表面光洁，组织结构平整，摩擦系数低，其固色率高，水解染料量少，容易洗除，摩擦色牢度也好。织物的摩擦系数从大到小：平纹织物→斜纹织物→缎纹织物。

织物在染色前的处理对摩擦色牢度影响较大。未经处理的棉纤维在湿润状态下会发生膨胀，摩擦力增加，纤维强力下降，这为有色纤维的断裂、脱落和颜色转移创造了条件。所以染色前对纤维素纤维进行如丝光、烧毛、纤维素酶光洁处理等，可提高织物表面的光洁度，降低摩擦阻力，减少浮色，从而改善织物的耐湿色牢度。

丝光处理后，织物会发生以下变化：

• 光泽提高；

• 吸附能力、化学反应能力增强；

• 缩水率、尺寸稳定性、织物平整度提高；

• 强力、延伸性等服用性能有所改善。

仅使用碱缩工艺不能使织物光泽提高，但可使纱线变得紧密，弹性变大，手感丰满，此外，对染料的吸附能力也会提高。

耐色牢度测试是纺织产品基本的色牢度考核指标，也是买家下单必须考核的指标之一。摩擦色牢度有着色染料脱落和染色纤维脱落两种现象和问题。

仅仅是湿摩擦并不会使染色后的活性染料与纤维间的共价键断裂，反而是过度饱和的染料堆积使染料不能和纤维有效结合而造成脱色。染料的直接性和扩散性与摩擦色牢度有很大关系。

直接性高的染料上染率和固色率高，但是扩散性差，很难进入纤维内部，容易在外表形成浮色，其水解染料不容易洗掉，就容易在摩擦中脱色。而扩散性高的染料很容易进入纤维内部，对增加摩擦色牢度有帮助，同时洗涤性较好，也容易从纤维内部扩散出来，对于一些稳定性差的染料，特别是扩散快的染料，即使织物表面未固着染料，洗净放置一段时间后，水解染料又从纤维内部扩散出来，对皂洗和摩擦色牢度影响较大，这也是为什么很多服装和家纺产品在洗涤和使用中褪色很快的缘故，尤其是服装和家纺产品的洗涤次数较多，皂洗和摩擦色牢度就显得非常重要了。

在很多商用纺织品的品质要求上，色牢度是用使用耐洗涤次数来评价的，比如，酒店设计常涉及的布草类产品（酒店床品、毛巾、餐巾、桌布等），要求一定次数的安全洗涤/使用寿命。每个酒店管理集团都会制定各自的布草品质标准，设计工作者需要参照其标准范围内来设计和规范具体的品质标准参数。

图1–68的瑞士床品 Christian Fischbacher 品牌声称其手工印染床品的洗涤次数高达300次。

④ **耐汗渍色牢度**

汗渍色牢度主要是用于检测贴身使用的纺织品，如床品、浴巾、睡衣裤、拖鞋等。因为人体的汗带有盐分，会使染料分解或褪色。AATCC 15—2021对纺织品的耐汗渍色牢度（ISO 105–

图1-68　瑞士Christian Fischbacher品牌床品

E04：2013）测试时，使用和人体汗液相同的成分来进行测试。因为每个测试耐汗渍色牢度标准的人工汗液成分不同，除非单独指定标准，设计工作者应与其他的色牢度测试指标结合考量。耐汗渍色牢度也分1-5级，1级最差，5级最好。

- 仿汗渍溶液（参照AATCC 15）
- 10g氯化钠
- 1g乳酸（美国药典USP 85%浓度）
- 10g磷酸一氢钠
- 0.25L组氨酸单盐酸盐
- 0.5L纯化水

⑤ **耐光色牢度**

染料的光褪色机理比较复杂，染料在光子的激化作用下产生一系列化学反应，破坏染料结构导致褪色和变色。偶氮基染料不仅在光的照射下发生褪色反应，也会因为氧化作用产生褪色。有的染料还会产生光敏现象，不仅仅褪色，光敏现象会让纤维脆裂断开。所以应根据纤维的性质和用途选用染料，对纤维素纤维纺织品，尽量选用抗氧化性较好的染料，而蛋白质纤维则选用抗还原性较好的染料。根据颜色深浅来判断色牢度，颜色越深，色牢度越好，越浅则越差。织物表面的后整理剂，如抗皱纹剂、柔软剂等，也会降低织物的耐光色牢度。

合理选用染料，避免使水解染料和未固化染料残留在纤维上，使染料和纤维分子充分结合，是提高耐光色牢度的途径。

耐光色牢度的标准有：
- AATCC 16—2020《耐光色牢度：氙弧法》
- GB/T 8427—2008《纺织品　色牢度试验　耐人造光色牢度：氙弧》

（2）纺织品肌理效果的稳定性

指纺织品的肌理效果在长期使用过程中的稳定性，常体现在有绒毛（头）的地毯和绒布上。

地毯的绒毛纹理保持力使其能够承受由于人流量导致的外观表面的变化，长期行走在地毯上，有可能形成一条明显的"路径"。国际标准组织和中国国标都对肌理的稳定性，尤其是地毯产品的绒毛（头）的外观变化进行了详细规范：

· ISO 9405：2015《铺地织物外观变化的评价》

· GB/T 14252—2008《机织地毯》

· GB/T 5296.4—2012《消费品使用说明 第4部分：纺织品和服装》

国标对地毯的使用说明和标志中，规定以地毯能够经受的不同使用强度（耐磨损性和外观保持性）来划分适应性等级，具体分为家用和商用两个等级，见表1-7。

表1-7 满铺绒头地毯使用分级技术要求（GB/T 5296—2012）

用途	使用强度	使用等级	磨损实属分级		外观保持性分级	
			一类地毯	二类地毯	一类地毯和 <80% 羊毛地毯 六足滚筒试验 12000转	二类地毯和 <80% 羊毛地毯 六足滚筒试验 12000转
家用	轻度步行频率	1	≥0.9	≥0.8	1.5	1.5
	中度步行频率	2	≥1.7	≥1.7	2	2
	重度步行频率	3	≥2.3	≥2.5	2.5	2.5
商用	一般重度步行频率	I	≥2.3	≥2.5	2.5	2.5
	重度步行频率	II	≥3.0	≥2.5	3	2.5
	超重度步行频率	III	≥3.0	≥3.3	3.5	3

90%的家用和商业地毯都是以割绒或圈绒组织为主的机织地毯，在地毯步行，对绒毛产生的摩擦力和自上而下的压力会导致地毯的绒毛倒伏和脱落，一般情况下密度越大、绒毛越短的地毯，倒伏和脱落的机会越少；但密度的增大会导致使用材料的增加，成本也会随之而上升。

设计工作者可以根据表1-8、表1-9中人们在地毯上的步行频率来推算地毯的绒头密度，从而更科学、有效地规范地毯的技术参数。既要顾及成本，也要兼顾产品的耐用性、日常美观和维护效应。并非密度越大越好，很多步行频率低的地方，没必要增加纱线密度和制造成本。

表1-8 块毯和走廊地毯绒头地毯使用分级技术要求（GB/T 5296—2012）

使用强度	使用等级	六足滚筒试验12000转外观变化（级）
轻度步行频率	1	1.5
中度步行频率	2	2
一般重度步行频率	3	3
重度步行频率	4	3.5
超重度步行频率	5	4

表1-9　绒头块毯和走廊地毯豪华等级技术要求（GB/T 5296—2012）

豪华等级/LC	豪华因数 C_F	毯基上单位面积绒头质量/SPW（g/m²）
LC1	$C_F < 20.0$	<600
LC2	$20.0 \leqslant C_F < 36.0$	≥600
LC3	$36.0 \leqslant C_F < 72.0$	≥800
LC4	$72.0 \leqslant C_F < 100.0$	≥1000
LC5	$C_F \geqslant 100.0$	≤1500

　　绒毛倒伏对纺织品的肌理效果影响严重，绒布沙发或坐垫经过长时间使用，绒毛倒伏形成不同光泽的倒伏痕迹，其原因较多。绒毛倒伏和纤维的弹性模量、绒毛的长度、纤维的种类和织造密度有关。羊毛（如安哥拉羊毛）和与羊毛类似的人造纤维（如尼龙、腈纶）在合理的织造密度和绒毛长度的管理下，因为其卷曲的纤维特征和弹性特征，肌理效果的持久性较好。

　　肌理效果的持久性和纤维的光泽度也相关。光泽度高的纤维反射出来的光泽会因为面料在使用过程中发生的很小变化（如局部的压迫造成的痕迹，摩擦或水渍产生的局部变化）而产生明显的光泽差异。在为家具产品如沙发、椅子或坐垫选择面料时需要谨慎。

　　（3）纺织品的起球或破损

　　纺织品的起球和破损现象（图1-69）时有发生，无论在服装上还是家居用品上，起球和破损是常见的品质问题。与纱线的捻度、密度和纤维的种类（长、短纤维）有关。起球通常是由磨损引起的纺织品的表面缺陷，普遍被认为是不符合品质规范的。当洗涤和使用纺织品时，松散的纤维在布料表面堆积，随着时间的延长，磨损会使堆积的纤维形成小的球形，通过突出的纤维固定在织物表面，但还没有破损。起球可分为四个

图1-69　面料表面起球的现象在服装和家居用品上非常普遍

阶段：绒毛形成，缠结，生长和磨损。

起球通常发生在日常使用和磨损较严重的地方，如衣领、袖口、手臂、大腿周围和裤子后部，针织毛衣的肘部和前胸等摩擦多的地方，家用纺织品中的椅面、沙发、坐垫和未经丝光处理的床品。

起球的主要原因是纺织品的物理特性（初始纤维及在制造过程中的加工方式）造成的，包括纺织品使用者的个人习惯和纺织品的使用环境。羊毛、棉、涤纶、锦纶和腈纶等纤维具有较高的成型效果，但时间越长，羊毛的起球会逐渐减少，因为羊毛纤维因为角质蛋白的表面特性和短纤维的缠绕能力，起球到一定程度后，可以自由地脱离织物，而合成纤维纺织品的起球则较严重，因为长纤维加捻织造在一起，较强的纤维韧性会阻止绒球脱落。

一般来说，长纤维比短纤维起球的机会少，因为长纤维的末端较少，并且长纤维难以从面料中自行脱出，破损的机会更少。有大量松散纤维、纱线捻度和织造密度低的纺织品较易起球。此外，针织面料比机织面料更容易起球，因为针织面料比机织面料更松散，因此，紧密的面料比松散的面料起球现象要少。由混纺纤维制成的纺织品，其中一种纤维的强度和韧性明显高于另一种纤维，当较弱的纤维磨损和破裂时，容易起球，较强的纤维则会将起球继续保留在面料上。

避免起球的方法有：烧掉纺织品表面突出的松散纤维毛（丝光处理的一部分），增加纱线捻度。有的纺织品在生产过程中通过化学处理以减少起球倾向；有的应用聚合物（树脂）涂层将纤维黏合到织物表面防止形成初始绒毛；将聚酯纤维和棉纤维改性为低于正常强度，一旦起球就容易从织物上脱落；纤维素酶有时在

湿法加工过程中用于棉织物，可去除松散纤维。轻微起球一般不会影响纺织品的功能，大量起球会增加织物破损的风险，因为起球和微孔都是由纺织品的磨损引起的，起球后，起球的部位变薄，继续摩擦会增加破损的可能性。

克服纺织品起球的办法有很多种，如增加纱线的捻度、增加面料的织造密度、混纺不同种类的纱线、改变织造的组织结构、减少短纤维和浮纱的数量比例等，甚至有的在松散柔软的面料背面进行涂层或加衬来增强面料的稳定性。在公共空间和交通工具上使用的纺织品，要重点考虑高捻度、高密度、混纺、采用长纤维等。

起球会严重影响消费者对纺织品的接受程度。在纺织行业中，使用五个参数客观地评估起球的严重性：起球数量、平均起球面积、起球总面积、对比度和密度。去除起球的方法是使用简单的工具将起球的纤维移除纺织品表面，如胶带、剃须刀或电动剪（图1-70）。但是这些方法只是暂时性的，去除起球后，因为摩擦还会继续起球，直到破损。

纱线的捻度是起球的原因之一，把纤维合并后拧成麻花状的纱线（S型和Z型）形成捻，纱线拧的紧密程度称为捻度。2股纱拧成的纱线为双捻，以此类推，纱线的股数可高达8～12股，如图1-71所示。

在甄选和设计家居用纺织品时，应具有"预防为主"的设计思想。起球虽然普遍，但可以避

图1-70　用刀刮和胶粘等外力去除起球的方法

免，家具用面料因为使用频繁，起球现象会更严重。不同材质的混纺面料，尤其是天然纤维和合成纤维混纺织物，起球的机会更多：

·低捻度、低密度的织物起球的概率较大；

·针织物比机织物起球概率大；

·宽幅织物（密度相对较低）比窄幅织物起球概率大。

纺织品抗起球或破损的相关测试标准有：

·ASTM D3511—02《纺织品抗起球性和其他相关表面变化的标准测试方法：毛刷式起球测试仪》

·ISO 12947-2：2016《纺织品 采用马丁代尔法测定织物耐磨性 第2部分：试样破损的测定》

·GB/T 21196.2—2007《纺织品用马丁代尔法测定织物的耐磨性和抗起球性 第2部分：试样断裂的测量》

·GB/T 21196.3—2007《纺织品用马丁代尔法测定织物的耐磨性和抗起球性 第3部分：质量损失的测量》

·GB/T 21196.4—2007《纺织品用马丁代尔法测定织物的耐磨性和抗起球性 第4部分：外观变化的测量》

·GB/T 19817—2005《纺织品 装饰用织物》

·GB/T 4802.1—2008《纺织品 织物起毛起球性能的测定》

·ASTM D3886—2022《纺织品 织物耐磨性的标准试验方法》

·ASTM D4970—2007《织物抗起毛起球试验方法：马丁代尔测试法》

·ASTM D4966—2016《织物耐磨性的标准试验方法：马丁代尔测试法》

·JIS L1096—2015《织物和针织物的试验方法》

·ISO 12945-2：2020《纺织品 织物起毛、起球或毡化性能的测定 第2部分：改型马丁代尔法》

国际上通行的耐摩擦系数测试有两种：

·马丁代尔耐磨测试（Martindale Abrasion Test）（图1-72）

·韦氏耐磨测试（Wyzenbeek Abrasion Test）（图1-73）

马丁代尔耐磨测试仪，使用多个测试头对面料进行8形状方向的划线一般摩擦测试，检测织物有面料、人造革、皮革和其他各种材料。

读取马丁代尔耐摩擦测试结果：

马丁代尔设备的测试结果通常以摩擦或循环的次数评价，摩擦或循环的次数越高，织物越耐摩擦。大量实践证明，摩擦结果少于10000次

图1-71 S捻和Z捻以及纺纱的并股状态

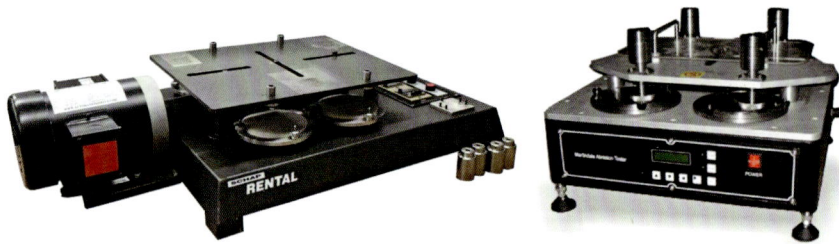

图1-72 马丁代尔耐磨测试仪

图1-73 韦氏耐磨测试仪（图片由Intertek上海实验室提供）

时，该织物适合用于装饰目的（窗帘和抱枕），不适合用于具有摩擦效应的用途。

耐摩擦系数为10000~15000次，面料较少使用在家具织物上；耐摩擦系数为25000~30000次，可用于频繁使用的场合，如住宅、商业和公共空间里的主要家具织物、沙发、餐椅和坐垫等。耐摩擦系数超过30000次，面料适用于商业和公共空间，甚至交通工具等。

摩擦系数高的织物通常都具有高捻度❶和高密度，手感较硬，用于酒店和公共场所的家具时，

由于单个用户使用的时间通常较短，织物的舒适程度对用户影响不大，但若用于住宅，舒适感则成为更重要的考量因素。所以并非织物的耐摩擦系数高就一定是最佳选择，设计工作者要根据具体的环境和需求做出专业、合理的判断。

韦氏耐磨测试仪使用四个测试头对产品进行经纬向摩擦测试，检测产品有面料、人造革、面料接缝处，用于测试摩擦的标准件通常为帆布或细金属网，特别适合汽车装饰及家具用纺织品的耐磨性测试。相关测试标准有：

❶ 纱线的捻度与品质和成本的关系：捻度是以每米（或每英寸）施加的捻回数来测量的。松散的纱线需要的总纤维含量较少，生产时间较短，成本较低。优质纱线每米多达1200捻回数，表面光滑、整齐。较高的捻度也会使纱线具有更大的强度。

• ASTM D4157—2017《织物耐磨性的标准试验方法（振荡圆柱法）：韦氏耐磨测试法》

• ASTM D3597—2018《机织室内装饰织物的标准性能规范：平纺，簇绒或植绒》

韦氏和马丁代尔测试方法的区别在于，同样品质的产品，马丁代尔测试方法的数据往往会要求高出韦氏1/3，如韦氏耐磨仪测试的耐摩擦系数是30000次，马丁代尔测试的则为40000次。

（4）组织结构稳定性

组织结构是指织造面料时经纱和纬纱纵横交错的规律，纱线的捻度、密度和纤维种类不同，在使用过程中面料会变形，即组织结构的稳定性。

① 遇水后的尺寸稳定性

遇水后的尺寸稳定性（纤维的弹性模量、含湿率和收缩率）也称为湿缩率，经常水洗的纺织品，如床品和毛巾，常会在出厂前进行预缩，干燥后织物的湿缩率不超过3%。大部分装饰面料（家具和窗帘）没有经过预缩处理，因为纤维的性能不同，混纺织物中的纤维具有不同的弹性模量，窗帘和家具用面料不适合水洗。

② 织物横向/纵向抗拉伸性

织物的横向/纵向抗拉伸性（形体稳定性）会直接影响家居产品的形体平直（整齐）度的变化。通常家居面料的横向抗拉性较好（因为转弯处的形体变化），窗帘面料则注重经向抗拉伸性（因为悬挂的垂感）。抗拉性与纱线捻度和织造的经纬密度有关。同样的经纱密度下，纬密偏低的，悬垂感较好。家居面料对经纬密度要求偏高。

③ 织物接缝处抗拉伸性（抗撕裂性）

很多用于沙发和椅子的纺织品，因为对强度、密度和耐摩擦系数的要求，使用窄幅面料（幅宽137～150cm）居多，在覆盖较大件家具时，需要用缝纫方法接缝连接，故织物接缝处的抗拉伸、抗撕裂性能需要考量。织物的抗拉伸/抗撕裂强度和纱线的捻度、织造的密度和缝纫方法有关。遇到抗拉伸（抗撕裂性能）较低的面料，可以采取后道补救的方式来加强其性能，如背胶处理、背衬处理、双线接缝等一系列经济、可靠的补救措施。

图1-74的低捻度、低密度面料成本低廉，非常受家居行业欢迎，但是松弛的面料也容易起球和破裂，背胶加固后会有所改善，需要测试耐摩擦系数。

图1-74 低捻度、低密度面料

图1-75所示为低捻度、低密度的涤纶仿麻织物，采用背衬加强处理，使用双线接缝以防撕裂。

图1-76是使用聚氨酯或聚丙烯酸胶涂在面料的背面做背衬，以增加面料的组织结构稳定性，并且还具备阻燃功能（满足BS 5852）。

图1-77是用针织棉布或丙纶非织造布在面料的背面做背衬，以增加面料组织结构的稳定性，针织棉布背衬和非织造布背衬不具备阻燃功能，需进行浸轧阻燃后整理。

④ 织物的断裂强力和耐候性

织物在没有外力作用下，放置很长时间其自身是很难断裂的。以下是纤维和纱线、面料发生断裂的原因：

• 高频率的摩擦（使用）或利器的破坏；

• 强的化学物质，如高浓度次氯酸（漂白水）对天然纤维的危害；

图1-75　低捻度、低密度的涤纶仿麻织物

图1-76　用聚氨酯或聚丙烯酸胶做背衬

图1-77 用针织棉布和非织造布做背衬

· 长期紫外线的照射（分子键断裂）；

· 不当的洗涤方法；

· 户外的日晒雨淋对纤维的降解（户外面料）。

设计工作者在规范产品的性能和使用（包括售后服务和保障）时，针对不同的纤维应该做出合理的判断和规范：

a.将强度合适的织物用在相对应的产品上，如避免将宽幅面料用于家具上、耐候性差的丙纶或天然纤维用于户外用品等。

b.指导用户正确地清洗织物，不建议将窗帘取下来水洗或干洗。窗帘长期受到紫外线辐射，紫外线对其破坏程度是无法看见的，在没有外力的情况下不会撕裂。但搅拌过程中产生的摩擦会导致窗帘已经损坏的纤维彻底断裂。窗帘和家具的正确清洗方式是现场（不摘取）用蒸汽+吸尘清洗，对有污渍的家具，根据面料的成分和污渍属性配置不同的清洗剂进行局部无痕（渍）清洗。

c.酒店、交通工具、医院等公用纺织品（床品、毛巾、台布餐巾、椅套、帘布等）的耐用性，国家有相关的规范（GB/T 35744—2017）：

· 所有公用纺织品应符合GB 18401—2010《国家纺织产品基本安全技术规范》；

· 旅游饭店纺织品应符合GB/T 22800—2009《星级旅游饭店用纺织品》；

· 白度显示：洗涤后自然光下白度值大于70（GB/T 8424.2—2001）；

· 有色织物耐水洗色牢度大于3级（GB/T 5713—2013《纺织品 色牢度试验 耐水色牢度》）；

· 洗涤后的细菌总数 ≤10CFU（CFU为菌落形成单位，只计算每平方厘米活的细菌）；

· 大肠杆菌：不得检出；

· 致病菌：不得检出（GB/T 18204—2014《公共场所卫生检验方法》）；

· 有色毛巾：洗涤≤120次时，不应有断圈、变形、露底状况，一等白色毛巾洗涤≤80次，不应有断圈、变形、露底状况（GB/T 8630—2013《纺织品洗涤和干燥后尺寸变化的测定》）；

· 全棉床品：纱支≥40英支，洗涤 ≤100次时，不应有断纱、起毛、纰裂、损边状况；

· 全棉床品：纱支≥60英支，洗涤≤120次时，不应有断纱、起毛、纰裂、损边状况；

· 全棉类台布、餐巾：洗涤≤80次时，不应有变形、起毛、抽丝、飞边等状况；

· 化纤类台布、餐巾：洗涤≤120次时，不应有损坏；

•美国AATCC 135，150，187《水洗尺寸稳定性》；

•美国ASTM D2261—1996《机织物撕裂强力试验方法舌形法（定伸长速率拉伸试验机）》；

•美国ASTM D1774—1994《纺织纤维弹性性能试验方法》；

•美国ASTM D5035—1995《织物断裂强力和伸长试验方法（条样法）》。

（5）纺织品的"三防"性能

"三防"指纺织品在织造后的一种后处理工艺：防泼水、防污、防油，对在公共场所和家居环境中使用的面料，有保护和延长使用效果的作用。

三防织物具有拒油、拒水等性能（图1-78）。经三防处理后改变了织物的表面能，使亲水性变为疏水性，水滴在织物上滚动而不能浸润。三防处理的面料可用于各类防护服、公共场所的家具、坐垫、墙体材料等，也可用于劳动防护服。三防织物沾油而不浸、遇水而不渗，克服了透湿与抗油拒水的矛盾，具有良好的透气、透湿性能。

目前市场上使用的三防防护处理，基本上是采用含氟化合物技术，在纤维周围形成分子屏障，降低纤维的临界表面张力，使其能有效抵御水性及油液体污渍。而强效型防护功能要求面料经30次洗涤后仍可有效防污，甚至持续可达50次洗涤。运用最先进的纳米技术，美国杜邦公司的特氟龙产品使面料防水透气、强效防污，且手感柔软舒适。

根据耐水洗强度，可分为普通特氟龙❶（Teflon）、超强特氟龙（Hi-Teflon）。该面料与普通面料相比，除具有更美艳的外观品质外，还会像荷叶一样有绝佳的防油、防泼水、抗污渍效果，可有效防止油、水、污渍渗入纤维内部，从而保持面料长期干爽、洁净。超强特氟龙水洗20次后，仍能达到90%的三防性能，水洗前则可达到100%。该面料广泛用于户内（外）家具、遮阳产品、普通成衣面料、羽绒服面料、睡袋面料等。

PTFE是一种固体高分子化合物，完全由碳和氟组成，是疏水性的，水和含水物质都不会润湿PTFE。特氟龙目前是世界上表面能最低的人工合成材料，它的表面张力为16×10^{-5}N，而水的表面张力可达72×10^{-5}N，油的为$(30\sim35)\times10^{-5}$N，水和油接触特氟龙表面时，因为表面能的巨大差异，依然保持球状而不散落或摊开，这就是特氟龙拒水拒油的原因（图1-79）。

图1-78 三防处理后的面料

图1-79 落在PTFE面料上的水珠

❶ 特氟龙（Teflon）学名聚四氟乙烯（PTFE，Polytetrafluoroethylene），是乙烯的合成含氟聚合物，有多种用途，最受欢迎的PTFE配方品牌是Teflon。Chemours是杜邦生产Teflon的子公司，最初于1938年发现了这种化合物。另一个受欢迎的PTFE品牌是Synco Chemical Corporation的Syncolon。

按照AATCC 22—2017《纺织品防泼水性能的检测和评价：沾水法》测定织物的动态防水性。其中GB/T 4745—2012与ISO 4920方法基本与AATCC 22—2017一致，将经过三防处理后的织物试样固定在直径150 mm左右的金属圆环上，并将其放在倾斜45°角的固定架上。从样品上方的玻璃漏斗中将250mL水快速倒下，保证25～30s内自然喷淋完毕。取下固定环，正面朝下水平轻轻敲打织物，观察试样表面润湿情况，评定其防水值。喷淋装置如图1-80所示。面料疏水等级和各国产业标准见表1-10、表1-11。

图1-80 喷淋装置

表1-10 面料疏水等级一览表（天祥上海实验室确认）

防水性能	表面湿润情况	防水性能	表面湿润情况
0	整个试样表面完全润湿	90	试样表面有零星的喷淋点润湿
50	淋到的表面完全润湿	90～100	试样表面没有润湿，有少量水珠
60	润湿面积超出受淋表面一半	100	没有水珠或润湿
80～90	试样表面喷淋点处润湿		

表1-11 各国产业标准列表（天祥上海实验室确认）

产业标准	标准编号	标准名称
中国国家标准 GB	GB/T 4745—2012	纺织品 防水性能检测和评价：沾水法
	GB/T 19977—2014	纺织品 拒油性 抗碳氢化合物试验
	GB/T 30159—1—2013	纺织品 防污性能的检测和评价 第1部分：耐沾污性
美国AATCC标准	AATCC 22—2017	拒水性：喷淋试验 / Water Repellency: Spray Test
	AATCC 193—2017	拒水性：抗水/乙醇溶液测试 /Aqueous Liquid Repellency: Water/Alcohol Solution Resistance Test
	AATCC 118—2013	拒油性/抗碳氢化合物测试 /Oil Repellency: Hydrocarbon Resistance Test
国际ISO标准	ISO 4920：2012	纺织品 表面抗湿性测定（喷淋试验）/ Textile Fabrics- Determination of Resistance to Surface Wetting（Spray Test）
	ISO 14419：2010	纺织品 耐油性 耐碳氢化合物试验/ Textiles-Oil Repellency- Hydrocarbon Resistance Test

（6）织物的阻燃原理和性能

大部分天然和合成纤维纺织品都可以燃烧，在各种火灾中，燃烧导致死亡的比例占20%，80%的死亡是由于毒烟窒息导致的。纺织品的阻燃技术成为公共场所与家居安全的重要考量指标。目前大部分国家（日本和中国除外）针对纺织品阻燃的产业标准和法律法规仅限于公共场所，对住宅使用安全则没有限制。

① 织物阻燃的原理

纺织品阻燃并不是指阻燃整理后的织物在接触火源时不会燃烧，而是使织物在火中尽可能降低可燃性，减缓蔓延速度，不形成大面积燃烧，离开火焰后，能很快自熄，不再续燃或阴燃（因为大部分纺织品是可燃物，将纺织品制成非燃烧品，目前在技术上是有难度的）。

合成纤维的燃烧是材料和高温热源接触吸收热量后发生热解反应的现象，热解反应生成易燃气体，易燃气体在氧存在的条件下，发生燃烧，燃烧产生的热量被纤维吸收后，又促进纤维继续热解和进一步燃烧，形成循环。对此人们提出了阻燃的基本原理：减少（或没有）热分解气体的生成，阻碍气相燃烧的基本反应，吸收燃烧区域的热量，稀释和隔离空气等。

纤维用阻燃剂有铝镁氢氧化物、含硼化合物、卤硼化合物、卤系阻燃剂、磷系阻燃剂等。不同阻燃剂的阻燃机理有很大区别，概括起来主要有以下几种：

覆盖机理A： 在可燃材料中加入阻燃剂后，阻燃剂在高温下可在聚合物表面形成一层玻璃状或稳定的泡沫覆盖层以隔热、隔绝空气，起到阻止热传递、减少可燃性气体释放和隔绝氧的作用，从而达到阻燃目的。阻燃剂形成隔离膜的方式有两种：一种是阻燃剂降解产物促进纤维表面脱水碳化，进而形成结构更趋稳定的交联状固体物质或炭化层，炭化层能阻止聚合物进一步热裂解，还能阻止其内部的热分解产物进入气相参与燃烧过程，含磷阻燃剂对含氧聚合物的阻燃作用即是通过此种方式实现的；另一种是阻燃剂在燃烧温度下分解成不挥发的玻璃状物质，包覆在聚合物表面，起隔离膜的作用，硼系和卤化磷类阻燃剂具有类似特征。

不燃性气体窒息机理B： 阻燃剂受热分解产生不燃性气体，将纤维燃烧分解出的可燃性气体浓度稀释到能产生火焰浓度以下，同时稀释燃烧区内的氧浓度，阻止燃烧继续进行，又由于气体的生成和热对流带走了一部分热量，从而达到阻燃目的。

吸热机理C： 任何燃烧在短时间所放出的热量都是有限的，如果能在短时间内吸收火源所放出的部分热量，火焰温度就会降低，辐射到燃烧表面和作用于自由基的热量就会减少，燃烧反应就会受到抑制。高温条件下，阻燃剂发生吸热脱水、相变、分解或其他吸热反应，降低纤维表面及燃烧区域的温度，降低可燃物表面温度，有效抑制可燃性气体的生成，阻止燃烧的蔓延，最终破坏维持聚合物燃烧的条件，达到阻燃目的。如铝、镁及硼等无机阻燃剂，充分发挥其结合水蒸气时大量吸热的特性，可提高自身的阻燃能力。

自由基控制机理D： 根据燃烧的链反应理论，维持燃烧的是自由基。阻燃剂在气相燃烧区捕捉燃烧反应中的自由基，阻止火焰传播，使燃烧区的火焰密度下降，最终使燃烧反应速度下降，直至终止。如含卤阻燃剂的蒸发温度和聚合物分解温度相同或相近，当聚合物受热分解时，阻燃剂也同时挥发出来，此时含卤阻燃剂与热分解产物同时处于气相燃烧区，卤素便能够捕捉燃烧反应中的自由基，阻止火焰的传播，使燃烧区的火焰密度下降，最终使燃烧反应速度下降直至终止。

纺织品中的纤维是否可以变软和/或熔化，决定着它是否具有热塑性。热塑性因其相关的物理变化可严重影响阻燃剂。传统的热塑性纤维（如尼龙、涤纶和丙纶）一旦收缩即可离开火焰，从而避免被点燃，这使它们表面上显现出阻燃性。事实上，如果收缩受阻，它们便会猛烈燃烧。这种所谓的支架效应可在涤纶、棉和类似的混纺织物上发生，即熔融聚合物熔化到非热塑性棉上并被点燃。类似的效应也可在由热塑性和非热塑性成分组成的复合纺织品上发生。随着支架效应而来的是熔滴问题（通常是带焰熔滴），这种滴淌虽可移除焰峰的热并促使火焰熄灭（因此可以通过垂直火焰试验），但却能使位于其下的地毯或其他物体发生燃烧或二次点燃。

大多数在批量生产期间或作为后整理剂使用于（浸轧）传统合成纤维织物上的阻燃剂，通常都是通过增强熔融滴淌和/或促助有焰熔滴熄灭两种方式发挥作用的。迄今为止，任何手段都不能降低纤维的热塑性，也不能大量促进燃烧的纤维成碳，经阻燃处理的纤维素（包括黏胶纤维）便是如此。

根据成本和效益，锑—卤素阻燃剂是本体聚合物和背涂层纺织品领域最成功的阻燃剂，成本也最低。与用于纤维素纤维的含磷和氮的反应性耐久阻燃剂不同，它们通常只能借助树脂黏合剂用作纺织品的背涂层剂。就纺织品而言，多数锑—卤素体系都由三氧化二锑和含溴的有机分子[如氧化十溴联苯（DBDPO）或六溴环十三烷（HBCD）]组成。一经加热，这些物质就会释放出溴化氢（HBr）基和溴（Br）基，这二者会干扰火焰的化学反应。

用于色纺面料的合成纤维（锦纶、涤纶、丙纶、腈纶等），纺丝时把阻燃剂融入切片中，喷丝制成的纤维本身就具有强大的阻燃功能，普通合成纤维中阻燃系数最高的就是用这种原液阻燃工艺生产的纺织品。

② 合成纤维的阻燃性能

阻燃性能和纤维本身的聚合方式和成分有关。对位芳纶（芳纶1414，商品名凯夫拉）和间位芳纶（芳纶1313）是一类耐热且高强力的合成纤维，具有超高强度、高模量和耐高温、耐酸碱、重量轻等优良性能，其强度是钢丝的5~6倍，模量为钢丝或玻璃纤维的2~3倍，韧性是钢丝的2倍，重量仅为钢丝的1/5左右，在560℃不分解、不融化。具有良好的绝缘性和抗老化性能，有很长的使用周期（图1-81）。

间位芳纶的极限氧指数（LOI）大于28，因

图1-81　芳纶（Aramid）及用其织造的面料

此当它离开火焰时不会继续燃烧。间位芳纶的阻燃特性是由其自身化学结构所决定的，是一种永久阻燃纤维，不会因使用时间和洗涤次数降低而丧失其阻燃性能。

聚苯并咪唑（PBI，Polybenzimidazole）纤维是有非常高的分解温度且没有熔点的合成纤维。因具有出色的热稳定性、化学稳定性、刚度保持性、高温韧性，PBI纤维织物用于制作高性能防护服，如消防员装备、宇航员太空服、高温防护手套、焊工服装和飞机墙面材料等（图1-82）。

纺织品的阻燃性能要求主要是针对防护服、公共场所使用的织物、交通工具内饰物提出的：

•GB/T 17591—2006《阻燃织物》

适用范围：装饰用、交通工具（包括飞机、火车、汽车和轮船）内饰用、阻燃防护服用的机织物和针织物。

•GB 50222—2017《建筑内部装修设计防火规范》

适用范围：民用建筑内装饰织物（如窗帘、帷幕、床罩、家具包布等）。

燃烧性能要求：装饰织物的燃烧性能等级分别为B1级和B2级。

试验方法：根据GB/T 5455—2014测试。

•GB 20286—2006《公共场所阻燃制品及组件燃烧性能要求和标识》

适用范围：各类公共场所，如影剧院、卡拉OK厅、商场、宾馆（饭店）、医院、养老院、寄宿制的学校、托儿所、幼儿园、公共图书馆等场所使用的阻燃制品及组件。

与纺织品阻燃性能及燃烧测试相关的具体内容见表1-12～表1-15。

图1-82　PBI纤维因其优越的性能用来制作消防服和宇航服的面料

表1-12　GB/T 17591—2006《阻燃织物》对织物抗燃烧性能的要求

产品类别		项目	考核指标		试验方法
			B1级	B2级	
装饰类织物		损毁长度（mm）≤	150	200	GB/T 5455—2014
		续燃时间（s）≤	5	15	
		阴燃时间（s）≤	5	15	
交通工具内饰用织物	飞机、轮船内饰用织物	损毁长度（mm）≤	150	200	GB/T 5455—2014
		续燃时间（s）≤	5	15	
		燃烧滴落物	未引燃脱脂棉	未引燃脱脂棉	
	汽车内饰用织物	火焰蔓延速率（mm/min）≤	0	100	FZ/T 01028—2016
	火车内饰用织物	损毁面积（cm²）≤	30	45	GB/T 14645—2014 A法
		损毁长度（mm）≤	20	20	
		续燃时间（s）≤	3	3	
		阴燃时间（s）≤	5	5	
		接焰次数（次）>	3		GB/T 14645—2014 B法

表1-13　GB 20286—2006中对燃烧性能的要求

阻燃性能等级	标准依据	判定指标
阻燃1级织物	GB/T 5455—2014	极限氧指数≥32.0
		损毁长度≤150mm，续燃时间≤5s，阴燃时间≤5s
	GB/T 8627—2007	燃烧滴落物未引起脱脂棉燃烧或阴燃
		烟密度等级（SDR）≤15
	GB/T 20285—2006	产烟毒性等级不低于ZA2级
阻燃2级织物	GB/T 5455—2014	损毁长度≤200mm，续燃时间≤15s，阴燃时间≤15s
		燃烧滴落物未引起脱脂棉燃烧或阴燃
	GB/T 20285—2006	产烟毒性等级不低于ZA3级

注　极限氧指数试验熔融织物除外。

表1-14　GB 20286—2006中测试纺织品燃烧的长度和时间

级别	损毁长度（mm）	续燃时间（s）	阴燃时间（s）
1级	≤150	≤5	≤5
2级	≤200	≤15	≤10

表1-15　GB 50222—2017《建筑内部装修设计防火规范》规定在设计中装修材料的燃烧等级

等级	材料燃烧性能	等级	材料燃烧性能
A	不燃性	B2	可燃性
B1	难燃性	B3	易燃性

纺织品的阻燃性能在每个国家的要求都不同，在美国，阻燃对商业和公共场所的要求是强制性的，而对家居的阻燃要求是选择性的。在日本，强制所有的窗帘面料都具有阻燃性能。中国自2018年1月1日起对商业、公共空间以及住宅等民用建筑的阻燃标准在国家标准中做了详细的强制性规范。

有效的纺织品阻燃可以降低火灾对大众的伤害，但是也需要设计工作者严格遵守对阻燃各种技术指标的限定，如极限含氧量、燃烧时间、毒烟含量和洗涤次数的有效性等，不仅是对专业负责，更是对用户的生命安全负责。

国家单层和多层民用建筑装修材料阻燃标准的硬性规范：

除本规范规定的场所和表1-16中序号为11~13规定的部位外，单层、多层民用建筑内面积小于100m²的房间，当采用耐火极限不低于2h的防火隔墙和甲级防火门、窗与其他部位分隔时，其装修材料的燃烧性能等级可以在表1-16的基础上降低一级。

除本规范规定的场所和表1-16中序号为11~13规定的部位外，当单层、多层民用建筑

需做内部装修的空间内装有自动灭火系统时，除顶棚外，其内部装修材料的燃烧性能等级可在表1-16规定的基础上降低一级；当同时装有火灾自动报警装置和自动灭火系统时，其装修材料的燃烧性能等级可在表1-16规定的基础上降低一级。

除本规范规定的场所和表1-17中序号为10~12规定的部位外，高层民用建筑内面积小于500m²的房间，当设有自动灭火系统且采用耐火极限不低于2h的防火隔墙和甲级防火门、窗与其他部位分隔时，顶棚、墙面、地面装修材料的燃烧性能等级可在本规范规定的基础上降低一级。

除本规范规定的场所和表1-17中序号为10~12规定的部位以及大于400m²的观众厅、会议厅和100m²以上的高层民用建筑外，当设有火灾自动报警装置和自动灭火系统时，除顶棚外，其内部装修材料的燃烧性能等级可在表1-17规定的基础上降低一级。电视塔等特殊高层建筑的内部装修、装饰织物应采用不低于B1级的材料，其他均应采用A级装修材料。

表1-16 单层和多层民用建筑内部各部位装修材料的燃烧性能等级

序号	建筑物及场所	建筑规模及其性质	装修材料燃烧性能等级							
			顶棚	墙面	地面	隔断	固定家具	装饰织物		其他材料
								窗帘	帷幕	
1	候机楼的候机大厅、贵宾候机室、售票厅、商店、餐饮场所等	—	A	A	B1	B1	B1	B1	—	B1
2	汽车站、火车站、轮船客运站的候车（船）室、商店、餐饮场所等	建筑面积>10000m²	A	A	B1	B1	B1	B1	—	B2
		建筑面积≤10000m²	A	B1	B1	B1	B1	B1	—	B2
3	观众厅、会议厅、多功能厅、等候厅等	每个厅建筑面积>400m²	A	B1	B1	B2	B1	B1	B1	B1
		每个厅建筑面积≤400m²	A	A	B1	B1	B1	B1	B1	B2

续表

序号	建筑物及场所	建筑规模及其性质	装修材料燃烧性能等级							
			顶棚	墙面	地面	隔断	固定家具	装饰织物		其他材料
								窗帘	帷幕	
4	体育馆	>3000座位	A	A	B1	B1	B2	B2	B1	B2
		≤3000座位	A	B1	B1	B1	B1	B1	B1	B2
5	商店营业厅	每层建筑面积>1500m² 或 总建筑面积>3000m²	A	B1	B1	B1	B1	B1	—	B2
		每层建筑面积≤1500m² 或总建筑面积≤3000m²	A	B1	B1	B1	B2	B1	—	—
6	宾馆、饭店的客房及公共活动用房	设置送回风道（管）的集中空调系统	A	B1	B1	B1	B2	B2	—	B2
		其他	B1	B1	B2	B2	B2	B2	—	—
7	养老院、托儿所、幼儿园的居住及活动场所	—	A	A	B1	B1	B1	B1	—	B2
8	医院的病房区、诊疗区、手术区	—	A	A	B1	B1	B2	B1	—	B2
9	教学场所、教学实验场所	—	A	B1	B2	B2	B2	B2	B2	B2
10	纪念馆、展览馆、博物馆、图书馆、档案馆、资料馆等公共活动场所	—	A	B1	B1	B1	B2	B1	—	B2
11	存放文物、纪念展览物品、重要图书、档案、资料的场所	—	A	A	B1	B1	B2	B1	—	B2
12	歌舞娱乐游艺场所	—	A	B1	B1	B1	B1	B1	B1	B1
13	A、B级电子信息系统机房、装有重要机器、仪器的房间	—	A	A	B1	B1	B1	B1	B1	B1
14	餐饮场所	营业面积>100m²	A	A	B1	B1	B2	B1	—	B2
		营业面积≤100m²	B1	B1	B1	B2	B2	B2	—	B2
15	办公场所	具有中央空调系统和回风管道	A	B1	B1	B1	B2	B2	—	B2
16	住宅	—	B1	B1	B1	B1	B2	B2	—	B2

表1-17　高层民用建筑^①内部各部位装修材料的燃烧性能等级

序号	建筑物及场所	建筑规模及其性质	装修材料燃烧性能等级									
			顶棚	墙面	地面	隔断	固定家具	装饰织物				其他材料
								窗帘	帷幕	床罩	家具	
1	候机楼的候机大厅、贵宾候机室、售票厅、商店、餐饮场所等	—	A	A	B1	B1	B1	B1	—	—	—	B1
2	汽车站、火车站、轮船客运站的候车（船）室、商店、餐饮场所等	建筑面积>10000m²	A	A	B1	B1	B1	B1	—	—	—	B2
		建筑面积<10000m²	A	B1	B1	B1	B1	B1	—	—	—	B2
3	观众厅、会议厅、多功能厅、等候厅等	每个建筑面积>400m²	A	A	B1	B1	B1	B1	B1	—	B1	B1
		每个建筑面积≤400m²	A	B1	B1	B1	B1	B1	B1	—	B1	B1
4	商店营业厅	每层建筑面积>1500m²或总建筑面积>3000m²	A	B1	B1	B1	B1	B1	B1	—	B2	B1
		每层建筑面积≤1500m²或总建筑面积≤3000m²	A	B1	B1	B1	B1	B1	B2	—	B2	B2
5	宾馆、饭店的客房及公共活动用房	一类建筑	A	B1	B1	B1	B2	B1	—	B1	B2	B1
		二类建筑	A	B1	B1	B1	B2	B2	—	B2	B2	B2
6	养老院、托儿所、幼儿园的居住及活动场所	—	A	A	B1	B1	B2	B1	—	B2	B2	B1
7	医院的病房区、诊疗区、手术区	—	A	A	B1	B1	B2	B1	B1	—	B2	B1
8	教学场所、教学实验场所	—	A	B1	B2	B2	B2	B1	B1	—	B1	B2

续表

序号	建筑物及场所	建筑规模及其性质	装修材料燃烧性能等级									
			顶棚	墙面	地面	隔断	固定家具	装饰织物				其他材料
								窗帘	帷幕	床罩	家具	
9	纪念馆、展览馆、博物馆、图书馆、档案馆、资料馆等公共活动场所	一类建筑	A	B1	B1	B1	B2	B1	B1	—	B1	B1
		二类建筑	A	B1	B1	B1	B2	B1	B2	—	B2	B2
10	存放文物、纪念展览物品、重要图书、档案、资料的场所	—	A	A	B1	B1	B2	B1	—	—	B1	B2
11	歌舞娱乐游艺场所	—	A	B1	B1	B1	B1	B1	B1	B1	B1	B1
12	A/B级电子信息系统机房级、装有重要机器仪器的房间	—	A	A	B1	B1	B1	B1	B1	—	B1	B1
13	餐饮场所	—	A	B1	B1	B1	B2	B1	—	—	B1	B2
14	办公场所	一类建筑	A	B1	B1	B1	B2	B1	B1	—	B1	B1
		二类建筑	A	B1	B1	B1	B2	B1	B2	—	B2	B2
15	住宅	—	B1	B1	B1	B1	B2	B1	—	B1	B2	B1
16	电信楼、财贸金融楼、邮政楼、广播电视楼、电力调度楼、防灾指挥调度楼	一类建筑	A	B1	B1	B1	B2	B1	B1	—	B2	B1
		二类建筑	A	B1	B2	B2	B2	B1	B1	—	B2	B2

① 中国的国家标准规范了（GB 50016—2018建筑设计防火规范）10层及10层以上或房屋、高度大于27m的住宅建筑以及房屋高度大于24m的其他高层民用建筑混凝土结构为高层建筑。在美国，24.6m或7层以上视为高层建筑；在日本，31m或8层及以上视为高层建筑；在英国，高于或等于24.3m的建筑视为高层建筑。

（7）纺织品的损坏和正常磨损

装饰面料在使用过程中的效果、功能和寿命，与设计工作者在设计规划空间与产品的时候制定的合理品质和产品性能、使用方法和维护措施有直接的关系。设计工作者在产品的技术及使用说明上应当清楚地注释相关的使用方法和维护措施，甚至提供就近的维护服务机构信息，以便对用户的产品提供及时、专业的售后服务。

造成纺织品损坏的主要原因如下：

① 家具面料起毛、起球、松弛或跳纱等

通常是纱线捻度和织造密度不够造成的。根据用户使用的环境和频率，应当评估织物的耐摩擦系数,通常按照使用的寿命给予2倍的安全系数,如住宅用沙发的设计寿命是10年,每天平均起坐次数相当于4r摩擦系数,那么沙发面料的耐摩擦系数应该是365×10×4×2=29200r,沙发面料的耐摩擦系数应定为30000r(韦氏耐磨测试方法,相当于马丁代尔测试方法的40000r)。

②窗帘的破裂、纤维断裂或起尘现象

通常采用无衬里窗帘、耐候性差的短纤维或品质较差的染色工艺,会造成纤维在紫外线作用下降解。应在窗帘背后增加可阻挡紫外线的遮光或半遮光衬里来保证窗帘面料的正常使用寿命,尤其是天然纤维面料,如丝绸、纯棉等纤维的耐候性相对较差,应使用有效的衬里予以保护。在合成纤维中,丙纶和黏胶纤维的耐候性相对较差,紫外线降解(老化)较快,也应适当增加保护性衬里。

③窗帘与家具面料的水渍、缩水、变形等

用于室内的装饰性面料和服装面料的区别很大,体积、重量、不可拆解性、纤维成分的复杂性会导致用户对清洗、维护的方式感到困惑。用户常因为缺乏设计工作者和服务商的专业指导而错误地实施非专业化的清洁措施,如水洗、错误的清洁剂和清洗方式。设计工作者在设计和规划时应对每种纤维属性有彻底了解,需要告知用户对产品的保养、维护和洗涤方式。有必要的话,应该给用户提供专业的服务商。

④纺织品的褪色、掉色或沾色

出现这种现象,通常是纺织品的色牢度出现了问题。染色的浮色太多,耐摩擦色牢度低也会出现沾色现象。耐候性较差的面料,如丙纶、丝绸、棉等较容易褪色。在阳光较强的区域,如海边度假酒店,应尽量采用耐候性较好的纤维,如腈纶或涤纶;预算允许的情况下,色纺面料的耐候性更佳。色牢度和纤维的品质及属性有很大关系,设计和规划产品时应了解纺织品的功能和用途及其属性,为用户的产品品质和安全使用负责。

(8)纺织品的可修理性和返修保障

纺织品的修理和维护是服务商应该提供的保障。设计工作者应根据纺织品的属性,将纺织品的自然磨损和人为磨损加以区分,并且提出相应的品质保障,同时应该有书面的说明。

自然损坏:不在品质保障之列,指正常每天使用产生的磨损(如陈旧、污渍等)、灰尘沉积、含盐空气的侵蚀、日照(褪色、降解)、超过品质保证期等。

人为磨损:不在品质保障之列,指不当搬移、自行拆解、自行修理、出借他人使用、锐器划伤、不当清洁剂使用、没有按照原厂的建议维护和保养、非原始购买用户、第三方原因造成的损坏等。

设计工作者对每一款产品的设计与规划都应该出具售后服务指导意见,该指导意见的重要性体现在产品的质量保证和用户对使用品质的体验上,是检验产品(空间)设计的一个重要指标,也是一个设计工作者应有的专业态度和责任。

(9)纺织品的维护

纺织品的清洁是用户重点关心的问题之一。每一种纺织品都应该注明清洁方式(清洁代码);设计工作者在注明清洁方式时,自己必须了解纤维的属性、性能、织造的工艺和后处理等一系列技术规格和参数,否则给出的清洁代码不仅无法指导用户对产品的清洁需求,反而会给用户带来不必要的损失,也会对产品和环境造成破坏。

①国际上常见通用的清洁代码

DC:只能干洗(Dry Clean Only)。

N Fbr:天然纤维(Natural Fiber),污渍立

即用干净的白布或普通纸巾溢出。用一茶匙温和洗涤剂和一茶匙白醋在一夸脱温水中轻轻溶解，不要过多地饱和浸泡。

S：仅使用溶剂型干洗剂（Solvent）清洁，不要用水，绒头织物可能需要刷子梳理才能恢复外观。可拆的坐垫外套最好干洗。大部分干洗剂是用挥发性的石油化工产品，最初使用苯，后来改用四氯化碳（CCl₄），20世纪后改用三氯乙烯（C₂HCl₃），现在使用更环保的四氯乙烯（C₂Cl₄）。

SW：使用专用家具面料清洗剂（Solvent Wash）清洗污点，使用温和洗涤剂泡沫或温和干洗溶剂进行现场清洁，不要用液体浸透。绒头织物可能需要刷子轻刷才能恢复外观。

W：仅使用水性清洗剂（Water）或家具面料泡沫清洁剂进行清洁。不要过湿，不要使用溶剂进行清洁。绒头织物可能需要刷子轻刷才能恢复外观。可拆坐垫可以拆除清洗。

WASH：可以用设备和冷水清洗，用温和的洗涤剂洗涤，不要漂白，低温烘干或晾干。

WOOL：羊毛面料和簇绒羊毛地毯，污渍立即用干净的白布或普通纸巾擦净；根据污渍的种类使用对应的清洁剂；不适合大面积的水洗和机器搅拌；溶剂型清洁剂更适合清洁羊毛织物。

WS：使用家具面料专用清洁液、温和洗涤剂泡沫或温和干洗溶剂（Solvent Wash）进行现场清洁；不要用液体浸透；绒头织物可能需要刷子轻刷才能恢复外观。

X：不要使用水基或溶剂型清洁剂（Un Washable）进行清洁；仅使用吸尘器或轻刷。

大部分室内装饰面料推荐使用"S"型清洁方式。部分产品可使用"SW"，如涤纶织物。对进行过表面处理（后整理）的织物，需要谨慎使用清洁剂，不当使用清洁剂会降低织物后处理赋予的功能，如三防或阻燃后处理等。

② 清洁及分类

清洁剂：去油污、酒精稀释剂等药店即售的油性洗涤剂；过氧化氢、氯系漂白水等药店即售的起泡漂白性洗涤剂；氨水、醋酸硼砂、洗碗精、食盐、牙膏等。

清洁地点：大部分装饰面料可以预约专业服务公司来现场进行清洗，这不仅给用户带来了方便，也节省了时间和成本，更保证了织物清洗的安全性和用户的利益。使用蒸汽清洗地毯的车载移动清洁公司也可以同时清洗沙发、窗帘和坐垫等纺织品。

③ 烫熨方法与要求

成品出厂后经过折叠、挤压和堆放，会出现皱褶和暂时变形，根据织物中纤维的特性，设计工作者需要指定熨烫的方法和温度，在交付产品的时候，与洗涤方式一样，进行详尽的解释和告知。

• 亚麻/Linen：230℃（445℉）高温，全程保持熨斗湿润或蒸汽，预先湿润亚麻织物（如果织果物干燥）。

• 棉/Cotton：204℃（400℉）高温，保持湿润和蒸汽，或预先喷水。

• 黏胶纤维/Viscose/Rayon：190℃（375℉）低温，无蒸汽烫熨，如烫熨反面，建议隔一层布烫熨。

• 羊毛/Wool：148℃（300℉）中温，熨斗和羊毛织物之间隔一层布烫熨。

• 涤纶/Polyester：148℃（300℉）中低温，使用湿的熨斗，或用熨斗直接喷汽或水。

• 丝绸/Silk：148℃（300℉）中温，全程干熨斗烫熨。

• 醋酯纤维/Acetate：143℃（290℉）低温，无蒸汽烫熨，如无法烫熨反面，可隔一层布烫熨。

• 腈纶/Acrylic：135℃（275℉）低温，可少量喷水或蒸汽。

·氨纶/Lycra/Spandex：135℃（275℉）低温，可少量喷水或蒸汽。

·尼龙/Nylon：135℃（275℉）低温，可少量喷水或蒸汽。

④ 清洗频率和清洁产品要求

商用和住宅用纺织品根据具体的使用频率和所处环境需求来规范清洗和整理的时间间隔。如商业酒店的床品也可能是每天更换或清洗，而医院的床品不仅要求清洗，还应消毒。住宅的窗帘、沙发、地毯根据地域和环境不同，应该每3个月到半年上门蒸汽清洗一次。清洗的过程也是消毒和整理的过程，如把客厅或卧室的块毯调整一下方向，让纤维恢复原状，而不会留下明显的"足迹"。窗帘和沙发定时蒸汽清洗，可大幅度降低尘螨、微生物、尘埃的污染和过敏源的困扰，给用户一个更安全、更绿色的健康生活环境。设计工作者如果能够指定和推荐清洗的种类、次数和服务商，用户则会省去很多时间和困扰。另外，专业性的推荐和指导也保障了用户对产品的良好体验和利益。

对织物的清洁工作要求是需要规范的，首先对有毒、有TVOC和甲醛排放的、不可生物降解的清洁用品必须慎用。清洁的目的是提高生活环境的质量，而不是进一步恶化。设计工作者应该就清洁剂（手法）的使用，按照国家的法律法规，做到绿色、零排放的清洁与维护。清洗工作中最大的污染源是目前大部分干洗店所使用的干洗剂四氯乙烯（溶剂型干洗液体），虽然干洗剂也是符合国家法律法规的。但是在使用四氯化碳干洗剂时，仍然需要坚持：

·在通风的环境下进行清洗工作；

·坚持最少的可能性使用溶剂型清洁剂（在极少数污点处使用）；

·使用经国家认证的四氯化碳清洁剂；

·不大面积使用有机溶剂型清洁剂；

·保持清洁工作2小时后室内继续通风状态；

·清洁的同时实施有效、实时的环境空气监测；

·为用户建立清洁（清洗）档案，记录所有指定的清洁剂和使用方法。

⑤ 定期回访维护

建立定期回访制度，对设计工作者尤其重要。定期回访不仅可以了解客户对产品的体验和设计的不足，也可以更多地了解用户的期待，为今后的设计工作打下良好、真实而客观的基础。同时，对用户的回访都会带来继续/持续消费的欲望，用户总会提出各种期待解决的问题，或者给予诸多的客户推荐。

倾听用户的声音是设计工作者的必修课程，这个课程会终身伴随着从事设计工作的专业工作者。这种倾听是一种良性的互动，设计工作者可以从中获得真实的用户需求资料帮助自身在未来的设计工作中得到更良性的发展和创新。定期回访是一种服务机制，在回访的同时，也可以顺便为用户解决一些产品在使用中的小问题，比如：

·细小维修和配置服务；

·缺少的抱枕和披毯需要重新配置，或者作为看望客户时候的礼物；

·指导和帮助用户清洗织物上的污渍；

·窗帘的绑带、轨道挂件的缺失或损坏，需要增加或更换；

·客厅块毯防滑地垫的增加；

·家具的维修和清洁。

复习题

1. 什么是风格？风格在设计工作中起到什么作用？

2.感性思维和理性思维的定义是什么？

3.如何获取感性思维的灵感？

4.理性思维涉及哪些方面？

5.哪些设计元素和原则需要时刻把握？为什么？

6.纺织品的性能和美观哪个更重要？为什么？

7.纺织品的安全是厂家的事，为何需要设计工作者来管？

8.对于纺织品环保的问题，应该从哪个环节开始了解？

9.面料为何起球？用什么办法可以避免？

10.纺织品阻燃的原理是什么？阻燃就意味着安全吗？

11.制作成品的时候如何保证纺织品的稳定性？

12.什么是纺织品的"三防"性能？这种性能的必要性是什么？

13.什么是表面能？在"三防"性能里起什么作用？

14.国家对民用建筑中的纺织品主要有什么要求？

15.什么是偶氮染料？哪些是需要禁止使用的？为什么？

16.零排放设计的原理是什么？

17.纺织品的弹性模量是什么？和纤维的品种有什么关系？

18.什么是公定回潮率？相关的国家标准是什么？

19.纺织品的维护方法主要有哪些？

20.列举你所知道的国内和国际通用的清洁代码。

第二章

纺织纤维的基本知识

第一节　纺织纤维来源

纤维主要有天然纤维和化学纤维两种。

一、天然纤维

天然纤维主要包括动物毛发（绵羊毛、安哥拉羊毛、骆驼毛等）、蚕丝、棉、麻类（亚麻、黄麻、苎麻、葛等）。下面主要介绍棉纤维。

棉花植物开的花是乳白色或粉红色的，平常说的棉花是开花后长出的果子成熟时裂开露出的内部纤维（图2-1）。

棉纤维长度是纤维品质中最重要的指标之一，与纺纱质量关系密切，当其他品质相同时，纤维越长，其纺纱支数（公支）越高。公支是指在公定回潮率下（8.5%）1g棉纱的长度米数，如1g棉纱长32m，该棉纱的规格就是32公支，80m/g，就是80公支。支数越大，棉纱越细，支数越小，棉纱越粗。普通汗衫用的棉纱为28～32公支，床品常用的棉纱支数为40～60公支，贡缎为80～120公支。

长绒棉：又称海岛棉。纤维细而长，一般长度在33mm以上，线密度为1.54～1.18 dtex（6500～8500公支），强力在4.5cN以上。它的品质优良，主要用于纺制低于10tex的优等棉纱。中国棉花种植较少，除新疆长绒棉以外，进口的主要有埃及棉、苏丹棉等。

细绒棉：又称陆地棉。原产中美洲，所以又称美棉。纤维线密度和长度中等，一般长度为25～35mm，线密度为2.12～1.56 dtex（4700～6400公支），强力在4.5cN左右。中国种植的棉花大多属于此类。

图2-1　棉花果在成熟期间爆裂的状态

粗绒棉：也叫亚洲棉，原产于印度。长度1～2.5cm（0.375～1英寸），用来制造棉毯和价格低廉的织物，由于产量低、纤维粗短，不适合工业机械化纺织，在工业化生产中已淘汰，但还有很多短棉纤维用于手工毯的编织，也是印度纺织产品中的一大出口类别。

纤维/纱线的细度指标如下。

（1）线密度Tt

线密度的法定计量单位为特克斯（tex），简称特，表示1000m长的纤维或纱线在公定回潮率时的重量克数（g）。由于纤维较细，用特数表示时数值过小，故也采用分特克斯（dtex）或者毫特克斯（mtex）表示。1tex=10dtex，1tex=1000mtex。

（2）公制支数N_m

指1g重的纤维或纱线所具有的长度米数。如1000g纤维或纱线若长1000m，即为1公支，若长5000m，即为5公支。公制支数属于纤维或纱线粗细表示法中的定重制。公制支数多用于毛纤维/纱线和麻纤维/纱线。在床品的生产中，常以公制的纱支数来代表棉纱的粗细。1g重的纱线长度为60m，该纱线的纱支数为60支，纱支数越高，则纱线越细。

（3）旦尼尔

面料的规格中会有110D/80F，90D/30F，150D/260F，100D/112F的描述，D代表纤维束每9000m的长度克重，F（Filament），代表纤维束中的纤维根数（长丝），110D/80F代表纤维束是110g/90000m规格的纱线，有80根纤维丝组成，平均每根丝的粗细为110/80=1.38D。

（4）英制支数N_e

英制支数不是我国法定的纱线细度指标，但在企业中仍然被广泛使用。英制支数表示为英支（S），指在公定回潮率下，1磅（1磅=453.59237g）重纱线长度是840码（1码=0.9144m）的倍数，也就是说1磅重纱线正好长840码，为1英支纱，如一根纱线长度为21×840码长，纱线的支数为21英支，写为21S，如果标示"21S×2"，则代表2股21英支的纱线。

特克斯、旦、公支、英支的换算见表2-1。

表2-1 特克斯、旦、公支、英支的换算

tex	旦	公支	英支	tex	旦	公支	英支
1.111	10	900	531.5	6.667	60	150	88.6
2.222	20	450	265.7	7.382	66.4	135.5	80
2.953	26.6	338.7	200	8.333	75	120	70.9
3.338	30	300	177.2	9.438	88.6	101.6	60
4	36	250	147.6	10	90	100	59.1
4.444	40	225	132.9	11.11	100	90	53.1
4.921	44.3	203.2	120	12.5	112.5	80	47.2
5	45	200	118.1	13.33	120	75	44.3
5.556	50	180	106.3	14.7	132.9	67.7	40
5.906	53.1	169.3	100	15.54	140	64.3	38
6.111	55	163.6	96.6	16.67	150	60	35.4

tex	旦	公支	英支	tex	旦	公支	英支
19.69	177.2	50.8	30	27.78	250	36	21.3
20.83	187.5	48	28.3	29.53	265.7	33.9	20
22.22	200	45	26.6	59.06	531.5	16.9	10
25	225	40	23.6	100	900	10	5.9

二、化学纤维

化学纤维主要来源于木浆、动物蛋白、石油及其衍生品、煤炭、矿石等。

1. 醋酯纤维

醋酯纤维（Acetate）是纤维素醋酯化反应合成的纤维，由于制造工艺先进，品质接近蚕丝，色彩鲜艳明亮，手感柔软。与棉、麻相比，醋酯纤维吸湿性强，透气性好，回弹性好，不起球，不产生静电，常代替丝绸制作礼服、丝巾和高级时装的里布。因为是长丝纤维，以纤维素为骨架，具有很多纤维素的特点，如具有热塑性，200℃开始软化，260℃到熔点，热塑变形后不再恢复。

2. 聚丙烯腈纤维

商业名腈纶（Polyacrylonitrile Fiber），有人造羊毛之称，柔软、蓬松、易染色、色泽鲜艳、耐光、抗菌，可纯纺或与天然纤维混纺，广泛用于服装、装饰、工业等领域。聚丙烯腈纤维可与羊毛混纺成毛线，或织成毛毯、地毯等，还可与棉、其他化学纤维混纺，织成各种面料和室内用品。聚丙烯腈纤维加工的膨体纱可以纯纺或与黏胶纤维混纺，耐日光性与耐气候性很好，吸湿性很差。

3. 聚酰胺纤维

商业名锦纶（Polyamide），聚酰胺纤维耐磨性较其他纤维优越，弹性回复率可媲美羊毛，质轻（比重为1.14）。优点是耐磨，重量轻，弹性好，耐疲劳，化学稳定性强，耐碱，但不耐酸；缺点是耐日光性不好，容易日晒黄变、强度下降，吸湿差，但是比腈纶、涤纶好。长丝多用于针织和丝绸工业，短丝多用于羊毛或其他毛类混纺，工业上多用于轮胎帘子线和渔网，可以做地毯，绳索，传送带，筛网等工业产品。

4. 聚酯纤维

商业名涤纶（Polyester），涤纶的用途很广，大量用于生产服装、装饰面料和工业制品。棉/涤纶混纺面料抗皱和抗撕裂性能很强，并可减少收缩。与植物衍生的纤维相比，聚酯纤维具有较高的抗水、风和环境性，但耐火性较差，点燃时会熔化。涤纶具有极优良的定形性能，涤纶纱线或织物经过定形后生成的平挺、蓬松形态或褶裥等，在使用中经多次洗涤仍能经久不变。

工业用聚酯纤维、纱线和绳索用于汽车轮胎增强材料、传送带、安全带、涂层织物和具有高能量吸收的塑料增强材料。聚酯纤维也用作枕头、被子和室内装饰垫的缓冲和保温材料。聚酯织物具有很强的防污性，一般盐性、油性、蛋白性污渍很容易被清洗干净。

5. 维尼纶

维尼纶（聚乙烯醇缩甲醛, Polyvinylalcohol

Dimethy lformal，PVDF）是由聚乙烯醇与甲醛在酸性催化剂下缩醛化而得，具有良好的黏接性、耐水性、耐油性、耐酸性、耐碱性、电气绝缘性，强度、刚度和硬度都较大。使用温度可达130～165℃，可燃，燃烧时冒黑烟，熔融滴落并有特殊气味。

维尼纶经缩醛化后纤维的耐热能力、收缩性均有改善，大量用来与棉混纺制成各种面料，即市场上的"维棉"。其突出优点是吸湿性好，价格低廉；主要缺点是弹性较差，织物易皱。因有皮层结构，故不易染成鲜艳的颜色，热水中收缩性也较大。

把聚乙烯醇与聚氯乙烯进行接枝共聚，既可保持维尼纶的强度高、吸湿性好等优点，又可保持氯纶的热塑性弹性好、耐燃等优点。特别是纤维无皮层结构，染色简单，可用各种染色方法得到色彩鲜艳、色牢度大的织物。这就是近几年发展起来的新纤维品种——维氯纶（聚氯乙烯纤维，Polyvinyl Chloride Fiber）。

6.聚丙烯纤维

商业名为丙纶（Polypropylene），很多丙纶织物是非织造布，这意味着它直接由一种材料制成，而不需要纺织。丙纶织物的主要优点是其水分转移能力，织物不能吸收任何水分（水中的吸水率0.01%），相反，水分可以完全通过丙纶织物。

丙纶织物是目前比重最轻的化学纤维之一，它对大多数酸和碱具有极强的耐受性。此外，其导热系数低于大多数化学纤维的导热系数，这意味着它非常适合寒冷天气。此外，丙纶织物具有很强的耐磨性，由于其超低的含湿率，还可以防止微生物、昆虫和其他害虫的滋生。

如图2-2所示，物美价廉的丙纶装饰面料广泛应用在室内空间设计中。

如图2-3所示，99%的非织造布使用的是聚丙烯（丙纶）材料。熔融聚丙烯和熔喷聚丙烯是制作非织造布的主要工艺。外科口罩、N95口罩、防护服等都是聚丙烯非织造布材料制作的。图2-4、图2-5所示均为物美价廉的聚丙烯织物。

聚丙烯纤维织物常用在编织袋和建筑工地的外围编织布材料上（图2-6）。

如图2-7所示，一次性丙纶非织造布无菌工作服，广泛用于医疗机构和餐饮、食品加工等行业。其质地柔软、轻巧、成本低廉，深受市场欢迎，也同时大幅降低了手术和卫生交叉感染的风险。

如图2-8所示，丙纶织造的非织造布广泛用在医疗、时装、鞋帽、家具、汽车、滤网、隔音棉和纺织品背衬等产品上。

如图2-9所示，因为丙纶拒湿、透水、保温、透气，丙纶制成的非织造布广泛用于婴儿尿布、女性卫生巾和成人尿布的外层。

图2-2　丙纶装饰面料

图2-3　聚丙烯非织造布

图2-4　物美价廉的聚丙烯织物

图2-5　丙纶非织造布用于农业大棚的保温产品

图2-6　丙纶编织袋

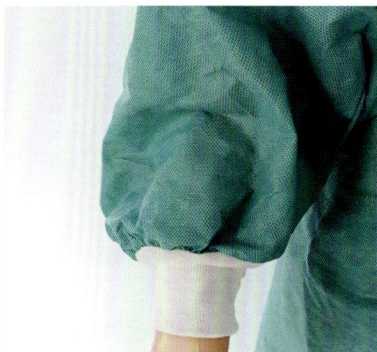
图2-7　一次性丙纶非织造布无菌工作服

图2-8　丙纶非织造布

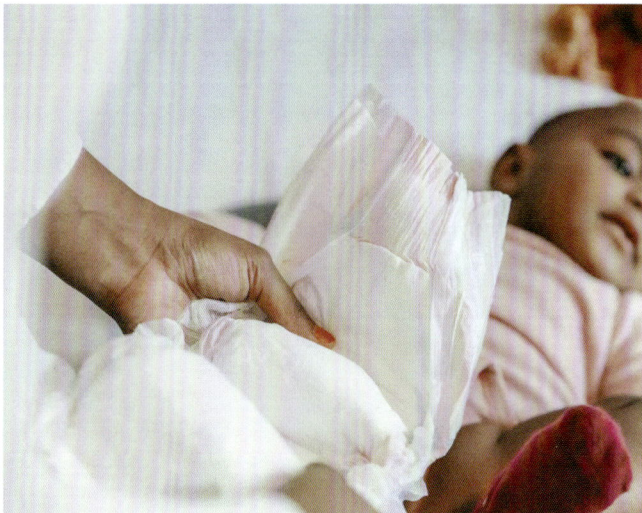
图2-9　丙纶非织造布用于婴儿尿布

第二节　纺织产品与市场的结构

中国是全球纺织品服装出口最大的国家，具有完整的基础产业链，从原材料到成品消费品，几乎都可以自我完善。

纺织行业由不同产业分工的产业链组成，设计工作者需要熟悉每个产业链的运作和现状，彻底了解国内外市场的运行机制和技术领域的先进标准与发展趋势，才能在设计时合理运用产品的创新性、准确性和竞争性能力。天然纤维和化学纤维纺织品的产业链有较大的不同，

图2-10～图2-12可以表示一个纺织产品从原材料到消费者的过程，其中大致的产业链分布以简图的形式标示。由于化学纤维的使用量远远超过天然纤维，故本书中将重点介绍化学纤维的特征和应用。

天然纤维来自大自然，但在现代工业化生产中，天然纤维经过种植、养殖、采集、染色、织造等一系列工业化生产加工过程，其巨大的加工的成本、能耗和印染加工所带来的水土污染不容

忽视，对环境来讲是一项严格的挑战。

纤维有短纤维、单丝和复丝。

短纤维：指长度在几毫米至几十毫米的纤维，棉、毛、麻等天然纤维都是短纤维。也可以把长的人造丝切断后成为短纤维。短纤维必须经过纺纱工序，使纤维加捻抱合后，才能形成连续的纱线。短纤维因为表面有毛羽，丰满蓬松，手感柔软、温暖。常用于秋冬服装面料和家具沙发面料。

单丝：指由单孔喷丝头喷出纺制而成的一根连续纤维，或者由4～6根单纤维组成的连续纤维。单丝具有足够的强度和韧性，可直接作为单纱或网线使用的单根长丝。较粗的人造纤维单丝（2000～3000dtex）可用作渔网或绳索。稍细的单丝（66dtex）可用于生产人造发丝、假发、睫毛、眉毛和刷子等产品。更细的单丝（44dtex）可以制作汽车的坐垫间隙布、床垫、胸罩的罩杯、窗帘布等，22～33dtex的单丝用途广泛，可以用来织造蝉翼布、头巾、婚纱、面罩、鞋材等产品。更细的单丝（6～13dtex）可以生产弹力丝，用来织造弹力袜、丝袜及其他高档纺织面料。

复丝：指由几十根到几百根单纤维组成的连续纱线，用于制造轮胎帘子线的复丝称为帘线丝。

化纤的复丝一般是由8～100根单丝组成，采用复丝织造纺织品是为了改善织物的柔软性。因为由多根单纤维组成的复丝比同样直径的单丝更容易弯曲，因而也更加柔顺。

复丝的规格以复丝的线密度和单丝的根数来表示，如77dtex/24F，复丝常用于机织和针织的服用面料、装饰布和工业用布。

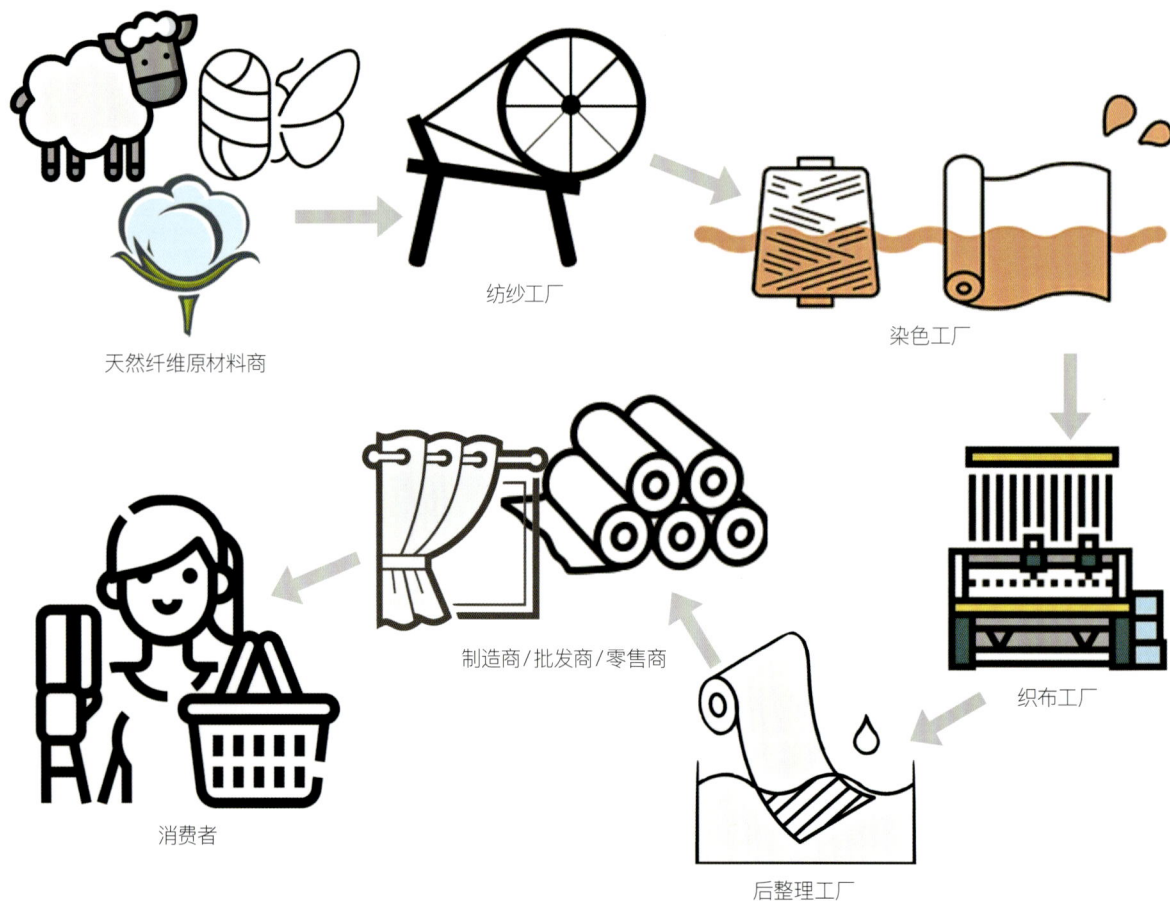

图2-10　从天然纤维到纺织品的生产过程示意图

天然纤维原材料商

纺纱工厂

染色工厂

消费者

制造商/批发商/零售商

织布工厂

后整理工厂

色母粒原材料工厂

纤维制造工厂

纺纱工厂

制造商/批发商/零售商

染色工厂

后整理工厂

织布工厂

消费者

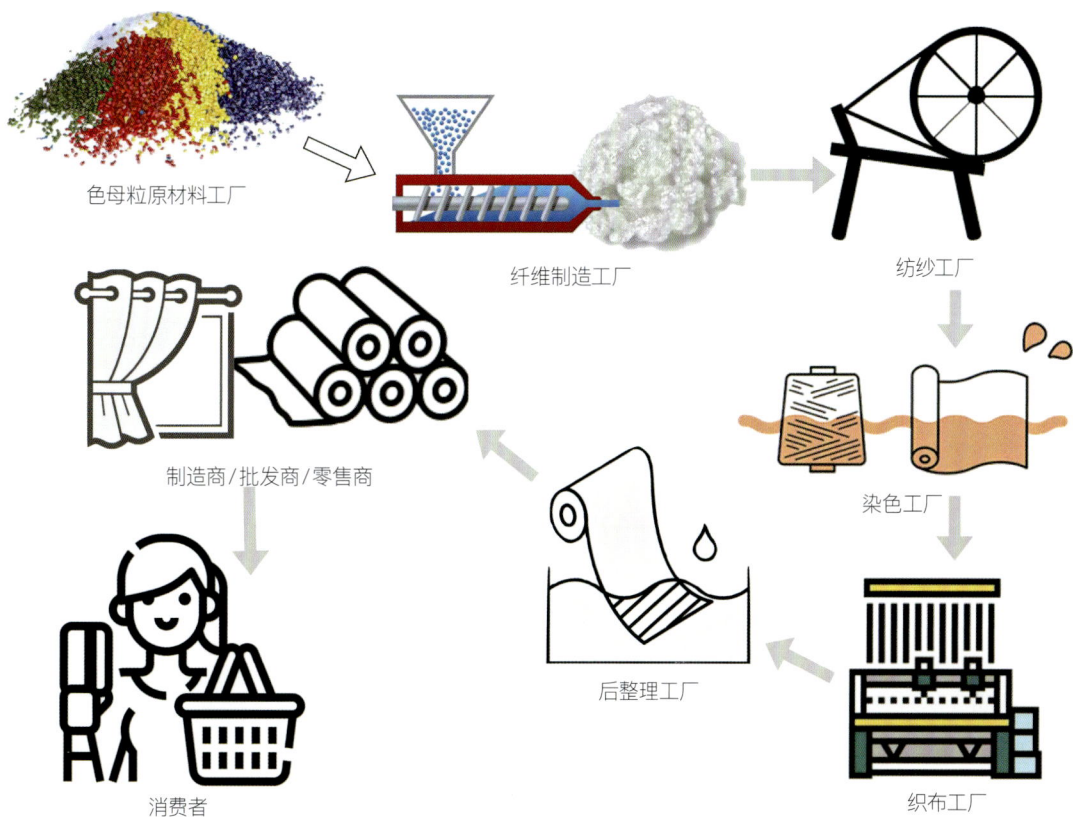

图2-11　合成纤维纺织品的生产过程示意图

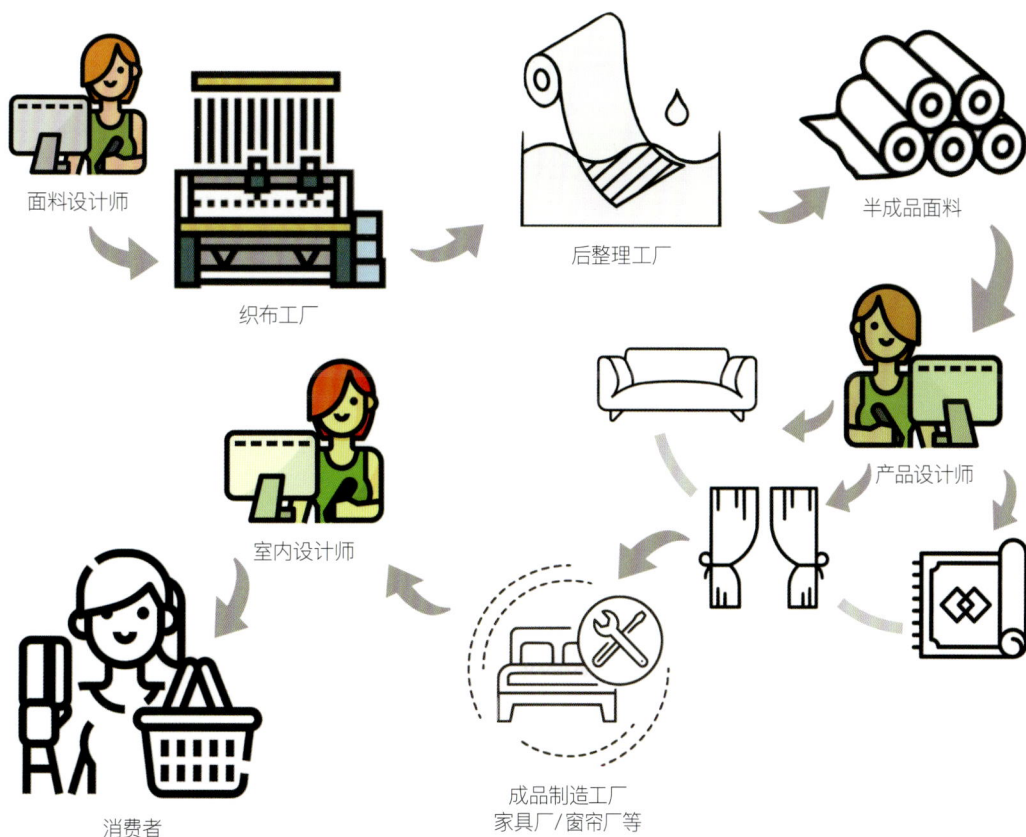

面料设计师

织布工厂

后整理工厂

半成品面料

产品设计师

室内设计师

成品制造工厂
家具厂/窗帘厂等

消费者

图2-12　纺织品到成品的产业结构示意图

第三节　影响纺织工业的经济因素

一、通货膨胀

通货膨胀会影响设计工作从起步到中间管理环节等的一系列成本。通货膨胀实际上是货币贬值、购买力下降的现象。当人们手中可支配的收入增加时，不一定是购买力增强的信号。设计工作者要看到市场的物价变化和当地购买力的水准，准确地对产品成本进行持续性的预估和定位。

纺织行业价格变化会受到以下几个环节通货膨胀的影响：

- 石油、聚合物切片、纤维原材料成本上升；
- 染色成本上升；
- 织造加工成本上升；
- 成品制造的加工成本上涨；
- 运输成本上升；
- 物业租金和管理成本上升；
- 环保和劳动力市场对纺织行业的影响；
- 其他因素。

二、地区收入的变化

中国幅员辽阔，南北东西各地域的收入有明显的差异，居民可支配收入也会随着地域的不同而有所变化。设计工作者要因地制宜地掌握产品成本与可消费能力之间的关系。

全国人均可支配收入和消费支出结构相比较，大部分的可支配收入用于日常生活的必需品。设计工作者所设计的空间及其所应用的纺织产品必须根据消费者的消费结构和习惯来评估其产品设计所需要植入的成本。单看"全国平均"的数据和GDP数据是远远不够的，东西地区、沿海与内陆地区、南北地区等的居民可支配收入的差异化和消费习惯不同，对商品价值的认知程度也会不同。

三、能源的成本

纺织行业是一个高能耗产业，能源的成本是纺织行业支出的一部分，也是大工业化生产环境下的产品成本必不可少的组成部分。近年来，由于国家基础建设的步伐加快，核电、太阳能、风力发电等多种能源建设的速度导致能源缺乏得到缓解，能源成本日趋下降。工业化大规模生产的纺织品肯定要比小规模纺织品生产的性价比和品质具有绝对的价格和品质优势。

气候变化毫无疑问是21世纪最紧迫的问题之一。它会影响一切，呼吸的空气，饮用的水，种植的作物，等等。考虑到天然纤维是纺织工业的重要部分，气候变化会影响天然纤维的生长和生产，纺织工业也要考虑这一重大的全球性问题。

纺织行业是现代工业污染严重的行业之一，纺织工业留下的碳足迹（Carbon Footprint）巨大，整个供应链都释放碳，每年产生13亿吨二氧化碳当量。超过40%的纺织品用于装饰面料和家居行业。因此，纺织与设计行业应积极应用可再生纤维，加强产品的可持续性和使用寿命周期，减少工厂消耗的能源数量和排放，并提高全球纺织产业在节能减排上的可持续性。

世界资源研究所高级研究员 Nate Aden 在纽约气候变化小组讨论会上说："服装行业是一个存在很多不确定因素的行业。""我们现在拥有的最好的数字是全球温室气体排放量的5%来自纺织业。为了给你一些直观感，这相当于航空界的排放影响，所以纺织业就如同所有的飞机都在不停地飞行一样。"这样的说法无疑有些夸大，但是传统产业的转型升级一直是政府提倡的发展方向，也是未来纺织行业发展的重要途径。

时尚是近年来迅速发展的一个领域。快时尚变得更加流行，面料在较短时间内生产，几乎每隔几周出现一次新的设计，以满足最新的趋势需求，但随之而来的是消费的增加和浪费。

随着产品寿命和使用时间的延长，面料的质量也越来越高，这也是一种让时尚缓慢下来的推动力。设计工作应该主张转向循环经济，产品和材料的价值尽可能长时间保持，废物和资源的使用应最小化并循环使用。除了努力减少生产能耗（排放）对环境的负面影响外，还需要创造一个更加可持续的行业。

四、房屋贷款的利率和建筑成本

房屋贷款利率的变化直接影响建筑的制造、销售和出租成本。利率上涨是银根紧缩的表现，是抑制货币发行和流通的举措，也是避免货币进一步贬值、遏制通货膨胀的宏观调控手段。这对纺织工业、设计行业的直接影响会造成：

- 原材料和产品成本上涨；
- 经营成本上涨；
- 用户可支配收入降低；
- 消费者购买能力下降。

设计工作者需要时刻关注市场的金融环境，

遇到金融市场紧缩、利率调控上扬时，需要根据用户的需求调整产品的结构和性价比，并且积极准备好更多让用户首需的产品和服务。建筑成本上升带来的是双重后果，对有的用户来说是资产净值增加，对有的用户来说却是购买力的下降。

五、行业的并购和收购

纺织行业常由纤维、纺纱、织造、后处理、成品等产业链组成。

一个企业很难把上述五个产业链统一在自己旗下。如美国杜邦公司，只负责纤维的研发和生产，不参与纤维的销售。纺织行业经常为了满足自身的生产需求、产业链的稳定供应和价格优势，并购和收购其他产业链成为纺织产业常见的拓展模式。并购和收购会降低企业的成本，并且有利于自身生产的安排和市场的有效竞争，但是同时也会不利于整个产业健康地自由竞争和发展。并购和收购行为常发生在大型企业之间，也有因为中小型企业的尖端技术而被大企业并购的现象。作为设计工作者，应该时刻关注行业的发展，企业间健康、合法的并购和收购并不是一件坏事，大型企业有足够的资金来支持高新技术的研发，让新产品和新技术能够及时为社会和消费者服务。

六、环保对纺织行业的影响

1.环保要求

国家有关环境保护的法律法规和执行力越来越严格，污染严重且高排放的纺织行业受到较大影响，对传统纺织行业来讲，转型升级并非一朝一夕可以改变的，这就需要设计工作者在选择纺织产品的同时，对绿色环保和产品的可持续性有所要求和甄别。

环保标准对纺织工业的要求越来越高，面料制造工程师和设计师在不停地寻找更新、更好的方法来降低纺织工业对环境的污染、原材料的消耗以及加工的能耗。很多企业已经开始使用可再生的天然纤维，塑料瓶也成为再生纤维的主要来源之一。再生材料在家具面料、地毯、壁布、墙体材料、建筑材料的产品中广泛应用。

在原生天然材料中，研发人员开始使用有机棉纤维，即棉花在生长期内不用化学肥料和杀虫剂，使得棉纤维免于化学污染。另外，先进的基因着色技术使得棉花本身具有颜色而不需要染色，从而避免化学物质存在于棉纤维中。这样的研发成果无疑使环境得到了进一步的保护和净化，并且使人们的生活免于化学物品的伤害。

2.纤维的循环再利用

纤维的循环再利用实现了对废弃资源的可持续综合利用。最常见、回收最多、最频繁的是再生聚酯纤维。回收的塑料瓶和旧涤纶按照颜色区分，清洗后切成碎片，碎片加温融化成液体后，被拉成丝和其他纤维混纺成纱线（图2-13）。

地毯企业也在寻求地毯的再次使用，如生产商用地毯企业生产的锦纶地毯中有50%的锦纶使用的是回收的锦纶，将粉碎的弹丸形的地毯屑混入混凝土可以增加混凝土的强度。回收的地毯屑不仅可用于建筑行业，在汽车工业也广泛使用。

技术进步使再生聚酯更具吸引力，纺织品回收技术在聚酯方面具有广阔的应用前景。如今越来越多的制造商正在采用闭环制造工艺，将旧聚酯改进为新的服装原料，该技术消耗有限的能量，并且几乎不会造成污染，简而言之，它是环保的。再生聚酯面料是一种非常优质的面料，透气、轻便、耐磨（图2-14）。

巴塔哥尼亚（Patagonia）是一家在美国加州销售攀岩设施和户外服装的公司，公司将再生聚酯纤维用于户外服装面料上，并在这一领域取得了重大进展。公司还提供多年的回收计划，以方便用户的户外服装磨损后得到处理。

图2-15是巴塔哥尼亚公司在销售广告中告诫用户不要购买他们的夹克（除非他们真的需要）。

图2-16是意大利运动服装品牌Novara生产的运动服装，服装上标明使用的涤纶有49%是再生聚酯纤维。

七、其他因素

由于大部分纺织品使用的纤维是化学纤维（70%以上），其他一些因素也会严重影响纺织行业的发展，如石油的产量和成本，因为大部分化学纤维的原材料来自石油产品。国际石油市场的变化会直接影响化学纤维的产量和价格。

除国际局势的变化，地区的不稳定等一系列

图2-13　从塑料瓶到涤纶丝的回收过程

图2-14　再生聚酯面料

图2-15　巴塔哥尼亚公司的夹克销售广告

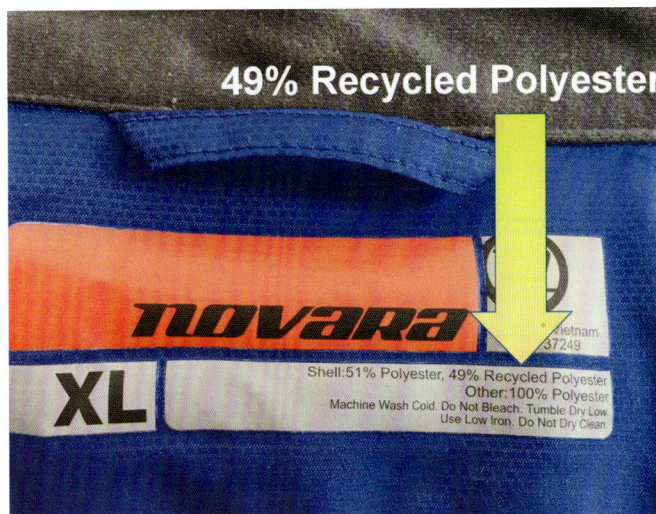

图2-16　意大利运动服装品牌Novara生产的运动服装

因素外，国际货币汇率的变化也会对原油、石化产品、纺织产品产生影响。化学纤维织物的生产成本随着国际产业化开放程度的增加，同品质产品的成本差异化会越来越小。

复习题

1.纺织品的纤维种类主要有哪些？比例是如何分配的？

2.天然纤维肯定比化学纤维环保吗？

3.哪种化学纤维使用量最多？为什么？

4.丙纶用途和性能有哪些？你在生活中使用过吗？

5.纺织行业的产业链有哪些组成？

6.哪些因素对纺织行业影响较大？为什么？

7.你使用过再生纺织品吗？回收纺织品再利用的意义有哪些？

8.再生纺织品是如何回收利用的？你知道其工艺流程吗？

9.再生纺织品是否应该比初始原生纺织品便宜？

10.再生纺织品的性能差吗？为什么？

03

第三章

家具用面料和辅料

第一节　软包家具主要构造之一：面料

要了解家具中常用的构造成分——室内家具面料的构成要素，设计工作者需要对家具面料有清晰的概念和常识，这些知识会让设计工作者正确地辨别、鉴定、选择和区分在不同的家具和产品上使用合乎规范和正确性能的织物。在第一章的纤维介绍中提及面料分天然纤维面料和化学纤维面料两种，纺织行业也常根据面料的用途和性能需求将天然纤维和化学纤维混纺织造成混纺织物，来提高纺织产品的性能，降低成本。

一、家具面料的纤维分类

1.天然纤维

（1）动物纤维

· 羊驼绒毛 / Alpaca

· 安哥拉兔毛 / Angora Rabbit

· 双峰驼毛 / Bactrian Camel

· 山羊绒 / Cashmere

· 牛毛 / Cattle Hair

· 裘皮纤维（Beaver/狸，Fox/狐，Mink/貂，Sable/紫貂）

· 美洲羊驼毛 / Llama

· 马海毛（安哥拉山羊毛 / Angora Goat）

· 北极麝牛毛 / Qiviut

· 小羊驼毛 / Vicuna

· 羊毛 / Wool

· 桑蚕丝 / Mulberry silk

· 柞蚕丝 / Tussah silk

· 蜘蛛丝 / Spider silk

（2）植物纤维

① 叶纤维

· 蕉麻（马尼拉麻）/ Abaca，Manila Fiber

· 灰叶剑麻 / Henequen

· 凤梨麻 / Pineapple

· 剑麻 / Sisal hemp

② 种子纤维

· 椰壳纤维 / Coir

· 棉纤维 / Cotton

· 木棉纤维 / Kapok

· 乳草属植物纤维 / Milkweed

③ 韧皮纤维

· 大麻（汉麻、火麻）/Hemp

· 黄麻 / Jute

· 亚麻 / Flax

· 苎麻 / Ramie

· 罗布麻 / Kender，Apocynum

· 香蕉纤维 / Banana fiber

2.化学纤维

（1）再生纤维

· 黏胶纤维 / Rayon

· 铜氨纤维 / Copper-ammonia fiber

· 大豆蛋白复合纤维 /Soybean protein composite fiber

· 牛奶蛋白复合纤维 / Milk protein composite fiber

· 蚕蛹蛋白复合纤维 / Compound fiber of silkworm pupa protein

- 再生甲壳质纤维 / Chitin
- 壳聚糖纤维 / Chitosan fiber
- 海藻纤维 / Seaweed fiber

（2）半合成纤维

- 醋酯纤维 / Acetate
- 聚乳酸纤维 / Polylactic acid fiber, PLA

（3）合成纤维

- 涤纶（聚酯纤维）/ Polyester
- 氨纶 / Spandex
- 锦纶 / Nylon
- 腈纶（聚丙烯腈纤维）/ Acrylic
- 乙纶（聚乙烯纤维）/ Polyethylene
- 丙纶（聚丙烯纤维）/ Polypropylene
- 维纶（聚乙烯醇缩甲醛纤维）/ Vinylon
- 氯纶（聚氯乙烯纤维）/ Polyvinyl chloride,PVC
- 氟纶（聚四氟乙烯纤维）/Teflon
- 芳纶（芳香族共聚酰胺纤维）/ Aramid
- 聚酰胺纤维 / Glass fiber

（4）无机纤维

- 石棉 / Asbestos
- 玻璃纤维 / Glass fiber
- 碳纤维 / Carbon fiber
- 金属纤维 / Metal fiber

二、纤维的识别

纤维成分识别的方法有很多种，需要在实验室里进行，如燃烧测试、视觉观察、显微镜切片、浸泡测试、染色测试、纤维密度测试等，其中燃烧测试是最便捷的方法。

1.燃烧测试识别

用金属镊子夹住纤维或纱线放在防火的材料

表面，并接住燃烧后的灰烬和滴下的残留物。

点燃时的火源和测试物距离自己要有安全的位置，以防烟雾或火焰伤到自己。

观察样本的反应、样本在火焰中和离开火焰的反应、燃烧的气味及冷却后的灰烬残留物。气味和残留物是辨别纤维的主要方法之一。在试验对比中，不同的纤维会有不同的气味、灰烬和残留物。不同纤维混合在一根纱线上时，视觉检查后，分解开混纺纱线，有必要的需再次燃烧测试。视觉检查（包括放大）能发现纤维的特性，以便使检测结果更准确。彻底了解纺织品最好是从纤维的成分、分子结构和表面物理特征开始；不同的纤维有不同的成分，不同成分的纤维有不同的分子结构，能产生不同的物理特性和产品性能。类别区分，天然纤维的分子结构有相似之处，蛋白质纤维如羊毛、丝等也有类似的属性。

2.分子单位和排列识别

除玻璃纤维和金属纤维外，其他纤维都有碳（C）和氢（H）原子。棉、亚麻、黏胶丝、醋酯纤维、涤纶等纤维含有氧（O），羊毛、蚕丝、腈纶及锦纶含有氮（N），而羊毛也含有硫（S），由各种不同的原子在纤维内排列成纤维分子结构的称为单体丝，而上千根单体丝合并在一起称为聚合物纤维，聚合物纤维的分子结构通常有四种不同的形式。

不同分子结构的纤维会有截然不同的性能，图3-1是不规则的羊毛分子结构，超级柔韧但强度很差，单体丝的架构并不是沿着长度方向延伸的。图3-2是一样的分子结构，其强度和承重能力远超过图3-1的纤维。

纤维中分子结构的排列并不都是整齐的，如图3-3、图3-4所示，有些纤维的分子结构导致其易碎、欠柔韧，甚至在外力作用下容易折断，如分子结构排列高度整齐的亚麻，却有较差的延伸性（弹性）和挠曲磨损性，这类面料通常悬垂性也较差，不适合使用在窗帘上。

三、纤维外部物理特征

纤维的截面形状、外部的表面肌理、纵向结构、长度、直径，同分子的组成和排列一样，直接影响着纤维的属性。

1.横截面形状特征

纤维的横截面形状有圆的、方的、扁的或三角形的，也有多叶形的，有的甚至是3～5个叶形横截面组成的凹状或锯齿状。纤维的横截面会影响纱线的制造、纺织品的性能和外观。

2.表面肌理特征

纤维有的光滑，有的粗糙，有的有皱纹，有的甚至不规则，纤维的表面肌理特征会影响面料的光泽和手感。

3.纵向形态特征

在纵向形态上，天然纤维有直的、扭曲的、卷曲或成圈的。合成纤维则可以被加工成需要的状态，纵向形态特征影响纤维的光泽、手感、属性和性能。高度卷曲的纤维有较好的弹性。

4.长度特征

纤维的长度差别较大。大部分棉纤维是17～33mm，羊毛纤维的长度为25.4～203mm，蚕丝（一个蚕茧）的长度约3218m，而合成纤维可以按照需要生产任意长度的纤维，生产商生产出长丝纤维，然后按照要求切成需要的长度。在规格和条件相同时，用长丝纱线制成的纺织品比短丝摸上去更柔顺、光滑，手感更好。

5.直径特征

纤维的直径会影响面料的性能和手感，直径小的纤维比直径大的纤维织造的面料更柔韧、悬垂和柔软。直径是评价纤维品质的一个因素，纤维越细品质越好。

天然纤维的直径范围：

•棉 16～20 μm

•亚麻 12～16 μm

•羊毛 10～50 μm

•蚕丝 11～12 μm。

化学纤维可按照需要加工成各种不同直径，化学纤维的粗细规格用旦尼尔来衡量。服装使用的纱线通常为1～7旦，地毯用纱线为15～24旦，家具使用的面料（如沙发和椅子的面料）的纱线为10～100D。

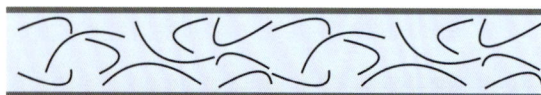

图3-1 无规则的纤维分子排列结构

图3-2 定向的纤维分子排列结构

图3-3 非定向结晶的纤维分子排列结构

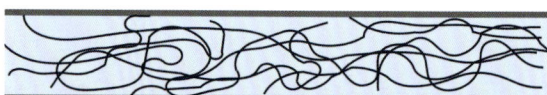

图3-4 定向结晶的纤维分子排列结构

四、纤维的属性

要想了解面料的属性，首先要了解纤维的属性，因为纤维是面料的基本构成，纤维的属性决定了面料的属性，并且可以预测面料的最终使用性能。纱线和面料企业可选择不同的纤维或其组合来满足不同面料的性能需求，每一种纤维都有其优点和缺点，充分了解纤维的属性，可以准确引导消费者做出最佳选择。纤维的属性包括以下内容。

1. 审美属性

（1）光泽

面料的光泽是纤维表面反射的光波数量和方向决定的，影响纤维的光泽因素有横截面形状、纵向形态、表面肌理、消光剂的呈现度等。

合成纤维具有光滑的圆形表面，通常会向一个方向反射大量光线，故表面有光泽。为了降低反光和光泽度，纤维工程师设计了凹形纤维截面，有些是明显的凹形，有些则是表面稍微凹进，使光线向几个方向折射，不会形成耀眼的光泽。

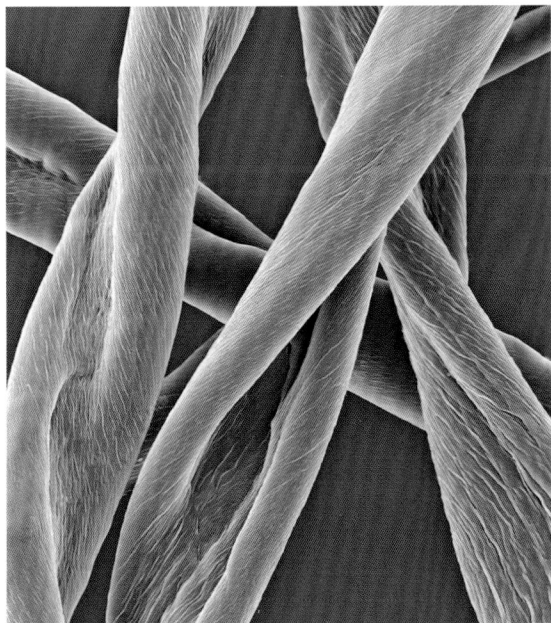

图3-5 未经丝光处理的棉纤维的显微照片

卷曲或扭曲的纵向形态使纤维对光线的反射减弱。如棉织物的光泽度很低，鳞片状表面和三维卷曲的羊毛显示出接近哑光的柔和亮度。合成纤维为了具有这种柔和光泽，在聚合物溶液中加入钛白粉（二氧化钛微粒），白色的微粒在照射下使光线偏离，从而使纤维光泽变暗。

图3-5为未经过丝光处理的棉纤维的显微照片。棉织物如果没有经过丝光处理，纤维的排列呈螺旋状，并且光泽细密、整齐程度不高，洗涤后的棉织物容易造成皂化物残留在螺旋处，织物干燥后沉积的皂化物会使织物变得僵硬。丝光处理后，棉纤维变得更直，排列更加整齐，光泽度好，污渍更容易脱落，也比较容易洗涤，洗涤后的皂化物残留大幅减少。一般床品用的棉织物都经过碱缩和丝光处理，丝光处理是精梳纯棉织物的标准后处理模式。精致的印花纯棉面料也需要经过丝光处理后再进行平网或圆网印花（或数码打印），着色和套色的效果更好，图案更加精准和清晰，色牢度也更高。

如图3-6所示，棉纤维有天然的螺旋转曲形状，其自身的转曲面会导致大部分光线被折射，所以未经过丝光处理的棉织物大都是哑光的。这种转曲状态在天然植物纤维中广泛存在，如麻纤维。

转曲形态的棉纤维中有更大的空间透气和存储水分，这也是为何棉织物较吸汗、透气，但是

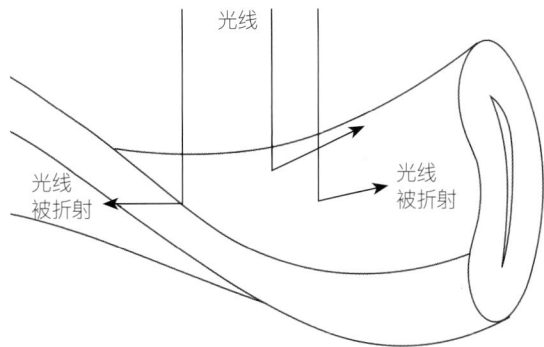

图3-6 棉纤维的天然螺旋转曲形状

这种螺旋转曲的肌理在洗涤时容易留存皂化物残余，使干燥后的棉织物变硬，这也是为何有的棉质床单和毛巾在洗涤晾干后变硬的原因。

图3-7、图3-8分别为未经过丝光处理和经过丝光处理的棉纤维的横截面。

如图3-9、图3-10所示，羊毛纤维有鳞片状角质蛋白覆盖，并且有三维的卷曲表面特点，大多数动物的毛发都是这样的外观肌理，这使光线被折射很多次（如图3-10中箭头），所以羊毛织物的表面基本都是哑光的。

（2）手感

手感是面料触感的第一特征，包括温度的感觉和表面柔顺、细腻和粗糙程度。面料的手感大部分是由纤维外表的形状决定的。纤维不规则的横截面及粗糙的肌理表面会使面料摸上去温暖或粗糙，反之，圆形横截面且表面平滑的纤维面料摸上去则凉爽而光滑，这是因为面料表面因为粗糙和细腻所产生的不同摩擦力导致的。

（3）垂感

面料的垂感是在三维空间里垂落时形成的，纤维的粗细、柔韧性都会影响面料的垂感。柔韧度高的细纤维垂感较好，硬质的粗纤维则相反。纱线的捻度也会影响面料的垂感，高捻纱会使面料变得硬挺不柔顺，织物的组织结构经纬纱线的高密度也会影响面料垂感。要避免垂感不好的面料应用到窗帘上。

（4）肌理效果

肌理效果是纤维和面料表面的自然效果，肌理效果取决于纤维的外部结构，体现在视觉和触觉上。肌理效果会影响光泽、外观和舒适度。天然纤维比合成纤维的肌理效果多，是因为天然纤维在自然生长过程中的不规则性导致的，而合成纤维的横截面形状可根据不同的需求而变化。肌理的平滑与粗糙是因为纤维表面对光线的不同反射不同造成的。

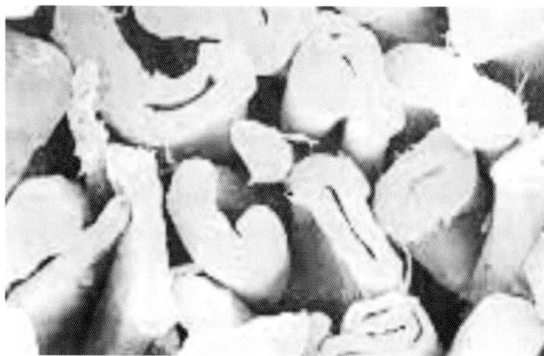

图3-7　未经丝光处理的棉纤维的横截面

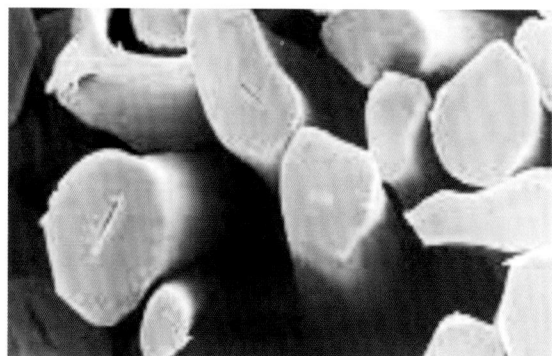

图3-8　经过丝光处理的棉纤维的横截面

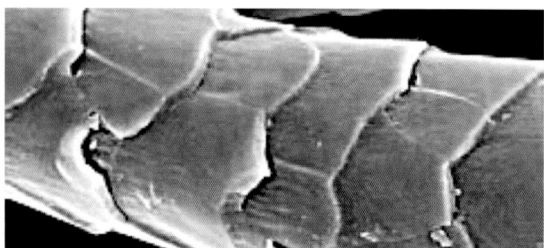

图3-9　羊毛表面的鳞片结构

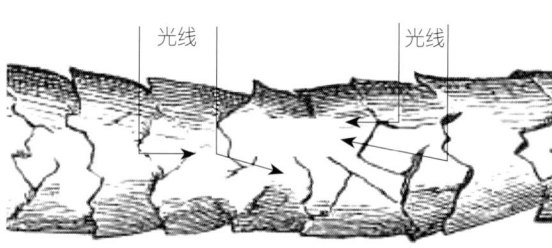

图3-10　羊毛纤维表面覆盖的鳞片状角质蛋白

2.耐用属性

（1）耐磨性

耐磨性是面料结构的一种抗损耗和纤维抗损耗的品质指数。摩擦不仅损耗面料的使用寿命，也会使面料的光泽度和使用性能发生改变，地毯的摩擦来自行人的鞋底、宠物的抓刨、家具和设备的移动等。地毯最常见的是纤维被硬物钩挂和行走产生的摩擦，会使地毯纤维撕裂或断裂，撕裂的纤维逐渐被撕裂得更大，导致底部的纤维露出。这种现象常发生在室内使用频率较高的区域，如门口、大厅、过道和电梯间等。锦纶的耐磨性非常好，故常使用锦纶和羊毛来制作地毯，以避免纤维快速倒伏、磨损和消耗。酒店常用的阿克明斯特毯就是用20%的锦纶、80%的羊毛织造的。

部分纺织纤维的耐磨性见表3-1。

表3-1　部分纺织纤维的耐磨性

纤维品种	耐磨性	纤维品种	耐磨性
尼龙 / Nylon	优秀	聚乳酸纤维 / Polylactic Acid, PLA	中等
丙纶 / Polypropylene	优秀	黏胶纤维 / Rayon	中等
涤纶 / Polyester	优秀	羊毛 / Wool	中等
腈纶 / Acrylic	中等	丝 / Silk	中等
棉 / Cotton	中等	氨纶 / Spandex	中等
亚麻 / Flax	中等	醋酯纤维 / Acetate	差
汉麻 / Hemp	中等	乙纶 / Polyethylene	差
莱赛尔纤维 / Lyocell, Tencel	中等	玻璃纤维 / Fiber glass	差

用于床品和家具的面料需要考虑耐摩擦系数。使用时主要是人体在面料表面摩擦，摩擦会使织物的横竖张力发生变化，坐在沙发和椅子上时，面料随着海绵的下陷会在有限的弹性模量下同时受到摩擦作用，绷紧的面料的摩擦现象会更加明显。重复清洗也会使面料变得越来越薄，漂白更会使纤维失去张力而变得松散，以致散落而破损。织物都有一定的洗涤次数，在酒店业的床品和毛巾等易耗品都有洗涤寿命的考量，而桌布和餐巾需要每次使用后洗涤。频繁的洗涤会降低织物的使用寿命，加快了产品的更新频率，也会导致用户的经营成本上升。很多商业餐厅和酒店使用的桌布和餐巾都是涤纶面料，麻、棉织物成本相对较高。

（2）柔韧性

纤维的柔韧性是指纤维被反复折弯而不会断裂的性能。纤维的柔韧和僵硬程度直接影响面料的品质和手感。纤维的柔韧度在面料使用中主要表现为蒙在家具上的面料的舒展度、窗帘的垂感和造型的自然柔顺程度、墙布的自然平整度和转弯处的平滑过渡等。低柔韧度和低伸缩性会导致纤维在压力下分裂和折断，如餐巾、桌布使用的麻质面料会出现折痕。织造时高密度的经纬纱线排列也会造成面料的柔韧性下降，设计工作者要根据使用场合合理配置，在选用公共空间或商用场所使用的家具面料时，面料的柔韧性和舒适性就不如耐摩擦系数重要，反之，在住宅空间和私人场所使用，则需要关注面料的柔韧性和舒适感。

（3）强度

强度与高度的聚合反应、有序的内部分子结构排列和纤维长度有关。无固定形状的短纤维或低密度的聚合物强度较低，天然纤维、化学纤维的韧性都可以在聚合、纺纱、喷丝和热处理过程中得到有效控制。

纤维强度是指1tex粗细的纤维能承受的力，单位是N/tex，常用cN/dtex。天然纤维本身具有天然强度，纱线捻度、纺纱技术和织造技术会影响织物的强度，高捻度、高经纬密度的织物强度较好。

合成纤维的强度在湿态时的变化极小，因为大部分合成纤维具有疏水性，因此合成纤维更适合用于户外家具面料、雨篷、户外地毯等。

纤维的强度不等于面料的强度，纺纱和织造过程中的各项技术指标都与面料的强度有关，高捻纱的强度高于低捻纱，高密度的经纬纱可以织造高强度的面料。

常用纺织纤维的强度见表3-2。

表3-2　常用纺织纤维的强度参考

纤维种类	干强度 (N/tex)	湿强度 (N/tex)	纤维种类	干强度 (N/tex)	湿强度 (N/tex)
羊毛 / Wool	1.5	1	莫代尔纤维 / Modal	2.0～3.5	2.0～3.5
丝 / Silk	4.5	3.9	尼龙 / Nylon	2.5～9.5	2.0～8.0
棉 / Cotton	4	5	丙纶 / Polypropylene	2.5～5.3	2.5～5.3
亚麻 / Flax	5	6.5	涤纶 / Polyester	2.5～9.5	2.6～9.4
醋酯纤维 / Acetate	1.2～1.5	0.8～1.2	偏氯纶 / PVC	1.5	1.5
黏胶纤维 / Rayon	2.2～2.6	1.0～1.5	氨纶 / Spandex	0.7	0.7
莱赛尔纤维 / Lyocell, Tencel	4.8～5.0	4.2～4.6	聚乙烯纤维 / Polyethylene fiber	0.7～1.0	0.7～1.0
玻璃纤维 / Glass fiber	7	7	聚乳酸纤维 / Polylactic acid	3.0～5.5	3.5～6.0
腈纶 / Acrylic	2.0～3.5	1.8～3.3			

（4）延伸率

在拉伸力作用下，材料一般要伸长。纤维拉伸到断裂时的伸长率（应变率），叫延伸率，也叫断裂伸长率，断裂伸长率可表示纤维承受最大负荷时的伸长变形能力。延伸率取决于纤维内部的分子结构和外部的形体特征（弹性）。

纤维如果具有高度整齐排列的分子结构和结晶体，通常其延伸率较差，反之，如果是高度的无结晶体或无序排列的分子结构，纤维则具有高度的延伸率。分子聚合链被拉伸，并且在拉力下被延长的特性最明显的是羊毛纤维。天然纤维或人造的弯曲纤维，延伸率都比笔直的或没有肌理的纤维高很多。例如，天然弯曲的羊毛增强了其分子结构的延伸性能，而棉纤维的延伸率主要是因为其天然卷曲和屈曲形状；亚麻不仅是有着整齐有序的分子排列和结晶体，同时也缺乏卷曲的外形，所以它的延伸率非常低。如图3-11～图3-13所示，常用纺织纤维在干、湿条件下的延伸见表3-3。

表3-3　常用纺织纤维在干、湿条件下的延伸率

纤维种类	干态时的延伸率（%）	湿态时的延伸率（%）	纤维种类	干态时的延伸率（%）	湿态时的延伸率（%）
羊毛 / Wool	25～35	99～100	丙纶 / Polypropylene	20～35	20～40
丝绸 / Silk	20～30	29～40	涤纶 / Polyester	20～32	25～35
棉 / Cotton	3～4	74	氨纶 / Spandex	500～700	500～800
亚麻 / Flax	3	65	偏氯纶 / PVC	15～25	100
醋酯纤维 / Acetate	23～45	48～65	聚乳酸纤维 / Polylactic acid	30	45
莫代尔纤维 / Modal	26～60	100	玻璃纤维 / Fiber glass	2.2～3.1	2.2～3.1
莱赛尔纤维 / Lyocell，Tencel	14～18	88	黏胶纤维 / Rayon	15～30	7～15
腈纶 / Acrylic	34～50	25～40	—	—	—

图3-11　整齐且水平方向排列的纤维结晶体延伸率最小（如亚麻纤维）

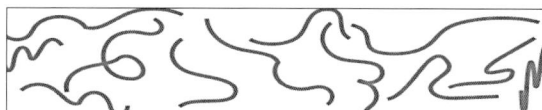

图3-12　无组织的排列（无结晶）结构的纤维延伸率最大（如羊毛、氨纶）

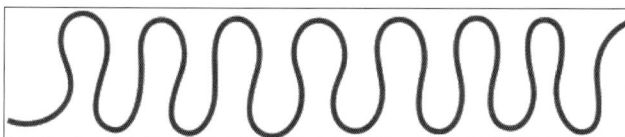

图3-13　有表面肌理和弯曲的纤维延伸率很高（左），无弯曲的纤维延伸率则很低（右）

纺织纤维的延伸率通常测量其断裂临界点的长度，实验室的设备在记录纤维的承重时是以克重和纤维的长度为单位，测试涉及2个数据：纤维初始长度和在断裂临界点的长度，可用以下公式计算纤维的延伸率：

$$延伸率 = \frac{拉伸后的长度-初始长度}{初始长度} \times 100\%$$

例如：3英寸长的初始纤维，拉伸到4英寸时断裂，延伸率=（4-3）/3×100%=33.3%。

大部分纤维（除疏水性强的纤维，如涤纶、丙纶）在湿态时延伸率会大幅提高，这是因为湿织物的孔隙中有水分子，会使纤维的分子间作用力增加，而且水同时也增大了纤维的表面张力，

由于分子间作用力和表面张力的增加，使织物湿态比干态的延伸率增大了。延伸率高的纤维面料，会随着湿度的增大而变长，如黏胶纤维面料用于窗帘时，窗帘容易随着湿度的增大而过度下垂，乃至拖地；紧绷的沙发面料也会因为湿度增大而变松或易起皱褶，这些都是设计工作者需要注意的因素。

（5）黏结性

黏结性是指纤维在纺纱时黏结在一起的特性。黏结性对纤维的弯曲、合股捻线及织物的外形表面都有影响，用具有黏结性的纱线织造的面料，纱线不会滑移或纰裂。棉纤维因为其特有的卷曲状结构，有非常好的黏结度，所以棉纱线和

113

棉织物的强力都较好涤纶长丝与棉混纺的面料也有紧密的黏结性与强度。

（6）抗日光能力

抗日光能力是面料能承受太阳光照射的能力。无论是家具面料还是窗帘面料，都会在阳光照射后出现褪色、老化、失去韧性、断裂而缩短使用寿命。阳光照射面料会改变纤维的内部分子结构，长时间的照射只会增加面料的损坏程度。

纤维的抗日光能力与以下因素有关：

• 纤维的成分
• 日照的时间和强度
• 空气的品质
• 着色剂的颜色
• 聚合物中的添加剂、消光剂

紫外线（UV）的类别及常用纺织纤维的抗日光能力见表3-4、表3-5。

表3-4　紫外线（UV）的类别

类别	UV-A	UV-B	UV-C
波长（nm）	315~399	280~314	100~279
被吸收水平	不会被臭氧层吸收	被臭氧层吸收大部分，还有部分到达地球表面	被臭氧层和大气层完全吸收

表3-5　常用纺织纤维抗日光能力一览表

纤维种类	抗日光能力	纤维种类	抗日光能力
玻璃纤维 / Fiber glass	优秀	大麻（汉麻）/ Hemp	一般
腈纶 / Acrylic	优秀	棉 / Cotton	一般
改性腈纶 / Modified acrylic	优秀	三醋酯纤维 / Triacetate	一般
聚乳酸纤维 / Polylactic acid	优秀	醋酯纤维 / Acetate	一般
涤纶 / Polyester	优秀	尼龙 / Nylon	很差
莱赛尔纤维（再生纤维素纤维）/ Lyocell, Regenerated Cellulose Fiber	一般	羊毛 / Wool	很差
亚麻 / Flax	一般	丝 / Silk	很差

3.外观属性

（1）折皱回复性

指面料经受外力（折叠、弯曲、撞击、压迫和扭曲）后的回复能力，通常是指面料折皱回复的性能。面料的折皱回复性取决于纤维的结构特性。羊毛和氨纶不容易折皱，天然卷曲的纤维和热处理的卷曲纤维也有较好的折皱回复性，硬纤维、直径较粗的多叶型截面纤维有较好的折皱回复性。对于内在折皱回复性较差的纤维素纤维来说，后处理中使用交联树脂对纤维改性可提高其折皱回复性，但同时也会降低其强度和耐磨性。

设计工作者应根据纤维的折皱回复性，合理选择织物种类用于不同的产品，容易折皱的亚麻织物、人造棉织物，棉织物尽量避免用于抱枕和窗帘，否则放下绑带的窗帘会留下难看的折皱痕迹；羊毛织物和涤纶织物的抗皱性好，适合用于坐垫、抱枕、窗帘、桌旗等。

（2）尺寸稳定性/收缩稳定性

面料在使用和维护期间会产生形状和尺寸变化，表现这个变化程度的性能称为尺寸稳定性或收缩稳定性。潮湿度和热度是影响面料尺寸稳定性的主要因素。尺寸稳定性通常也会涉及清洁方法，有的面料可以水洗，有的则只能干洗。天然纤维素纤维的尺度稳定性较差，天然蛋白质纤维则反之；人造纤维素纤维的稳定性和天然纤维素纤维类似，化学纤维的尺寸稳定性较高。

（3）起毛起球倾向

起球是指很小形体的球状缠绕纤维显露在面料表面（图3-14）。起球的原因是短纤维因为摩擦而使纤维绒毛打结，短纤维面料比长纤维面料更容易起球。采用高捻纱和高密度经纬纱排列可以消除或减少起球。

（4）抗污渍性

氟碳化合物对热辐射和化学药剂有着超强的抗拒作用，对液体污渍、阳光、摩擦和微生物等有着优越的抵抗功能（图3-15、图3-16）。

抗污渍性可通过使用氟碳化合物进行表面涂层来解决，这种工艺可在纤维喷丝或坯布织造时进行。化学纤维的抗污能力普遍比天然纤维强，疏水能力强的纤维，抗污能力也较强，如丙纶普遍用于地毯。

另一种物理方式可以避免地毯中污泥积攒：将纤维的直径加粗，粗直径的纤维可覆盖更大面积（单位面积内纤维根数更少）。现代科技有新的突破，使纤维具有三叶形横截面，并且具有粗糙的外部形态。这种微脊状形态能把污泥支起来，从而使污泥很容易脱落和被清除，这种纤维称为褪落型地毯纤维。

污渍污泥的隐藏和被放大：

为了克服地毯的污染问题并满足消费者的需求，纤维化学家和工程师使用不同形状的横截面

起球

未起球

图3-14　起球和未起球的面料表面

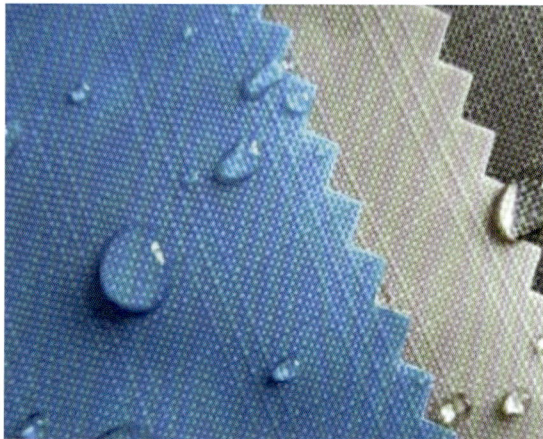

图3-15　经过防水防污处理的织物

图3-16 经过防泼水处理的织物在静压力下呈现拒水状态

纤维和聚合物添加剂让纤维不易很快脏污。污泥隐藏是纤维的颜色或纤维本身可以掩饰或隐藏污渍／污泥，使其看上去没那么脏。反之，光线能使纤维更清晰地显示污泥的状态，像是被放大镜放大了一样：当光线射入圆形截面且没有经过消光处理的纤维，聚集的污泥颗粒会被放大，比实际的看上去更明显。在纤维中加入消光剂可使污泥的隐藏能力加强。如图3-17所示，不加消光剂的纤维，尘土被圆形和透明的纤维放大，使污渍特别明显。图3-18中加了消光剂的纤维对污泥颗粒有隐藏作用，使污渍显得不那么明显，增

加了耐脏程度。

对纤维的横截面形状进行改进，将横截面改进为不易折射的八角形多面体／异型，并且在纤维的中空处设计不规则形状的微观空隙，使光线有效地折射，仍可以让纤维保持应有的光泽度。这不同于多叶形横截面的设计，多叶形横截面纤维的凹陷处更容易隐藏污泥且不易清除。这种纵向微观孔隙设计有效地折射了光线，从而增加了纤维的耐脏程度（图3-19）。地毯用的锦纶常使用方形和圆形纤维结合或异形纤维，里面的圆形或多叶形微观孔隙起到非常有效的作用。

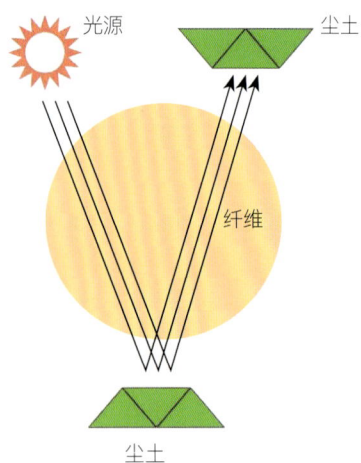

图3-17 不加消光剂的纤维对光的反射

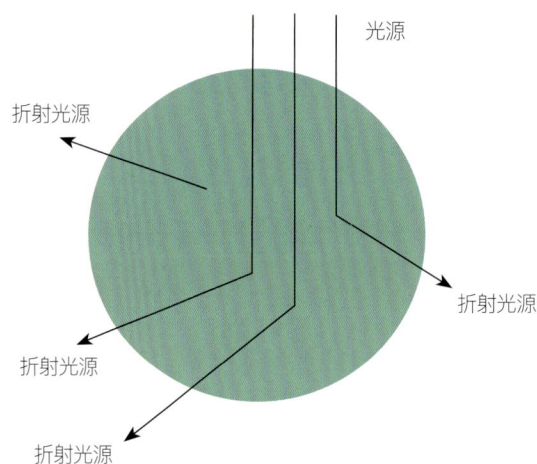

图3-18 加了消光剂的纤维对光的折射

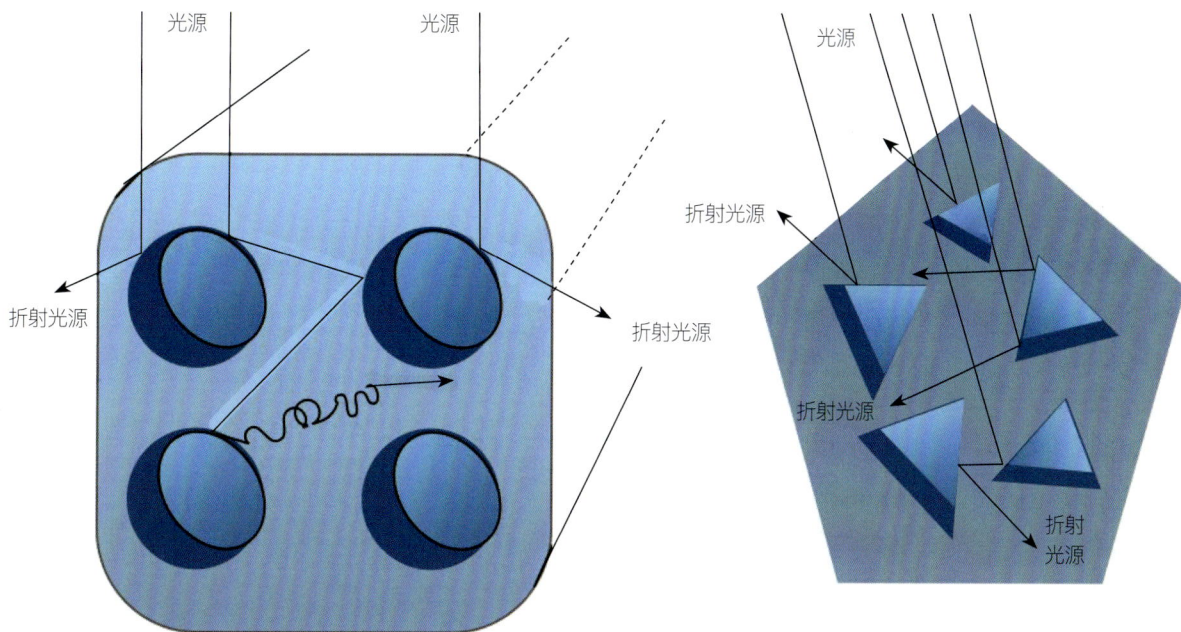

图3-19　纤维横截面的改进和微观孔隙的设计

4.舒适度属性

公定回潮率是指纤维在标准大气（温度20℃，相对湿度65%）状态下，吸放湿作用达到平衡稳定时的回潮率。回潮率高的纤维称为亲水性纤维，如天然纤维和纤维素纤维，这类纤维容易吸收水分，也容易染色，如到户外使用，需要做保护处理。另一种纤维对水分几乎不吸收或极少吸收，称为疏水性纤维，这种纤维适合户外使用。

用于地毯底衬的纤维应该是疏水性强的纤维，如丙纶，主要是为了防止霉菌和细菌等微生物的繁殖。涤纶是疏水性纤维，常和棉纤维混纺织造成毛巾和浴毯，涤纶可增加棉织物的耐用程度，棉纤维也可增加涤纶织物的吸水性能，纯棉毛巾比混纺毛巾更柔软，吸湿性更强。

芯吸效应即毛细管效应，是超细纤维特有的性能，是水通过毛细管作用沿着纤维表面传递的行为。

吸湿排汗织物意味着织物内部有微小的毛细管，可用于各种户外产品，并且在所有季节都可以使用，在较冷的温度下效果更好（温差越大，水分子运动速度差越大，排湿效果越好）。丙纶天生具有芯吸现象，因此是地毯底垫、簇绒毯和沙发套的常用材料。经过设计加工的三叶草形横截面的涤纶常被用于速干的体育用品上，也是因为其芯吸效应。如图3-20所示，纤维的芯吸作用可以帮助水分排出，首要条件是纤维自身的吸湿率很低。纤维的吸湿率越低，排出水分的速度越快，因为本身不亲水，所以水分不会在纤维上滞留。

常见纺织纤维的公定回潮率与比重见表3-6。

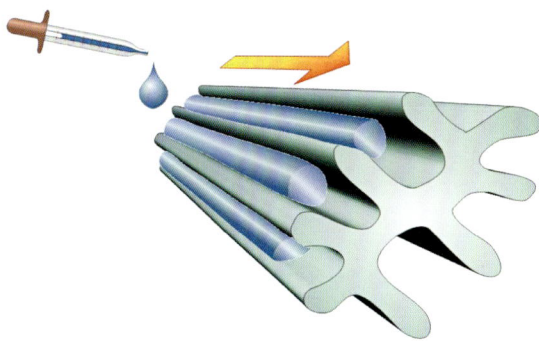

图3-20　纤维的芯吸作用

表3-6　常见纺织纤维的公定回潮率与比重一览表（天祥上海实验室）

纤维名称	吸湿率（%）	比重	纤维名称	吸湿率（%）	比重
羊毛 / Wool	16	1.34	尼龙 / Nylon	4	1.14
黏胶纤维 / Rayon	13	1.51	腈纶 / Acrylic	1.3～2.5	1.18
莫代尔纤维 / Modal	11	1.52	氨纶 / Spandex	0.6	1.23
莱赛尔纤维 / Lyocell	11.5	1.52	涤纶 / Polyester	0.4～0.8	1.38
亚麻 / Flax	10～12	1.5	聚乳酸纤维 / Polylactic acid，PLA	0.4～0.6	1.27
丝 / Silk	11	1.36	丙纶 / Polypropylene	0	0.91
棉 / Cotton	8.5	1.54	偏聚乙烯纤维 / PVC	0	1.68～1.75
醋酯纤维 / Acetate	7.0～9.0	1.32	玻璃纤维 / Fiber glass	0	2.46

5.安全与健康保护属性

（1）纤维的化学阻抗力

纤维的物理属性会影响纺织品的使用，纤维的化学属性对产品的使用所限制。各种不同的气体污染源可以损坏着色剂，和水混合后，也可以损坏面料中的纤维。当水在纤维、纱线和面料中汇合这些有害气体，可能生成一氧化氮、弱硫酸、弱硝酸等，在室内这些残留物被称为"室内酸雨"，会损坏纤维，加速纤维老化。如果这些后果得不到清洁服务，是不会被发现的。尤其是纤维素面料。

（2）纤维的热解特性（易燃性）

纤维的燃烧性能有以下几种：

·可燃性，可燃性纤维很容易点燃并且自身燃烧到烧尽为止。

·阻燃性，相对于燃烧和解体的温度较高，燃烧更缓慢，对LOI（极限氧指数❶）要求更高。

·不可燃性，不会燃烧或产生大量烟雾，不可燃纤维不是耐火材料，会因高温熔化或解体。

·耐火性，不会燃烧，也不会被火焰影响，可燃性纤维也可通过后处理技术或在喷丝溶液中添加阻燃剂等方法变为阻燃纤维。

常见纺织纤维的燃点及LOI、燃烧性能、燃烧测试结果见表3-7～表3-9。

---

❶ 极限氧指数（Limited Oxygen Index）是指燃烧物在氧氮混合环境下有焰燃烧时对氧的最低需求量，这个指标通常是用来评判阻燃系数的重要参数，以氧所占体积的百分比来表示，LOI 指数高不等于不燃烧，而指数低的一定是容易燃烧的材料。GB 8624—2012 规定"窗帘幕布和家具制品装饰用织物"LOI ≥ 32% 为 B1 级产品，是难燃材料；LOI ≥ 26% 为 B2 级，为可燃材料。

表3-7　常见纺织纤维的燃点及LOI（天祥上海实验室）

纤维	温度				燃烧热量 BTU	LOI 指数
	解体°F	解体°C	点燃°F	点燃°C		
羊毛	446	230	1094	590	9450	24~25
棉	581	305	752	400	7400	17~20
石棉	耐火					
醋酯纤维	572	300	842	450	7700	20
人造棉	350	177	788	420	7400	18.6
玻璃纤维	1500	815	不可燃纤维			
腈纶	549	287	986	530	9300	18.2
芳纶	800	427	不可燃纤维			
改性腈纶	455	235	自动熄灭			27
酚醛树脂纤维	解体后成为碳	超过2760°C，不燃烧				
锦纶	653	345	989	532	12950	20.1
丙纶	570	298	839	448	7900	18.6
涤纶	734	390	1040	560	9300	21

表3-8　常见纺织纤维燃烧性能（天祥上海实验室）

耐火纤维	不可燃纤维	阻燃纤维	可燃纤维
石棉	玻璃纤维	芳纶	棉纤维
岩棉	金属丝	酚醛树脂纤维	亚麻
		羊毛	汉麻
		改性腈纶	聚乳酸纤维
		聚乙烯纤维	莱赛尔纤维
		偏聚乙烯纤维	醋酯纤维
		丝	腈纶
			锦纶
			涤纶
			丙纶
			黏胶纤维

表3-9 常见纺织纤维燃烧测试结果一览表（天祥上海实验室）

纤维种类	接近火焰时	燃烧时	离开火焰时	残留物	气味
羊毛	向火焰反方向卷曲	缓慢燃烧	有时自动熄灭	黑色易碎的细小珠状体	与烧头发和羽毛类似
丝绸	向火焰反方向卷曲	缓慢燃烧，有喷溅声	有时略带闪光，通常自动熄灭	可以碾碎的小珠	与烧头发和羽毛类似
棉	不收缩，遇到即燃	立即燃烧，黄焰、蓝烟	离火继续燃烧	很轻，如羽般的灰烬，浅灰色到炭灰色	如燃烧纸张
亚麻	不收缩，遇到即燃	立即燃烧，黄焰、蓝烟	离火继续燃烧	很轻，如羽般的灰烬，浅炭色	如燃烧纸张
汉麻	不收缩，遇到即燃	立即燃烧，黄焰、蓝烟	离火继续燃烧	很轻，如羽般的灰烬，浅灰色到炭灰色	如燃烧纸张
醋酯纤维	熔融燃烧	迅速燃烧，并且熔化	持续快速燃烧并熔化	易碎，不规则的黑色珠状体	酸味（热醋味）
黏胶纤维	不收缩，遇到即燃	立即燃烧，黄焰、无烟	离火继续燃烧	很轻，极少量的松软灰烬	如燃烧纸张
莱赛尔纤维	不收缩，遇到即燃	立即燃烧，黄焰、无烟	离火继续燃烧	很轻，如羽般的灰烬，浅灰色到炭灰色	如燃烧纸张
玻璃纤维	向火焰反方向收缩	熔化，发光，红色到橘黄色	发光停止，不燃烧	变形、硬珠状	无
金属丝	可能收缩，没有反应	发光，红色	发光停止，不燃烧	形成纤维形体轮廓	无
腈纶	点燃，反向收缩	燃烧并且熔化	继续燃烧，冒黑烟	易碎的、不规则的黑色珠状物	辛辣刺鼻的气味
改性腈纶	点燃，反向收缩	缓慢，不规则地燃烧并且熔化	自动熄灭	硬而不规则的黑色珠状物	辛辣刺鼻的化学气味
锦纶	点燃，收缩	熔融燃烧	通常自动熄灭	硬而结实的灰色圆形珠状物	氨基气味
丙纶	点燃，收缩卷曲	燃烧且熔化	继续燃烧并熔化，有乌黑的烟	硬而结实的棕褐色珠状物	蜡烛气味或化学气味
涤纶	点燃，反向收缩	熔融燃烧，冒黑烟	继续燃烧，有时自灭	硬而结实的黑色圆形珠状物	有甜味
聚偏氯乙烯	点燃，收缩	非常缓慢地燃烧，熔化并有黄色火焰	自动熄灭	硬而不规则形状的黑色物	刺鼻化学气味
氨纶	点燃，但不收缩	燃烧并且熔化	开始燃烧后自灭	柔软，可压碎的白色胶状物	化学气味

（3）纤维的热塑性

热塑性是指纤维对热量的承受能力，这是纤维制成成品后其功能及用途的工业指标。热塑性纤维遇热时会变软，根据这种特性，生产企业可采用热处理来进行纤维的深加工，永久性的褶皱应用在窗帘和床裙的褶皱上（图3-21）。热塑性纤维面料碰到烟头、蜡烛或其他火源，会产生永久性损坏，若使用熨斗的温度不当，也会损坏纤维和面料的完整性，大部分纤维会分解、变软变形、失色、烤焦烩甚至熔化。

常见纺织纤维的热效应及抗皱水平见表3-10、表3-11。

图3-21　利用纤维的热塑性，用蒸汽罐将窗帘的褶定型为永久性的均匀褶

表3-10　常见纺织纤维热效应一览表（天祥上海实验室）

纤维	软化温度		熔化温度		熨烫安全温度	
	℉	℃	℉	℃	℉	℃
羊毛	不会变软		不会熔化		300	149
丝	不会变软		不会熔化		300	149
棉	不会变软		不会熔化		425	218
亚麻	不会变软		不会熔化		450	232
醋酯纤维	400	205	500	260	350	177
黏胶纤维	不会变软		不会熔化		375	191
玻璃纤维	1350	732	—	—	—	—
腈纶	450	232	熔化前降解		320	160
改性腈纶	300 250℉收缩	149 121℃收缩	熔化前降解		230	110

纤维	软化温度		熔化温度		熨烫安全温度	
	°F	℃	°F	℃	°F	℃
酚醛树脂	不会熔化		5000°F碳化	2760℃碳化	—	
尼龙	445	229	500	260	350	177
丙纶	230	116	260	127	不可熨烫	
涤纶	460	238	480	249	325	163
偏氯乙烯	240	116	260	127	不可熨烫	
聚乙烯	170 150°F收缩	77	260	127	不可熨烫	

表3-11　纤维抗皱水平比较一览表（天祥上海实验室）

纤维品类	抗皱褶水平	纤维品类	抗皱褶水平
羊毛	优秀	丙纶	普通
涤纶	优秀	醋酯纤维	普通
聚乳酸纤维	优秀	黏胶纤维	差
丝	优秀	棉	差
锦纶	普通	汉麻	差
腈纶	普通	亚麻	差

（4）纤维的抗微生物性能

抗微生物药剂是一种化学药剂，用来杀死细菌或真菌，或者阻止细菌或真菌的正常活动。细菌可以分解利用汗水中的蛋白质产生异味甚至导致感染。真菌中的霉菌会产生霉斑和有害气体，有些霉菌会在面料上四处生长（图3-22）。抗微生物处理可以杀死微生物或把微生物控制在一定范围内。过多喷洒抗微生物药剂不一定就能控制微生物的生长，有些微生物在多次处理后会产生抗药性。微生物频谱会告知哪一种抗微生物药剂对某种微生物产生作用，如在医院使用的就是广谱抗微生物药来保持环境的清洁。

细菌是一种生物细胞，它们是主要的原核微生物，通常长度为几微米，细菌具有多种形状，大多数细菌是球形的，称为球菌，或杆状，称为杆菌（图3-23）。也有的是螺旋形，称为螺旋菌，或紧密盘绕，称为螺旋体，还有少数其他不寻常的形状，如星形细菌。细菌研究被称为细菌学，是微生物学的一个分支。

抗微生物药物性的实施会影响人们的生活环境，即便是面料经过抗微生物处理，经过水洗后也会逐渐失去抗微生物药剂的作用，排放的污水中会含有大量抗微生物药剂。无论室内还是室外，抗微生物药剂都会造成空气污染，药物在杀死细菌和真菌等微生物的同时，也会对人类的健康造成危害。在中国，抗微生物药物得到严格控制，抗生素药物的处理都需要登记备案，同时环保部门也管理什么样的药物处理才是被许可的，环保部门颁布了基本而细节的行政条例，甚至连广告的内容也进行了详细约束。比如，环保部门规定厂商只能告诉消费者抗微生物药物只能保护面料不受微生物的侵害，而不可以说保护面料的使用者不受微生物的侵害。抗微生物面料快速发展，大量抗微生物面料应用在床品、窗帘、软包家具、治疗用的遮挡帘和服装上。抗菌面料具有良好的安全性，它可以高效抑制织物上的微生物，保持织物清洁，并能防止微生物再生和繁殖。比如，金属铜离子、银离子和锌离子的抗菌助剂在高温时上染涤纶和锦纶，抗菌助剂被固定于纤维内部且受到纤维的保护，故具有耐洗性和可靠的广谱抗菌效果。

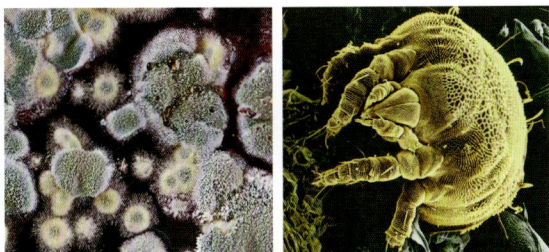

图3-22　地毯下的霉菌斑（左）和显微镜下的尘螨（右）

（5）纤维的导电和静电倾向

静电是两种不相似的材料摩擦后产生的零星的电流脉冲所产生的，静电倾向和纤维的吸湿率决定了静电产生的程度，摩擦的热能是产生静电的主要来源。当热能产生的负电子从纤维表面传导到人体并且积累到一定程度，当人体接触到导电体，如门的金属把手，聚集的电子快速地从人体释放到金属把手上，这种瞬间的高能电子释放产生了静电电击。人不会对2500V以下的静电电压有感觉，但当静电脉冲达到2500～3500V时，几乎每个人都会感觉到瞬间的电击疼痛。

纤维的导电性是指纤维具有的导电性能，是让电子流动而不聚集累积的功能。麻类、棉、黏胶纤维、丝、改性高湿模量腈纶因为高含湿率，都具有良好的导电性能，金属纤维也是优良的导体纤维。而阻断电子流通的纤维则称为绝缘体纤维，如锦纶、羊毛、涤纶、腈纶、丙纶等，电子会大量堆积在纤维表面，随时释放而产生静电。

电子的释放与热能的产生有关，甚至与走路的方式有关。快速行走会产生更多的摩擦和热能，导致更多的电子释放。而吸湿率高的纤维在一定的湿度环境下导电性能是良好的，空气中的

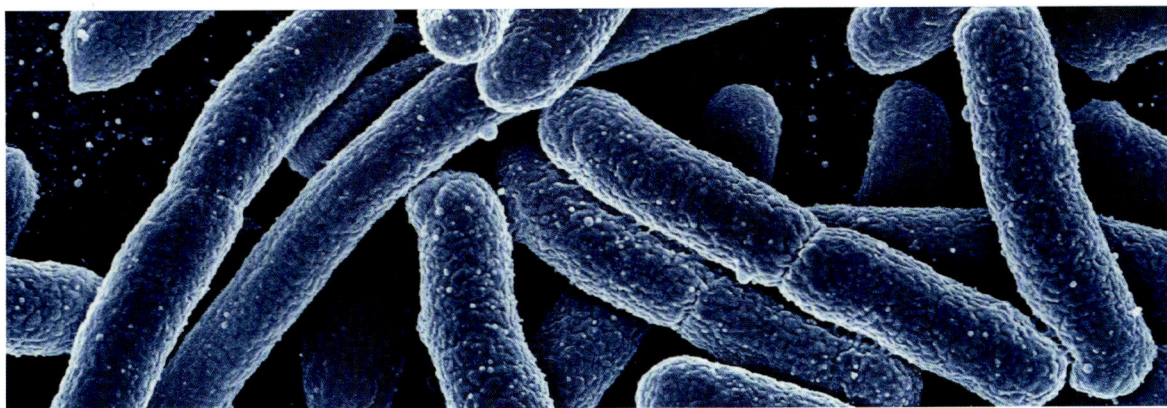

图3-23　显微镜下的大肠杆菌

水分会导引电子流动，而不会聚集在面料表面。湿度的控制是在室内设计中必须考量的一个重要因素，尤其是酒店、办公室和医疗机构。湿度的保持不仅对人体的舒适程度有所改善，更会让电子设备不会因为干燥而产生更多的静电，从而导致灰尘的凝聚而造成损坏。

一种新的方法可增加纤维的导电性，喷丝前在聚合物溶液中加入聚乙二醇，这种材料可以增强纤维的导电性。

另一种方法是将导电材料作为涂层涂在纤维表面，如锦纶的表面涂覆银离子助剂使得其导电性能更佳。也有的使用铝作为芯材，再将有颜色的聚合物作为外表包裹起来，这样也可以起到导电作用。在地毯中植入适量的金属纤维会增加其导电性能。超细金属纤维可以和其他纤维在纺纱时混纺在一起，并且在织造地毯时将金属的导电性能遍布整个地毯区域，可有效避免静电的产生（图3-24）。

图3-24　在地毯织造中植入金属丝可有效避免静电产生（图片由山东东升地毯提供）

第二节 软包家具主要构造之二：填充物

一、家具软包材料和构造

1.天然填充物

天然填充物包括棉花絮、羊毛毡絮、动物毛发（含羽毛）、棕丝、乳胶、黄麻等。传统的家具行业曾广泛使用天然材料，在设计和生产时需要注明是否含羊毛附加产品和羊毛废料，卷曲毛絮（马毛、牛毛、猪毛等天然材料成分），鸭、鹅羽绒是否经过脱脂和杀菌处理等。过敏原和微生物相关的异味是使用天然填充物的主要问题。天然材料因为其本身的吸湿率和营养成分，会比人造材料更容易使微生物繁殖。如果坚持使用天然填充物，需要确定加工厂对天然材料进行脱脂和永久性灭菌处理。大量使用天然填充材料，不仅会大幅增加生产和材料成本，也会造成原材料供给的局限和品质的参差不齐。

2.人造材料填充物

涤棉絮是家具常用的填充材料，其弹性、吸湿性及抗微生物性能优于天然填充物，而且廉价，货源充足（图3-25）。

涤纶占据全球所有纤维产量60%的份额，非常容易获取，可持续性很强，成本较低，其回收工艺较成熟，可以重复使用，相对于天然填充材料来说，涤棉絮更加绿色环保。

采用两层涤棉絮：

•外层：细腻，柔软，轻薄而舒适；

•内层：粗糙，纤维较坚硬，具有较好的受力和回弹性。

喷洒树脂胶会增加涤棉絮的形体稳定性和回弹性，从而使家具（沙发和软靠垫等）的形体维持较长时间不变形，但是由于树脂胶的味道（溶剂）和环保性的差异所带来的潜在污染源，应当在选择和指定工艺时慎用，设计工作者应提前和加工家具的工厂讨论具体的环保工艺和举措。

市面上99%以上的软包家具（图3-26）都是采用人造材料作为家具软包的填充物，人造材料不仅物美价廉，而且很容易获取，在弹性和成本上也有很多选择，并且没有像天然填充物微生物滋生的困扰。

3.海绵（乳胶和人造乳胶）

家具行业最初使用弹簧、棉花、马毛和棕丝来作为填充材料。大约从20世纪30年代开始，室内装潢使用一种天然乳胶（天然树液）装饰泡沫（pincore）。自1960年以来，聚氨酯装潢海绵成为室内家具用品的主要填充材料之一，这是因为这种海绵在测试时感觉很好，而且成本低。

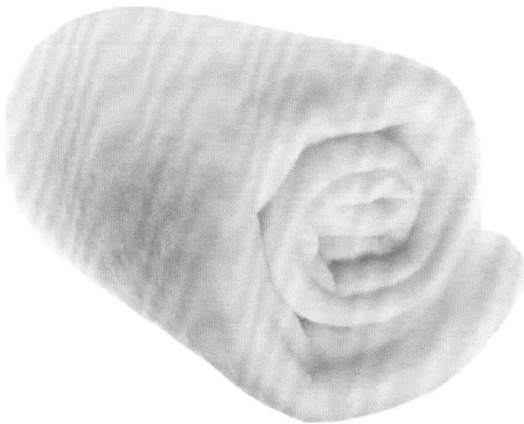

图3-25 涤棉絮填充材料

图3-26 软包家具在室内设计中的应用非常普遍

不同等级的海绵在经常使用的情况下磨损速度不一样。

虽然海绵的密度与坚固性无关，但它确实与垫子的质量和寿命有关。每种海绵密度都有各种不同的硬度。大多数海绵供应商通常会为住宅家具坐垫提供4~5种常用密度，范围为1.5~2.5，表示1立方英尺海绵的重量（磅）。这些不同密度的海绵每一种都可以有10种或更多种不同的硬度，从非常柔软到非常坚固（图3-27、图3-28）。

坐垫结构是决定沙发或椅子寿命和舒适度的一个重要因素。海绵垫的预期寿命主要取决于海绵的密度和厚度。另一个重要因素是海绵是否为高弹性，使用后是否能更好地恢复其形状。海绵垫的"坚固度"对预期寿命的影响非常小。

中等价位住宅家具的坐垫中使用的海绵密度通常为1.5~2.0。迄今为止，住宅座椅最常见的

海绵密度是1.8。根据海绵的厚度，无论是高弹性和使用程度很高的沙发，密度1.8的坐垫通常会在1~3年内失去其原有的形状和弹性，3~5年后通常需要更换坐垫。更换损坏的垫子需要专业的家具软包师傅来进行，而购买一套新的定制垫子的成本可能会相对非常昂贵，结果许多消费者宁愿选择在垫子磨损或变形后购买新沙发，即使是旧沙发的框架基础、织物仍然处于良好状态。

较低密度的海绵通常用于背垫、衬垫，扶手或框架的其他部分。更昂贵的住宅家具坐垫可以使用高密度（2.0~2.5），如设计用于大型商业机构的家具（酒店）坐垫，可使用密度3.0或更高的密度，这也是为何公共空间的沙发坐垫感觉都比较硬的原因。

海绵的密度越高，垫子的成本就越高。坚固度的变化通常不会影响成本。高弹性海绵比普通

海绵更昂贵且更耐用。在美国销售的住宅家具常用的海绵密度是1.8～2.0。

海绵垫通常厚4～6英寸（10～15cm），通常用涤棉絮包裹。包裹物可以由一层记忆海绵代替涤棉絮，包裹物在垫子的顶部和底部，通常厚0.5～1.5英寸，它可以使垫子更柔软，但对使用寿命没有影响。密度1.8的高弹性海绵制成的4英寸厚海绵垫可以持续使用约2年，5英寸厚海绵垫可以持续使用约3年。

海绵密度在制造过程中会有所不同，0.1的变化是正常的。密度1.8的海绵实际上可以是1.7或1.9。有许多沙发会以更便宜或更轻的重量销售，如密度1.5的海绵，这种海绵会在购买后一年内很快地变质。

有的沙发有时会在垫子、海绵芯周围用几英寸厚的涤棉絮包裹，看上去很丰满，但包裹物会迅速被压扁变形，导致垫子失去原有的形状。若想沙发使用超过5年，需要用质量好的沙发。较高价格的沙发通常使用具有密度至少2.0的较厚高密度海绵。但更好、更高、更昂贵的垫子还包括海绵垫里的螺旋弹簧结构，有时会用一层羽绒和羽毛来提供更柔软的手感。图3-29～图3-31是沙发框架、沙发圈簧及普通海绵坐垫示意图。

选择沙发时，通常通过垫子来测试。海绵有

图3-27　家具用的各种不同密度和品质的海绵

图3-28　各种密度的海绵具有不同的硬度

由里到外：

• 木框架，杂木，榉木，松木，桦木

• 蛇形簧，圈簧，钢簧，铜簧

• 卯榫＋螺丝＋木胶

• 枪钉＋螺丝＋木胶

• 黄麻带，涤纶带

• 厚帆布，厚黄麻布

图3-29　沙发框架示意图（图片由古典丝织的安东尼·朝提供）

由里到外：

- 软性金属弓簧
- 黄麻覆盖弹簧
- 马鬃和棕丝
- 黄麻和涤棉
- 衬布和坐垫面料

由里到外：

- 聚氨酯海绵（乳胶）
- 人造涤棉絮
- 鹅/鸭羽绒垫（10%/90%）

图3-30 沙发圈簧坐垫示意图解

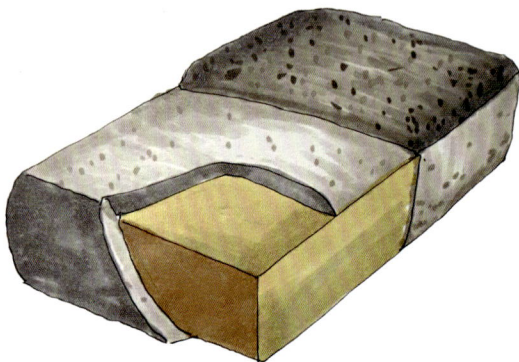

图3-31 普通海绵坐垫图解

许多变量，包括垫子的厚度。例如，在8.5英寸厚的垫子适合使用密度2.5的海绵，6英寸厚的垫子，最好用密度2.8的海绵。

专门用羽绒和羽毛制成的毛绒垫子以前在高端家具中非常流行，但因为非常高的成本而越来越少用。羽绒和羽毛具有非常小的弹性，但是在每次使用后拍打充满空气，使其恢复"松散蓬松"的状态。传统的坐垫上都有羽绒包，使用90%~95%的羽和5%~10%的绒，羽绒包的作用是在海绵和涤棉絮被压变形后充填空气，使压变形的坐垫恢复，对松弛的面料起充填、支撑作用。羽绒包会大幅度增加成本，羽毛管会不断刺出面料。选择羽绒包时要规范羽绒包专用的高密度面料，以免羽毛管刺穿。乳胶条（发泡聚氨酯胶条）也可以代替传统的羽绒，在成本上具有优势。包裹海绵坐垫的方式如图3-32所示。

羽绒垫包放在涤棉絮和海绵上的套子

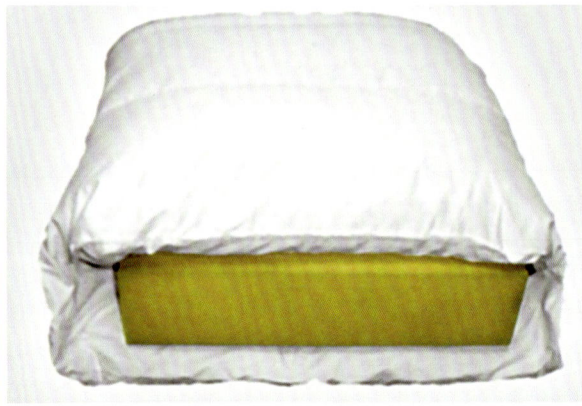

羽绒坐垫包放在涤棉絮和海绵之上

涤棉絮垫包裹在海绵垫之外

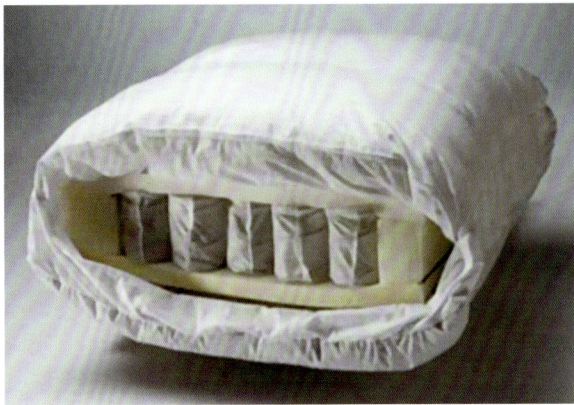
羽绒垫包裹在海绵框架之外

图3-32 包裹海绵坐垫的方式（舒适与成本需要均衡考量）

（1）普通聚氨酯海绵

中等硬度的海绵建议偶尔使用，可用于坐垫、床垫以及包装和工艺品，典型寿命为1～2年（图3-33）。普通聚氨酯海绵指标和沿用标准见表3-12。

表3-12 普通聚氨酯海绵指标和沿用标准

指标	沿用标准	数值
密度（磅/立方英尺）		1.3
25% ILD[①]（磅）		36
支撑因数		1.9
最低空气流通CFM	ASTM D3574 GB/T 6670—2008	3
抗拉强度 PSI		14
最低延伸率（%）		200
最低弹性模量（%）		40
最低抗撕裂强度 PPI		1.5
阻燃等级 FRC	—	N/A
是否含阻燃添加剂	—	N/A

注 1磅=0.454kg，1立方英尺=0.0283m³。

① ILD: Impression Load Deflection，压痕负荷反弹，是衡量海绵床垫柔软度或硬度的指标。通过将12英寸圆盘压入4英寸海绵片直至其压入海绵垫表面25%或1英寸来测量，压缩海绵垫所需的重量或压力量就是ILD。ILD有时被称为IFD，Impression Force Deflection，两个术语可以互换。两者都可以测量压缩聚氨酯海绵（海绵乳胶）垫所需的力度，也是行业衡量海绵的密度及柔软性的指标。设计工作者需要熟悉这个指标的含义和应用品类。

（2）超软聚氨酯海绵

建议包在沙发垫、床垫和床头板靠背上，也可用于患有褥疮的个人床垫。超软海绵不建议用于椅子或坐垫，因为很快会变形，典型寿命为5年以内。

表3-13是超软聚氨酯海绵的指标和沿用标准，在设计中可参考其数值。

（3）常规聚氨酯海绵

是经常使用的中等密度聚氨酯海绵，适用于座椅、靠垫、长凳和床垫，典型寿命为7年以内。常规聚氨酯海绵是家具行业最常使用的人造填充材料。常规聚氨酯海绵指标和沿用标准见表3-14。

图3-33 普通聚氨酯海绵

表3-13　超软聚氨酯海绵指标和沿用标准

指标	沿用标准	数值	指标	沿用标准	数值
密度（磅/立方英尺）	ASTM D3574 GB/T 6670—2008	1.2	最低延伸率（%）	ASTM D3574 GB/T 6670—2008	200
25% ILD（磅）		12	最低弹性模量（%）		40
支撑因数		1.9	最低抗撕裂强度 PPI		1.1
最低空气流通 CFM		3	阻燃等级 FRC	—	N/A
抗拉强度 PSI		10	是否含阻燃添加剂	—	N/A

表3-14　常规聚氨酯海绵指标和沿用标准

指标种类	沿用标准	数值	指标种类	沿用标准	数值
密度（磅/立方英尺）	ASTM D3574 GB/T 6670—2008	1.8	最低延伸率（%）	ASTM D3574 GB/T 6670—2008	250
25% ILD（磅）		35	最低弹性模量（%）		45
支撑因数		1.9	最低抗撕裂强度 PPI		1.4
最低空气流通 CFM		3	阻燃等级 FRC	—	N/A
抗拉强度 PSI		14	是否含阻燃添加剂	—	N/A

（4）高品质聚氨酯海绵

是一种较昂贵的海绵，适用于座椅、靠垫、长凳和床垫，典型寿命为16年（图3-34、图3-35）。高品质聚氨酯海绵指标和沿用标准见表3-15。

表3-15　高品质聚氨酯海绵指标和沿用标准

指标种类	沿用标准	数值	指标种类	沿用标准	数值
密度（磅/立方英尺）	ASTM D3574 GB/T 6670—2008	2.8	最低延伸率（%）	ASTM D3574 GB/T 6670—2008	250
25% ILD（磅）		35	最低弹性模量（%）		44
支撑因数		1.9	最低抗撕裂强度 PPI		1.2
最低空气流通 CFM		3	阻燃等级 FRC	—	N/A
抗拉强度 PSI		12	是否含阻燃添加剂	—	N/A

图3-34 高品质的沙发需要高品质的海绵填充物

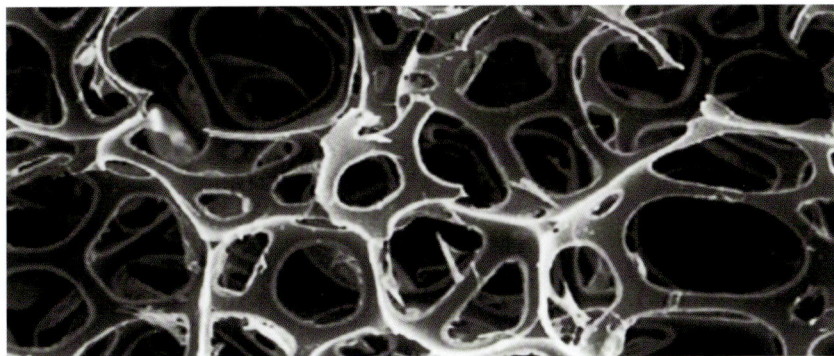

图3-35 聚氨酯海绵泡沫结构的微观视图

（5）豪华型聚氨酯海绵：常规版和高品版

根据厚度确定海绵的牢固程度。厚度1~5英寸被认为是坚固的，厚度6~8英寸被认为是非常

坚固的。豪华型聚氨酯海绵适用于座椅、靠垫、长凳和床垫，常规版典型寿命为7年，高品版为16年。豪华型聚氨酯海绵指标和沿用标准见表3-16。

表3-16 豪华型聚氨酯海绵指标和沿用标准

指标种类	沿用标准	常规版数值指标	高品版数值指标
密度（磅/立方英尺）	ASTM D3574 GB/T 6670—2008	1.8	2.8
25% ILD（磅）		50	50
支撑因数		1.9	1.9
最低空气流通CFM		3	3
抗拉强度 PSI		14	15
最低延伸率（%）		200	150
最低弹性模量（%）		35	45
最低抗撕裂强度 PPI		1.4	1.2
阻燃等级 FRC	—	N/A	N/A
是否含阻燃添加剂	—	N/A	N/A

如果在设计方案或物料清单中对海绵的标准不指定清楚，家具（沙发）制造工厂也可能使用他们认为合适的海绵填充。黏合多层不同类型的海绵需要花时间和更多的成本（三明治海绵垫），却往往会有更好的舒适性和形体稳定性。

也可在海绵垫下安装弹簧垫，弹簧垫可做成围绕螺旋弹簧的海绵边框，这种海绵边框通常是标准的通用密度1.8海绵，即使在高端弹簧垫中也是如此。不需要更高的密度，因为主要重量在弹簧上而不是在海绵上。海绵边框和螺旋弹簧的上方和下方是一个防羽绒面料袋，里面装有羽绒和羽毛（或聚酯纤维和聚氨酯乳胶条），可以柔化底部和弹簧之间的感觉。

有许多海绵和材料的不同组合可供选择，聚酯纤维比羽毛更便宜，羽毛（片）比羽绒更便宜。大多数批量生产的羽绒垫目前使用50%聚酯纤维/5%羽绒/45%羽毛组成。极高品质的垫子可使用50%羽绒/50%羽毛。这些羽毛/羽绒和聚酯纤维的价格存在较大差异，但坐在新垫子上却无法区分，虽然聚酯纤维会很快被压缩变形。羽绒具有较好的长期可恢复和可持续的蓬松度和柔软度，只是非常昂贵。

为了在成本、耐用性和长期舒适度之间达到最佳平衡，可使用5%羽绒/95%羽毛，或50%聚氨酯乳胶条/50%羽毛。

设计师需要为垫子指定海绵密度，当用户解开垫子时，垫子上的标签会显示密度，沙发标签上也有，这是设计工作者需要确定的。现实情况中，很多设计工作者容易忽略这一部分有关品质管控的重要内容，这样会造成产品的使用性能不清晰，也会影响产品品牌的声誉。

中国大部分家具工厂采用的是密度1.5～1.8的聚氨酯海绵。

4. 软包面料的套装和绷制

将具有弹性的面料缝制好套在家具外面，这种方法常用于现代风格的家具上，套装外层面料之前，预先在里面绷制一层非常平整、光滑的素色涤纶面料。这类家具的海绵基本都是模具预先成型的，简洁、无皱褶、干净利落的表面处理是这类家具的特点。弹性面料收口的地方往往在视觉不易看到的地方，如椅子的下端。选用外层套装面料时，尽量采用含有氨纶成分的面料，面料的弹性比普通面料高，更容易套装，效果也较平整，不会出现皱褶；很多针织面料因为组织结构的原因，其弹性也很好，但是需要注重密度和纱线的捻度，避免在使用过程中结构松弛而引起刮伤和跳纱。

沙发上的面料因为较难清洗常采用这种套装方式，做成一个个沙发坐垫和靠垫套，并可以随时局部取下来清洗。用合成纤维（如涤纶）面料缝制的沙发套或椅套，洗涤时不需要过度清洗，因为污渍在涤纶面料上的附着力比天然纤维低。图3-36～图3-44为各种形式的坐垫形状、绲边造型和套装、绷制面料。

图3-36 双绳绲边法的家具软包

图3-37　单绳绲边法的家具软包

图3-38　炮钉镶嵌法的家具软包

图3-39　用在靠背和坐垫上的大尺寸花型面料需要注意花型的纵横走向和花型的合理拼接

图3-40　古典式沙发上常用的拉扣法

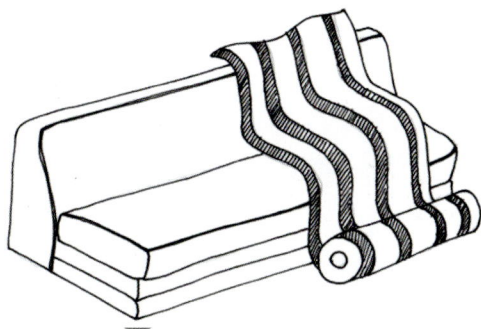

图3-41　竖纹花型面料应用在软包家具上

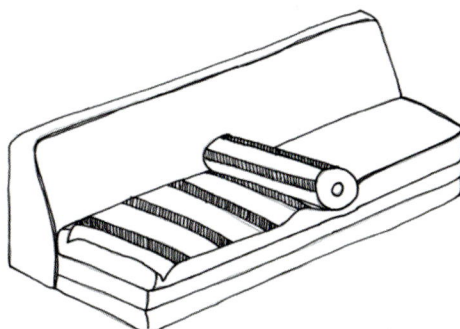

图3-42　横纹花型面料应用在软包家具上

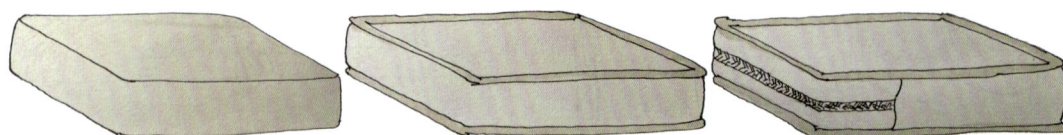

平直型：无绲边，直接缝纫　　绲边型：绲绳或绲包覆边，绲边绳　　盒型：绲粗绳或绲粗包覆边，绲
　　　　　　　　　　　　　　　　粗通常为1/8～1/4英寸　　　　　边绳粗通常为1/4～1/2英寸

图3-43　普通沙发坐垫的形状和绲边造型

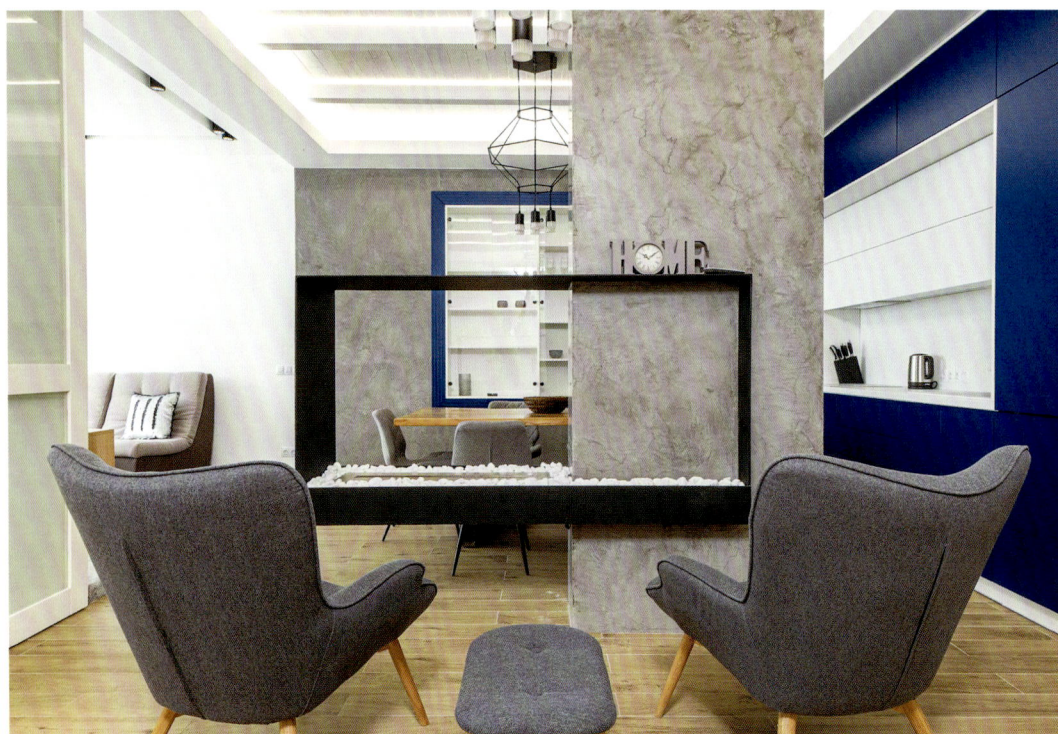

图3-44　现代风格的家具常使用套装的方式绷制面料

二、纤维和纱线的用量与用途

在（商业和住宅）软包家具及交通工具中使用的特殊面料，设计师必须说明面料的信息：

•纤维的成分：涤纶，黏胶纤维、腈纶、棉、麻、丝等；

•纤维的用量：长度、幅宽、克重、经纬密度及纱线规格等；

•纤维的特性和洗涤条件：使用特点，如三防、阻燃、抗微生物、抗静电、耐磨性、色牢

度、耐候性等，以及其他耐用和不耐用部分，清洁/洗涤、维护方式等。

在室内设计和产品设计工作中，纺织品在商用与住宅中应用的标准是不一样的，更别说在特种行业中的用途和使用。设计工作者需要区分对待，无论从艺术审美上，还是品质与使用标准上，商用和住宅用产品的使用属性和功能有较大差别。同样，用于公共交通工具、特种工业和军事目的等的纺织产品，有特殊的品质标准和性能要求，设计工作者更应区别对待。

第三节   软包面料的种类

一、平纹组织面料

平纹组织是最基本的面料组织，形成坚固、耐用和功能多的面料。

在平纹组织中，经纱和纬纱以基本的十字交叉图案交织，纬纱以"上下"顺序通过经纱。这会产生一种棋盘式的外观，如棉府绸就是平纹组织（图3-45）。

•乡村土布：粗糙而有竹节，采用乡村手工式平织方式（图3-46）。

•花呢：使用彩点纱经手工平织而成的面料（图3-47）。

•席纹呢：也叫板司呢、席纹粗布，类似黄麻布，风格粗犷，肌理和纹理类似装啤酒花的黄麻袋（图3-48）。

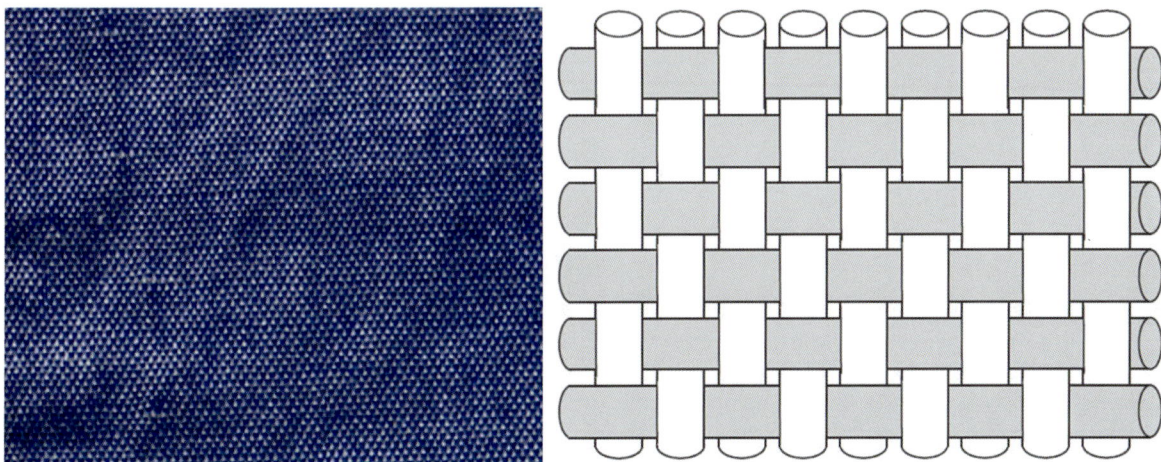

图3-45　平纹组织面料和结构示意图

135

图3-46　乡村土布

图3-47　花呢

图3-48　席纹呢

二、斜纹组织面料

斜纹组织面料是纺织品中使用最广泛的织物之一，通过对角线图案轻松识别，斜纹组织多用于强力织物，如粗花呢、华达呢，还有牛仔布。从图3-49可以看出，斜纹组织是使纬纱在多根经纱下面和上面穿过而形成的，交替顺序在织物表面形成对角形状图案。

平纹、斜纹和缎纹是三种基本织物组织。斜纹是通过使纬纱穿过一个或多个经纱，然后再穿过两个或多个经纱循环而制成的，在行之间具有"阶梯"或偏移，形成特有的对角线罗纹图案（图3-50），这种结构使斜纹面料通常具有良好的悬垂性。千鸟格花型也是典型的斜纹组织（图3-51），在住宅设计和时装设计中经常使用。斜纹面料不平坦表面上的污垢和污渍要比光滑的表面（如平纹面料）上的污渍和污点少，因此斜纹面料通常用于结实的工作服和耐用的内饰。与其他组织相比，斜纹的交织较少，因此纱线可以自由移动，比平纹面料更柔软，并且悬垂性更好，斜纹的起皱也比平纹好。当交织次数较少时，可以将纱线紧密堆积在一起以生产高密度织物。这种织物更耐用，并且耐空气和水，如巴宝莉（Burberry）著名的风衣就是斜纹的羊毛华

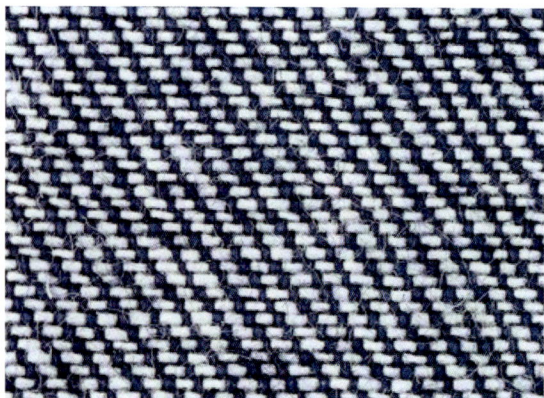

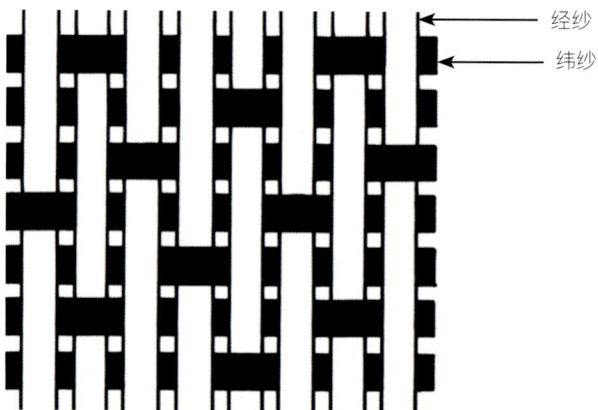

经纱

纬纱

图3-49　斜纹组织面料和结构示意图

达呢制作的。斜纹分为单面斜纹和双面斜纹〔包括软绸（Foulard，Surah）〕、人字呢、千鸟格、哔叽（Serge）、鲨鱼皮和斜纹法兰绒。斜纹面料也包括骑兵斜纹布、牛仔布、锥纹卡其布、花呢、华达呢和衬里斜纹布等。

图3-52所示的人字呢是一个经久不衰的传统花型，也称为断头斜纹，通常在斜纹面料上有独特的V形图案。与普通人字形的不同之处在于反转时的断裂，使其类似于折断的锯齿形或鱼骨。人字呢常用于大衣和西装。高纱支和高捻度、高密度的羊毛人字呢具有天然的防水功能，在毛毛雨中能有效隔绝雨水的侵袭。人字呢色泽平缓、质地舒展、手感柔软、结实，无论用作家具还是服装面料，或是墙体材料，都是较好的选择。

人字呢在家居产品上普遍使用，不仅是沙发与软包大量采用各种不同色彩和大小纹路的人字呢，在地毯、壁布、窗帘和床品上也有广泛的应用。这种简约、经典、近乎极简主义的古典款式设计一直被人们深深地喜爱。

骑兵斜纹布（图3-53）是斜纹面料中的一种。传统的骑兵斜纹是一种粗斜纹，纹理比较清晰，光滑的织物上具有干净突出的双斜纹效果。

图3-50　斜纹布特有的斜对角平行罗纹图案

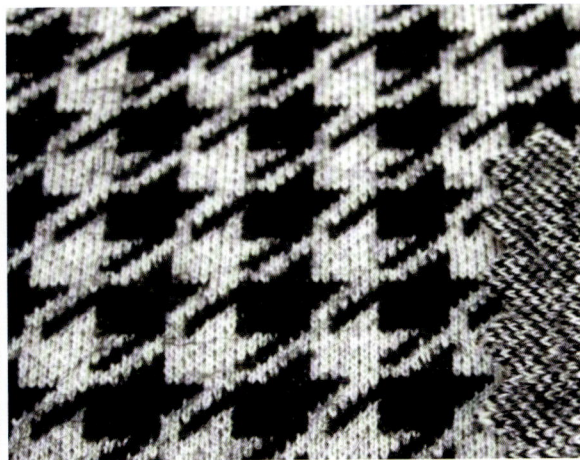

图3-51　千鸟格花型

图3-52　人字斜纹呢

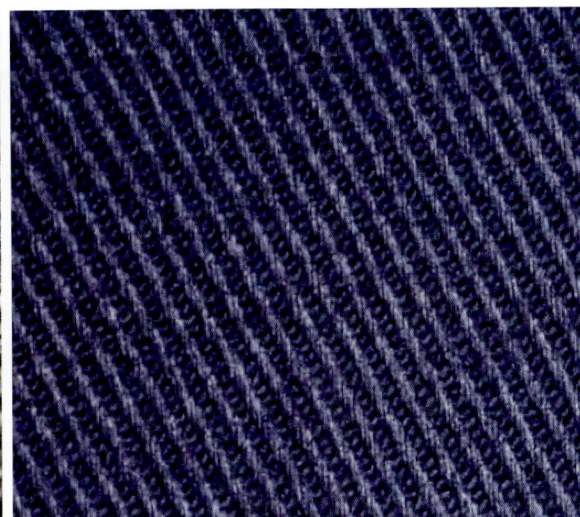

图3-53　骑兵斜纹布

最原始的骑兵斜是一种精制的羊毛精纺面料，由精纺经纱和羊毛纬纱织制，用于制作马裤等较耐磨的服装，因此被英国骑兵所喜爱。现在可以用棉、涤棉或棉麻、人造棉等纤维替代羊毛。标准骑兵斜是3上1下加1上1下的组织。

三、方平组织面料

方平组织与平纹组织高度相似，采用相同的平纹组织图案，但将两根或多根纱线组合并编织成一根（所用纱线的数量均匀且始终一致），这样就形成了更有质感的织物，更强调了平纹织物的棋盘图案。牛津布就是方平组织织造的面料。

如图3-54所示，方平组织的特点是经纬纱线都是以多组纱线呈现的，一般以偶数为基数，无形中增加了像篮子编织一样的方平组织的面积和特征。

方平组织面料最常见的就是帆布（图3-55），帆布因纱线捻度和织物密度高，汉麻纤维的耐磨和耐候性又极好，常用于车船罩、雨篷和遮阳篷的材料。图3-56所示的帆布在生活中大量使用，家具面料上使用的帆布手感更加柔软、亲肤和透气。Duck是帆布的一种，是使用亚麻织造的较紧密的帆布，也称为亚麻帆布，用两根经纱和一根纬纱织造，常用于鞋子，背包，行李袋、帐篷和油画布等（图3-57）。

→ 经纱
→ 纬纱

图3-54　方平组织面料和结构示意图

图3-55　帆布

图3-56　家具面料上使用的帆布

图3-57　帆布鞋和帆布雨篷

之前使浮线在相反的纱线下通过。如图3-58所示，纱线互锁之间的长距离，有助于在织物表面形成光滑的光泽。

用缎纹组织制成的织物比平纹织物更柔韧，悬垂性更好。常见的缎纹编织形式有（图3-59）：

• 4线缎纹编织（4HS）：也称圆角缎纹，其中纬纱在3根经纱下方和1根经纱上方穿过，比平纹更柔韧。

• 5线缎纹编织（5HS）：纬纱经过4根经纱下方，然后从上方越过1根经纱。

• 8线缎纹编织（8HS）：是更柔软的缎纹编织形式，其中纬纱在7根经纱下经过，然后在1根经纱上面越过。

• 16线缎纹编织（16HS）：是最柔软的缎纹

四、缎纹组织面料和雪尼尔绒

缎纹组织面料柔滑、手感柔软舒适。这种组织是通过将经纱或纬纱"漂浮"在三根或更多根相对的纱线上来实现的。然后在再次重复该过程

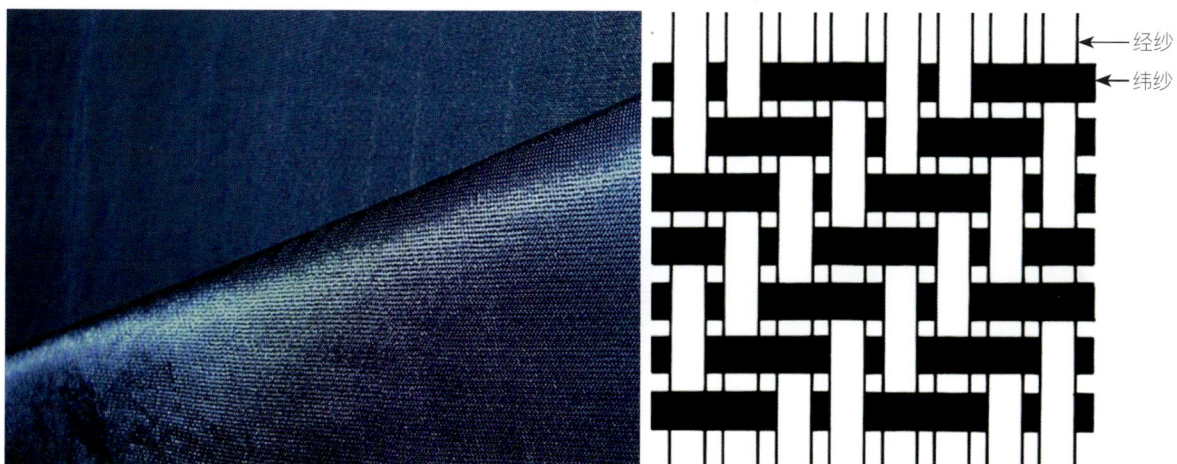

图3-58　缎纹面料和结构示意图

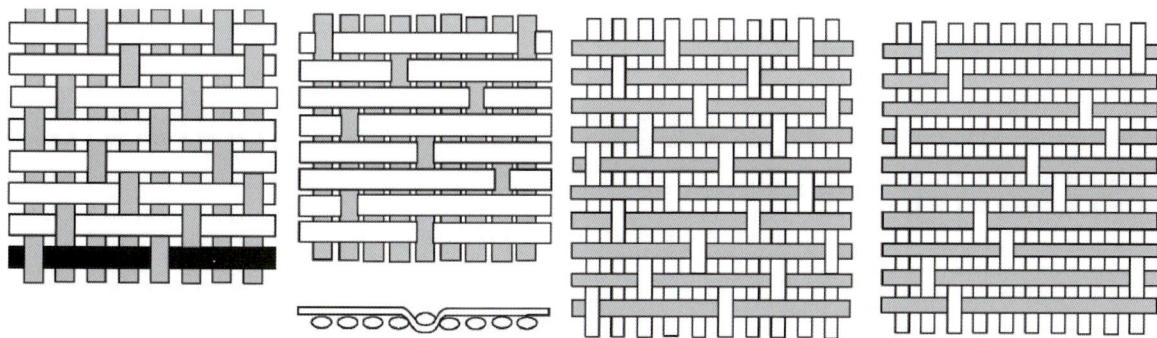

图3-59　常见的缎纹编织

编织形式，其中纬纱在15根经纱下经过，然后在1根经纱上面越过。

缎纹是一种经面织造技术，尽管也有纬面缎纹，经纱"漂浮"在纬纱上。如图3-60所示，通常精致而明亮的丝纤维、醋酯纤维和涤纶长丝被纺成低捻度的复丝纱线用于生产优雅的刺绣缎纹面料，用于床品和窗帘。色丁（Satin）在织物表面看到的是经纱，而缎布（Sateen）则是在织物表面以纬纱为主。缎纹编织通常具有光滑的表面和优雅的光泽。缎纹编织是一根经纱漂浮在三根或更多根纬纱上，或者一根纬纱漂浮在三根或更多经纱上，这些量多而低捻度的浮纱使织物具有高光泽、柔软的手感和悬垂性。

色丁的低捻度使织物强度低，易被钩起，用于低频率使用的家具软包（抱枕居多），和其他组织结构混合可增加强度。

如图3-61所示，缎纹面料有丝绸般的光泽和光滑柔软的手感，女性的睡衣和时装大量采用缎纹面料来制作，缎纹常用来制作床品和垂感十足的窗帘，因为涤纶缎纹面料的价格较便宜，在家居纺织品中的使用也很广泛。床品使用的缎纹面料一般是经过丝光处理的纯棉面料。

图3-62所示的缎布（Sateen）实际上是纬面缎纹面料，是以纬纱在表面为主的缎纹面料。多用于使用频率较低的抱枕、窗帘衬里和床品。

无论经面缎纹（Satin）还是纬面缎纹（Sateen），其经纬长纱都会浮起，从而使面料表面具有独特的光泽，也使面料更加不稳定。为了解决这个问题，面料需要非常紧密地织造，需要采用较高的经纬密使面料更加紧密，从而将使用大量纱线。因此，缎纹面料的生产成本更昂贵且耗时，但是高密度确实提供了一些非常积极的

图3-60　刺绣缎纹面料

图3-61　具有丝绸般光泽的缎纹面料

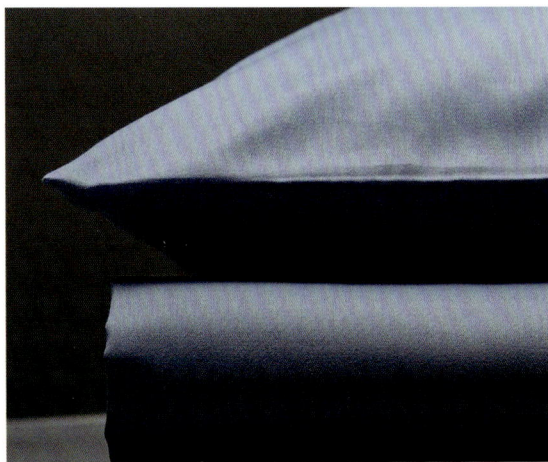

图3-62　缎布

特性，如非常好的强度和抗撕裂性。

缎布（Sateen）的光泽和柔软感比缎纹（Satin）更柔和，纬纱浮在经纱上，但是这种手感柔软的结构更容易磨损。有的缎纹面料采用更便宜的人造丝取代丝绸。丝光处理可以提高面料的光泽度和平整度，有些仅采用压光也可以产生光泽，但随着洗涤会消失。缎布常用于床品和一些比缎纹亮度要求低的高档礼服。

如图3-63所示，雪尼尔纱线具有柔软、毛茸茸的表面，在外观上类似管道清洁刷，可以通过多种方式制造。最常见的是：首先生产织物，然后切成类似纱线的窄条；当织物被切割时，毛边变得非常模糊，并产生雪尼尔纱线的外观。其

他雪尼尔纱线是通过修剪松散附着的效果纤维来达到模糊外观的，还有其他的绳绒线是通过将纤维附着或黏合到纱线上来产生的。

雪尼尔绒（图3-64）和绒编织物是家具面料使用最普遍的品种之一，雪尼尔的独特之处在于其结构采用了两条加捻包芯纱，中间有短切绒毛。切割后的绒毛以一定角度竖立，导致雪尼尔标志性的柔软度以及看起来呈虹彩的趋势。其手感柔软、暗和、结实、生产效率高，价廉且造型立体、美观华丽，深受消费者喜爱。大量的雪尼尔绒使用混纺合成纤维，使其在成本上更加具有优势。

雪尼尔绒因为柔软，成为一种家居流行面料，可用于接触皮肤的产品，如床毯、披毯、抱枕和坐

图3-63 雪尼尔纱线

图3-64 缎纹结构雪尼尔绒的条纹肌理

垫。超柔软的特点也使雪尼尔绒非常适合婴儿用品，如婴儿的包毯、盖毯。

虽然雪尼尔绒很耐用，但绒毛很敏感，并且材料有拉伸或收缩的趋势。因此大多数雪尼尔绒应该干洗，也可手洗，但要平放晾干，请勿悬挂以免拉伸。若使用洗衣机，可在温水中以精细的循环洗涤方式清洗，并在低温下烘干。

五、竹节组织面料

竹节组织以平纹组织为基础，在其经、纬向同时配置变化重平组织。由于经向排列的双经变化重平组织并列丛生，与纬向浮在并列双经上的纬浮长线互相配合，前者犹似竹竿外形，后者好像竹筒横节，参差排列，故称其为竹节组织。竹节组织起横向竹节效应的变化纬重平组织中，其连续纬浮长线一般控制在8个组织点内，否则易造成织物表面粗糙，失去清秀感，且纬浮长线飘离织物过长，也会使织物牢度下降。

如图3-65所示，竹节组织面料是织出的面料表面有像竹节一样的纹路。竹节面料的底纹是粗布（布分细布、粗布），间隔一段距离织出仿竹节的肌理，竹节比底纹突出，有各种颜色。竹

节组织面料除有类似竹节的外观效应外，还具有薄、爽、透气性好等特点，适合做夏季服装面料或装饰面料。如图3-66所示，重平组织面料是指以平纹组织为基础，沿着一个方向（经向、纬向或多重方向）延长组织点所形成的组织，竹节组织就是一种纬重平组织案例。

竹节纱面料带有轻微的结，并且不规律地分布在面料表面，可以看作织物表面较粗的凸起线（图3-67）。这些竹节有的是纱线本身的特征（特别是天然纤维），有的是故意形成的，目的是赋予织物有肌理的触感和外观。竹节可以出现在

图3-65　竹节组织面料

图3-66　纬重平竹节组织面料

面料的任何一个方向，但在室内纺织品中，它们通常被用作纬纱（水平）方向。横向的竹节面料在视觉习惯和传统的文化认知上已经形成了一个不成文的惯例，在贴墙布的时候，切勿将竹节纹路以垂直地面的方向贴。

传统上，竹节纱织物被认为是手工织造时的缺陷，在现代纺织生产中特意用自然的粗纱外观和人造线来生产竹节纹路，体现面料特征。无论是柞蚕丝和双宫丝面料，还是棉质或涤纶仿丝面料，竹节纹常用来体现复古、质朴的肌理效果。

竹节面料通常有以下种类。

（1）弹力竹节面料

主要以棉为主料，加氨纶织造成的竹节面料。

（2）竹节贡缎

用竹节组织和贡缎组织织成的面料。贡缎是经纱和纬纱至少隔三根纱才交一次，因此缎纹组织织物密度更高，织物更加厚实，布面平滑细腻，富有光泽。

（3）竹节双面斜

全棉纺织原料用竹节组织和双面斜纹组织织成的面料，2/2双面斜的两面都是斜纹，而且斜纹一致。

（4）全棉竹节弹力纱卡其

弹力纱卡其是斜纹为左斜的一种卡其布，用全棉和氨纶为纺织原料，由竹节组织和纱卡组织织成。纱卡的经纬纱都是单纱，正面有清晰的斜纹线，反面的斜纹线不明显，通常称为单面纱卡。全棉纱卡具有布面匀整光洁、质朴柔和、定型稳定、吸湿耐磨等特点。竹节组织可以广泛地和其他组织结合织造，在织物上形成明显的纹理。

图3-68为仅92cm宽的日本手工丝绸壁布，其中的竹节带给丝绸一种质朴的肌理和色彩变化。图3-69为竹节纱，纱线捻度的变化造成竹

图3-67　竹节纹理的涤纶平织面料

图3-68　日本手工丝绸壁布

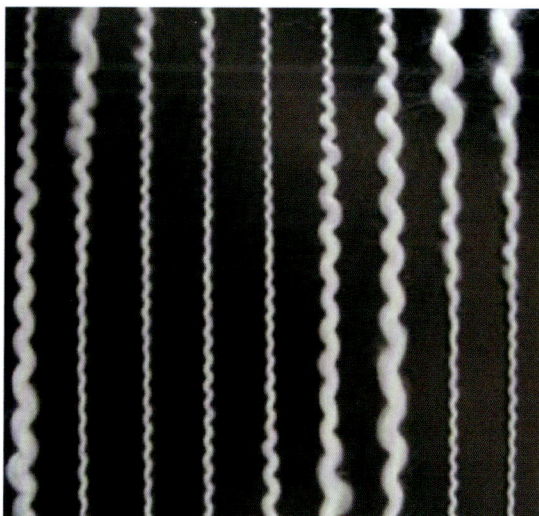
图3-69　竹节纱

节肌理，一般来说竹节纱都用在纬纱上。

六、双宫绸、班戈琳绸和山东丝绸

一条蚕结一颗茧，这是正常茧，有时两条蚕结成一颗茧，这就是双宫茧，用双宫茧缫的丝就叫双宫丝。双宫茧的单根丝比正常茧的单根丝要粗好多，所生产的双宫丝也比正常蚕茧的丝要粗，丝条粗而颣（lèi）节多，表面呈现明显的不规则疙瘩。双宫绸（Dupioni）就是用双宫丝织造而成的，其风格很独特，质地厚实挺括，表面光泽度高，有立体感、层次感，有自然的竹节，纹理感很强，类似于山东丝绸（Shantung Silk）。

双宫丝通常可纺成不同颜色的线，分散在经线和纬线中，采用交织技术赋予织物虹彩辉映的效果，但不像塔夫绸那样明显。双宫绸可织成格子、条纹、花卉或其他，复杂的设计图案。双宫丝适合较轻的丝绸或光滑的具有饰装效果的面料，如抱枕、窗帘和床品。与山东丝绸一样，双宫丝在婚纱和其他正式晚礼服中很受欢迎，适用于室内家居产品，但如果将其制成窗帘或帷帘，则必须使用合格的衬布来保护面料免受阳光照射。

在印度，瓦拉纳西（Varanasi），旧称贝拿勒斯（Banaras），是双宫丝的主要制造商之一。附近村民的纺织工人，主要是安萨里社区，几代人都在生产纺织面料，这里的丝绸满足了印度婚礼业的主要需求。印度的丝绸在世界占据了相当的比例，因为人工成本低，很多丝绸作坊仍采用原始手工和半自动化织造技术来生产丝绸面料（图3-70）。双宫绸是其中一种比较畅销的面料，印度的丝绸原材料（生丝）很大一部分来自中国，除了供应本国的高端市场外，大部分都出口到欧美国家和地区。图3-71为印度半自动丝绸织造设备和织造的丝绸产品。

双宫绸在原始状态下（下机后）面料清爽，并有迷人的自然闪烁的光泽。如果想保持成品

图3-70　印度工人在手工织造双宫绸面料

图3-71　印度半自动丝绸织造设备和织造的丝绸产品

（如窗帘）的清爽和自然光泽，请不要水洗，一定要干洗。双宫丝面料下机后除了略微喷蒸平整和质检外，无需做任何预处理，令人喜爱的是双宫丝面料声音清脆、散发着自然光泽并具有丝绸的清香，柔软却很有质感，反射的光泽不那么强烈，却有着交织色产生的辉映效果。如果要保持这种外观，请不要使用漂白剂或织物柔软剂在水中洗丝绸织物。熨烫的时候一定要采用低温设置，丝绸是动物蛋白纤维，其耐温性能不好。虽然丝绸有很好的韧性（最早的降落伞就是用丝绸缝制的），但它既不耐磨，也不耐脏，常用来制作摩擦次数较少的窗帘、抱枕和帷幔。双宫绸制作的衣裙在走路时蓬松的面料摩擦会发出沙沙的声音，这是双宫绸特有的，在中世纪欧洲的宫廷文化里，这种特殊的摩擦声可用来鉴别衣裙的品质和衣裙主人的尊贵地位。

图3-72为典型的竹节纹理的双宫丝绸（Dupioni Silk），竹节纹在丝绸上的应用增加了丝绸的手感和天然色泽以及交织辉映的光泽变幻，深受消费者和设计工作者喜爱。

图3-73为竹节纹理的双宫丝绸制作的窗

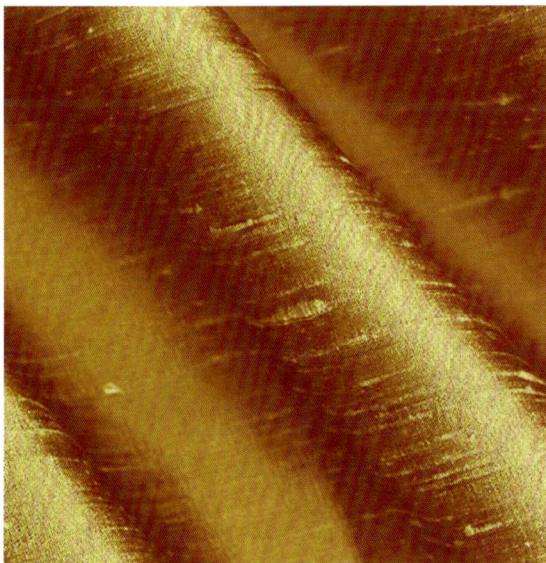

图3-72　典型的竹节纹理的双宫绸

帘，色泽鲜艳，光泽变幻，古色古香，是一种奢侈品窗帘。丝绸窗帘对衬里要求很高，因为丝绸是蛋白质纤维，日照会很快破坏纤维结构，造成纤维断裂、破损、褪色等。通常在面部衬里和丝绸面料中间多加一层拉绒棉衬，一来增加了丝绸本身的厚重感，二是可有效地吸音、隔热并让丝绸窗帘不受紫外线的辐射。丝绸的纱线很细，经纬纱密度极高，缝纫机缝纫会造成面料表面的皱纹和缝纫印迹，高品质的丝绸窗帘通常采用手工隐形缝纫方法来制作。

图3-74的班戈琳绸（Bengaline）是源自孟加拉国丝绸的一种织法，常以丝做经纱，棉做纬芯，质感厚重，光亮如缎，也称为罗缎。织物表面有明显的粗纬纱横条凸纹，给人的感觉像真丝织物，但实际上用的丝绸较少，主要成分是棉。今天的现代纺织工业以这种方式织造，大量使用T/C来替代往日的丝和棉组合（T/C是中国纺织工业常用语，意思是65%涤纶、35%棉的混纺织物）。

山东丝绸（Shantung Silk）历史悠久，山东是最早熟练掌握植桑养蚕技术的地方之一，秦汉时期丝绸之路的主要供货地是山东，在丝路最繁忙的时期，全国业最发达的地方也是山东，山东丝绸占据汉唐时期丝绸之路主要丝绸货源的96%，充当着丝绸之路贸易产品的主要角色。作为对外贸的主要货物，山东丝绸体现的不仅是商业价值，更反映了当时中华文明的传播与扩散，对世界文化与艺术的影响是巨大而辉煌的。

图3-75的礼服面料就是典型的山东丝绸的织法。山东丝绸几乎没有竹节纹理，具有若隐若现、看似流动的细腻和华丽感。山东丝绸也有撑起来的松脆质地和摩擦的沙沙声，比双宫绸和塔夫绸要薄很多，特别适用于女性服装。在18世纪末和19世纪初成为欧洲王室和贵族青睐的晚

图3-73 竹节纹理的双宫绸制作的窗帘

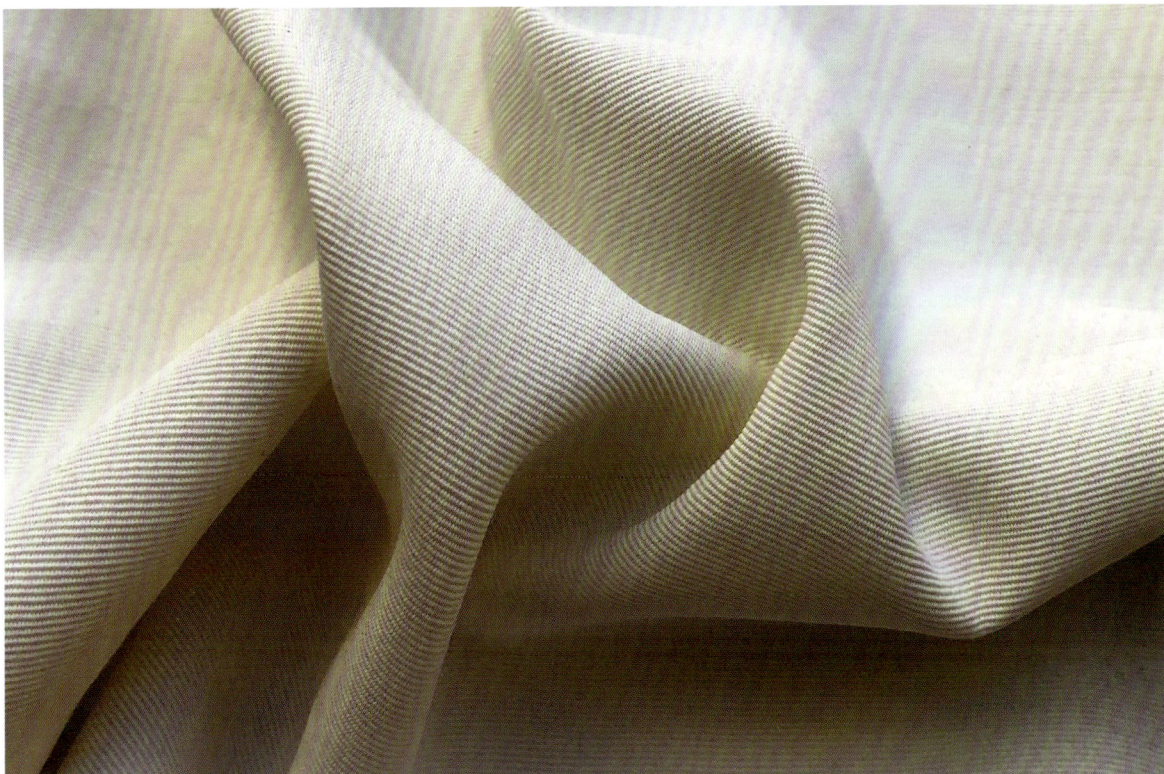

图3-74　100%人造棉织造的典型班戈琳绸

图3-75　山东丝绸

礼服面料。山东丝绸至今仍然非常受欢迎，常用作高档礼服面料。

七、菲尔绸和奥斯曼罗纹布

图3-76所示的菲尔绸也称罗缎、棱纹织物（Silk Faille），是一种平纹织物，具有明显的、较平的横向罗纹和柔滑的、略带光泽的表面，罗缎是这种织物在各种重量范围内的总名称，使用较重（或成组）的纬纱以及更细、更多的经纱织造。经线通常是长丝（真丝、人造纤维），而纬线通常是棉或棉混纺纱，有时也用羊毛或真丝。罗缎也能用于波纹织物（Morie）。塔夫绸（Taffeta）的纬纱更细，班戈琳绸的纬纱比菲尔绸的更粗。

奥斯曼罗纹布（图3-77）是一种粗横棱纹织物（Ottoman），源自土耳其，织物厚重，具有扁

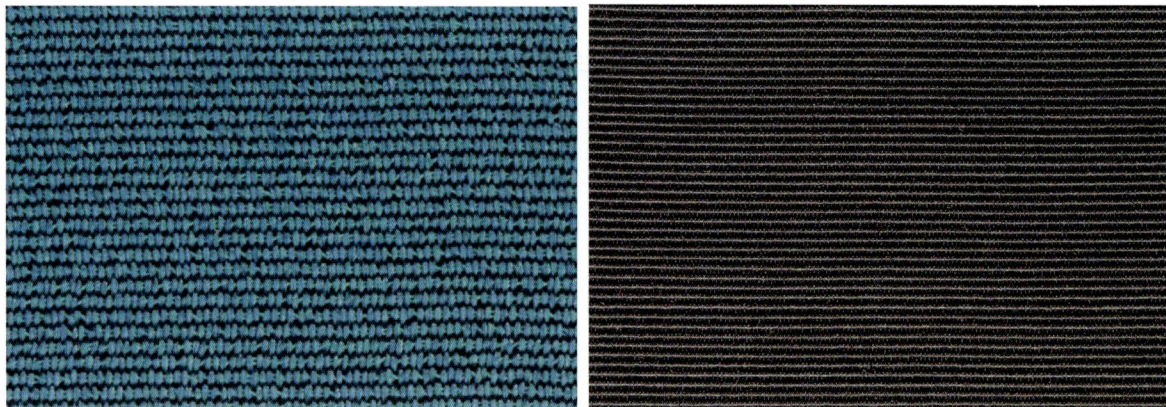

图3-76　菲尔绸

图3-77　奥斯曼罗纹布

平的横向罗纹。有的奥斯曼罗纹布横向罗纹较细，有的则是由宽和窄交替变化。这是一种紧密编织的有光泽的织物，具有明显的罗纹或绳索效果，通常由丝绸或棉与其他类似丝绸的纱线混织制成。高级、昂贵的奥斯曼罗纹丝绸主要用于法律礼服和学术礼服。用于窗帘和家具面料的则使用人造丝和其他纱线来织造更便宜的奥斯曼罗纹布。

　　传统上的奥斯曼罗纹布完全由天然丝制成，因此具有天然光泽。罗纹表面是由细丝纱和较重的成股纱交替形成。奥斯曼罗纹布常用作软包沙发、脚凳等家具面料，原因是其采用紧密的罗纹编织，洒落的液体容易从织物上滚落，从而易于保持清洁，它也常用于服装外套、厚重冬装以及窗帘。奥斯曼罗纹布可以根据需要进行局部清洗，如果是衣服，可以干洗，如果是室内装饰用织物，则可以进行蒸汽清洁。现在的一些奥斯曼罗纹布是用可洗的丝、棉和羊毛制成的，可以在柔和的模式和洗涤剂条件下用洗衣机洗涤。

八、提花组织面料

提花是指在织物上产生定制图案或图像的织造过程。提花组织是在提花织机上生产的，传统的提花织机使用大量的打孔卡片来控制织造过程中需要提升的纱线，将无限复杂的图案编织到面料中。提花机发明于1801年的法国，开创了近代工业文明和当代电子计算机语言的先河，提花机的花板计算方式也是源于IBM在20世纪50年代用于电子计算机二进制（Binary Code）语言。今天使用花板（Punch Card）的织布机已经很少在大工业化的纺织行业里存在了，大部分织机使用的是更新换代的电子龙头提花织造设备。连昔日专业打孔制作提花机上的花板（图3-78）的工匠都已进入退休状态。但是很多传统的丝绸和天然纤维的织造仍然使用手工或半自动化的提花织机来完成现代化设备无法完成的经典花型纺织品。

"提花"并不是指一种特定的图案，而是指这种织机以及它的发明者——法国里昂的纺织工程师约瑟夫·玛丽·雅卡尔（Joseph Marie Jacquard）。提花织机（Jacquard）可使用多种不同材质的纱线织造面料，并且织造多种花型、款式、颜色和纹理。

在提花织机发明前，将图案直接编织到织物上是一项艰巨、缓慢而费力的任务，只能由熟练的织布工手工完成，这些织物的生产成本非常高，因此主要由当时社会上富有的人购买，这些织物也成为地位和财富的象征。提花织机的发明，结束了纺织业手工作坊式的劳动模式，让曾经非常昂贵的提花面料成本大幅下降。

图3-79～图3-85为各种提花面料。

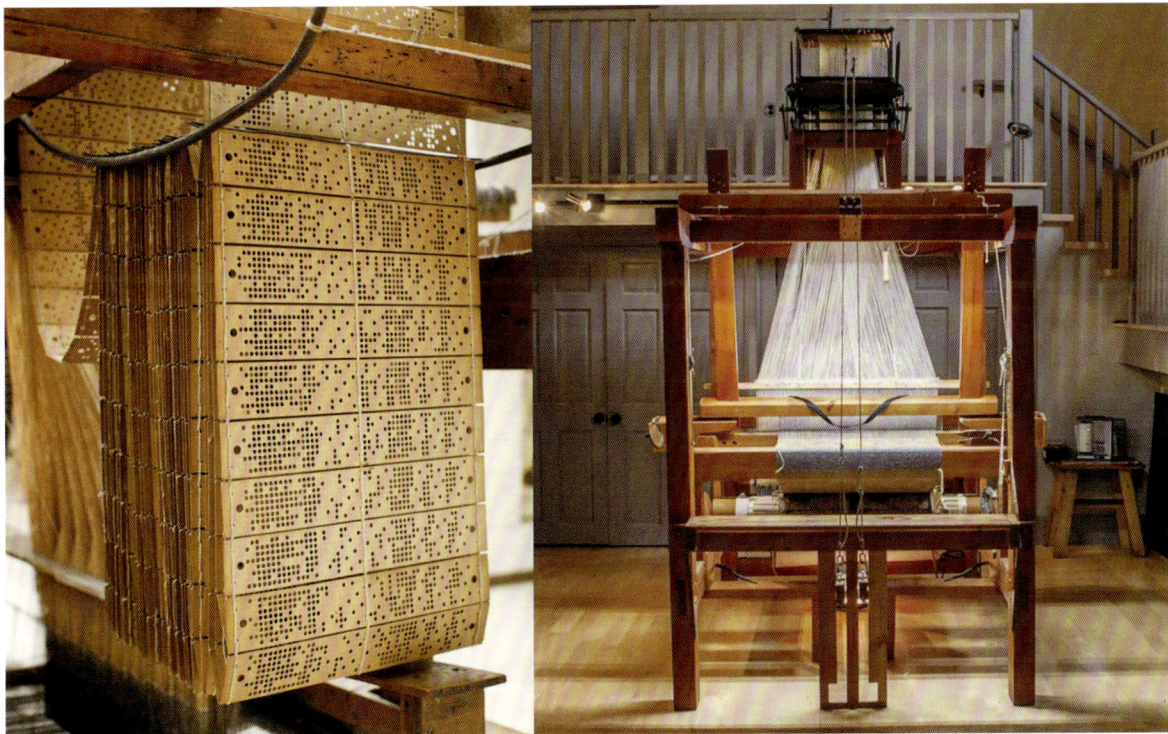

图3-78　即将进入博物馆的提花机上的花板（Punch Card）

图3-79 多臂机织造的面料和手工多臂机模型

图3-80 用花板提花机生产的羊毛织物

图3-81　浮雕花型色织雪尼尔绒提花面料

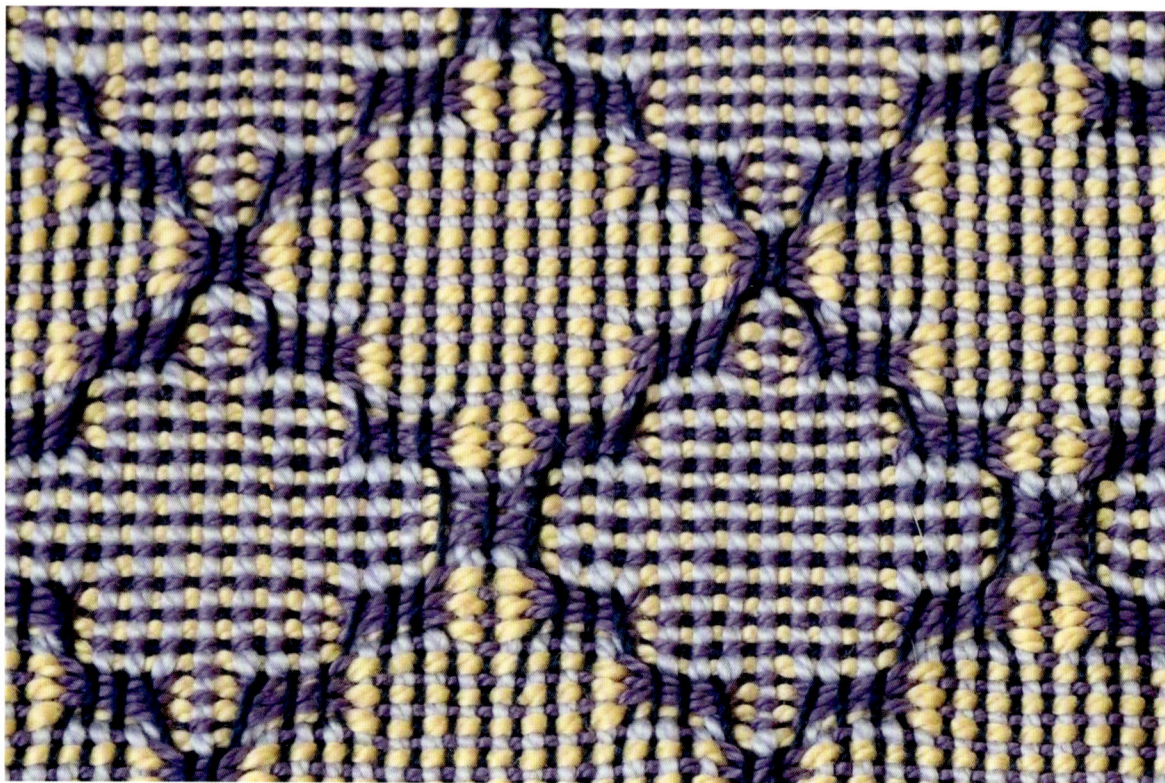

图3-82　多臂机织造的鹅眼花型色织面料

图3-83　丝绸绉织面料表面有独特的高低不平的起伏花型（采用高捻纱，是面料中较抗皱的）

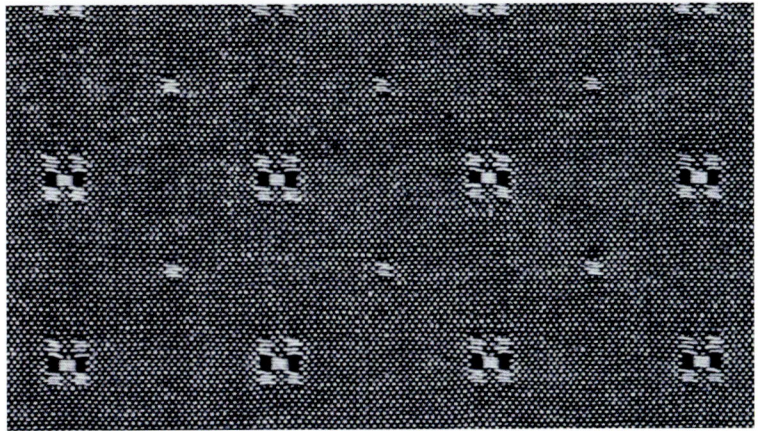

图3-84   多臂织机以织造小花型色织提花面料为主（常见花型为50mm左右）

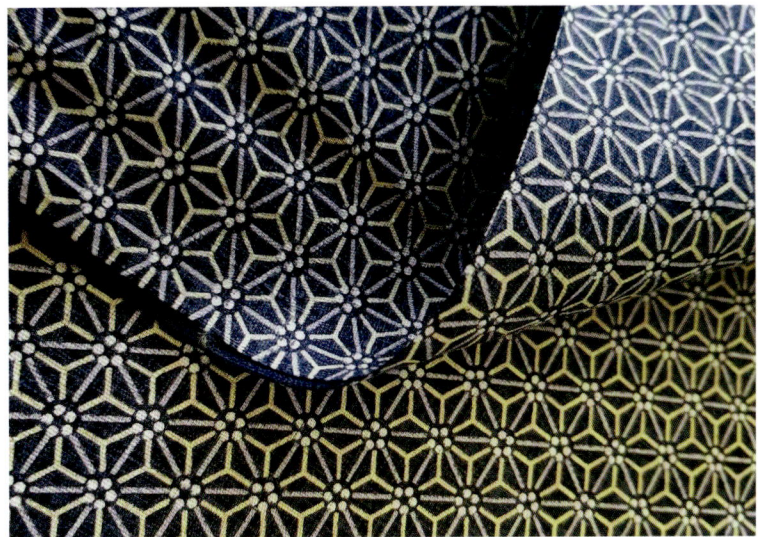

图3-85   日本多臂机织造的小叶野花型色织面料

大马士革（Damask）是一种大提花织物，采用缎纹编织，大马士革一词来自中世纪的拉丁语Damascus。图3-86是双色大提花织物大马士革锦缎，常用丝绸、涤纶、黏胶纤维等有光泽的长纤维织造，多用于窗帘、沙发、床品等，花型重复的距离300～680mm不等。提花机大幅应用改变了大提花锦缎的织造成本，提高了织造效率。

图3-87的棱纹提花面料由两套经纱和一套纬纱织造，是一种缎面与提花并存的带有经向条纹的提花织锦，常用作椅子面料和礼服、衣裙的面料。图中是第79届奥斯卡金像奖最佳服装设计奖影片《绝代艳后》中女主角穿着棱纹提花面料制作的衣裙，影片中的丝绸面料主要由古典丝织的安东尼·朝提供。

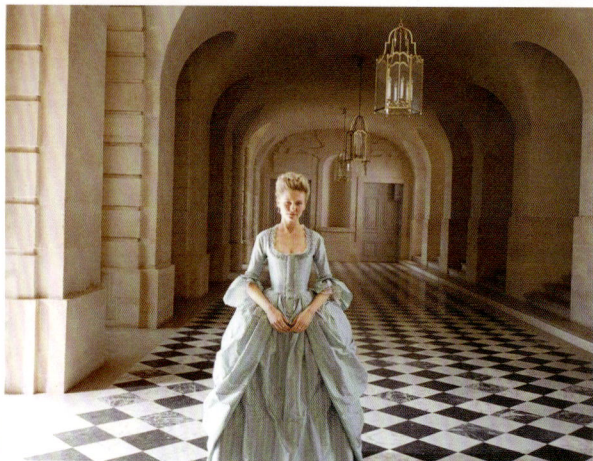

图3-86　双色大马士革锦缎

图3-87　棱纹提花面料

在图3-88的彩花细锦缎❶中，可以看到2个分开的编织体系：缎纹作为底，仅在图案区域使用斜纹，主纬线（地纬线）与主经线以平纹、缎纹或斜纹交织，然后第二经线（结合经线）与地纬线和附加纬线（补充纬线）仅用于在斜纹、平纹或缎纹上编织图案。这些附加纬线称为辅助纬

图3-88　彩花细锦缎（图片由上海古典丝织的安东尼·朝提供）

---

❶ 彩花细锦缎（Lampas）和织锦（Brocade）的区别：在彩花细锦缎中，装饰图案是由至少一根额外的纬线产生的（它从织物的一侧延伸到另一侧，仅在图案区域出现）。在织锦中，装饰图案是通过使用"梭子"这一特殊工具引入额外的纬线获得的，"梭子"仅在需要图案的区域中出现，因此纬纱是不连续的。此外，彩花细锦缎的底面可以是简单的锦缎，如缎子或塔夫绸，也可以是凸花厚缎（Brocatelle）和天鹅绒，从而具有更加丰富的装饰性。

线，因为它们是与主纬线相交的纬线的补充，与底纹交织。辅助纬线在需要时显示在织物表面，在不需要时隐藏在背面，因此兰帕斯提花面料往往比较重。彩花细锦缎可以通过在需要的任何地方添加不连续的纬线来织造兰帕斯提花织物。

图3-89的织锦（Brocade）是装饰性很强的梭织物，通常由有色丝线制成，有时带有金银线。该名称源于意大利语broccato，意为"浮雕布"。锦缎通常在平织机上织造，这是一种辅助的纬纱技术，装饰性锦缎通过补充性的、非结构性的纬线产生，这样可使花型被"绣"在织造布面上，所以织锦一般比较厚重。南京云锦也是织锦的一种。

图3-90的泡泡纱（Cloque）是一种双层提花织物，具有凸起的编织图案及褶皱或绗缝起泡

的外观，常用于较厚重的窗帘、床罩和家具及装饰抱枕等产品。

图3-91的大提花织锦挂毯（Tapestry）是纺织艺术表现力很强的一种形式，传统上是在手工织机上编织的。挂毯是纬线显花的，其中所有经线都隐藏在已完成的作品中，这与面料编织不同，面料可以同时看到经线和纬线。编织挂毯时，纬纱通常是不连续的，工艺人员在自己的小图案区域来回交织各种彩色纬纱。这是一种平纬面织法，不同颜色的纬纱在经纱的一部分上编织以形成图案。经线大多使用天然纤维，如羊毛，亚麻或棉。纬线通常是羊毛或棉，也可以用丝绸、金银线或其他替代物。挂毯的特点是多色，背面和正面正好相反，图案密集，花型大。

图3-89 织锦（图片由日本川岛丝织提供）

图3-90　双层提花织物泡泡纱

图3-91　大提花织锦挂毯

　　图3-92的威尼斯织锦是凸纹织锦，按颜色可以有多组纬纱。

　　图3-93的凸纹厚缎，由一组精细的经纱和一组粗厚的经纱与两组纬纱织造，类似织锦，但是更厚更软，常用在古典和华丽的家具或装饰抱枕上。

图3-92　凸纹织锦

图3-93　凸纹厚缎

九、针织面料

针织（knitting）是利用织针及其他成圈机件将纱线弯曲成线圈，并将其相互串套起来形成织物（fabric）的一种工艺技术。根据生产工艺特点不同，针织工艺技术可分为纬编（weft knitting）和经编（warp knitting）两大类；针织机也相应地分为纬编针织机和经编针织机；对应的针织物也分为纬编针织物和经编针织物。根据特殊需要，也可将经纬编工艺有机结合，生产经纬编复合织物。

根据组成针织物结构单元的形态和组合形式，可以将针织物分为基本组织、变化组织和花色组织等。针织物组织结构不仅赋予针织物不同的外观，也赋予针织物不同的性能。

1.纬编针织物

纬编针织物的组织一般可以分为基本组织、变化组织和花色组织三类。

（1）基本组织织物

由线圈以最简单的方式组合而成，是针织物各种组织的基础。纬编基本组织包括平针织物、罗纹织物和双反面织物。

（2）变化组织织物

由两个或两个以上的基本组织复合而成的，即在一个基本组织的相邻线圈纵行之间，配置另一个或者另几个基本组织，以改变原来组织的结构与性能。纬编变化组织有变化平针组织、双罗纹组织等。

（3）花色组织织物

为了丰富针织物外观、改善性能，可通过改变编织状态或纱线配置形式等形成多种花色组织，纬编花色组织织物主要有提花织物、集圈织物、添纱织物、衬垫织物、毛圈织物、长毛绒织

物、纱罗织物、菠萝织物、波纹织物、横条织物、绕经织物、衬纬织物、衬经衬纬织物和复合织物等。

2.经编针织物

（1）基本组织织物

有（经）编链织物、经平织物、经缎织物和重经织物。

（2）变化组织

有变化经平织物和变化经缎织物。

（3）花色组织织物

有少梳栉经编织物、缺垫经编织物、衬纬经编织物、压纱经编织物、毛圈经编织物、贾卡经编织物、多梳经编织物、双针床经编织物、轴向经编织物等。

如图3-94所示，针织线圈环环相扣，一旦纱线断裂（无论是磨损，还是被钩断），就会影响面料的物理性能。

图3-95～图3-98为各种不同的针织物，图3-99为提花针织毯的正反面。

设计工作中可以根据针织面料种类名称自行查找，或深入针织产业中去做更多的调研和学

图3-94　纬平针组织线圈

图3-95　纬平针织物

图3-96　凹凸针织物

图3-97　罗纹针织物（横向弹性大）

图3-98　经平织物

图3-99　提花针织毯

习，并且了解其组织结构和性能。针织面料在家居产品设计中的使用并不是很广泛，和机织面料相比，比例不到10%，部分抱枕、窗帘、床毯和披毯会使用针织面料。

十、绒面料

天鹅绒是一种机织簇绒织物，其中切割线均匀分布（图3-100），具有短而密集的绒毛，赋予其独特的柔软感。天鹅绒由特殊的织机织造，可同时织出两种厚度的织物，然后将两部分切开，产生起绒效果，并将两种厚度的织物分别缠绕在

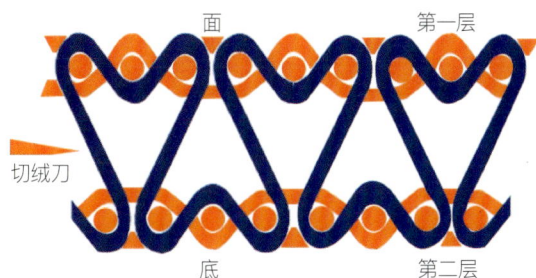

图3-100　割绒组织结构示意图（上下两组经纱被切绒刀切割开形成绒面）

单独的卷取辊上。这个复杂的过程意味着在工业动力织机出现之前，天鹅绒的制造成本很高，制作精良的天鹅绒是一种相当昂贵的织物。天鹅绒的绒毛可以由纬纱产生，也可以由经纱产生。

天鹅绒可以由不同种类的纤维制成，传统上，最昂贵的是丝制作的天鹅绒。现在的"丝绒"实际上是人造丝和丝的混合物。完全由丝制成的天鹅绒很少见，价格也很昂贵。棉制作的天鹅绒，通常不够华丽，天鹅绒也可以由亚麻、马海毛和羊毛等纤维制成。合成天鹅绒主要由涤纶、锦纶、黏胶纤维、醋酯纤维等混织而成。有时添加少量氨纶可使天鹅绒具有一定的弹性。

图3-101是密度不高的黏胶纤维短毛平绒，

白色是倒伏的绒毛反光所致。

图3-102的花式天鹅绒（Voided Velvet，Jacquard Velvet），在面料某些区域没有编织绒组织，在留空的区域，通常将绒线编织到底布中，因此在表面看到的是立体的绒面花型。

图3-103的圈绒绒面是起圈的纱线，而不是割成两半的绒毛，所以几乎没有倒伏的绒毛反光。

提花绒面料广泛应用在家具软包制造业中，提花绒只是一种面料织造工艺，并无古典与现代之分，可以选择或设计出符合设计所需的花型和色系，将时尚、现代的图案用于现代风格的家具系列和室内空间。图3-104的花式提花绒有着圈绒和割绒的不同肌理效果，具有立体感和大提花的磅礴气势。

图3-105是大圈提花绒，圈绒像毛巾的手感。同样，提花绒的产品也有时尚、现代属性的花型和色彩。

图3-106所示素色大圈绒的肌理效果和手感明显、温馨，用户体验感强烈，适合用作单椅沙发、抱枕以及床头靠板的软包面料，用作墙体

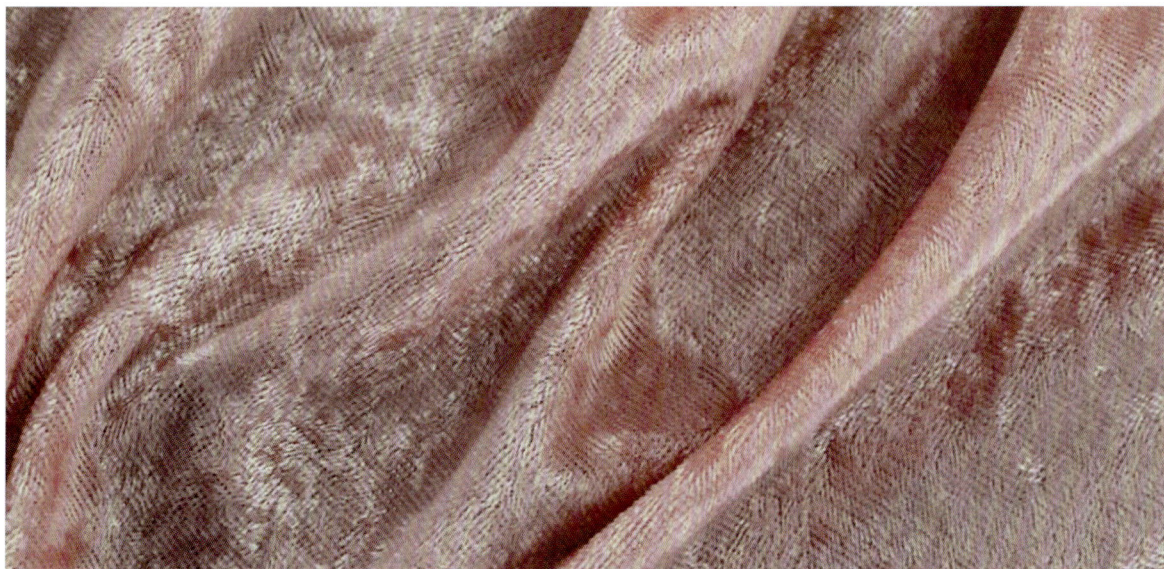

图3-101　黏胶纤维短毛平绒

图3-102　花式天鹅绒

图3-103　圈绒

图3-104　花式提花绒

图3-105　大圈提花绒

图3-106　素色大圈绒

软包面料的素色大圈绒吸音效果优异，可与割绒面料相媲美。

如图3-107所示，在绒面上再起绒的织物立体感非常强，可用于沙发椅、沙发靠包、床头板和床/窗幔等一系列豪华类的家居产品。

图3-108的立体丝绒是圈绒、割绒和缎面三种组织交织的提花绒，目前只能手工织造，是世界上最复杂的织造技术之一。幅宽仅

65cm，每天织造长度不到10cm。全世界只有法国Tassinari Chatel、意大利Luigi Bevilacqua、日本的川岛丝织和中国上海的古典丝织（安东尼·朝）能够制作这样的丝绸艺术品。立体丝绒使用的纱线都是真丝原料，质地非常轻盈娇贵。

丝绸的耐磨系数不高，这样的立体丝绒多作为观赏用，无法在生活和工作中使用。

图3-109为烫印绒，绒的图案是模具烫熨压扁后呈现出来的。烫印绒的工艺很简单，自己在家里或工作室就可以完成。要一个熨斗，一块

图3-107　在绒面上再起绒的织物

图3-108　立体丝绒（图片由古典丝织的安东尼·朝提供）

对温度比较敏感的绒布，最好是人造棉绒（黏胶纤维），一个在木头块上的花型橡胶模具，把绒面放在橡胶模具上，熨斗的温度调至棉—羊毛的温度，轻轻将水雾喷在模具和绒布的背面，用熨斗烫熨10～29秒，然后重复烫熨的部位，每次都需要在橡胶模具和绒布背面喷水雾。

图3-110的长毛绒是割绒（天鹅绒）的一种，因为绒毛偏长，手感非常柔软，常用来制作高档沙发和椅子。纯丝或纯棉长毛绒的手感和成本是成正比的。

图3-109　烫印绒

图3-110　长毛绒

十一、烂花绒

烂花绒（图3-111）是一种混纺织物，以蛋白质纤维（如桑蚕丝）或锦纶、涤纶等作地织物，表面绒为纤维素纤维（如黏胶纤维、棉），利用两种纤维对酸的反应性能不同，将酸性化学凝胶以图案的形式施加在织物上，或织物的局部用酸处理，遇酸的纤维素纤维被腐蚀，留下蛋白质纤维或锦纶、涤纶等地织物及未接触酸的绒面。化学凝胶可通过印刷或手工涂在织物上。

如图3-112所示，烂花绒因其柔软的手感和垂感、若隐若现的神秘感和天鹅绒光泽而备受欢迎，广泛地用在围巾和时装上，在室内设计中也将烂花绒用于华丽的窗帘、床毯、披毯和装饰抱枕上。烂花绒使用的花型变化跨度非常大，因为其时尚性，家居风格的流行总是和时尚有着千丝万缕的关联，在室内空间使用烂花绒，会带来很明显的时尚与华丽效果。

烂花绒在20世纪20年代普及，通常用于晚礼服和披肩及装饰用布，并在20世纪80年代和

图3-111　烂花绒

90年代复兴，尤其是 Jasper Conran[1] 将其应用于戏剧服装和晚礼服，Georgina von Etzdorf[2] 将其应用于围巾上（图3-113、图3-114）。

烂花绒对大部分室内空间设计来讲，并不局限于某种固有的风格和情调。由于其时尚、华丽的属性，很容易被用户认知和接受，也同时会导

图3-112　烂花绒窗帘

图3-113　Conran 及其设计的烂花绒女装

图3-114　Georgina von Etzdorf 及其设计的烂花绒围巾（登上1993年VOGUE时尚杂志封面）

[1] Jasper Conran：OBE 大英帝国勋章获得者，1959 年 12 月 12 日出生，是一位英国设计师。他曾为女装和家居系列作品以及芭蕾、歌剧和戏剧舞台设计作品。Conran 的第一个系列是纽约市的 Henri Bendel。1978 年，19 岁的 Conran 以自己的名义设计了他的第一个女装系列。次年，他当选为伦敦设计师系列的一员。Conran 于 1985 年设计了他的第一个男装系列，于 1994 年设计了 Lady Sarah Chatto（前身为 Lady Sarah Armstrong-Jones）的婚纱。

[2] Georgina von Etzdorf：皇家工业设计师，生于 1955 年 1 月 1 日，是一位英国纺织品设计师，其同名时装品牌以奢华的天鹅绒围巾和服饰配件而闻名。

致视觉效果的碰撞，无论是积极的还是消极的。设计工作者需要把文化植入设计中。选择一款烂花绒面料，视觉上的绚丽是一方面，文化内涵的彰显才是设计的价值所在。

图3-115是时尚图案设计的烂花绒，不规则的图案强调着立体感的绒面肌理和色彩对比，浪漫且温柔。

图3-116所示的古典风格的大马士革烂花绒，图案对称，均衡，精致。

十二、纱罗织物

纱罗是由两根经纱与一根纬纱扭绞编织的坚固而透明的织物。标准经纱与骨架纱线配对，扭曲的经纱紧紧地夹在纬纱上，使织物具有耐久性。纱罗织物结构稳定，织物透明或半透明（图3-117）。

纱罗织物透气性好，可使光线和空气自由穿过，通常用于窗帘和衣服的透明层。当用玻璃纤

图3-115　不规则图案的烂花绒

图3-116 古典风格的大马士革烂花绒

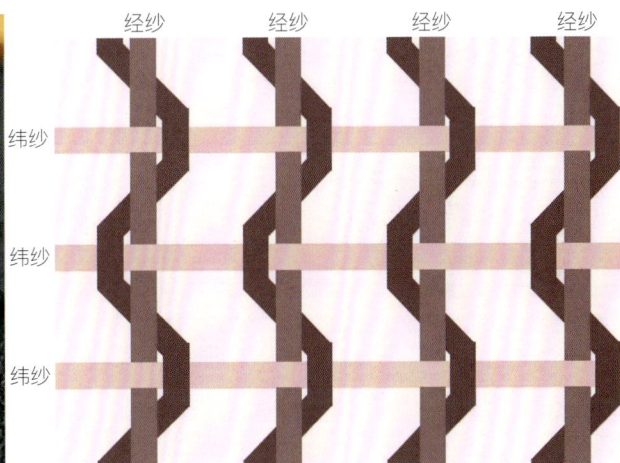

图3-117 纱罗面料及纱罗组织示意图

维或其他强力纱线制成，或浸有强力化合物时，可以用作建筑中的工程材料，但是由于织物的孔隙较大，如果需要固体覆盖物，通常结合其他组织编织。

在日本，纱罗组织的织造称为絡み織り（Karamiori），日本纱罗利用交织在一起的纱线完成编织，是一种古老而备受推崇的纺织生产方法，分为三种基本结构：纱（sha），絽（ro）和罗（ra）。纱是基本的纱罗编织，絽增加了平纹或斜纹编织区域，罗保持扭曲的线，但允许经线和纬线重新组合以形成复杂的编织。

纱罗织物最大的特点就是透明，也可以使用部分透明等编织方法，从而实现广泛的设计表现。另外根据使用的纬纱不同，也有从一侧看透明、从另一侧看几乎不透明等透明程度根据观察角度不同而变化的编织方法。其特点是粗织，经纱是由两根线捻成的粗线，所以网眼比较大，透气性好，对角方向的拉伸性也很好，因此常用于夏季衬衫和夏季毛巾毯。图3-118是日本的纱罗织物，如今，这类纺织品的在日常生活中广泛使用，无论是传统服饰还是时尚家居中。图3-119为纱罗织物的细节，纱罗面料在室内设计中常用于窗帘的纱、罗帐和门帘等悬挂物。

图3-118 日本的纱罗织物

图3-119 纱罗织物的细节

十三、背胶织物

在很多面料的密度和纱线捻度不够（如平织面料，由于纱线捻度和织造密度较低，面料的单位克重、强度和稳定性不高），而且价格却不得不低的情况下，可采用后处理工艺在面料的背后涂一层背胶，背胶可以增加厚度，起到定型和稳固的作用。价廉且稀松的低品质面料常采用背胶，因为背胶的成本远小于纱线及织造成本，但是存在不耐用的问题，尤其是背胶的品质低劣时会造成面料很快变形和损坏。背胶家具面料在北美的家具市场上得到广泛应用。

设计师必须注意：

• 面料表面是否有胶溢出；

• 背胶涂覆是否均匀、牢固；

• 背胶不一定厚就好；

• 背胶是否有刺鼻的化学气味；

• 背胶是否分层；

• 量产项目使用的背胶面料必须测试耐磨指数。

图3-120是涂有背胶的面料，面料的背胶常有很多附加条件和功能，许多后处理工厂可以根据面料的种类、厚薄、克重和使用性能（用途）采用不同的背胶处理工艺，有定型背胶、阻燃背

胶、非织造布背衬和棉布背衬等。比如，丝绸壁布的背衬往往使用淀粉胶和生宣纸，而丝绸面料的背衬则常使用针织棉布；有些面料在背胶的基础上又分为PVC、PU等背胶，也可带有阻燃和防水的功效（如英国阻燃标准BS 5852，美国的NFPA 260和UFAC Class1）。设计工作者需要在应用背胶的同时，根据相关的行业品质标准、法律法规中的规范和技术数据来制定设计标准。

图3-121的非织造布背衬，对于松软、稀疏的面料定型有很大帮助。非织造布在所有背衬材料中可谓是最简单和价廉的背衬材料了，对性能要求不高、追求低成本的面料使用来说，无疑较受欢迎。非织造布背衬的强度和耐磨寿命相对较低，容易分层和脱离。设计工作者在选择背衬材料时需要结合用户对产品的使用寿命和耐磨性能等要求来定。

图3-120　背胶面料

图3-121　非织造布背衬

第四节　软包皮革材料

一、天然皮革

经过后处理的皮革分为三个等级：

全层皮革（Full-Grain Leather）：也称全粒面皮革，指没有经过人工磨去瑕疵的皮革，这类皮革品质最高，因为没有损伤过，耐久性、透气性非常好。

头层皮革（Top-Grain Leather）：也称修正粒面皮革，指表面经过磨光、修复，经过PU涂料涂装、烫花和压纹来遮掩皮革无纹路的缺陷，表面有一层PU膜。

分层皮革（Split Leather）：也称翻毛皮革（Genuine Suede），指从中间层分开的皮革，没有纹理，并且薄，品质及耐用程度不及全层皮革和头层皮革，特别不结实，厂家会在表面涂一层PU膜，压出纹理来，如漆皮革、鲨革、鹿绒皮、鳄鱼皮等。

图3-122是传统的牛皮沙发，所用牛皮是带有自然肌理的全粒面皮革，颜色和肌理有着自然的变化，牛皮在家具上的使用非常广泛。

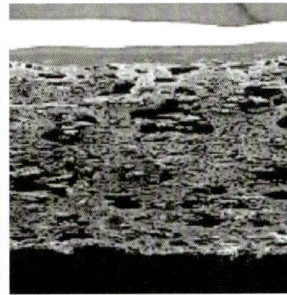

图3-123～图3-126为真皮和超纤PU革在显微镜下的照片。

图3-122　传统的牛皮沙发

1.天然皮革的种类

（1）小动物的皮（Skin）

如绵羊皮、山羊皮、小牛皮，较薄，平均尺寸不超过9～20平方英尺。

（2）大型动物的皮革（Hide）

如鹿皮、马皮和牛皮，平均尺寸25～45平方英尺，在家具生产中使用广泛。

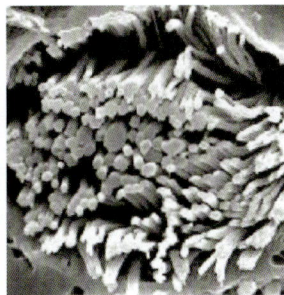

图3-123　真皮纤维　　图3-124　超纤PU革纤维　　图3-125　真皮断面　　图3-126　超纤PU革断面

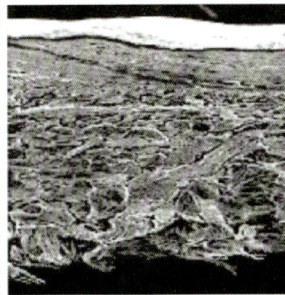

2.真皮的结构（图3-127）

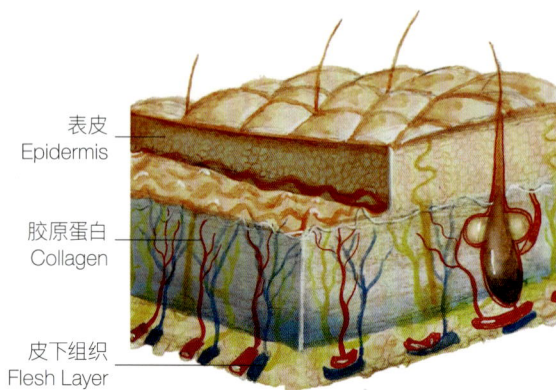

图3-127　真皮结构示意图（由插图工作者陈梦婷绘制）

3.生皮加工的四个阶段

（1）防腐和清洁

防腐是加工生皮的开始，使用工业盐对生皮进行腌制、去脂和防腐处理，防止腐烂和分解。同时也除去真皮层的胶凝状物质。生皮必须彻底清洗干净，无毛发，无新鲜组织，如果生皮够厚，会在这个阶段将皮革分层。

（2）鞣革

早期的皮革鞣制使用的是树皮的提取物，因为鞣制反应时间过慢，工业化生产使用铬基盐和矿物油等进行鞣制。鞣制的原理是将清洁好的生皮浸泡在矿物盐/油里，矿物盐对生皮中的胶原蛋白产生反应，使纤维不再溶解，矿物盐/油填充了之前的胶凝物的空隙，生皮于是成为柔软的防水、防霉菌且柔韧的皮革。

（3）染色

染色是为了掩饰不平均的天然色差或满足流行时尚对色彩的需求，染色分为匹染和表面染色两种。

（4）后处理

后处理是皮革加工最关键的一个环节，99%以上的皮革都需要经过后处理。

后处理会使用柔软剂和润滑剂让皮革更加柔

软，不完美的纹路会被清除，如果皮革大部分的表面纹路有疵点，就会磨光皮革表面，并使用不饱和树脂（PU涂料）、蜡、生漆等涂抹或将纹理印制在皮革表面，这种表面处理是目前最常见的处理方式，同时也隔绝了水和湿气对皮革的影响。95%以上的皮革都会进行涂装和纹理印制等表面处理，否则皮革的成品率将会大幅度降低。设计工作者在采用皮革时，需要了解皮革的种类、表面处理工艺、抗撕裂强度、耐磨性和清洁方式，以便制定相应的工艺规范、用户使用与保养方式。

二、合成革材料

1.聚氯乙烯革

聚氯乙烯（PVC）是一种多功能塑料，使用十分普遍。由PVC制成的产品有管道、地板、窗框、雨水槽、花园家具和汽车零件等。当用增塑剂软化时，PVC可用于制造医疗器械、保鲜膜、雨衣、信用卡、塑料袋和纺织工业合成皮革。PVC是一种无味且坚固的热塑性塑料，由57%氯（由工业级盐开发）和43%碳（主要来自通过乙烯的油/气）制成，再生PVC被分解成小碎片，去除杂质并将产品精制成纯白色产品。PVC可以回收约七次，降解时间大约为140年。

通过添加增塑剂可使PVC更柔软、更柔韧，也会显著改善其性能特征。最常见的增塑剂是邻苯二甲酸酯的衍生物。邻苯二甲酸酯与PVC聚合物没有化学键，这使它们非常容易溶出，可能导致化学气体释放到空气中。研究表明，这种添加剂的释放可能危害健康，包括生殖和发育障碍。最近在制造过程中的技术进步已使邻苯二甲酸酯的增塑剂用量更低。增塑剂的选择基于它们与聚合物的相容性、低挥发性和成本。全球90%的增塑剂市场（估计每年数百万吨）专用于PVC。

邻苯二甲酸酯在多种产品中使用，例如，药丸及营养补品的肠衣、胶凝剂、助膜剂、稳定剂、分散剂、润滑剂、黏结剂、乳化剂及悬浮剂等，其应用领域涵盖电子工业、农业、建筑材料、个人护理产品、医疗器械、洗涤剂和表面活性剂、包装业、儿童玩具、雕塑土、蜡、油漆、油墨、涂料、药物、食品和纺织业等。

由于邻苯二甲酸酯存在健康隐患，美国、加拿大、欧盟地区正逐步将其从多种产品中淘汰。

当PVC在挤出或模塑过程中被加热软化时，添加稳定剂（金属化合物）对于消除氯化氢和防止分解的链式反应是必不可少的。稳定剂可对PVC的物理性质产生重要影响，如增强其耐日光性、耐候性和耐热老化性。铅曾是一种普遍的稳定剂，现已淘汰，被钙锌、钡锌和钾锌化合物取代，这些新的稳定剂毒性很低或被认为是无毒的。

除用于生产的原材料外，还有涂层织物中使用的乙烯基薄膜。乙烯基薄膜可通过压延或铸造制成。通过采用液体PVC，将溶剂悬浮在混合物中，然后将其倒在浇铸板上，形成铸塑乙烯基薄膜。将混合物加热，从混合物中干燥溶剂，留下一层浇铸的乙烯基薄膜冷却，然后将薄膜卷绕成大直径的卷，用于随后的黏合剂涂覆。浇铸板决定了薄膜的质地。

压延乙烯基薄膜是较旧的工艺，该方法采用由PVC、颜料、增塑剂和稳定剂组成的面团状材料，在挤出机中将它们混合，然后通过抛光的加热辊滚动，将材料拉伸至适当厚度，然后将薄膜熔合到聚酯背衬上。当材料具有光泽、哑光或压花饰面时，该过程完成（图3-128）。

乙烯基薄膜是纺织工业中一种突出的涂层织物。乙烯基织物用于家具装饰、运输座椅、墙壁覆盖物等，由于其固有的强度、耐用性和耐湿性，在商业环境中特别受欢迎。

2. 聚氨酯革

聚氨酯（PUR，PU）是由氨基甲酸酯组成的聚合物。虽然大多数聚氨酯是热固性聚合物，加热时不会熔化，但也可以使用热塑性聚氨酯。聚氨酯聚合物是通过二元或多元异氰酸酯与二元或多元羟基化合物作用而成的高分子化合物。

聚氨酯可用于生产高回弹泡沫座椅、硬质泡沫隔热板、表面涂层（PU革）和表面密封剂、合成纤维（如氨纶）、地毯衬垫和软管等。

PU比PVC基合成革更受欢迎，原因如下：

• PU会随着时间的推移而分解，而PVC则更具环保性；

• PU可以更安全地焚烧，而乙烯基在燃烧时会释放盐酸和其他有毒化合物；

• PU通常含有比PVC更低水平的VOC（挥发性有机化合物），从而能改善室内空气质量。

为了提高产品的长期性能，许多聚氨酯制造商都非常注重环境管理。PU的典型优势如下：

• 不含邻苯二甲酸盐；

• 不含BPA（双酚A）；

• 无铅和重金属；

• 节能节水生产；

• 用于生产的水和原材料有99%可回收和再

图3-128 聚氯乙烯革

循环。

聚氨酯装饰面料有不同的品质，用较低质量的树脂和较高质量的树脂制成的产品存在显著性差异。决定PU质量的重要因素是在表皮和基部使用的树脂。树脂有三种基本类别：

•聚碳酸酯PU基材料：成本高，耐用，具有高耐湿性、耐热性和耐光性，适用于商业室内装潢，可承受7年以上的水解测试。

•聚醚PU基材料：中档成本，中等耐湿度、耐热性和耐光性，商业应用需经受3～5年的水解测试。

•聚酯PU基材料：低成本、低湿度，低耐热性和耐光性，不适合商业室内应用，需经受1～2年的水解测试。

耐水解性是决定PU是否适合商业座椅应用的最重要因素。水解是湿气和热量分解聚氨酯泡孔结构的过程，导致表面剥落、脆化。温暖的天气和湿度可能成为材料降解的催化剂，即使在有空调的室内环境中，体温和汗液也会随着时间分解质量差的聚氨酯。

使用高级树脂（如聚碳酸酯）可保证材料持久的抗水解性，延长装饰面料的使用寿命。用于测量耐水解性的测试标准是ISO 1419：1995《塑料或橡胶涂覆织物加速老化试验》，通常称为丛林测试。在丛林测试中，将材料样品放入受控的空气、烘箱和湿度设备中。使材料经受至少95％的相对湿度和70℃（158℉）的温度一周。材料在没有降解的情况下耐受的每周相当于一年的耐水解性。将老化的材料与对照样品进行比较，也可以按照CFFA 110中所述的方案降解各种物理性质。

PU合成革（图3-129）在室内设计中广泛使用在墙体材料、家具软包、生活用品（文件盒、纸巾盒等）、服装鞋帽、灯具、汽车内饰等。

设计师可根据产品的性能和需求，选择、指定和规范不同等级的PU革材料。

PU合成革比PVC合成革具有更永久的拉伸性，如果没有正确的配比和使用方法，会导致沙发椅或坐垫过早松弛和起皱。以下几点有助于最大限度地减少这种情况：

•始终使用优质高密度海绵；

•考虑在两个尺寸方向上多切割至少一英寸以上的海绵；

•使用厚海绵时，合成革上应有呼吸孔，因为海绵有压缩率；

•应包裹海绵以帮助背衬织物滑动，在海绵上自由地滑动有助于恢复合成革的形状和弹性；

•切勿横向放置PU革。

PU革比PVC更薄更轻，因此，它们在尖角或边缘用的装饰手法也会不同。缝制时要注意以下事项：

• 避免在紧密角落或尖锐半径周围极端地折叠材料而无海绵支撑，这会对PU革施加过度的应力，无论磨损等级如何都会产生潜在的磨损点；

•使用细尖针，每英寸至少使用六针；

•用双缝线连接两块PU革。

3. 有机硅合成革：聚二甲基硅氧烷

二 甲 基 聚 硅 氧 烷 或 聚 二 甲 基 硅 氧 烷

图3-129　PU合成革

（PDMS）是最广泛使用的硅基有机聚合物，因为其多功能性和特性使它的应用非常广泛。

有机硅合成革与PVC、PU合成革一样，是PDMS在基布上硫化成型的硅基聚合物材料，有机硅合成革具有其他合成革不具备的性能和优势。有机硅合成革的分层结构见图3-130。

硅胶材料的特点是有黏性和弹性，每层硅胶铺好后都需要经过硫化处理。在高分子化学中，硫化是指生胶的分子通过交联形成类似硫化橡胶的具有三维网络结构的过程。

含双键的弹性体在工业上多采用硫或有机硫化合物进行硫化交联，因此，在橡胶工业中，"硫化"和"交联"是同义词。交联的目的是使橡胶具有高强度、高弹性、高耐磨性、耐腐蚀性等优良性能，消除永久变形，使橡胶在变形后能迅速、完全地恢复到原来的状态。

（1）硫化实际是一个固化过程

硅橡胶需要固化，经过固化过程，硅胶合成革才能固化后被烘干，最后变成可使用的合成革。在固化过程中，如果配方不够准确，很容易使有机硅合成革的手感变得像果冻或橡胶一样。

（2）环境要求

有机硅合成革在硫化过程中需要超洁净的空气、无尘环境和湿度恒定控制，也是导致除生产缓慢外，其生产成本居高不下的原因之一。

（3）质感

由于离型纸（皮革纹路纸）对皮革质感的限制，目前有机硅合成革的表面质感不是太深，或没有独特的质感离型纸，不能满足某些领域对质感较深或质感独特的有机硅合成革的要求。若需要合成革的质地较深，而有机硅原料中深纹处的气泡又难以排出，成型后合成革的表面会有气泡，对皮革的外观、抗划伤性、耐磨性会造成损害，这也是有机硅合成革质地浅显的原因（图3-131）。

（4）优异性能

有机硅合成革因为材质的属性，具有高性能和绿色环保优势。例如，耐水解、抗紫外线、耐候性非常出色，不惧含盐空气的腐蚀，永固性阻燃系数高，无塑化剂，无异味，不滋生微生物，抗寒，耐热，韧性高，非常低的TVOC排放，可以回收利用等，深受船舶、高级游艇、公共交通工具、户外家具和设施、公共设施、医疗机构等特种行业的喜爱（图3-132）。

有机硅合成革和其他皮革的性能比较见表3-17。

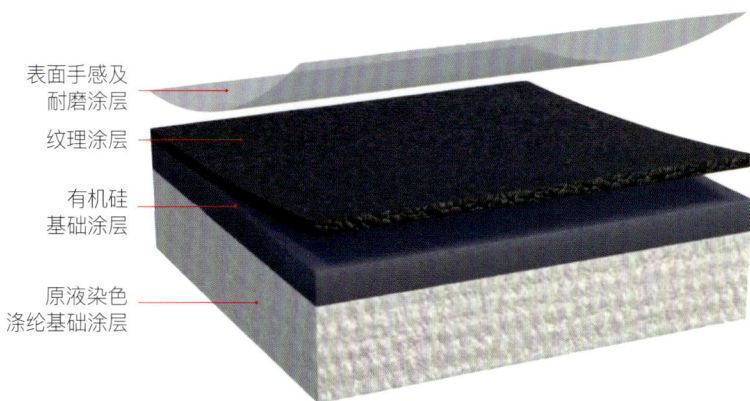

表面手感及
耐磨涂层

纹理涂层

有机硅
基础涂层

原液染色
涤纶基础涂层

图3-130 有机硅合成革的分层结构示意图

图3-131 有机硅合成革的肌理

图 3-132　有机硅合成革用于游艇上的软包家具面料

表 3-17　有机硅合成革和其他皮革的性能比较

性能	有机硅合成革	聚氨酯合成革	真皮
材质	100% 有机硅	100% 聚氨酯 + TDI[①]	100% 动物皮
有机排放物	非常低	在一定条件下偏低	有排放
可持续性	可回收	碳足迹显著	降级使用
	无有毒衍生物	缺乏生物降解能力	处理过程会产生污染
	对空气和水无害	会导致污染	会导致严重污染
	无塑化剂	含有塑化剂	含有添加剂和塑化剂
	无味	中低度气味	有气味
光照色牢度	非常优秀	差	差
耐候性	非常优秀	差	差
耐磨系数	>20万	3万~5万	2.5万~3万
抗紫外线	>1500h	差	差
低温耐挠性	−30℃，>20万小时	差	差
永固性阻燃	非常优秀	差	良好
对健康的益处	生物相容性通过[②]	差	好
	对皮肤无刺激	会导致皮肤过敏	会导致皮肤过敏
清洁	允许10%次氯酸	会导致水解	会水解

①TDI是固化剂，会在40~44℃时产生游离。
②生物相容性是指有机硅的生物无毒性。

有机硅合成革的抗污能力非常强，清洁也非常容易（图3-133）。清洁和维护注意：

- 清水＋抹布擦洗
- 允许低于10%的漂白水
- 允许温水擦洗
- 允许加入适量家用洗涤剂

有机硅合成革和其他皮革的物理性能比较见表3-18。

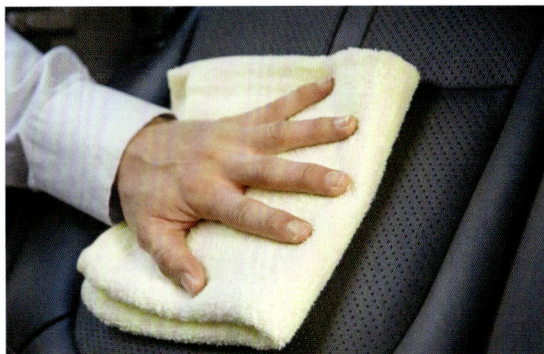

图3-133　有机硅合成革的抗污能力较强

表3-18　有机硅合成革和其他皮革的物理性能比较

性能	抗拉伸强度	抗撕裂强度	抗挠强度	永固性阻燃	抗水解	抗UV	绿色环保
真皮	良好	良好	良好	一般	差	差	差
PU革	一般	一般	一般	差	差	差	差
有机硅合成革	良好	良好	优异	优异	优异	优异	优异

（5）皮革产品中常见的化学添加剂

二甲基甲酰胺（N-Dimethylformamide, DMF-N），一种工业溶剂，常用作塑料溶剂，也用于制造农药、黏合剂、合成革、纤维、薄膜和表面涂料等。

甲基乙基酮肟（Butanone Oxime），用作醇酸涂料和PU革、真皮涂料的防结皮剂，与皮肤接触有害，有慢性毒性、致癌性。

邻苯二甲酸二异丁酯（Diisobutyl Phthalate, DIBP）是一种无味增塑剂，具有优异的热稳定性和光稳定性，是硝化纤维素最便宜的增塑剂，对生殖系统有害，许多国家和地区已禁止使用。

三氧化二锑（Antimony Trioxide）作为阻燃剂，可广泛用于聚乙烯、聚丙烯、聚苯乙烯、聚氯乙烯、尼龙、工程塑料（ABS）、橡胶、油漆、涂料、合成树脂、纸张等材料的阻燃。吞、咽、吸入有害，对水生生物有毒，并具有长期持续的影响。

全氟化合物（PFC, Perfluorinated Compounds），是一种合成高分子材料，使用氟取代聚乙烯中的所有氢原子。这种材料具有耐酸、耐碱和耐各种有机溶剂的特点，几乎不溶于所有溶剂。同时具有耐高温特性，摩擦系数极低，可用于润滑。环境对PFCs没有自净能力，所以其会对自然生态系统和人类健康造成危害。PFCs的结构往往长期保持不变，与皮肤直接接触，会对人类健康产生负面影响，还可能导致呼吸和免疫系统发生问题。

双酚A（BPA, Bisphenol A），又称酚甲烷，一种化学原料，称为内分泌干扰物（环境激素），是一种具有两个酚类官能团的有机化合物。双酚A用于合成聚碳酸酯塑料和环氧树脂。双酚A还常用于合成聚砜和聚醚，在增塑剂中用作抗氧化剂，在PVC生产中用作阻聚剂。BPA常包含在PVC或醇酸涂料中，这些涂料常用于真皮和PU皮革的表面。

4.合成革的养护和清洁

由聚碳酸酯树脂制成的聚氨酯具有极强的防污性能，可用肥皂和水定期清洁维护，发生污渍或液体泼洒、溢出时，尽快擦拭干净，切忌使用溶剂型的清洁剂、高浓度酒精、强碱、强酸来清洗合成革，会导致分解和严重的不可逆损坏。

高性能PU的典型保养说明：

·定期清洁和维护：用温和的肥皂和水清洁脏污区域，然后用清水冲洗干净。

·食物污渍/油：使用非腐蚀性清洁剂（如Formula 409或Fantastik）用软布擦拭脏污区域，用清水冲洗并擦干。

·医疗保健污渍：用家用漂白剂和水溶液清洁脏污区域，用漂白剂溶液后，要清水冲洗干净并擦干。

·其他难以染色的污渍：用低于50%的异丙醇溶液和水清洗脏污区域，或使用低于10%的漂白剂和水溶液。使用稀释的酒精/漂白剂溶液后，立即用清水冲洗干净并擦干。

·墨水污渍：用70%的酒精擦拭标记区域。使用酒精后，立即用清水冲洗干净然后擦干。

复习题

1.纤维测试中燃烧纤维的目的是什么？对于蛋白质纤维，最明显的燃烧结果是什么？

2.天然纤维和化学纤维有什么不同？

3.哪一种纤维燃烧时的气味像芹菜？哪一种纤维燃烧时的气味像热醋味儿？

4.纤维的纵向形态是如何影响纤维光泽度的？

5.纤维的聚合链如何排列能增加纤维的强度？

6.解释纤维对污泥颗粒的放大现象和隐藏现象。

7.解释常用的纤维消光剂对隐藏污泥颗粒的作用。

8.如何使污泥颗粒很容易地从纤维上脱落？

9.面料是如何起球的？怎样使面料不起球？

10.如何使地毯不起球，并且具备高度的耐摩擦力？

11.什么是纤维的比重？

12.纤维的比重对纺织品的覆盖率有什么影响？

13.解释纤维的密度和直径的关系。

14.为何HWM的人造棉面料可以水洗，而普通的人造棉却不能沾水？

15.怎样评估面料的性能？

16.亚麻和棉纤维湿的时候韧性更好，这对用户有什么影响？

17.什么是室内酸雨？对室内纺织品有什么影响？

18.什么是导体纤维？什么是绝缘体纤维？什么是吸湿性纤维？论述每种纤维的利弊。

19.常见的纤维三防后处理剂是什么？功效如何？

20.静电是如何在纤维上产生的？如何规避静电倾向？

21.沙发的裙底应该衬什么面料比较好？为什么？

22.乳胶和聚氨酯海绵各自的优势是什么？你会采用哪一种？为什么？

23.动物毛发在软包家具中的使用逐年减少，为什么？

24.你设计的家具中涤棉絮有几层？为什么？

25.使用聚氨酯海绵需要注意的问题是什么？如何为家具选择海绵？

26.抗压能力和抗压弹性有什么区别?

27.你设计的家具会注明坐垫填充物的内容和成分吗?如果会,是如何注明的?

28.坐垫里使用有机棉絮和基因改良棉絮对生活品质有区别吗?

29.涤棉絮和棉絮有什么区别?哪一个的性能和性价比更优越?

30.把你设计的沙发裙摆的款式画出来。

31.对于滚边来说,单绳滚边和双绳滚边有什么区别?

32.什么材料可以用作滚边?你可以图文并茂地描述一下吗?

33.软包沙发在表面装饰上还有什么可以设计的款式?尝试设计一款。

34.家具软包面料常用什么纤维?为什么?

35.混纺面料在消费者和设计师选择家具面料时为何那么重要?

36.说明背胶处理面料的优势和劣势。

37.为何缎纹面料在家具软包面料的使用中有很大局限?

38.真皮的等级有哪些?真皮环保吗?

39.合成革好还是天然皮革好?

40.如何快速区别PVC和PU革?

41.天然纤维面料在家具软包面料中占有很大比例,是什么原因让人们对其青睐有加?

42.面料成分、重量、密度等信息的标注对品质有影响吗?

43.设计师有必要和用户沟通产品的细节问题吗?

44.什么是好的合成革?什么是不好的?差别在哪里?为什么?

45.PU革的品质有区分吗?区别在哪里?怎样区分和测试PU革的好坏?

46.有机硅合成革的基本组成是什么?

47.为什么有机硅合成革不需要添加阻燃剂也会阻燃?为什么有机硅合成革耐水解?

48.有机硅合成革的耐气候性体现在哪些功能上?

49.在制革工艺中还有哪些化学品的使用在书中没有提到?危害性是什么?

50.目前电动汽车使用什么合成革?你做过市场调研吗?

04

第四章

———————

窗帘及墙体材料

第一节　如何选择窗帘

一、面料的外观：审美的偏爱

窗帘的款式和材料的选择不能总是依赖设计者个人的喜好来决定，窗户开孔的方式、建筑结构的特征、室内功能的满足、排放指标的控制都需要考虑。很多影响色彩环境的因素也需要考虑，而面料花型的视觉效果和肌理效果所呈现的最终状态，结合上述室内窗户和空间的关系，包括采光和灯光，以及室内的诸多因素，构成对色彩的影响，才会具有一个比较完善的、综合的外观审美体系。

首先，至少允许让消费者以自己的喜爱决定窗帘的风格（尽管大部分消费者对窗帘没有太多的概念）。设计工作者们会根据室内布置的状况，结合建筑风格、地板（毯）、墙体、家具、灯具等设计元素同时根据其设计原则设计出适合消费者使用的窗帘，或者把窗帘设计成不起眼的背景幕布状态，也可以更好地衬托所要突出的家具或地毯材料。设计方法包括对称或不对称的设计、正式或休闲的设计、古典或现代的设计等，无论采用何种形式，最后都必须满足客户对窗帘的最终需求——功能与成本。

如果想把窗帘设计成平整和简单的效果，可以选用单丝或复丝捻纱面料——薄绸（Ninon），图4-1是常见的薄绸，薄绸在素色窗纱产品中颇为常见，织物简单、平滑而价廉。这种平织面料常用在窗帘的纱布材料上，挂起来平整、柔软、温馨、整体感强，容易与室内其他的装饰产品搭配，很多婚纱也采用薄绸织法的面料。

图4-2的面料是仿照手工纺制的棉纱生产的

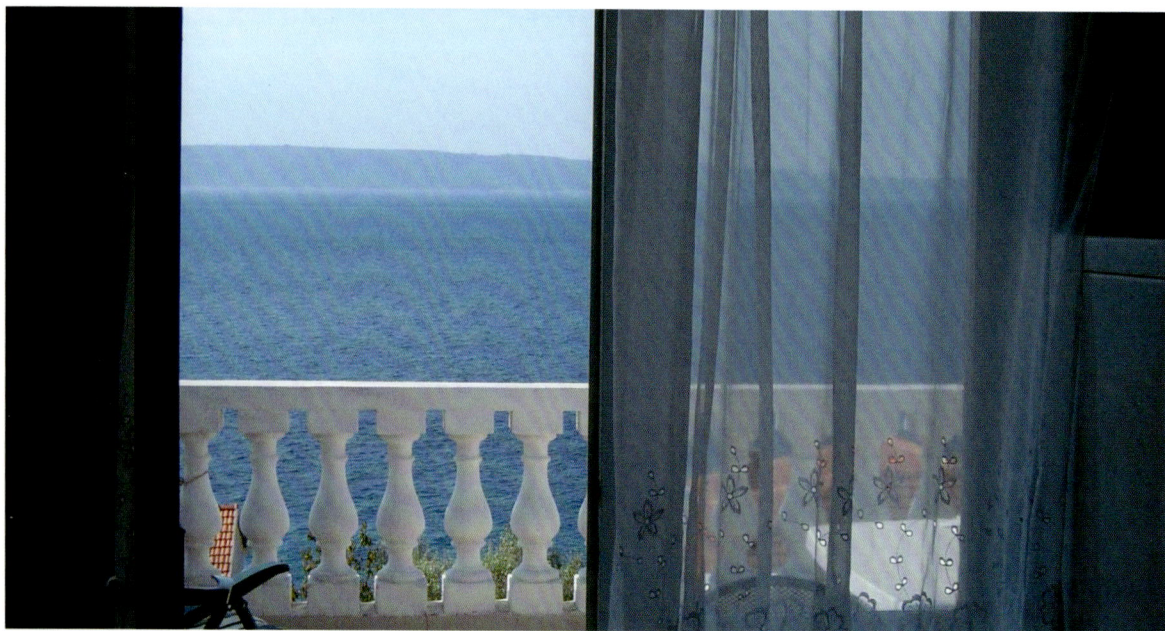

图4-1　薄绸织法简单，面料透明、品质稳定、飘逸、浪漫

低支柳条棉，图4-3是一款类似僧侣衣的低支棉纱平织面料。在欧洲历史上，曾经常使用这种低支柳条棉纱面料来制作僧侣的衣服、面粉口袋和厨房擦拭碗碟的棉布。

窗帘和窗幔用面料都应具有垂感，尤其是水波纹幔、条幅等花样多端的窗幔，面料的垂感非常重要。面料织造商常采用精细的低捻度复丝、低密度的缎纹组织来生产垂感好的窗帘面料。

图4-4的锦纶薄绸窗帘（Sheer Curtain），其耐候性并不好，现在大部分窗纱面料都使用耐紫外线程度更佳的涤纶（聚酯纤维）生产。

穿罗马杆的窗帘要注意应该使用精致的低捻度纱和合理的经纬密度，面料主要以经向纱来支撑其每个皱褶的造型和垂感。只有丝绸例外，因为丝绸永远都保持着丝滑的皱褶感，欧洲古代宫廷的贵妇走路时喜欢听到丝绸摩擦所发出的沙沙的声，显示服饰的高贵，同时这种丝滑的皱褶感也让丝绸发出闪烁而美丽的光泽，用丝绸做成的窗帘，不能用普通的垂感标准来要求丝绸特有的外观特征。水洗后的丝绸会变得柔顺和具有垂感，但也会失去其独特的华丽光泽。在选用户外使用的遮阳篷或其他遮阳用的面料时，要注意选用高捻度的纱线和高密度的织造方式，以经得起紧绷的骨架结构和风吹雨淋的考验。

二、窗帘构造因素

在室内空间里，会遇到各种不同的窗户结构，导致窗帘构造也要相应调整：

- 有的需要两个窗户设计成一对窗帘覆盖；
- 有的需要三组窗帘覆盖三个窗户；
- 有的需要统一窗幔的高低，尽管窗户的高度实际并不同；
- 故意放大窗帘和窗幔的尺寸来平衡与其他窗户的尺寸关系；
- 弓型窗（Bow Window）不适合罗马帘，但可以设计成罗马杆窗帘或弓形造型的窗幔；
- 尽量不要留下窗帘覆盖不到的空白窗户，以免造成晚上的"黑洞效应"。

三、与色彩相关的可变因素

室外的阳光、阴天的光线和灯光等都会对面料的色彩选择产生影响。所以在和消费者确认面料的色彩时，建议使用大块面料展示在不同的光线背景下所呈现的色彩。通常设计师会寻找一个灰度的综合点来平衡面料色彩在不同光线环境下的接受度，而不是选择饱和度比较高的颜色。如果室外光线很强，可采取增加纱帘、衬里和拉绒

图4-2　低支柳条棉

图4-3　类似僧侣衣的低支棉纱平织面料

图4-4 锦纶薄绸窗帘

衬里的方式调整户外光线对窗帘色彩的影响。

1.面料光泽

窗帘面料不需要具备耐摩擦性能，在室内立面大面积的视觉范围，应尽量使用不炫目的哑光面料（自然交织光泽的丝绸除外）。面料对光线的反射会直接影响面料本身的色彩效果，太亮的面料会增加炫目的影响，容易产生视觉疲劳。

2.环境

环境的色彩、肌理材质都会对窗帘的色彩有较大的影响。墙体、地面以及窗帘前面的软包家具的色彩和肌理效果直接影响窗帘面料本身的色彩选择。因此，设计师需要理智地排列色彩秩序、明暗秩序、冷暖秩序、饱和度（灰度）秩序和肌理效果秩序，来形成一个具有视觉冲击力的三维画面和景深秩序。尤其是在室内有限的空间内，几何与色彩的透视（光透视）是营造环境的要素。

3.灰尘与污染

常年的灰尘、烟雾、厨房的油烟、用户手拉窗帘时抓住窗帘的边缘拉开（关上）的使用过程，都会导致窗帘色彩的变化。不正确的清理和维护会让窗帘的颜色很快失去原有的美观。干燥的环境下容易产生的静电会让多绒头的面料格外吸尘，例如，有的深色棉绒在使用不久就会出现白蒙蒙的一层粉尘。

4. 日光

光线是影响窗帘面料颜色的主要原因之一；窗帘背后的衬里可以有效地保护窗帘，从而延长其使用寿命。窗户玻璃上的贴膜也可以有效阻挡紫外线的进入。室外搭建的遮阳篷也不会让阳光直射到窗帘上。从而避免窗帘很快褪色。

四、窗帘衬里及窗帘的功能

在室内空间中，窗帘占据的面积可以说是最大的，因此窗帘的功能不仅是遮光和保护隐私，窗帘涉及很多功能，这些功能可能是消费者不知道或者根本没注意过的，但是对他/她们的生活环境和人文关怀却非常重要。

设计中可以对窗帘款式和风格同时做一些功能性的设计，比如，光线的强弱控制、保温程度、隔音程度和保护隐私的问题。

面料的开放度（Openness）是指纱线之间空出的面积和整块面料面积的比例，通常遮阳面料就是以开放度来规范的（如3%、5%、10%等）。

设计工作者无论是为用户设计窗帘，还是设计面料，除了窗帘的外观审美需要符合和满足用户的需求外，还要体现窗帘产品的设计价值。下面对窗帘的功能根据目前的市场和产业状况做一个简要的汇总，希望能够让未来的设计标准更加完善、科学和人文化。

评估窗帘的实际效用主要包括以下几方面：

•窗帘的功能：美观、方便使用、隐私、光控、温控、声控、安全以及纤维特有的功能。

•窗帘的成本：造价、维护（维修和清洁）成本、使用寿命、时尚年限。

•环境保护：碳排放、有机物排放、生物排放（微生物/细菌滋生）、回收性、降解周期。

1. 窗帘衬里的功能

•遮光、保温、隔声；

•减少光线射入，保护面料不受日照的损坏；

•使窗帘的造型和皱褶更加丰满、有型。

窗帘衬里的种类：

•遮光衬里：可以完全遮住光线，一拉上窗帘衬里，室外光线几乎全部遮挡。

•半遮光衬里：可以减少光线的亮度，但是不完全遮光。

•中间拉绒衬里：缝在窗帘面料和棉质衬里之间，给予窗帘更厚重、更丰满和饱满的外型观感，是吸音、保温的绝佳材料。

窗帘的衬里通常是素色的，大多数衬里是白色的，因为缝制在对着户外的一面，从外面看整个建筑的多个窗户时，白色的衬里使整个建筑具有统一的色调，尤其是酒店、办公大楼和公共设施，需要注意色调的统一性。大型住宅群和别墅也是如此，所以白色的衬里在窗帘的设计和制作中使用得较普遍。

衬里有窄幅和宽幅两种，窄幅1.5m，宽幅3m。衬里有很多不同的质地，如纯棉、涤纶、涤棉混纺等，另外有一种中间拉绒衬里，通常使用纯棉面料经过拉毛处理。衬里的材质除了对成本有影响外，对缝制后是否和窗帘面料贴附也有很大关系，通常短纤维的纯棉衬里因为其表面摩擦力的原因会和面料比较贴附，而涤纶和涤纶涂胶的衬里因为摩擦力小，其贴附程度不如纯棉衬里。

对于有阻燃要求的窗帘，衬里也需要做相应的阻燃处理，最简便的阻燃后处理是浸轧处理，将面料浸入阻燃液中浸透，然后挤压、烘干。一般来说，经过涂胶的衬里面料应该具有相应的阻燃功能，但还是要向供应商或制造商索取相关的阻燃检验证书。

2.窗帘的功能

（1）减少炫目光

窗帘可以有效调控用户对室内光线的需求，单层纱帘、单层衬里、带有拉绒衬里和遮光布衬里的窗帘都会有不同的光控效果。面料的厚度、密度、花型、颜色以及开放度同样会影响光线的进入，窗帘和纱帘的款式、褶皱密度也会影响光线的进入。这些影响窗帘光控的元素在设计师选择窗帘面料、设计窗帘款式时是必须要考虑的重要因素：

• 单层纱帘、单层窗帘衬里、纱帘＋窗帘，纱帘＋拉绒衬里窗帘，纱帘＋遮光衬里窗帘；

• 纱帘面料的颜色、开放度、款式、褶皱的倍数；

• 窗帘面料的颜色、花型，衬里的薄厚，是否有拉绒衬里，是否有遮光衬里，设计的款式，褶皱的倍数。

为了满足一天不同时段对阳光的有效控制，设计工作者会使用不同品类的窗帘设计，比如，在窗框内安装遮阳卷帘，在卷帘外面再安装纱帘和窗帘，或者仅仅是装饰用的固定窗帘（不拉动），有的设计工作者在窗框里设计了可以调整光线的百叶帘，外面仅是一层装饰用的纱帘或轻薄的布帘，也可以起到遮阳、控制光线和节约成本的作用。家居的时尚发展趋势也是对窗帘产品的一个消费引导方向；整个市场由繁至简、由古典到现代、由花彩到素净，无一不是和当代的生活方式及节奏紧密结合在一起的，越来越多科技含量高的产品进入市场，多功能、高性能的纺织品层出不穷，窗帘已不再是像之前那样简单地停留在对纺织品的审美上了。

如图4-5所示，窗帘的陈设往往是根据室内空间的功能需求和透视原理来安排的。

图4-5 窗帘的陈设

（2）降低室内噪声

在室内可以听到三种不同形式的声音：

• 空气载声（Airborne Sound）：声音通过空气的传播可以很清晰地在声源和人耳之间放射并且传递，人谈话的声音、打字的声音、打印机的声音、电话铃声、音乐播放器等的声音都是通过空气传递得到清晰、有品质的声音效果。

• 表面声（Surface Sound）：人们行走和推拉物品所产生的声音。

• 结构传播声（Impact Sound）：人们跳舞、拍球、敲门和钉钉子等由于振动而发出的声音。

当然很多行为会导致不止一种形式的声波，对于希望听到的声音，人们希望有愉悦美好的音质，而对于不想听到的声音，则要想办法控制到最低程度。

室内的硬质物体，密度越大，会导致声波的反射越强烈，造成一个声源在诸多传递方向产生回声。一个声源发出的声音不仅通过空气直线传递，也会通过大理石或瓷砖地板、天花板、硬质墙体以及家具的硬质表面（如玻璃）在室内空间反射/反弹，形成噪声，而地毯、窗帘、墙布和软包家具则可以有效地吸收四处撞击的声波，使声音在室内传播的路径变得单一而清晰起来：

• 多层窗帘布比单层窗帘布的吸音效果更好；

• 肌理效果强烈的，尤其是绒面窗帘比光滑的面料吸音效果更好；

• 倍数高、褶皱深的窗帘比倍数低、褶皱浅的窗帘吸音效果好。

如图4-6所示，室内诸多面料覆盖着墙体、窗户、地板和家具，使表面声和结构传播声得到有效控制。

（3）节能环保

窗帘能有效节省能源，保证室内温度在冬季和夏季得到有效控制。窗帘设计时在节省能源方面需要考虑以下几个因素：

• 窗帘面料的选择和衬里的选配；

• 窗帘距离墙体、地板和天花板上下左右的尺寸和开合的紧密度；

• 窗帘的窗幔是否有木质封顶；

• 窗帘是否拖地；

• 窗帘的倍数、褶皱是否足够。

设计工作者要能够看懂建筑物中窗户的配置

图4-6 窗帘、地毯、墙布、软包家具可以减少室内噪声（图片由古典丝织的安东尼·朝提供）

标准，是否是单层（双层、三层）隔热玻璃，是否镀保温膜（低辐射玻璃），是否加注惰性气体隔温、玻璃的厚度和窗缝上下左右的大小以及窗户的密封程度等，以此来判断室内的保温状况，作为合理设计窗帘的依据。

建筑物中窗户的节能指标通常用热传导系数（U-Factor）来衡量，热传导系数是指冬季有多少热量散发出去，夏季有多少热量进入室内。

• 单层玻璃窗户的热传导系数 =1.13BTU/（英尺²·h·°F），意思是每小时通过每平方英尺的玻璃传递热量的热能是1.13BTU（英制热量单位，British Thermal Unit），1BTU=1055J/s，也是把1磅水从39°F烧热到40°F所需要的能耗，相当于1平方英尺1度电的能耗。1平方英尺=6.45m²。

• 双层玻璃（中空5mm）窗户的热传导系数 =0.41BTU/（英尺²·h·°F）。

• 三层玻璃（中空12mm）窗户的热传系数 =0.35BTU/（英尺²·h·°F）。

五、影响窗帘的成本因素

窗帘的成本不仅是面料的成本，也要看窗帘在未来使用中的维护和清洁等成本。设计工作者需要根据窗帘的设计寿命、成本的合理分摊、用户的预算、地区的气候和使用的频繁程度来判断合理的窗帘成本。例如，大部分五星级酒店的设计规范中，室内装饰的设计寿命是6年，6年并不完全是因为使用的期限和品质的耐用度，而是要兼顾酒店的时尚性。住宅空间也是如此，设计的窗帘使用多年都不会过时，对用户来讲无疑是一个很贴心的举措。

窗帘初始成本有以下几部分组成：

• 窗帘面料成本：纤维种类，织造技术，使用面料的量，面料幅宽，窗帘的倍数。

• 窗帘衬里及辅料：衬里的成分、种类和层数，衬里的幅宽，辅料的品质和效果。

• 窗帘的制作：手工和设备的使用，工艺的制定。

• 轨道和配件：轨道和配件的品牌、品质和承重，配件的专业度。

• 窗帘的安装工艺、运费和保险、售后服务和税收等。

家居和商业场合使用的窗帘在制作和面料及配件的选择上有很大不同，行业的规范也不同。中国家居用窗帘和商业场合所用的窗帘一样，无论在民用Ⅰ类或Ⅱ类建筑内，都有国标B1或B2等级的强制性阻燃和环保要求标准。有的大型零售商要求提供不含甲醛和有机排放物（TVOC）等有害物质排放的证书（也是国家强制要求的标准）。所以在设计和选择窗帘款式及面料之前，尽可能把客户的要求了解清楚再进行。

第二节　窗帘的类别

一、轻质和重型窗帘

窗帘通常分为以下两种：

• 轻质窗帘，用纱或轻质面料做成的不需要衬里的窗帘；

• 重型窗帘，较厚重，通常有衬里的窗帘。

1. 轻质窗帘

轻质窗帘通常使用在比较休闲、非正式、隐私要求不高、使用不频繁的区域，客户对预算的要求会更高。这种窗帘主要用于装饰点缀，窗帘的造型相对较简单，成本也较低，加工较容易，适合批量设计和制作的成品窗帘。

轻质成品窗帘在家居超市和线上大量销售，因为其成本低、安装和打理方便，深受中产阶级和城市白领的喜爱。对于小户型的居室，轻质窗帘节省空间、成本低、使用方便。轻质窗帘通常不需要衬里，窗帘的长度随房型、窗户的尺寸及高度而定。轻质窗帘一般会使用简约、朴素的罗马杆作为轨道的硬件（没有罗马杆可用轨道替代），常见的罗马杆是19～35 mm直径的金属和木质罗马杆，悬挂在罗马杆上的方式很多种，在窗帘的相关资料里可以找到，在网站上也可以看到。

成品窗帘的成本低，加工快，适合定向服务的商业模式、季节性固定花型款式的推广，薄利多销。轻质窗帘设计开发简单、快速、更换频率高、简约、时尚、价廉、清洗方便、环保，适合公寓式楼房居家的需求。

图4-7是轻质窗帘，主要在家居和百货商店、线上销售，有多种尺寸、材质、花色和功能可供选择，有的商家还提供安装和售后服务（清洗和修理）。

2. 重型窗帘

重型窗帘通常都是比较正式、厚重且长度到地的传统规范的窗帘，要求根据不同的需要配备不同的衬里（拉绒、遮光衬）、轨道（罗马杆、电动轨道）、流苏（花边）、窗幔（窗帘盒）等，重型窗帘无论从功能上还是外观上，以及工艺制作和成本上都要远远高于轻质窗帘。重型窗帘几乎都是定制产品，每幅重型窗帘的制作都需要设

图4-7　轻质窗帘

计工作者对每个细节精细地设计、制订并规范。重型窗帘更能展示设计感和华丽感，对文化和生活的演绎更加细腻和丰富。

如图4-8所示，重型窗帘通常需要定制，面料和窗帘造型都比较考究，常使用高档的面料和配件，比如丝绸、纯棉的多道衬里、花边和造型精致的窗幔等。设计师设计重型窗帘的时候需要结合室内的多种元素和文化属性来表现窗帘的花色、形体和质感。

重型窗帘在品质上有一定的要求和规范，设计师必须彻底了解所有的工艺细节，方可设计出适合客户需要的、工艺精湛的窗帘。

重型窗帘缝制工艺要求：

（1）倍数

适合普通家居住宅用的重型窗帘，通常采用2.5倍窗帘和3倍窗纱。

适合商业订单用的重型窗帘，通常采用2倍窗帘和2.5倍窗纱。

（2）窗帘上下左右折叠尺寸

· 上部折100mm（4英寸）

· 下面底部折100mm+100mm（4英寸+4英寸）

· 左右各折32mm+32mm（1 1/2英寸 + 1 1/2英寸）

（3）上折边缝纫

单针，套结机。

（4）下折边缝纫

挑边机。

（5）左右折边缝纫

挑边机。

（6）衬里材料

· 150 g（或以上）全棉缎纹衬里；

· 156 g（或以上）双面全棉拉绒中间衬里；

· 双面白色遮光或半遮光衬里。

图4-8 重型窗帘

（7）中间交叉重叠

一对窗帘中间交叉处重叠100mm（4英寸）。

（8）两边转弯处

单轨窗帘一边留76mm（3英寸），两边留150mm（6英寸）；双轨窗帘，一边留150mm（6英寸），两边留300mm（12英寸）；窗纱留76mm。

二、窗帘尺寸和空间的关系

窗户上下左右空出的墙的尺寸以及窗帘需要遮住墙体和窗户的比例，需要设计师能够计算出拉开窗帘后堆积的尺寸以及窗户和轨道之间的尺寸，才能精确地设计具体尺寸和空间的关系。这样的计算不仅影响视觉效果，也会影响用户在日常使用中的采光、通风和对景观的需求。

窗帘在空间和窗户上的分布比例不是偶然和随意的，有着严谨的空间比例和生活便利的需求。有的设计师把窗帘做成墙到墙的满幅窗帘，即使窗户的尺寸不需要，整个空间会因为过度装饰而显得凌乱和狭窄。即使硬装设计师把窗帘盒已经开好，也可以不将窗帘延伸到没有必要的宽度。合理把握窗帘、轨道、窗户的宽度，对空间布局的合理控制是非常有必要的。

如图4-9所示，窗幔的高度和丰满程度要和窗帘的高度、材质的特性以及空间位置一起来考量。过低或过高的幔头会给整个窗帘比例带来失调的感觉。

窗帘的造型一部分是安装之后形成的，绑带对窗帘造型的帮助和约束起着不容忽视的作用，每个细节都是精心设计的，每个设计都是源于生活与文化的再现。

如图4-10所示，草编壁布是一种肌理突出

图4-9　窗幔的设计

图4-10　粗犷的草编壁布和细腻的丝绸细条纹窗帘（图片由古典丝织的安东尼·朝提供）

图4-11 用丝绸制作的古典主义风格的窗帘和窗幔（图片由古典丝织的安东尼·朝提供）

图4-12 窗幔和窗帘的比例要协调

的墙体材料，效果非常明显，而且哑光对空间环境的景深变化作用较大。唯一的缺陷是接缝，草编壁布的幅宽有限，900～1500mm不等，明显的接缝会造成墙面视觉上的断裂和不完整，纹路也会因此错开。尽量选择薄的草编壁布和纹路对花相近的产品，安装和护理会比较容易。

墙体材料和窗帘的质感有多种选择，其中文化底蕴丰富的，要属丝绸和棉、麻等天然材质的织物。如图4-11所示的窗帘和窗幔，制作工艺复杂，华丽且昂贵，充满东方的古典情调。

如图4-12所示，窗幔和窗帘的比例在空间上也有审美规律和功能需求。一般来说，窗幔和窗帘的比例控制在1：4～1：5之间较合适，鲜有达到1：3的。过大的窗幔显得比例失调，头重脚轻，也会影响室内采光。

1.尺寸与空间匹配

窗帘的造型其实并不复杂，大部分窗帘的设计都体现在窗幔的款型上，设计灵感大多来自对传统文化以及时尚创意的积累和心得，更重要的是动手能力，尽管幔头在室内设计的诸多产品中占据的比例很小，但窗幔的设计却是画龙点睛之举。现在的住宅建筑中以楼盘为主，室内空间有限，窗户开得很高，吊顶后顶部的高度可能比窗户还矮，只能用窗帘盒的方式留出窗帘轨道的位置，罗马杆的使用机会很小，窗幔的造型也被局限。因此，简约、大气、时尚的窗帘、窗幔造型是对设计工作的一种考验。

2.窗帘拉开后的堆积尺寸

表4-1是按中等比重的纤维和标准倍数计算的窗帘拉开后的堆积尺寸。如果使用厚重的面料和衬里，如绒布或拉绒衬、遮光衬等，堆积的尺寸会相应增多。表格中指对开的窗帘，如果是单向窗轨，则堆积的尺寸减小180mm（7英寸）。

表4-1 窗帘拉开后的堆积尺寸和窗户与轨道的尺寸关系一览表

窗户宽度		轨道尺寸		窗帘拉开后的堆积尺寸	
英寸	mm	英寸	mm	英寸	mm
38	965	64	1625	26	660
44	1120	72	1829	28	711
50	1270	80	2032	30	762
56	1422	88	2235	32	813
62	1575	96	2438	34	864
68	1727	104	2641	36	914
75	1905	112	2845	37	940
81	2057	120	3048	39	990
87	2210	128	3251	41	1041
94	2387	136	3454	42	1067
100	2540	144	3657	44	1117
106	2692	152	3860	46	1168
112	2844	160	4064	48	1220
119	3022	168	4267	49	1245
125	3175	176	4470	51	1295
131	3327	184	4673	53	1346
137	3480	192	4876	55	1397
144	3657	200	5080	56	1422
150	3810	208	5283	58	1473
156	3962	216	5486	60	1524
162	4115	224	5689	62	1575
169	4292	232	5893	63	1600
175	4445	240	6096	65	1651
181	4597	248	6299	67	1701
187	4750	256	6502	69	1752

注 堆积尺寸是指窗帘拉到两边后堆积尺寸的总和。

3.窗帘离地尺寸及高度要求

（1）离地尺寸

窗帘由于自重会随着时间的延长而下垂，根据面料成分和组织结构的不同，下垂的幅度也不一样。原则上地面到窗帘底部边缘的高度不超过1英寸（25.4mm），也有的窗帘可以直接拖到地面，或者更长。这一点需要和客户事先沟通，大部分客户担心窗帘拖地会存在清洁问题。

（2）高度

窗帘面料的幅宽大多为2.8m，这就意味着窗帘的高度会受到一定的限制，除去下面和上面的折边尺寸，2.8m幅宽的面料实际上只能做2.5m及以内高度的窗帘，除非上下另外接缝。设计窗帘高度时要考虑选择合适幅宽的面料，有时窄幅面料更容易满足高度的需求，尤其是有花型方向要求的面料。

三、罗马杆的使用

罗马杆常在建材超市、家居百货商店和网上商城以相对优惠的价格购买。罗马杆以金属和木材质地为主（图4-13），直径有19mm、28mm、35mm、50mm、57mm、76mm不等，配置有不同造型和颜色的端头（图4-14），有的罗马杆是可以伸缩的金属管品种（图4-15），这样不需要根据窗户尺寸锯断，方便用户的使用。罗马杆的设计常以质朴、耐用、中性和简约为主，过于饱和、鲜艳的色彩和光泽会让本来处于背景色景深的窗帘显得不协调，因此设计时不要过度强调罗马杆的色彩和光泽。

如果使用罗马杆，则罗马杆自身的支撑架和环的高度需要扣除，在选用不同直径的罗马杆和不同尺寸的支架后，应在窗帘的高度上合理地扣除。罗马杆的高度位置通常会在窗户上框边缘到顶线间的距离的一半，有些窗户并没有留更多的空间来安装罗马杆，设计窗帘时就要合理选用罗马杆的直径。

罗马杆的使用是有局限的，因为罗马杆无法装在已经设置好的窗帘盒（槽）里，这与建筑物的结构和风格有关系，很多落地窗因为距离天花板吊顶很近，或者吊顶的高度太低，有的甚至低于窗户的上沿，根本无法安装罗马杆。另外，罗马杆的成本普遍高于窗帘轨道，也无法设计窗幔的造型，这也是消费者和设计工作者在选择罗马

图4-13　橡木和不锈钢制作的现代风格罗马杆（木质杆和不锈钢管的直径分别是35mm、19 mm）

图4-14　各种端头的罗马杆

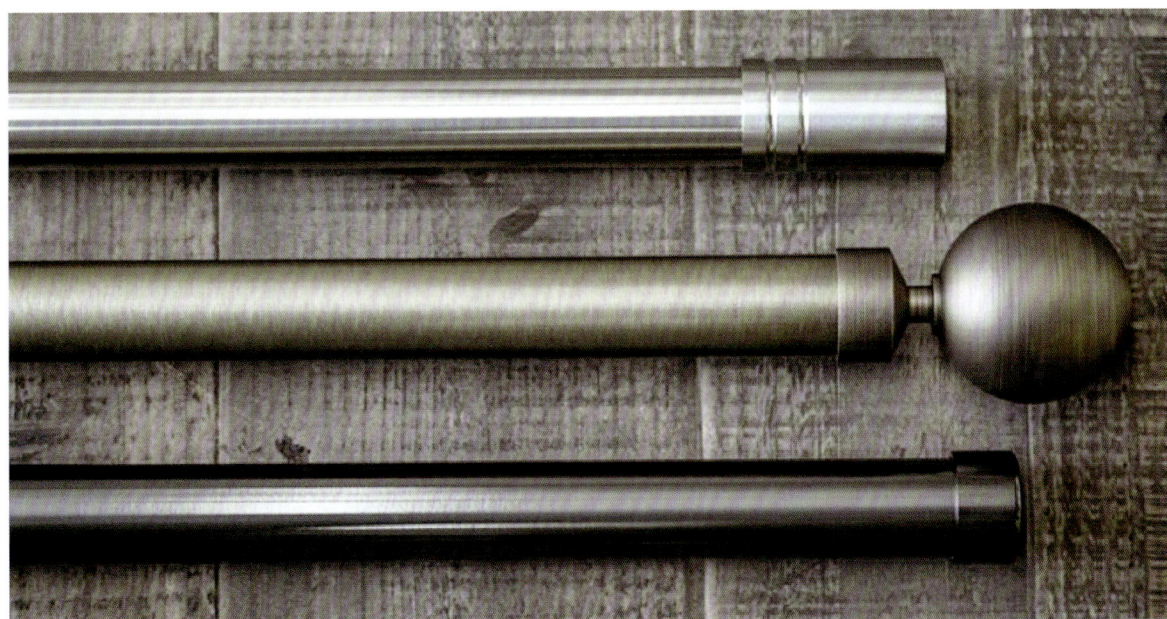

图4-15　可伸缩的罗马杆

杆时要考虑的因素。

对于简约造型的窗帘来说，罗马杆的设计和应用能轻松解决窗帘造型和功能的问题。

图4-16是用桦木和工艺树脂制作的50mm直径的罗马杆，是法式乡村风格（普罗旺斯系列）的窗帘杆，特殊的涂装（做旧）工艺赋予该系列新的艺术生命，涂装的漆片剥落，将底色不规则地显露出来，形成一种风蚀状的年代感。这

图4-16 法式乡村风格罗马杆

种做旧的处理在家具涂装工艺上应用较多，尤其是法式乡村的家具涂装工艺，如同家具的设计源于建筑，很多室内产品的设计和建筑与家具的设计思路息息相通。

四、百叶帘和罗马帘

1.百叶帘

（1）横百叶帘

• 按尺寸：1/2英寸叶片、1英寸叶片、1 1/2英寸叶片、2英寸叶片、2 1/2英寸叶片、3英寸叶片。

• 按材质：铝合金、椴木、竹、PVC（塑料）、仿木聚合物。

• 按功能：手动、电动。

百叶帘的功能性大过装饰性，上下转动的叶片可有效调节光的强度。浴室或厨房应安装防水的PVC塑料或仿木聚合物材质的百叶帘，易清洗且防水。

目前百叶帘的控制功能非常多样化，有无绳操作的回弹系统，手可以托上和拉下；也有用链条和环绳拉上放下的，还有传统的用绳子拉上拉下的。电动百叶帘更适合用于大尺寸窗户和商业空间的多窗操控。

图4-17是木质百叶帘，叶片宽2英寸（5cm）。大部分木百叶帘使用椴木片制作，重量轻、稳定、耐晒且不易变形。椴木片有木本色和白色，大部分椴木百叶帘都是直接的叶片，以提高木材的使用率。木百叶帘功能性好，物美价廉，容易打理，不容易损坏，很受市场欢迎。

百叶帘可以根据窗户的大小来设置不同尺寸的叶片。铝合金百叶帘（图4-18）的质地轻盈、颜色选择众多、方便操作、价格低廉，常用于办公室和小型公寓住宅的窗户，缺点是叶片容易折弯，一旦折弯后很难再修复。因为是横放的叶片，百叶窗较易聚集灰尘，因为叶片柔软，清洁起来比较费事费时，而且效果不好，市面上有专业清洗公司，可以上门取下来放入超声波清洗池中清洗。

（2）垂直百叶帘

垂直百叶帘在20世纪90年代后期逐步退出市场，因为其耐用性较差，维护成本较高，逐渐被横百叶帘、卷帘和布窗帘替代。大部分垂直百叶帘的叶片是由PVC材料、涤纶非织造布或铝合金片制作的。在长时间的阳光照射下，PVC叶片很容易老化和脆裂，只要有几片出现断裂，就需要更换，这导致售后服务的成本大幅上升。后期市场出现了大量的成品垂直帘，定制的垂直帘逐渐淡出了市场。

垂直帘的叶片大都是3.5英寸（89mm）宽，和布窗帘一样，可以向两边开，也可以一边开（图4-19）。垂直帘也有手动、电动和弯轨三种操作模式。

图4-17　木质百叶帘

图4-18　铝合金百叶帘

图4-19　垂直百叶帘（Vertical Blind）

垂直帘适合用在较大室内空间的大型门窗（组），垂直帘开合容易，调整光线便捷，性价比高，风格现代，颜色和造型丰富，是很多办公室窗帘的选择。但是由于连接叶片和滑轨的塑料件是由工程塑料或尼龙制造，耐候性较差，容易造成叶片的脱落或断裂而失去功效。

2.罗马帘

罗马帘是一种上下拉动的平板式窗帘，与标准窗帘不同，罗马帘在打开和收起时都会均匀向下摊开或向上堆叠。通常使用绳索传导机构来轻松打开罗马帘，还可以根据需要调整覆盖窗户区域的高度。在典型的罗马帘结构中，帘线在帘的外侧垂直延伸，穿过均匀间隔的水平加强杆或孔眼连接在罗马帘的底部，这样使罗马帘的开口部分保持光滑，且底部均匀堆叠。

罗马帘因简约、整洁的外观且使用便利，大量用在商业和住宅空间中。

罗马帘的特点：

• 造型挺括、平直、简约但不简单；

• 大部分面料需要背衬和衬里，保护面料免受日光的照射，从而延长使用寿命；

图4-20 奥地利帘

• 传动装置稳定、耐用，通常有手动、变速套件和电动三种模式；

• 尺寸精确、细致、对称；

• 耗材少、制作成本低、面料使用率高。

• 可内置和外置安装，内置必须留出一边6mm的间隙，外置则一边至少超出窗户边框100~125mm。

罗马帘的款式造型有很多种，如奥地利帘、气球罗马帘、水滴折罗马帘、软折罗马帘、平折罗马帘等。

（1）奥地利帘

奥地利帘由古典的皱褶和半透明的纱制成，除了古典的外观，轻质的纱具有浓厚的浪漫情调。奥地利帘的材质不适合厚重的面料，也不需要衬里，即使用透光的面料，繁复的皱褶也会使窗帘足够遮挡隐私。

如图4-20所示，奥地利纱帘通常使用纱或薄的色丁面料，使用烂花绒面料制作的奥地利帘显得非常华丽。奥地利帘是一种相对比较传统和古典的窗帘款式，若室内空间不大要慎用，因为反复的皱褶以及对工艺的细致要求，会导致制作成本较高。另外，奥地利帘具有横向的皱褶，非常容易积尘，使用和维护成本也相对较高。

（2）气球罗马帘（Balloon Shade）

顾名思义，气球罗马帘拉起来底部会鼓起来，像一个个气球，一种是较多的面料堆积在底部，另一种则是在底部塞满软纸使其鼓胀。每个球部折进去的皱褶是和面料连贯的，背面的制作类似奥地利帘。气球罗马帘对面料的要求比较高，因为需要鼓起，需要面料有一定的厚度和挺直程度。气球罗马帘一般都会在里面用衬布使其更加挺括。如果用过薄或过软的丝绸面料，则可以对丝绸面料进行背衬（不适合用背胶）。气球罗马帘基本上是以上下手拉为主，少有电动的。

如图4-21所示，大部分气球罗马帘是以窗幔的形式出现。气球罗马帘最大的优点是造型优雅，立体感强，缺点是每次拉上拉下后，需要挨个整理一遍，颇为费事，而且大面积的帘身也容易积累灰尘。

（3）水滴折罗马帘

水滴折罗马帘（图4-22）是最常用的罗马帘品类。罗马帘制作的工艺关键是平整，水滴状的面料折合自然，弧形优美、饱满。这对面料的质地和工艺的要求与其他窗帘有一些不同；水滴折罗马帘的面料要求挺括、不皱、柔软。帆布质地的面料用作水滴折罗马帘效果较好，一是比较容易缝制，二是挺括的帘身挂起来横平竖直、干净利落。如果受到花色品种的限制，无法使用帆布类面料，可以在面料的背面加背衬，使面料挺括起来，这样制作的水滴弧形不会塌陷且显得更加优美。水滴折罗马帘没有竖条皱褶，展开的水滴折罗马帘如果出现皱褶

或不平，会影响罗马帘的美观。

（4）软折罗马帘

另一种比较受欢迎的是软折罗马帘（图4-23），其质朴的造型和柔软、随意的曲线深受消费者喜爱。因为后面没有骨架，所以拉起后窗帘下面兜起会产生一个圆弧曲线。

（5）平折罗马帘

图4-24是平折罗马帘，因帘后面有骨架支撑而显得四平八稳、对称、工整及精致。

罗马帘常使用在中小尺寸的窗户上，以素色为主，也可以用设计有镶边、小印花的棉麻布或丝绸、丝麻、亚麻等面料制作。

图4-25是用亚麻面料制作的罗马帘，非常休闲和温馨，简约、明快的风格很适合用作住宅的窗帘。亚麻面料非常柔软，也容易起皱，挺括度不够，要使窗帘既挺括又透明，需要将面料进行预处理，如用淀粉浆处理。

图4-21 气球罗马帘以窗幔形式用在主卧卫生间的窗户上（图片由古典丝织的安东尼·朝提供）

图4-22 水滴折罗马帘

图4-23 软折罗马帘

图4-24 平折罗马帘

图4-25　亚麻面料制作的罗马帘

3.遮阳篷和气窗

（1）遮阳篷

遮阳篷常用于户外遮阳和挡雨（图4-26），由金属构件和防水遮阳面料制成，遮阳篷为了兼顾质量和重量而采用铝合金骨架和户外专用的耐候性强的涤纶、腈纶面料制作，大部分遮阳篷可以伸缩，有手动、绳索拉动和电动遥控等操作模式。

遮阳篷可以有效遮阳和遮挡风雨，对窗帘、木质门窗等都有很好的遮挡保护作用。遮阳篷在热带多阳光、高温、多雨的地区使用较多，大面积可伸缩的遮阳篷设计可增加户外户内的阴凉程度，延展了户外的可使用空间（图4-27）。遮阳篷的色彩和款式较多，可以根据建筑风格和环境

图4-26　遮阳篷

来设计不同的花色和造型，商业上遮阳篷多用于零售店、餐厅、会所和酒店等，有的遮阳篷甚至成为商业和建筑的标识，既有实用功能，也有装饰和招牌作用（图4-28）。遮阳篷因为长期在户外使用，面料需要具有较高的耐候性和抗紫外线，以色纺腈纶和涤纶居多，并且需要做疏水的"三防"后处理。

（2）气窗

气窗是世界上最早的窗户遮阳产品，在欧洲早期还没有使用布料做窗帘时，使用的就是固定叶片的气窗。气窗基本可以满足任何形状和造型的窗户。

气窗的规格可以按不同种类区分：

• 按叶片尺寸大小：2 1/2英寸、3 1/2英寸、4 1/2英寸；

• 按材料种类：椴木、松木、柚木、聚乙烯发泡树脂、聚乙烯工程塑料、铝合金等；

• 按形状分：方（长）形、圆形、三角形、椭圆形、半圆形、1/4圆形、鹰眼圆形、法式门形、移门形等；

• 按安装方式：内置、外置和悬挂式。

木质气窗基本上可以使用任何木质材料、任何表面肌理、颜色以及光泽度。使用气窗可以满足对外景观的视觉效果，空隙大的气窗可以让景观最大限度地呈现。气窗使用方便，不占空间，不需要打理，经久耐用，遮阳和调节光线的功能极为简单，品质稳定，非常方便使用（图4-29、图4-30）。

图4-27　大面积可伸缩的遮阳篷

图4-28　遮阳篷不仅遮阳，而且对店面具有装饰作用

图4-29　安装在玻璃门上的气窗

图4-30 室内气窗简约、洁净、明亮的设计风格

气窗在欧美国家使用得比较普遍，由于中国很多高层建筑的窗户是朝里开的，加上文化的差异性，气窗的使用远低于欧美国家的普及程度。但是中国却是世界气窗制造行业最大的产地。大部分欧美国家使用的气窗产品（成品和定制产品）是来自中国的气窗生产企业。

气窗生产是低附加值、高能耗的劳动密集加工型产业。但气窗相对其他窗饰产品，具有简约、精致、整齐、易使用和搭配等特点，在北美市场和部分欧洲市场仍有一定的市场占有率，中国的别墅、低层商业与住宅建筑中也有使用气窗的。

如图4-31所示，2 1/2英寸的气窗叶片常用于单扇小窗；3 1/2英寸的气窗叶片常用于2~4扇窗，是常用的叶片尺寸；4 1/2英寸的气窗叶片常用于2~6扇窗，也是常用的叶片尺寸。

气窗可以制作成各种颜色的表面，来和室内

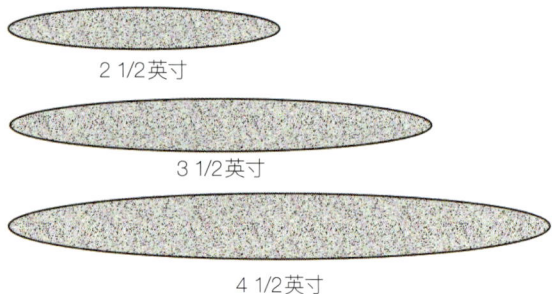

2 1/2英寸

3 1/2英寸

4 1/2英寸

图4-31 气窗叶片的宽度

的家具、地板、墙体材料搭配（图4-32）。木质颜色的表面典雅、庄重，显得古色古香；深色的表面会因阳光长期照射而褪色，选择油漆工艺时，需要关注抗紫外线功能和木材本身的材质和性能，比如柚木的本色随着阳光的照射会逐渐氧化而变深，而使用椴木色的材料和工艺则会在阳光的照射下逐渐褪色而颜色变浅，白色的油漆随着使用时间的延长会变黄。

设计工作者应该根据房屋的不同方向（位）

图4-32　气窗的表面处理可以根据室内地板和家具的颜色及风格来配置

和功能来设计、选择气窗的颜色和规格，每种颜色和规格都有其功能和属性，宽大的书房常使用与书房内匹配的木纹色，而浴室、厨房、卧室和起居室常使用浅色、白色系列。从建筑外观上看，同一面墙或一个视角的外窗所显示的气窗应该是统一的颜色。

　　如图4-33所示，气窗有多种不同截面的边框造型，边框的不同设计会给气窗带来不同的风格和外观，在设计气窗前，应向生产企业了解气窗的边框造型规格，再决定是否需要单独设计特别的边框，毕竟新的造型设计会涉及成本和材料的增加。

图4-33　气窗的边框造型

　　如图4-34所示，在浴室使用气窗会有明亮、宽敞的效果，同时也能有效地遮挡隐私。在浴室等湿度大的空间使用气窗时，可以采用防水性能好的聚乙烯发泡树脂材料，长期使用也不会变形或发霉。这种产品是免漆产品，经模具挤塑出来即成型，组装后即可使用。残废料和报废的旧PV材料还可以回收使用。

如图4-35所示，在玻璃门上安装气窗是最有效的设计，木质气窗可以躲开门把手，也可以随着门的开关而动，却仍然不失典雅和精致的气质。

气窗是一种比较专业的室内装饰工业产品，具有独特的工艺要求和品质标准，虽然每个品牌和制造商都有自己的产品生产工艺标准，但大部分气窗的规范是一致的，在配件和安装技术上有不同的规范，建议设计工作者在确定好气窗供应商后，去企业仔细了解气窗的构造和工艺，掌握测量和安装技术，为用户设计合理的气窗产品。

图4-34　浴室使用气窗具有明亮、宽敞的效果

图4-35　在玻璃门上安装的气窗

第三节　窗帘常用面料

一、窗帘常用面料的类别

从审美的角度看，很多窗帘面料好看多过好用。而在工业化的生产上，生产商总是会平衡好看和好用之间的关系，面料不仅要有好看的外观，更要有稳定的结构。色织面料、平织面料、印花面料等具有多种不同的效果，均广泛使用在窗帘中。例如，常见的涤纶和棉交织的色织面料、涤纶和人造棉交织的色织面料、丝和亚麻交织的色织面料等，色织不仅改变了面料的色彩，同时也改变了面料的肌理效果和手感；平织的细棉绸（细棉布或细亚麻布）手感柔软，透明，一般单色居多，常用在纱帘上，呈现优美的曲线和柔软的外观，目前涤纶仿棉绸逐步取代了细棉绸。

下面介绍几种常用的或具有特殊效果的窗帘面料。

1. 印花窗帘面料

印花通常都是印在平织的棉、麻或者棉/麻、黏胶纤维/涤纶、涤/棉混纺和涤纶仿棉的面料上。

（1）平网套色印花面料

平网套色印花是相对比较传统的工艺，每一个颜色都有一面丝网，色彩饱和度高、清晰、立体感强，套色的准确度和丝网的制版技术和调试技术有关，颜色的效果也与染料的品质和色彩的配比有关。

平网套色印花的花型尺寸不受局限，丝网的细腻程度、染料的微粒等级和面料的丝光工艺等都会对最后的印花效果产生影响。印花面料的色彩比较直接，晕染效果不好，好的印花产品清晰度好，色彩过渡自然、套色准确、均匀、细节清楚、精致、颜色正、灰度适中。

图4-36为平网套色印花工艺，一种颜色需要一个丝网，靠丝网的粗细控制染料在面料上的薄厚。

如图4-37所示，平网套色印花设备已经实现了大工业化生产规模，设备设置好后，1000米的面料套色印花不到一个小时就可以完成，工人只需要3~4个人，生产效率较高。

图4-36　平网套色印花面料

图4-37　平网套色印花设备

图4-38为平网套色印花的亚麻和黏胶纤维混纺窗帘面料，使用的颜色不超过四种。现代平网套色技术使色彩过渡自然，颜色越多，需要开版的丝网越多，多的颜色可达到16种以上，对套色的准确性要求也较高，成本会相应增加。

平网套色技术不仅能够生产窄幅的面料（137～150cm），也可以生产宽幅（280～300cm）的印花床品和窗帘面料。

（2）圆网套色印花面料

圆网套色印花类似印刷机的原理，制成凸版

后，在每一个圆辊上印刷不同的颜色。圆网印花速度快、精度高、品质好。但是因为辊筒直径的尺寸，对纵向花型的尺寸有所限制，现在已有圆辊轴径大于40英寸（1000mm）的，意味着圆网印花的花距可以超过1m。圆网周长有480mm、640mm、913mm、1826mm等，工作幅宽有1280mm、1620mm、1850mm、2400mm、2800mm、3200mm等。套色数量也可达到20种颜色以上，生产效率极高，产量可达3500m/h。圆网印花机通常有8色、12色、

图4-38　平网套色印花的亚麻和黏胶纤维混纺窗帘面料

16色、24色等（图4-39）。

（3）数码印花面料

数码印花类似打印机，颜料直接从打印机喷头上喷到面料表面，迅速、快捷、方便，无需调试和等待，起定量低，色差误差小（图4-40）。

数码印花面料由于颜料和喷头的限制，其色牢度和色彩的饱和状态远不如圆网和平网印花的品质。通常用于临时性和对成本要求较高的项目。

（4）热转印印花面料

热转印技术在20世纪80年代颇为盛行，随着纺织印染技术的进步和数码打印技术的成熟，热转印工艺因为转印纸的浪费、库存和成本的增加以及效率，导致市场份额大幅减少。

热转印印花是将事先印好的可转印的纸与面料表面复合在一起，通过热辊的加热，将其上的花型和颜色转印到面料表面。热转印技术简单、快捷、方便，纸的加工成本较低，对面料的要求也不高，在提花面料上也可以转印。热转印设备的结构也非常简单，2个可调速的伺服电动机带动2个可以加热并调节压力间距的胶辊，将面料和印花的转印纸压合在一起，加热的辊即可将转印纸上的颜料转印到面料上（图4-41）。但是热转印毕竟是从纸上脱落下来的色彩，转印过程中色彩会有一些损耗，所以热转印印花面料的颜色没那么鲜艳（图4-42）。

图4-39 圆网套色印花

图4-40 宽幅数码印花面料喷绘机

图4-41 热转印设备

图4-42 热转印印花面料

（5）轧光印花棉布

将印花棉布进行轧光处理，通过两个金属高光摩擦辊和一个软纤维辊，因为辊的线速度不同所产生的摩擦以及将织物中的纤维压扁后明显减少了纤维间的空隙，从而使织物变得更有光泽。轧光工艺早先起源于印度，在公元1700后传到法国，被Toile de Jouy关注并用于茹依（Jouy）面料。早期在欧洲用于窗帘和床罩，是非常传统的产品。经过轧光后的印花面料颜色更加鲜艳夺目、表面更加精致细腻（图4-43），但是经过水洗后，光泽则会大幅减弱。

2.平纹格子布窗帘面料

平纹格子布大多是色织面料（图4-44），以棉质为主，色织的格子状花纹质地较轻，平纹格子布的温馨感和精致协调的色彩很有居家的气氛，常用作桌布、野餐用的地巾和窗帘，有一种非常容易辨识的家的感觉。有经验的设计工作者常将其用来作点缀，如灯罩、纸巾盒、早餐桌布、小窗帘和餐椅坐垫等。

3.薄纱（纱帘面料）

使用较细的棉纤维或涤纶丝平织的一种薄纱（Voile），词源来自法语的面纱（Veil），又称玻璃纱或巴厘纱，常用作窗帘中的纱帘，主要特点是纱支细，捻度高，密度稀，质地轻薄，手感滑爽，弹性好，抗皱性能强。洗涤时宜在皂液中轻轻揉搓，以防起毛和布孔变形，洗后用清水漂洗。

大部分纱帘用的是涤纶面料，也有涤纶与麻混织的面料，或棉与涤纶混织的面料，但数量不多。涤纶的拒水性强，耐日晒，洗涤方便，垂感十足，物美价廉，深受市场欢迎。薄纱有多种样式和颜色可供选择，由于其半透明、质轻的特征，薄纱帘的使用倍数往往要比普通窗帘布的倍数大，比如，窗帘布若是2.5倍的，薄纱则要3倍（图4-45）。

纱的肌理设计和色彩可以有多种，材质有棉、麻、丝绸、涤纶、涤/麻、涤/棉、丝/麻、

图4-43 轧光印花棉布

图4-44 平纹格子布

图4-45 薄纱

丝／棉、人造棉等。大部分人造纤维的纱帘可以水洗，而棉、麻和黏胶纤维织造的纱则会缩水，裁剪前要下水预缩，否则水洗后会有较大的缩水反差。纱帘往往在靠近窗户玻璃的一面，受到的紫外线照射最多，纤维很容易受到损坏，洗涤的过程中很容易造成破损和开裂等。

如图4-46所示，纱帘是半透明的，极其轻柔、飘逸，这种朦胧和若隐若现的感觉给人们的视觉带来无限的想象和对浪漫的憧憬。无论是随风飘动的轻纱还是静静低垂的柔幔，给人们带来

图4-46　纱帘在室内窗帘中扮演着重要的角色

的视觉缓冲会平衡室内诸多刚劲的建筑直线和平面以及坚硬的墙体和地面。有纱帘的窗户白天外面无法看进来，而室内却能看出去，晚上亮着灯光从外面看室内也只是朦胧的影子。

现代纺织新技术赋予纱帘更多的功能。纱帘不仅可对光进行控制、视觉上增加美感，还有更多的实用功能。例如，用特种纱线可以织造过滤花粉的面料；在纺丝液中加入紫外线吸收剂可生产吸收紫外线的纤维，制作的纱帘在不影响采光的情况下可以有效地屏蔽紫外线（图4-47）。

4. 纱罗窗帘面料

纱罗是用一种较复杂的传统织造工艺织造而成，纱罗与普通机织物不同，由地经、绞经两个系统经纱围绕一个系统纬纱相互扭绞而交织成织物，扭绞的经纱使组织结构中留有一定的空隙，并防止经纱和纬纱发生滑移，以提供坚固而透明的织物（图4-48）。纱罗允许光线和空气自由通过，常用于窗帘和精美服装的薄纱层。

5. 方平组织窗帘面料

图4-49的方平组织面料是采用4×4或2×2的织造方式，这种平织面料使用短纤维织造，有时用涤/棉混纺来体现面料不同的亮度和立体观感，面料透气、哑光、柔软，具有温馨、休闲和轻松感，广泛使用在窗帘中。

图4-50是采用2×1的织造方式织造的类似帆布肌理的面料，使用2股纱线并股，织造的面料强而有力，常用在户外遮阳篷上。

6. 凸纹色织窗帘面料

凸纹色织面料有三种，纬向凸纹（图4-51）、经向凸纹（图4-52）和斜向凸纹（图4-53）。三种凸纹色织面料各有其用途和特点。纬向凸纹

图4-47　纱帘在不影响采光的情况下可有效屏蔽紫外线

图4-48　纱罗面料

图4-49　方平组织面料细节

图4-50　帆布组织面料细节

图4-51 纬向凸纹色织面料

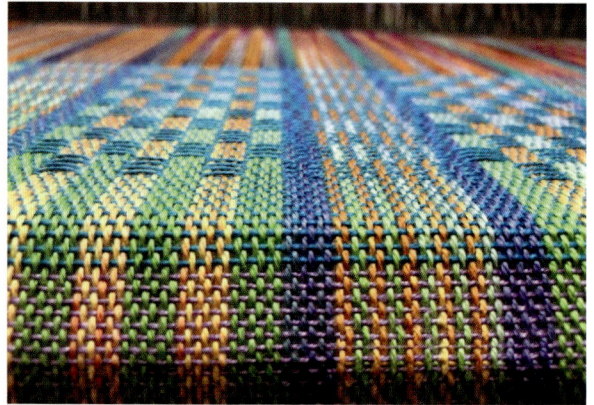

图4-52 经向凸纹色织面料

图4-53 斜向凸纹色织面料

色织面料更多地用在家具软包和窗帘面料上，经向凸纹色织面料用在窗帘遮阳产品和纱帘面料上，斜向凸纹色织面料在家具软包和窗帘上都可以使用。羊毛制品往往采用斜向凸纹织法来显示丰富的肌理效果，这种肌理效果因为凹凸不平的表面，使面料看上去具有哑光、富有触感和厚重感，尤其是天然纤维织造的面料，斜向凸纹织造的羊毛、棉、麻面料呈现出特殊的纹理、光泽和厚重感，令人不由自主地想去触摸和体验。

7. 色织缎纹窗帘面料

使用醋酯纤维的复丝可以织造垂感很强的亮丽缎纹窗帘面料。缎纹面料（图4-54）尤其适合水波纹的窗幔和瀑布式的幔旗。复丝纤维织造的经向缎纹面料常用来制作窗帘和时装的衬里。仿双宫缎纹面料使用的纬线上有粗纺线的一个个竹节状肌理，和缎面交织辉映，形成独特的类似双宫绸的外观。其中发亮的醋酯纤维和哑光的棉纤维交织，让双宫缎纹面料成为最流行和受欢迎的具有现代风格的产品之一（图4-55）。

复丝是化学纤维长丝的一种，是由多孔喷丝板纺出的细丝并合成的有捻或无捻丝束，由多根

单纤维组成的复丝比同样纤度的单丝柔软。复丝的规格以复丝的纤度和单根丝的根数来表示，如120dtex/36F，F代表根。

复丝对应的是单丝，单丝是化学纤维生产中用单孔喷丝头制得的细度较细的单根长丝，其细度较复丝中的单根丝粗。熔化后的纺丝液经过喷丝头的毛细孔喷出细流，经冷凝而成。或用多孔喷丝头（如可达50孔）纺丝，再经无捻拉伸和分丝卷绕成单丝筒子。规格通常以dtex/F为单位。纺织行业中单丝是很难织造面料的，都需要多根单丝组成复丝纺纱并股后成为纱线再织造。复丝的概念不仅用于醋酯纤维，也在其他合成纤维长丝使用，如丙纶、腈纶、涤纶等。

8. 提花窗帘面料

（1）小提花面料（Dobby Fabric）

小提花面料是由多臂织机织造的一种机织物，特点是织物上有小几何图案和特殊的纹理（图4-56）。经纱和纬纱的颜色可以相同，也可以不同。缎面浮线在这种编织中特别有效，因为它们的纹理会突出图案。小提花面料通常具有简单、重复的几何图案（图4-57），如典型的T

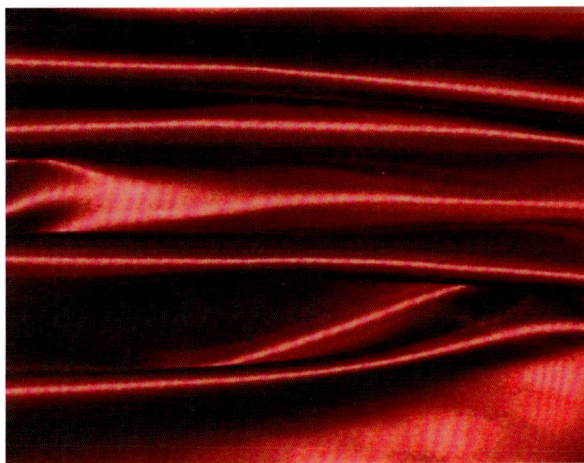

图4-54 缎纹面料（Satin）

图4-55 仿双宫缎纹面料（Faux Dupioni）

恤衫用面料、"千鸟格"面料就是由多臂织机织造的。

皮克面料（Pique Fabric）也是一种多臂织机织造的面料，其用于提花的多臂机最多的综框数可达32个。多臂织机织造的窗帘面料品类众多，相对于大提花机，多臂织机织造的面料花型较小且比较简单，重复的花距也很小，悬垂性好，织造成本比大提花低，非常适合窗帘的使用。

（2）大提花面料（Jacquard Fabric）

大提花织机和多臂织机的区别在于对经线的控制程度，多臂织机只能对经纱进行分组控制，因此，当线束向上或向下移动时，一组经线都会被综框带动随其移动，由于线束的限制，多臂织机只能织造较简单的图案。而大提花织机允许单独的经纱上下移动，因此，可以织造更复杂的花型。

彩花细锦缎（图4-58）是精美的大提花织

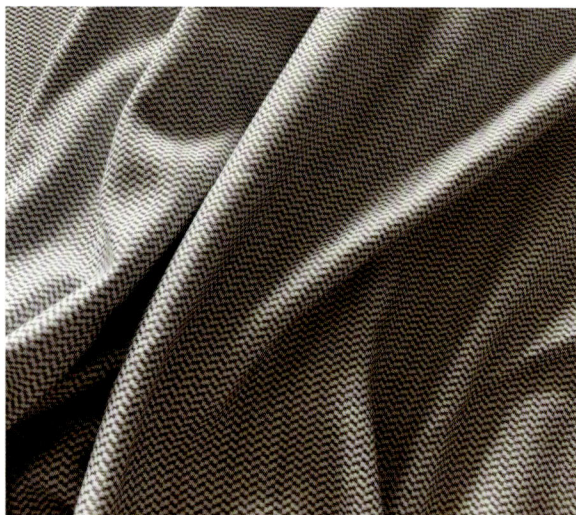

图4-56　多臂灯芯凸纹面料（Corrugated Fabric）

图4-57　多臂鸟眼凸纹面料（Bird Eye Fabric）

图4-58　彩花细锦缎（Lampa）

物，使用单色的缎面经底配三重纬线，交织出精美的锦缎，类似织锦缎。彩花细锦缎立体感很强，花型优雅华丽，装饰效果强烈，图案精致、色彩绚丽，织纹整齐且紧密厚实，是古典风格窗帘用的典型面料。

凸纹厚缎是一种双层大提花织物，最初的经纱和纬纱用的是真丝，也有采用真丝和亚麻的，现在的经纬纱也有用真丝、人造丝、棉或其他合成纱线的。凸纹厚缎也类似于锦缎，采用两根经

纱和两根纬纱织造，图案是通过将粗的经纱编织成缎面形成的，缎面效果由经纱凸出在平坦的底面上，从而产生明显的浮雕效果（图4-59）。凸纹厚缎的缎面浮雕感具有奢华、富丽堂皇的视觉冲击力（图4-60）。

9. 采用表面装饰的窗帘面料

（1）植绒

植绒可以追溯到大约公元前1000年，当时

图4-59　凸纹厚缎（Brocatelle）细节图

图4-60 凸纹厚缎的缎面浮雕感

中国使用树脂胶将天然纤维黏合到织物上。在中世纪的德国，植绒作为一种装饰艺术将纤维粉尘撒在涂有黏合剂的表面上，以生产植绒墙布。植绒是将许多微细的纤维颗粒沉积到基材表面上的过程，也可以指该过程产生的纹理，或主要用于植绒表面的任何材料。对织物进行植绒可以增加其在触感、美学、颜色和外观方面的价值，也可以出于功能原因，如绝缘、抓握摩擦、液膜保持和低反射率等。植绒是一种创造另一个表面的方法，模仿一个堆积的表面。

在植绒工艺中，纤维通过黏合剂沉积在基材上，基材的整个表面或局部区域都可以植绒，通常是通过施加高压静电场来进行。在植绒机上，植绒材料被赋予负电荷，同时基材接地，植绒材料垂直飞落到基材（如面料）上，附着在预先涂好的黏合剂上。许多不同的基材都可以植绒，如各种织物、纸张、PVC膜、海绵、玩具和塑料等。

大部分植绒材料使用经过精细切割的天然或合成纤维。植绒饰面赋予表面装饰花型或功能特性。通过不同的植绒方法，设计工作者可把植绒应用于各种材料的表面，以制造更广泛的最终消费产品。植绒工艺不仅应用于零售消费品，商业、公共建筑、高科技军事产品领域都有应用。

植绒通常在薄纱（Voile）表面显示出带圆点的图案或其他图案，称为植绒点纱面料和植绒花型纱面料（图4-61）。

（2）雕孔绣（Broderie anglaise）

雕孔绣（又称打孔绣）是借助绣花机上安装的雕孔刀或雕孔针等工具在面料上打出孔洞后进行包边刺绣（图4-62），这是一种对制版及设备要求较高，但效果十分别致的绣法。

雕孔绣面料的图案由圆形或椭圆形孔眼组成，这些图案通常描绘花朵、叶子、藤蔓或茎，并通过在周围的材料上简单刺绣针迹以进一步描

图4-61　植绒点纱面料（左）和植绒花型纱面料（右）

图4-62　雕孔绣通常用于偏女性化的纱帘和窗帘

绘花型。后来的雕孔绣还是以缎面针迹制作的小图案为特色。

雕孔绣技术起源于16世纪的东欧，19世纪在英国流行，在英国维多利亚时代，雕孔绣有多种尺寸。首先将花型转移到材料上设计，在某些情况下，在完成边缘刺绣之前用短锥先打孔，有的是先在织物上刺绣，然后打孔。从19世纪70年代开始，马德拉刺绣的设计和技术被瑞士手工刺绣和飞梭刺绣机复制。现在大多数雕孔绣是由多针头的刺绣机自动制作的。机绣的效率很高，每台设备每天的出产率1000～3000m。

在当代时尚文化中，雕孔绣已应用在各种现代服装上，它被描述为"按比例放大的蕾丝"，但比蕾丝更坚固，也适合外穿，与内衣用的蕾丝面料外观还是区别的。

（3）机绣和手绣（Embroidery）

刺绣是用针把不同颜色的线沿着面料上事先拟好的花纹图案一针一针绣到面料（基布）上的工艺。刺绣也可用其他材料，如珍珠、小珠子、羽毛和亮片等。在当代社会的时尚消费品中，刺绣通常出现在帽子、鞋子、覆盖物、毯子、礼服衬衫、连衣裙和高尔夫球衫等产品上。而在家居用品中，刺绣工艺常用于窗帘、家具和抱枕、披毯、高档丝绸墙布、桌布和桌旗、床上用品等。刺绣有多种材质和颜色的纱线可供选择。最早刺绣的一些基本技术或针迹是链式针迹、扣眼或毯式针迹、运行针迹、缎纹针迹和十字绣等，这些技术或针迹仍然是现在手工刺绣的基本技法。

中国的四大名绣是苏绣、湘绣、粤绣、蜀绣，其中以苏绣的历史最久远（春秋战国时期），但是现存实物只能追溯到宋代，宋代苏州经济繁华，"户户有刺绣"。由于手工刺绣工艺非常耗时，刺绣用的丝绸面料和人工成本日益昂贵，现

在的刺绣工艺已经列入非物质文化遗产的保护范围，大量使用的是机绣产品。

机绣的发展及其大规模生产是在工业革命期间分阶段进行的。第一台刺绣机是手工刺绣机，1832年在法国发明；接下来是瑞士的飞梭刺绣机，它借鉴了缝纫机和提花织机，操作完全自动化。19世纪下半叶，瑞士东部圣加仑的机器刺绣制造业蓬勃发展，它和德国的普劳恩都是机器刺绣和刺绣机发展的重要中心。20世纪初，许多瑞士人和德国人到美国新泽西州的哈德逊县，并在那里发展了机器刺绣业。

现代刺绣多用电脑刺绣机进行，使用刺绣软件将图案数字化，然后刺绣机将选定的设计图案刺绣到织物上，很多帽子、鞋子、T恤衫、床品、窗帘以及产品上的徽标、字体、几何图案等都可以用电脑刺绣来完成。在家居面料上采用刺绣设计，是一项相当有挑战性的工作，设计工作者需要了解各种刺绣手法、丝线的应用、色彩分色和针密等，这样才能准确地将最终产品的个性化和专属体验给到用户，让用户感受到设计的艺术魅力和作用。

图4-63为苏绣产品，手工在100%缎面丝绸上刺绣，到目前为止，手工刺绣的技艺效果机绣技术仍然无法超越。

图4-64为涤纶机绣产品，由机器在100%涤纶面料上刺绣，可以看出，在刺绣的针脚和纱线的颜色变换上，机绣产品显得较单一、呆板和粗糙。

10. 拔染窗帘面料

拔染工艺类似丝网印刷工艺，但是用还原剂代替常规油墨，还原剂可以去除面料上的染料，而不是把面料染上颜色。它与漂白有些相似，不同之处在于它不会像漂白那样损坏纤维。拔染印

花面料非常柔软，并可显示织物的编织肌理。拔染工艺可以单独使用，也可以用作其他颜色的基础，也可以添加颜料，但是因为有还原剂，很难获得准确的颜色。

与传统的蜡染相比，拔染有着异曲同工的作用，但是生产效率则有大幅提高。拔染印花因为工艺简便、可控性和效率高而深受欢迎（图4-65）。并不是所有的纤维都适合拔染，色牢度相对较低的纤维拔染效果较好，如天然纤维中的棉、麻等。

拔染工艺需要根据织物的类型来选择染料，不同的织物需要使用不同化学性能的还原剂。有些染料根本不受还原剂的影响，此外，拔染后很少能使织物恢复其染色前的原始颜色或白色。例如，一些黑色的面料在拔染后会变成偏红的棕色，而其他的会变成非常浅的棕褐色。反复测试是唯一保证拔染效果的方法。拔染膏是一种还原剂，使用安全，主要的副产品是氨，它适用于天然纤维，与漂白剂不同，它不会损坏纤维，甚至可以拔染精致、娇气的丝绸，它可以去除大多数

图4-63 苏绣（绣品由古典丝织的安东尼·朝提供）

图4-64 涤纶机绣（绣品由古典丝织的安东尼·朝提供）

图4-65 拔染印花面料

面料上的活性染料、直接染料和酸性染料。拔染膏有一定厚度，可以将其按照设计的花型刷在面料上，也可以通过丝网印刷在面料上，或用有模板的滚筒印在面料上，面料干燥后用蒸汽或者在蒸笼中蒸10min左右。当停止褪色时，拔染过程基本上就停止了，用优质的洗涤剂清洗面料并在温水中冲洗，以恢复面料的柔软度。拔染工艺可以实现非常复杂的花型，同时也大幅降低了成本，在亚麻布上模拟蜡染效果的拔染印花面料几乎可以乱真（图4-66）。

应该在通风良好的区域实施拔染工作，并使用防毒面罩来增加保护，因为排放的化学物质会散发出强烈的氨气，或漂白剂中会产生氯气。

11. 茹衣印花窗帘面料

茹衣印花面料的法语是Toile de Jouy，Toile一词源自法语的亚麻布，茹衣印花面料意思是来自巴黎郊区茹衣（Jouy-en-Josas）镇的亚麻布，它是一种特殊的亚麻布，在未漂白的织物上以单色（通常是黑色、蓝色、绿色、暗红色、棕色等）印制浪漫的田园风格图案（图4-67）。

大部分茹衣印花面料的设计很像"铅笔素描"，有时也像"铜版画"的绘画效果，这使茹衣印花面料具有浓厚的艺术气息，体现出古典和优雅（图4-68）。

茹衣印花面料在室内设计中的应用非常广泛，在室内产品中常用于沙发、椅子、窗帘、桌布、墙体材料、床品及餐巾等日用品上（图4-69～图4-72）。

茹衣风格几乎和法式乡村文化分不开，茹衣的花型特征延续着洛可可风格的影子，很多东方元素来自中国古典精致而细腻的线描手法，韵味十足，久观不厌，其文化的魅力彰显无遗。茹衣图案如今已经演变为织物的原始设计美学，茹衣图案在墙纸和精美瓷器等非织物产品中也很受欢迎。

茹衣图案在16世纪晚期到17世纪早期的美国非常流行，20世纪以来，茹衣图案常被时装、家具、室内和产品设计师用于新的设计样式。茹衣花型相对比较传统、精致和细腻，灰度和衬托的张力很大，表现艺术风格的尺度可伸缩性及灵活性比较突出，其装饰效果强烈，文化代表性凸显，细节丰富，两百多年来仍受时尚界和大众消费者的喜爱，这种传统花型经久不衰的原因是其根深蒂固的文化根源。茹衣花型在时装界也非常受欢迎，2019年的法国著名时装品牌Christian Dior就使用茹衣风格主导了其春季新款产品和店面装饰。

在茹衣风格的题材上很容易表达空间的主题，其时尚性强烈，可调整彩色范围和灰度的幅度较宽，可疏可密、可大可小、可深可浅、可浓可淡，在色彩透视和景深层次上比较容易把握，因为大众熟悉的原因，风格比较亲民，尤其在表现法式乡村、地中海风情和新古典主义等艺术风格的设计案例中，茹衣图案是很多设计工作者最喜爱使用的花型之一。

12. 经纱印花窗帘面料

经纱印花面料是一种将印花和织造结合起来制成的高级装饰面料，通常是在丝绸面料上产生独特的花纹，具有模糊的柔和图案（图4-73）。

图4-66 在亚麻布上模拟蜡染效果的拔染印花面料

图4-67　茹衣印花面料（两色素描绘画式图案设计组合）

图4-68 单色和双色的素描式图案设计是茹衣风格的主要表现手法

图4-69　茹衣图案的面料广泛使用在窗帘、壁纸（布）、床品和家具软包面料上

图4-70　茹衣图案壁纸深受家居时尚行业的青睐，复古、经典的图案经久不衰

图4-71　茹衣图案的面料使用在椅子上

图4-72　茹衣图案面料窗帘

图4-73　经纱印花面料

经纱印花是一种非常独特的技术，织造前先印染经纱，染色时经纱必须保持完全平行，只有手工操控才能将颜色均匀地涂在丝网上，根据设计，最多可以使用28个丝网染色。将印染好的经纱安装在织机上再进行编织，这个生产过程具有非常独特的质量要求和设计规范。染色后的经纱形成颜色模糊不清的柔和阴影。经纱印染需要非常细致的手工操作，因此，经纱印花工艺几乎都是用于高质量和昂贵的织物，如塔夫绸、缎带或精梳棉织物及其他高档装饰织物。

用这种技术生产的真丝织物和塔夫绸具有多种名称，包括蓬巴杜塔夫绸（以蓬巴杜夫人的名字命名），尽管该织造方式的工序非常复杂且昂贵，并且仅在18世纪法国的少数地方制造，但仍然不失其独特的魅力而延续至今。

13. 烂花绒窗帘面料

烂花（Burnt-out）是在多种纤维织造的面料上使用腐蚀剂溶解掉可腐蚀的花型部分，留下的花型部分形成特殊的立体图案。烂花绒装饰效果强烈、华丽并具有优异的悬垂性（图4-74）。

14. 针织蕾丝窗帘面料

窗帘面料中使用较多的是蕾丝面料，尤其是针织引纬工艺生产的蕾丝面料，花型独特，常用来制作窗幔。引纬工艺是将不同长度的纬线引入制成不同透明度的完整花型。不透光的材料显示在织物表面，使透光度和织物表面富于变化（图4-75）。

二、窗帘面料的功能性选择

首先，赋予窗帘面料的功能不能一概而论，

图4-74　烂花绒

图4-75　针织蕾丝制作的窗幔（左）和引纬工艺生产的蕾丝面料（右）

而是要根据用户的需求来定，不能以一套标准衡量所有的用户，不一定功能越丰富越好，而是要符合需求。其次，功能能否实现，除了要充分了解现有的产业链供应状况，也需要了解从纤维到后处理等工序中如何最合理地实现面料的功能化。

如图4-76所示，不同的用户群体对窗帘（面料）的功能需求大不相同，细分产品的好处是能够让用户一目了然地理解产品的设计价值。

商业（公共）空间和住宅对窗帘面料的要求是有很大的区别，这种要求不一定是来自客户的要求，而是出于安全和人文的考虑，如幼儿园、养老院是一个特殊的场所，这样的空间与公共空间和住宅空间有不一样的功能需求。

实现纺织品的功能性有两种渠道：织造前和织造后。织造前是对纤维的预处理，大部分可以预处理的纤维是人造聚合物纤维，改变天然纤维的属性较困难，且成本较高。织造后对面料（纤维）的处理称为后处理（后整理），可以广泛地针对不同材质的纤维面料进行处理并赋予其各种功能，例如，混纺、背胶（阻燃、加强稳定性）、浸轧（阻燃、"三防"、抗菌）、轧光（使面料表面更亮）、喷蒸（使面料平整、柔顺）等。窗帘面料功能见表4-2。

图4-76 不同的用户对窗帘面料的功能需求不同

表4-2 窗帘面料功能一览表

标识	功能及原理	标识	功能及原理
ANTIMICROBIAL ANTIBACTERIAL	抗微生物性能（抗病毒、抗细菌、抗真菌） 纤维中加入1.5%~3%纳米氧化锌/铜/银杀灭微生物，也可用后整理浸轧处理	抗紫外线	抗紫外线 加入紫外线吸收剂和氧化锌，吸收、转化和反射紫外线，也可用后整理浸轧处理，但是效果一般
（阻燃标识）	永固性阻燃 纤维中加入阻燃剂，也可用后整理浸轧/背胶处理	光反射保护隐私	光反射保护隐私 使用涤纶长纤维产生反光衍射以保护隐私
噪声控制	噪声控制 磨毛工艺或空变丝的窗帘面料更加吸音	防泼水防污 Water & Stain Repellent	三防（防水、防污、防油） 纤维中加入氟化物或进行后整理，也可用后整理浸轧处理
除臭 DEODORANT	除臭 纤维中加入1.5%~3%纳米氧化锌/铜/银避免微生物滋生，也可以后整理浸轧处理	可用水洗涤	可水洗 面料要求预缩处理

标识	功能及原理	标识	功能及原理
抗静电	抗静电 加入导体纤维和含湿率高的涂料或背胶/背衬	可回收 RECYCABLE	可回收 设立可回收机制
抗花粉过敏	抗花粉过敏 纱帘使用短纤维或空变丝面料,可捕捉花粉		可持续发展认证 符合可持续发展条件
隔热功能	隔热功能 单层/双层/三层窗帘的热导率系数不同	U.S. GREEN BUILDING COUNCIL LEED CERTIFIED USGBC®	LEED 认证 符合 LEED 认证条件
遮光	多等级遮光 使用50%、75%、100%遮光程度的面料或衬里	OEKO-TEX® CONFIDENCE IN TEXTILES STANDARD 100 CLASS 4	OEKO-TEX 标准 100 绿色标签认证

对人造聚合物纤维的改性设计能够赋予窗帘面料更多的功能和作用,例如,在聚合物喷丝时加入微小剂量的纳米氧化锌(氧化铜或氧化银,氧化锌更加有效且物美价廉)能形成永固性抗微生物功能,可使窗帘(面料)达到医疗级的使用标准,抗病毒能力高达90%,抗细菌能力也能达到99.7%。因为是永固性的抗微生物性能,随着使用时间的延续和洗涤次数的增加,其抗微生物性能并不会像从后整理所获取的功能那样很快消失。

在表4-2中的16个窗帘面料功能中,以"抗微生物"的功能,尤其是其中抗病毒的功能最新,也是最能引起广泛关注的。近年来人们对健康环境和产品功能的要求越来越高,市面上出现了很多良莠不齐的"抗微生物"产品,其中不少产品在机理的诠释上也很模糊。无论是空间设计还是产品设计,在应用这项新兴的技术之前,设计工作者需要彻底了解微生物的概念以及"抗微生物"的原理、作用和标准,这毕竟是涉及用

户使用安全的问题,需要彻底弄清该项产品功能的来龙去脉。

微生物(Microorganism)是指肉眼看不见的微小生物,必须借助显微镜才能观察到的细菌、真菌和病毒。纺织品具有"抗微生物"功能并不是指微生物不可附着,而是对微生物来讲,该纺织品中含有的无机物的释放所造成的环境不利于微生物继续生存和繁衍,甚至有持续杀灭微生物的功能,这个过程是自动产生的,同时也是缓慢的。

如图4-77所示,细菌(大肠杆菌)和新冠病毒的尺寸大小相差了14~33倍。细菌和病毒的结构差别很大,细菌可以单独存活,而病毒则不可以,病毒需要依靠宿主来进行复制,如果细菌和病毒都附着在窗帘上,要根据窗帘面料的材质来判断其存活的时间,可能是5~48h,如果采用的是抗微生物功能的面料,则其存活的时间大幅缩短,因为面料表面的纳米无机物会杀灭附着的微

生物，也就是说细菌或病毒等处在一个不利于其生存的环境中。所以抗微生物面料的实质就是利用一种更先进的技术，人为地在纺织品上营造一个不利于微生物生存的环境。这种环境如果是永固性的，则具有持久的杀灭效果，如果是通过后整理获得的，则只能是短期、临时的效果，随着洗涤和清洁，该功能也会递减甚至变得很微弱。

细菌是具有完整细胞形态的微生物，如金黄色葡萄球菌、大肠杆菌等，病毒是颗粒很小、以纳米为测量单位、结构简单、寄生性严格、以复制进行繁殖的一类非细胞型微生物，病毒是比细菌还小、没有细胞结构、只能在细胞中增殖的微生物。由蛋白质和核酸组成，大部分要用电子显微镜才能观察到。由于细菌和病毒

的结构（图4-78）不同，其传播方式也有着根本的不同，所以面料的抗菌和抗病毒机理也不相同。

抗菌原理：纤维表面附着的纳米锌的抗菌能力会随着颗粒的尺寸变化而变化，纳米粒子越小，表面原子活性越强，抗菌能力越强，由于锌离子带正电荷，细菌体带负电荷，微生物接触氧化锌离子时，正负电荷互相吸引，锌离子进入菌体的原质膜，使细胞蛋白质变性，从而使细菌和真菌无法代谢、繁殖，直至死亡。

抗病毒原理：抗病毒功能是纺织品需要具有一定的抑制和杀灭病毒活性的作用，从而减少病毒的传播和破坏。抗病毒的原理和抗菌原理类似，只是针对的杀灭对象不同，根据病毒

| 8000nm | 2000nm | 100～1200nm | 80～120nm | 90～160nm | 60～140nm |
| 红细胞 | 大肠杆菌 | 溶酶体 | 感冒病毒 | HIV病毒 | 新冠病毒 |

图4-77　细菌和病毒的大小比较

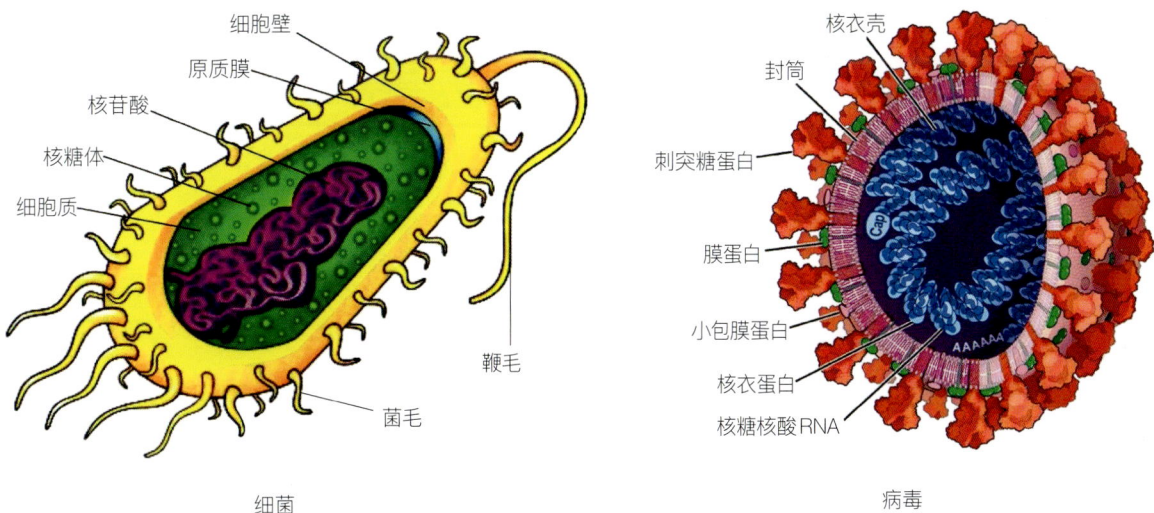

细菌

病毒

图4-78　细菌和病毒的内部结构

的活性、大小、数量、密集程度和变异菌株/毒株等，需要在配方上予以区别对待，同样适用抗微生物的纳米氧化锌材料，不同的颗粒大小（20~200nm）、投放比例（1.5%~3%）、表面释放浓度、纤维种类等都会产生不同的效果。

图4-79所示是在电子显微镜下观察到的纤维表面的纳米锌颗粒，这样密集的锌离子几乎完全包裹着整根纤维，任何微生物附着上去都会被杀灭。

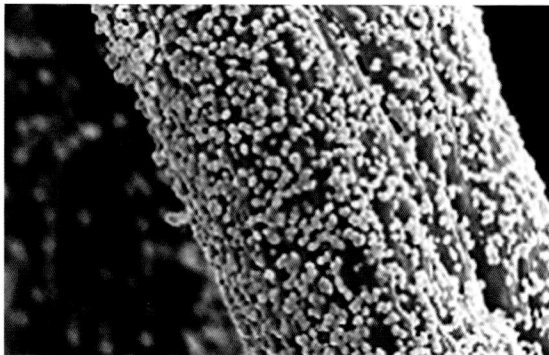

图4-79　电子显微镜下纤维表面的纳米锌颗粒

第四节　墙体及软包材料

一、墙体材料的适用性

在任何一个室内空间中，墙体是一个较大的表面体，设计时需要考虑相应的设计元素和规范。设计时常使用面料和非织造布来赋予墙体视觉、触觉和听觉上不同的功能和感受，这不仅可以有效地规划空间，也能使工作和生活环境得到改善并更加人文化。比如，墙体和悬挂在空间中的软包板块能够非常有效地减少空间的回声，同时给予更多的视觉享受。

声波是一种具有持续性的能量机械波，和光波一样，会表现出衍射、反射和干涉等现象。空气中的声波没有任何极化，因为它们在移动时会沿相同的方向振荡，声波遇到坚硬、光滑的表面会反弹，造成声波的进一步反射和相互干涉，回声和噪声会升高，初始声波会被干涉而减弱，这就是需要吸音板的原因，让传到吸音板的声波被吸收和折射，不再反射和干涉。初始声波和回弹声波传送的速度是一样的，尽管回弹声波的振荡强度不一样。所以如果不做声控处理，尤其是人数众多的公共空间，将会充满杂乱、吵闹、无序的声音。

如图4-80所示，在影剧院、会议厅或视听室等公共空间，常使用彩色的高频涤纶丝板贴在墙体上作为声控材料的一部分。

这种涤纶丝板材的色彩、形状、图案、密度、厚度、肌理、吸音效果、安装方式、制造成本，都可以通过设计来完成，从而满足用户的需求。大部分公共空间的墙体软包材料都是阻燃纤维制成的。在大型会议厅、剧场、图书馆、商场、影院等公共场所，噪声控制是室内设计师需要关注的重点之一（图4-81、图4-82）。

二、设计墙体材料时需要考虑的因素

设计墙体材料时主要考虑以下因素：

·吸音的需求：对声音的回声的控制，对噪声的控制，对声音品质的控制，对安静程度的控制。

·空间的间隔：对空间的有效隔离。

·视觉效果：色彩、光感和触觉的感受。

·节能：涤棉就是很好的隔热层。

·阻燃成本：墙体软包时需要遵守严格的阻

图4-80　用于公共空间的彩色涤纶丝板

图4-81　大型的公共场所的整面墙体都粘贴着拼成几何图案的高频涤纶丝吸音板

图4-82　带有面料的隔板（或纤维板）在超大型办公区既可隔离空间，又能起到隔音和美观的作用

燃标准，美国的NFPA 101，CA 117和ASTM E-84都是对阻燃要求的标准，中国对墙体软包要求的标准也很高，都是B1阻燃标准（GB 20286—2006是针对公共场所的）。

在商业和住宅的设计方案中，墙体的软包材料主要有以下几部分组成：

- 阻燃涤纶面料；
- 填充材料，如阻燃海绵，阻燃涤纶；
- 软包衬板／框架，如铝合金或阻燃框架；
- 基础框架材料。

另外大部分墙体软包材料会涉及使用和摩擦问题，选择材料时应该注意其耐用性。

由于日趋严格的环保和安全要求，以及阻燃标准的逐步推广和强制性要求的普及，永久性阻燃涤纶是目前室内墙体材料的主要使用材料之一（图4-83、图4-84）。

三、特殊的墙体软包材料：丝绸壁布

丝绸是中华民族的瑰宝，也是艺术和智慧的结晶。丝绸壁布影响了壁纸的发展，汉唐时期通过西域和海上丝绸之路输出的丝绸中，有不少用于丝绸壁画上，在欧洲的王室、古堡中仍沿用至今。中国的丝绸绘画对欧洲中世纪乃至文艺复兴有着巨大的影响，在洛可可和新古典主义文化的元素里，仍然可以看到大量的中国古典艺术精华，融入欧洲的文化艺术中去。英国新古典主义三大家具巨匠之一托马斯·齐朋代尔设计的很多家具，都援引了中国绘画中的工笔植物花型。

丝绸壁布（图4-85）使用的双宫绸、塔夫绸、绢丝、丝麻混织面料等都是精致、昂贵的材料，经过精细的手工工笔、写意等绘画和刺绣完成。丝绸壁布是一项艺术创作工作，从立意、草图、色调、绘画、刺绣配色以及染色、做旧、裱装、表面处理和安装等一系列高度复杂、烦琐的专业工作，仅是刺绣配色的丝线就有五百多种，其制作成本非常高，无法承受这样昂贵的艺术作品的用户往往选择高清打印的壁布替代。毕竟大

图4-83　涤纶纤维吸音板（上）和纤维板外包阻燃涤纶（下）

图4-84　阻燃涤纶通过高频机压制成各种形状的墙体吸音板

图4-85　精美的丝绸壁布（图片由古典丝织的安东尼·朝提供）

部分用户需要的是装饰品，而不是艺术品。

手绘丝绸壁布是集艺术与设计于一体的创作，绝大部分丝绸壁布的造型、色彩和细节是独一无二的。丝绸壁布的制作周期很长，对设计工作者的艺术造诣要求非常高，不仅要对各种丝绸材料的工艺和特征了如指掌，也需要对传统文化和绘画历史、工笔（写意）的技法、刺绣手法、做旧工艺、丝绸染色和裱糊等有深入研究，才能设计出具有观赏价值的艺术精品。de Gournay和安东尼·朝是世界最知名的丝绸壁布品牌之一（图4-86）。

手绘丝绸壁布的核心在于：题材设计与工

笔（写意）绘画艺术表现功底（手法运用）。难度最大的是题材创作，一幅手绘壁布等于一项艰难的艺术创作，是对设计工作者艺术造诣的严峻考验。立意、草图创作、布局、色样、放样、染色、绘制、刺绣、裱糊、做旧、成品、安装这一过程是创作独特丝绸壁布的必须过程。

大部分丝绸壁布浆制后用淀粉糨糊裱在熟宣纸上，然后用矿物燃料绘制图案，有的写意绘画则需要生宣纸。局部图案有的用刺绣完成，形成生动的浮雕般的立体效应。传统的丝绸壁布使用的是绢，但绢和绸都是平织，只是绢的组织结构更加简单稀薄，需要底层的宣纸衬托，绢裱在熟

图4-86　精美的丝绸壁布用于室内装饰

宣纸上，绘画时不拖笔，细小的毛笔运笔也比较自如，而绸和丝麻布则不同，运笔阻滞，晕染效果不佳，花费时间更长。

丝绸壁布创作和制作过程的难度以及对专业水准、艺术审美的要求非常高，是可遇不可求的艺术珍品，无法用成本来计算一幅丝绸壁布的艺术价值。在创作过程中，设计工作者有时要报废很多次画好的丝绸稿件才能完成一幅作品，有的甚至完成了一大半，却因题材和细节的瑕疵而报废，这其中的成本和艰辛是看不到的。

四、墙体软包材料的品质控制

若采用面料，需要做必要的背衬或背胶定型，尤其是较轻薄的面料，如丝绸、绢等。

合成革和皮革常用作软包材料和墙体材料，成本是一个最主要的考虑因素。而使用仿皮革材料时需要检测其物理和化学性能，如耐摩擦系数、抗撕裂性能、色牢度以及环保标准等。

可用乙烯树脂喷剂、纸衬，石膏和平纹棉麻纱布等以增加壁布和软包材料的强度和尺寸稳定性。

表面后处理工艺可使壁布和墙体软包材料具有阻燃、三防等功能，并减少受污染的机会。

在粘贴墙体材料前，需要打好墙体的基础，墙体应平整、无裂缝、无反潮、无漏水等，使用环保的淀粉胶，较贵重的墙体材料，尽量安排专业的施工人员粘贴。

五、壁布和吸音板的安装

1. 壁布的安装

先整理墙面，将墙体用石膏腻子磨平后砂光，砂光后再用润湿布清洁，将壁布专用基膜刷两遍墙，以防墙体吸水和返碱；然后在壁布反面喷水、滚刷淀粉胶，略干后铺到墙上，赶出气泡，擦除溢出的淀粉胶，关闭门窗，不可有温差和大量的空气流通，以免干燥收缩得太快，使壁布接缝处撑开或裂开，甚至使壁布的布面起皱、起泡。

2. 吸音板的安装

使用挂条把吸音板挂在墙体上（图4-87）是目前软包的安装模式：

木条→层板→吸音板打胶（免钉胶）→纹钉斜钉侧面和角。

在现场施工采用免钉胶安装是目前最便捷的方式，除非吸音板有经常移动的需求。

若对噪声控制要求较高，建议使用由再生纤维制成的高性能噪声控制墙板和隔音天花板，这种双功能镶板可以阻挡和吸收声音。如图4-88

图4-87　美观、吸音、降噪的涤纶吸音板挂在墙上

图 4-88　较高空间使用的悬挂吸音板

所示，公共空间或者较高的空间使用悬挂吸音板，不仅可让回声和噪声大幅降低，也能起到灯光的衍射和造型设计的作用，同时省去了天花板的昂贵成本，在公共空间得到大量使用。

墙体材料不仅可以选择不同的颜色，也可设计不同的肌理和造型，由单一的 2D 设计转化为 3D 立体浮雕造型，甚至可以采用高清打印的方式实现各种设计题材和方案。

六、窗帘及墙体材料售后的维护和清洁

窗帘、沙发、地毯（块毯）等的清洁是用户非常关注的一个售后服务问题，设计工作者在设计和制定产品的时候，不仅对材料的属性要了如指掌，还要给出专业的指导意见和方法来帮助用户妥善处理售后的清洗和维护。在物料单和说明书上需要详尽地制定物料的日常清洗和护理方法，在交付使用时也需要将此内容列入交付的流程和清单中，并且需要告知用户没有按照建议的清洗和护理方式完成清洁或护理所面临的风险。

设计工作者可以根据纤维和纺织品的属性制定一个详尽的护理（清洁）计划，并且推荐在一定地理范围内可行、专业度高且有执照的服务供应商来配合用户的需求。频繁地清洗窗帘或地毯是没有必要的，清洁频率取决于使用的场所和使用空间所处的环境，一般会根据用户空间的使用频繁程度、受污染程度（油烟、香烟、有机化合物、尘霾等）以及用户对空间的使用状态和要求来决定清洗的频次。

窗帘售后服务是最常见、也是最需要的，除了局部的轨道、配件老化需要更换、修理之外，清洁是大部分装饰面料所面临的问题。绝大部分窗帘及装饰面料不建议水洗，设计工作者在参阅面料的技术规格时，应了解清楚面料的成分及其清洗方式和护理条件。

窗帘长期受到太阳光的强烈照射，老化的纤维经受不住洗衣机的搅拌，会使面料产生破损而无法修补。正确的清洁护理方式是约请清洁公司的专业人员上门使用蒸汽清洗，不需要将窗帘拆卸下来（图 4-89）。高温蒸汽不仅可以杀死微生物，也可以清理窗帘上的粉尘和异味。大部分用户对窗帘的售后清洁、护理工作没有清晰的认识，这需要设计工作者予以耐心、专业的指导来帮助完成窗帘售后的维护工作。

图4-90是商用便携式电热蒸汽吸尘器，可以有效地清洗地毯、沙发、墙体和窗帘。

图4-91是家用电热蒸汽吸尘器，功率较小，适合清洗住宅使用。不适用于商业空间，比如油腻严重的餐厅、医院、酒店等公共空间，通常这些空间需要专业清洁公司来对沙发、窗帘、地毯等进行清洁服务。专业的商用地毯蒸汽清洁设备功率较大，清洁效能高、彻底、效果好，专业程度高，针对不同的污渍有不同专业化配置的洗涤剂和专业方法来达到清洁的目的（图4-92），大型的商用设备效率高，清洁成本（主要是人工耗时）也相对较低，去污和杀菌作用也比较彻底。

图4-89　用蒸汽和吸尘器在现场清洗窗帘

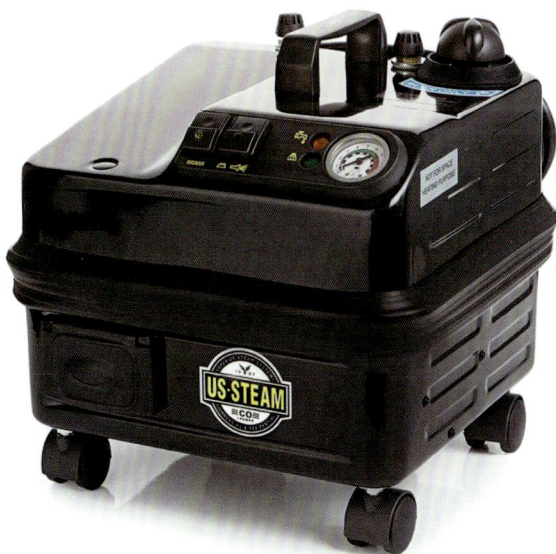

图4-90　商用便携式电热蒸汽吸尘器

图4-91　家用电热蒸汽吸尘器

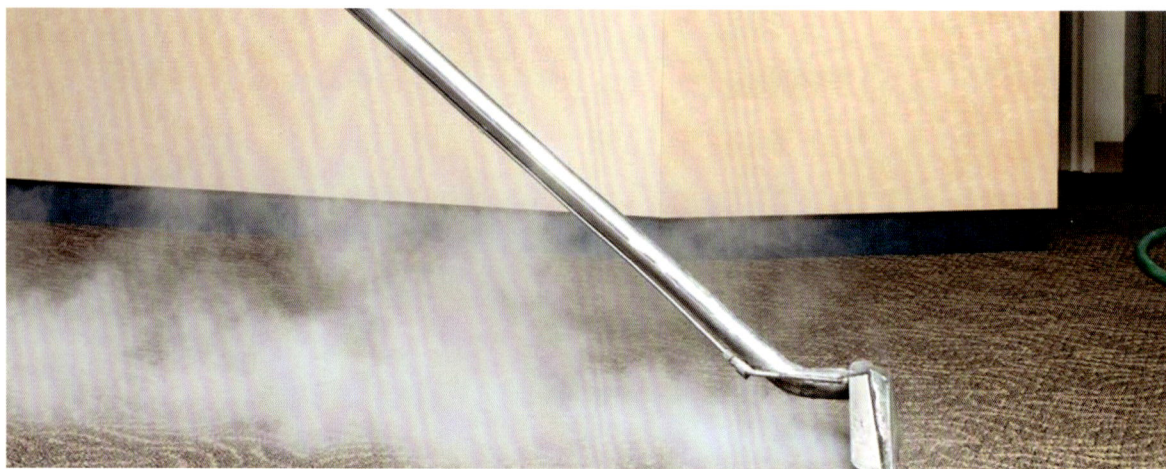

图4-92　专业的商用地毯蒸汽清洁设备

复习题

1.选择窗帘面料颜色需要注意哪些影响？

2.窗帘面料在室内看上去的颜色和实际的颜色有什么区别？

3.如何控制室内的声音传播和噪声的产生？

4.窗帘对节约能源有什么作用？如何设计窗帘才能起到节约能源的作用？

5.设计师如何解读窗户的传热能力？

6.如何有效节约窗帘的成本？成本和窗帘性能之间有什么关系。

7.什么是轻质窗帘？什么是重型窗帘？

8.为什么使用罗马帘？罗马帘有几种操控模式？

9.使用遮阳篷的目的是什么？哪些材料适用于遮阳篷？

10.气窗的作用是什么？气窗的优点和缺点有哪些？

11.罗马杆有哪些规格？能起到什么作用？

12.窗帘的作用有哪些？

13.影响窗帘的成本有哪些因素？你会计算窗帘的成本吗？

14.有人说现代人更喜欢百叶帘？这种说法对吗？为什么？

15.窗帘有流行趋势吗？怎么看待这个问题？

16.窗帘产品有哪些标准可以参照执行？

17.你能制定窗帘工艺的设计方案吗？尝试把每种窗帘产品规范出你所需要的设计方案。

18.你用过气窗吗？知道怎么测量、安装气窗吗？

19.你所知道的窗帘品类和款式有哪些？

20.你能根据室内空间和窗户造型手画出匹配的窗帘吗？

21.你最喜爱的窗帘产品是什么？为什么？可以画出来吗？

22.窗帘的中间衬里起什么作用？通常采用什么材质？

23.窗帘衬里有哪些选择？为什么？

24.细棉绸的成分从以前的100%棉纤维变为现在的涤纶和棉混纺，为什么？

25.彩花细锦缎有什么特征？为什么成本高？

26.什么是拔染？拔染对设计创意有什么影响？

27.什么是纱罗织物？对设计有什么作用和意义？

28.茹衣印花面料出自哪里？什么时候开始

有的？

29.经纱印花面料是怎么织造出来的？有什么特别的地方？

30.你所知道的窗帘面料功能有哪些？

31.窗帘面料具有的各种性能的原理是什么？

32.面料抗微生物的原理是什么？

33.抗微生物能力最强的纤维是哪一种？天然纤维还是人造纤维？为什么？

34.能够除臭的面料需要具备哪些基本条件？

35.列举墙体软包材料在室内的作用。

36.墙布的材料有哪些？你在设计中偏好使用哪些材料？为什么？

37.软包材料常用作背景墙，你认为有必要吗？为什么？

38.天然纤维材料用作墙体装饰有什么好处？

39.墙体背衬通常用什么面料？

40.贴墙布前做哪些准备工作？

41.丝绸手绘壁布是否可以给设计师带来更多的想象空间和表现能力？为什么？

42.你创作过手绘丝绸壁布吗？谈一谈你的感受。

43.你喜欢用什么绘画手法进行丝绸手绘壁布的创作？为什么？

44.墙体和室内吸音材料常用哪些？请举例说明。

45.声控在哪种场合比较重要？为什么？

46.声波的传播需要媒介吗？如果需要，是什么？

第五章

———

地毯和底垫

第一节　地毯的选择

选择地毯不能仅基于外表的观感，地毯对环境的影响非常重要，所以，也必须考虑其安全和性能。因为地毯和底垫的诸多特征影响着它们的性能和安全使用，这是必须格外关注的，因为所选择和安装的地毯直接地影响着人们的视觉和触觉的感受以及生活品质。

在大多数设计案例中，设计工作者必须考虑地毯的性价比，从最初的材料成本到安装成本，以及后期的维护成本，都必须考虑，甚至有必要给客户一张成本分析表，清晰地呈现几种设计方案的优势和劣势。

一、外观上的特点

商业和住宅用的地毯截然不同，不仅在使用频率、铺设面积上，在具体的地毯尺寸、形状、绒高、编织方式、色彩、成分、造价和肌理效果上都有很大的不同。视觉的冲击和触觉常常是用户关注的，但同时也有其他考量，如使用环境中光线对地毯颜色的影响、纱线的粗细和肌理对地毯质感的影响等是否符合使用场所的需求。行人行走的密度、频率和阻燃、抗静电、抗微生物等也是设计工作者需要预先考虑的。

1.地毯的尺寸和形状

（1）满铺地毯（Carpet）

满铺地毯通常是墙到墙的铺设（图5-1）。绝大部分满铺地毯下面都有半英寸到一英寸厚的海绵垫，满铺地毯的幅宽大多是4m，所以超过4m的地方都必须按花型接缝。满铺地毯必须由专业人员安装，紧固在地面上。

满铺地毯的缺点：

•初始成本较高，因为面积较大；

•安装会产生额外的成本；

•安装的地方必须是清洁和平整的，并且需要预留含有底垫的地面高度，底垫也会产生额外的成本；

•如发生大面积的地毯损坏、污染，维护（修复）比较困难；

•无法改变行走产生的足迹和污染；

•如果有花型，还需要预留额外的面积对接花型，会产生额外的损耗；

•搬家时很难移走。

满铺地毯的优点：

•满铺地毯都是固定在地面上的，不会移动；

•不存在地毯边缘会绊倒儿童或老人，或影响轮椅的移动；

•可最大程度节省能源、降噪；

•因为整体感，使房间看上去更大；

•可以掩饰地面的不平和瑕疵；

•对地面没有太多的特殊要求；

•对建筑物有增值作用。

（2）满铺块毯（Carpet Tiles）

如图5-2所示，满铺块毯是近年来的流行趋势，其便捷、轻松的设计组合方式，多样化的地毯纤维、组织与花型设计，高科技材料的应用与性能，简易的打理和养护要求都受到用户的喜爱。满铺块毯对地面施工条件要求低，不需要铺海绵

图5-1　满铺地毯

图5-2　多样化的满铺块毯

底垫和钉条，也不需要用胶带粘接和烫熨接缝处。有的满铺块毯背面自带不干胶，其自身特有的坠性（Drapability）能很服帖地与地面吻合平整，施工简易、快捷，更换也很方便（图5-3）。很多满铺块毯因为生产便利，大量使用回收的地毯材料，其中最高的可使用50%的回收锦纶。大部分满铺

块毯的纤维是采用原液染色的锦纶6或者锦纶66等织造的，其阻燃性能、抗压性与耐磨系数、抗微生物性能、耐污染性和时尚的可持续性非常高，受到办公室、酒店、机场、车站等公共/商业空间的欢迎（图5-4、图5-5）。

满铺块毯大致有三类：方块毯、长方毯

图5-3　满铺块毯的施工工艺简单快捷

图5-4　住宅和商业/公共空间都可以使用满铺块毯

和长条毯。方块毯的尺寸有480mm×480mm，500mm×500mm，600mm×600mm，960mm×960mm，其中，480mm×480mm和600mm×600mm最常用。长条毯的尺寸也很多，有240mm×960mm，228mm×914mm；也有按照英寸的规格，如9英寸×36英寸，12英寸×48英寸，13.1英寸×36英寸，其中9英寸×36英寸最常见，另外也有长方形块毯，18英寸×36英寸比较常见。

满铺块毯的局限性：

·初始成本较高（高出满铺地毯很多）；

·品质低劣的地毯边缘容易翘起，如价廉的沥青底方块毯很容易变形；

·若安装不细致会使对接的地方分开。

图5-5　满铺块毯非常适合办公楼和高级写字楼等建筑空间

满铺块毯正面积极的方面：

• 材料损耗低，不需要海绵底垫和固定钉条，安装成本低；

• 容易更换行走足迹、污染区域和损坏的地方；

• 方便打开地毯检修。

（3）区域块毯（Area Rug）

区域块毯是最灵活机动的地毯铺设方式，在任何地方、任何表面都可以使用区域块毯。它的尺寸自由、形状各异，纤维和色彩的选择多样，风格可以无穷无尽。如图5-6所示，区域块毯给予用户充分的自由选择，四季可更换不同的花型、色彩和质感，也可以同时享用地毯和地板不同质感的地面，大幅减少了对地毯吸尘和护理的面积。

区域块毯的局限性：

• 对视觉和行为障碍的人会有潜在被绊倒的危险；

• 有可能会在地板上移动；

• 底部比较容易发霉或藏污纳垢。

区域地毯的优势：

图5-6 典型的印度手工棉纱毯（Dhurries）

• 选择多，无论是品质、规格、价格还是花色品种，装饰感很强；

• 不需要安装；

• 容易搬运和储放；

• 可随季节或房间的功能变化方便地更换；

• 容易打理和清洁。

2. 地毯的表面肌理

地毯除了长和宽以外，还要考虑厚度，厚度就是地毯绒毛的高度。影响地毯表面肌理和触觉的因素有：

（1）扫绒

绒毛越是倾斜，细碎的绒毛越是显露得厉害，绒毛方向不同，对光的反射方向也不同，所以安装绒毯时，要确认绒毛是朝一个方向倾斜的，称为扫绒。

（2）绒高

绒毛的高度是指底层上面的净高，植入底层内和底层的厚度是不计算的。绒高通常都在5~32mm（3/16~1 1/4英寸）之间（图5-7）。

（3）绒厚

指绒毛的高度加上底层的厚度。

（4）密度

指地毯绒毛之间的密度。密度越大，纱线的捻度越大，纱线间挨得越紧密，耐磨和耐踩时间就越长，成本也会偏高。密度大的地毯，花型细腻、美观、精致、优雅，触觉温润、柔软。机织毯密度按经纬密度来算，簇绒毯则按每平方米的磅数计算,所以越轻的纤维地毯密度则越大。丙纶和腈纶常用于地毯就是这个原因。

(5)纱的捻度

不同的捻纱效果给出完全不同的地毯外观。捻度高的纱线很紧密,根部的纱线形状细密、整洁,抗压能力强。捻度低的纱线松软、蓬松,纱线头部张开较大,底部摊开较多。捻度不仅影响地毯的使用舒适程度,也和地毯的使用功能和成本需求有关,在人流密集的地方,纱线捻度需要增高,绒高则需要降低,在有效支撑行人反复踩踏的同时,也要兼顾大面积公共空间所需要铺设地毯的成本。而在家居空间内,踩踏的频次大幅减少,则可根据用户的需求设计绒高较长、密度和纱线捻度较大的地毯(可显示精致的花型细节),或密度低、绒高更长的蓬松、柔软、舒适的地毯(图5-8)。

(6)割绒工艺

图5-9所示为常见地毯表面绒的切割(割绒)工艺:

- 天鹅绒
- 长毛绒
- 萨克森绒
- 粗呢绒
- 蓬毛绒(弯头纱)
- 剪绒

图5-10是天鹅绒(Velour),属于割绒,具有精致、柔软的天鹅绒外观,绒毛直立,地毯的绒桩短且略微扭曲,纱线捻度极低,有时称为天鹅绒或丝绒,会显示足迹和吸尘后的痕迹。天鹅绒高一般为6~12mm(1/4~1/2英寸)。

图5-11是萨克森绒(Saxony),属于割绒,类似长毛绒,有很长的绒高。萨克森绒的纱线捻度较高,抗压强度较大,绒面的反光较少,这也是萨克森绒近年来流行的原因之一。大部分满铺地毯都是使用不同捻度纱线的萨克森绒。萨克森

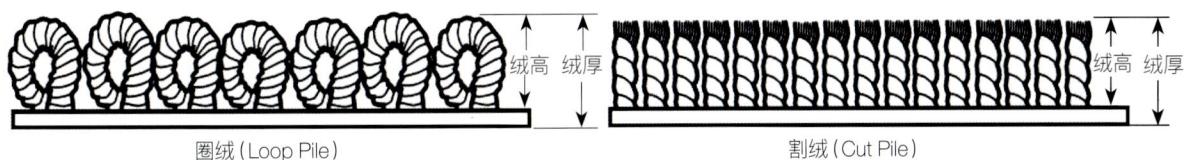

圈绒(Loop Pile)　　割绒(Cut Pile)

图5-7 地毯常见的两种绒头示意图

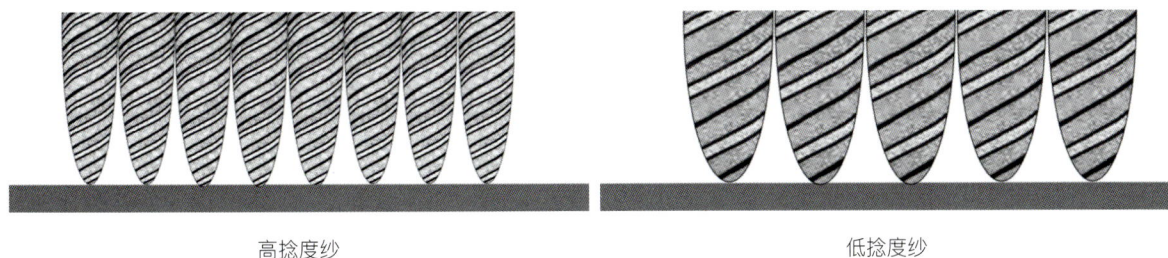

高捻度纱　　低捻度纱

图5-8 地毯用纱线捻度示意图

天鹅绒　　长毛绒　　萨克森绒　　粗呢绒　　蓬毛绒(弯头纱)　　剪绒

图5-9 地毯表面绒的切割工艺

图5-10 天鹅绒

图5-11 萨克森绒

绒高一般为7~12mm（3/8~1/2英寸）。

图5-12是粗呢绒（Frieze），是现在非常流行的地毯风格。本质上是粗毛地毯，高捻度的粗纱使地毯的绒毛弯曲、扭结，紧密捻合的纱线非常耐用。其外观独特，常用多色、混色纱线，也有纯色纱线，混色效果使地毯较耐脏，长的绒头带给用户舒适的体验。

图5-13是剪绒（Tip Shear），剪绒的目的是让一些花型中的绒头被剪去而形成高低不同的图案，大部分剪绒是沿着已有的花型剪，绒毛的

高度和亮度形成更明显的起伏反差，以强调花型的立体感。

（7）地毯表面绒的高低

地毯表面的绒毛（图5-14）分为：

· 单层圈绒
· 多层圈绒
· 多层割绒/圈绒

其中多层割绒/圈绒又分为：

· 雕刻造型，沿着花型织造或修剪出不同形状的造型；

图5-12 粗呢绒

图5-13 剪绒

单层圈绒　　　多层圈绒　　　多层割绒/圈绒
图5-14 地毯表面不同绒的高低示意图

・高低绒，不同的花型使用不同的绒高来显示花型的立体效果；

・随意剪，用表面随意的纹理来表现地毯的肌理和立体效果。

图5-15是单层圈绒（Level Loop），单层圈绒常用于机织簇绒毯上，在很多商业场所和公共空间/场所使用，如机场、餐厅、图书馆、博物馆、办公室、影剧院等。单层圈绒毯非常耐磨、抗压，耐用、成本低、色彩丰富，品种较多。

图5-16是多层圈绒（Multilevel Loop），容易显示其绒面的高低和不同的肌理效果，花型的设计也较随意，有的按照花型排列来增加立体感。尤其适合在大面积的空间使用，强烈的浮雕式肌理效果会减少地面过于单调的平面感。密度大的多层圈绒地毯非常结实耐用，同时也有一种温馨的厚实感。

3.地毯的表面颜色

（1）素色效果

素色地毯比较经典，设计素色地毯未必是用单色纱线，也可以将不同颜色的纤维捻成一股纱线或将不同颜色的纱线交织在一起，形成一种复杂灰度的颜色。

（2）混色纱效果

柏柏尔纱（Berber Yarn）地毯是一种北非柏柏尔人（主要分布在摩洛哥、突尼斯、阿尔及利亚）用民族手工纺的彩点纱编织的羊毛地毯。如图5-17所示，用柏柏尔纱编织的地毯大都是整体颜色较浅的地毯，有较深的混色（通常是棕色或灰色）效果，并用独特的毛圈绒编织而成，该毛圈附着在背衬上并且不切割。如今，工业化的生产已经用尼龙、丙纶、涤纶和腈纶等作为地毯的主要材料。这种地毯的特点是粗犷、饱满、

图5-15 单层圈绒

图5-16 多层圈绒

图5-17 柏柏尔纱及用其编织的地毯

混色，地毯会显现不规律的彩点。

（3）段染纱效果

段染是在一绞纱线中染出两种或两种以上不同的颜色，段染类似扎染，只是不用扎而是喷保护剂分次染色，目前手工段染已经很少，大多是机器段染。段染可以产生混色的不规则效果，很多地毯的设计中都大量使用段染纱（图5-18、图5-19）。

二、地毯的实用性

地毯是每天都在频繁使用的纺织品，和窗帘不同，地毯的使用频率远远超过室内其他纺织产品。所以在设计地毯时，要对地毯使用的区域、耐用性和外观持久性进行技术评估，尤其是商用和公共空间内的行走程度和使用频次，对地毯外观影响较大（表5-1～表5-3）。

图5-18　段染纱线可以染出5~8种不同颜色

图5-19　段染雪尼尔绒纱及用其编织的披毯

表5-1　室内空间地毯行走程度评估表：教育与医疗

教育系统、学校	行走程度	医疗系统、医院	行走程度
学校办公室	普通	医疗机构办公室	普通
宿舍	高	病房	高
走廊	高	咖啡厅/吧	高
咖啡厅	超高	护士中心	高
图书馆	普通	走廊	超高
视听室/礼堂	高	公共区域	超高
餐厅	高	急救处大堂	超高
公共区/大堂	超高	餐厅	高

表5-2   室内空间地毯行走程度评估表：酒店与办公楼

酒店系统	行走程度	办公楼系统	行走程度
酒店大堂	超高	办公室	普通
前台区域	超高	前台区	高
餐厅	高	办公室走廊/大厅	超高
咖啡厅	超高	咖啡厅/吧	高
会议室	普通	办公楼会议室	普通
酒店客房	普通	总裁办公室/区域	普通
行政楼层	普通	陈列展厅	高
酒店走廊	高	餐厅	高

表5-3   室内空间地毯行走程度评估表：其他行业

博物馆/图书馆/展览馆/剧院	行走程度	会所/俱乐部/健身房	行走程度
大堂/前厅	超高	办公室	普通
走廊区域	超高	前台接待区	超高
餐厅	高	走廊/大厅	超高
咖啡厅	超高	咖啡厅/吧	高
会议室	普通	会议室/更衣室	普通
视听中心	高	总裁办公室/区域	普通
行政办公室	普通	零售区	高
公共区域	高	餐厅	高

1.功能属性

•掩饰不平或磨损的地板；

•增加舒适度并且减少疲劳（减少走路的震动）；

•增加安全度，减少摔倒的可能和伤害，尤其是老年人居住的地方；

•增加对儿童和残疾人的方便和保护；

•减少噪声；

•节约能源（感觉温暖，隔离地面）。

2.地毯的设计规范

设计地毯时需要遵守法律法规和标准中的主要因素：

（1）阻燃

商业用地毯都要求阻燃。

•GB/T 14252—2008《机织地毯》

•GB/T 11746—2008《簇绒地毯》

•GB/T 15050—2008《手工打结羊毛地毯》

•GB/T 24983—2010《船用环保阻燃地毯》

在国标GB/T 11746—2008《簇绒地毯》和GB/T 14252—2008《机织地毯》中规定，CHF≥3.0kW/㎡。

CHF是临界热通量（Critical Heat Flux），也叫临界热流密度，描述了加热过程中发生相变现象（如在用来加热水的金属表面形成气泡）的热极限，该现象突然降低了传热效率，从而导致受热面局部过热。点火的临界热通量是能够在材料上引发燃烧反应（火焰或阴燃）的单位面积的最低热负荷。

GB 8624—2012《建筑材料及制品燃烧性能分级》中将地毯的阻燃性能分为Bf1级、Cf1级、Df1级和Ef1级。

（2）产烟毒性

国家标准要求地毯燃烧的产烟毒率（图5-20）达到"准安全级"的ZA_3级，铺地材料的要求是ZA_1级（表5-4）。

表5-4　GB 8624—2012中对产烟毒性的规范

级别	安全级（AQ级）		准安全级（ZA级）			危险级（WX级）
	AQ_1	AQ_2	ZA_1	ZA_2	ZA_3	
浓度（mg／L）	≥100	≥50.0	≥25.0	≥12.4	≥6.15	<6.15

$$产烟毒率 = \frac{试验物品的重量-燃烧后的重量}{试验物品的重量} \times 100\%$$

产烟毒率说明物品是否充分燃烧。而产烟毒性浓度指的是150mm×20mm的试样在阴燃后烟的浓度（mg）：

$$烟气浓度 = \frac{每分钟生成的烟气质量}{每分钟排出的烟气体积}$$

$$烟气质量 = \frac{燃烧前样品质量-燃烧后的样品质量}{时间（min）}$$

（3）各等级的技术指标

Bf1级阻燃铺地材料：点火时间15s，在20s内燃烧长度F_s≤150mm，临界热辐射通量CHF≥8.0kW/㎡。且附加等级产烟量≤750%×min，即S1级，产烟毒性达到ZA_1。

Cf1级阻燃铺地材料：点火时间15s，在20s内燃烧长度F_s≤150mm，临界热辐射通量CHF≥4.5kW/㎡。且附加等级产烟量≤750%×min，即S1级，产烟毒性达到ZA_1。

Df1级阻燃铺地材料：点火时间15s，在20s内燃烧长度F_s≤150mm，临界热辐射通量CHF≥3.0kW/㎡，且附加等级产烟量≤750%×min，即S1级，产烟毒性达到ZA_1。

Ef1级阻燃铺地材料：点火时间15s，在20s内燃烧长度F_s≤150mm，无其他附加等级。

由此看到，在GB 8624—2012《建筑材料及制品燃烧性能分级》中，对簇绒地毯的阻燃要求（公共场所）是Df1级阻燃。地毯的阻燃、烟毒标准是共同执行的，单一的阻燃标准不足以达到国标的安全要求（表5-5）。

图5-20　地毯燃烧产生烟毒

表5-5 簇绒地毯和机织地毯的附加特性规定

序号	项目	技术要求		试验方法
1	阻燃性	国家规定的公共场所[①]用地毯 燃烧性能不低于（Df1-S2，t1）标识等级 Df1：CHF ≥3.0kW/m²；S2：无性能要求；t1：产烟毒性应达到 ZA_3 级		GB 8624—2012 GB 20286—2012 GB/T 11785—2005 GB/T 20285—2006
2	抗静电 （行走实验）	2.0~3.5kV		ISO 6356：2012
3	电习性水平电阻	≤10^8 Ω		ISO 10985：2009
	电习性垂直电阻	≤10^9 Ω		
4	抗微生物活性	抗菌率	金黄色葡萄球菌、大肠杆菌，黑曲霉 菌号：AATCC 6538, 25922 AATCC 6275	抗菌率 AATCC 174—2007 中 Part II 抗霉性 AATCC 174—2007 Part III
		抗霉性	≥95%，无霉菌生长	
5	耐磨损性	≤80% 羊毛混纺，质量损失 < 25%		ISO 12951—1999
6	耐脏污性	≥3级		ISO 11378—2：2001
7	尺寸稳定性 （浸水、热干燥）	满铺地毯尺寸变化率 +0.4%~-0.8%		QB/T 1088—2010

注 1.抗静电性最低水平≤3.5kV，为一般商务区域使用的地毯，特定场所需要更低的静电压。
2.菌种由国家级菌种保藏管理中心提供。

① 公安部令第39号《公共娱乐场所消防安全管理规定》中规定的娱乐性公共场所包括：
• 影剧院、录像厅、礼堂等演出、放映场所；
• 舞厅、卡拉OK等歌舞娱乐场所；
• 凡有娱乐场所功能的夜总会、音乐茶座和餐饮场所；
• 游艺、游乐场所；
• 保龄球馆、旱冰场、桑拿浴室等营业性健身、休闲场所。
公安部令第61号《机关、团体、企业、事业单位消防安全管理规定》对公共场所的界定是：
• 商场（市场）、宾馆（饭店）、体育场（馆）、会堂、公共场所等公众聚集场所（统称公共聚集场所）；
• 医院、养老院和寄宿制学校、托儿所、幼儿园；
• 客运车站、码头、民用机场；
• 公共图书馆、展览馆、博物馆、档案馆以及具有火灾危险的文物保护单位。

（4）成本因素
• 地毯和底垫初始材料采购成本；
• 安装成本，如地面准备、安装辅料、人工、保洁成本等；
• 运输及保险和税收成本；
• 维护成本，即提供什么样的质量保证，日后的维护频率和人工，维护时的工具，设备和辅料等。

（5）环保的考量
全球每年报废的旧地毯会对环境和生态造成污染和损坏。中国人口众多，对地毯每年的消耗也不容忽视。设计师在设计和指定地毯产品时有责任和义务为绿色环保尽一份社会责任。
在设计产品时，对品质的把控并正确地制定适合的使用性能可有效延长地毯的使用寿命，或在合理的成本下尽量设计和制作出高品质的地毯，延长使用时间和周期，减少地毯清洗和更换的次数，也是对环境保护的重要贡献。

如图5-21所示，目前先进的回收再利用技术可以在新的地毯中使回收再利用的纤维量达到85%的比例。

地毯对室内空气的污染主要因为：

•劣质的底垫（PVC挥发物）；

•劣质的簇绒毯背胶（含有甲醛和树脂聚合时衍生的苯）；

•劣质的有机染料；

•劣质的地毯胶（含有聚合挥发物和甲醛）；

•劣质、廉价的短纤维尘会飘浮在空气中形成粉尘，建议选择使用永久性原液染色的纤维。

图5-21　地毯中使用85%的回收再利用纤维

第二节　地毯用纤维和纱线

一、地毯用纤维类别

地毯用纤维是以合成纤维（Synthetic Fiber）为主，占全部纤维使用量的97.5%，棉纤维占1.22%，羊毛则占1.28%。

在合成纤维中，主要有三种纤维占据主要的市场份额：

•锦纶60%

•涤纶19%

•丙纶21%

二、影响地毯性能的纤维属性

纤维会影响地毯的性能，同时也会影响成本，正确地选择材料，既可以减少不必要的花费，也可以充分满足消费者的需求。纤维可以通过固有的和后处理的方式改变性能，从光泽度、耐磨性、抗静电性能到耐脏程度，都可以进行相关的选择和调整。设计师在面临很多技术抉择的时候，有义务、也有责任对客户、社会以及自己的专业负责。

大部分地毯都是粗松结构。短纤纱自20世纪80年代末期使用，高峰时占据了40%的市场份额。直到2011年，膨体长纤维（BCF，Bulked Continuous Filament）占据了市场的95%，而短纤维膨体纱只占5%。

大部分的BCF更像羊毛的质感，而且不像短纤维那样容易脱落、起毛、起球，优质地毯大都使用2～3股膨体短纤维纱线，并股的膨体长纤维纱线强度大幅增加，从而可改善地毯的品质和使用性能。

化学纤维的细度通常用旦（尼尔）为单位来衡量，有的地毯用高达7000旦的纱线来织造。很多商用地毯为了地毯的强度和高强度的行走耐用性，把纱线的细度规范在4500～6000旦。表5-6为地毯用纱线的类别及其特点。

表5-6 地毯用纱线的类别及其特点

纤维	特征	地毯的特点
锦纶/Nylon	有膨体长丝或短纤维，可原液染色，广泛地在商业场所使用，占有近60%的市场	经久耐用，韧性好，耐摩擦性能佳；染色容易，清洗方便；有很好的色牢度，色泽鲜艳
丙纶/Polypropylene	有膨体长丝或短纤维，可原液染色，并可改性，适合户外使用，广泛应用在商业场所和住宅中	抗褪色，抗静电，抗化学物质，防潮湿和污染，性价比高
腈纶/Acrylic	用于浴室浴垫和室内块毯，可与其他纤维混纺，多使用短纤维膨体纱	有羊毛一样的特征，覆盖力和厚度很好
涤纶/Polyester	多用膨体长丝，短纤维膨体纱只用于行走少的区域或住宅空间	色彩鲜艳，具有优秀的色牢度，防水性污渍，手感好
羊毛/Wool	天然动物纤维，有温暖感，颜色自然	手感好，耐用，耐脏，阻燃
棉/Cotton	天然纤维，用于各种块毯和浴室的脚垫	手感柔软

第三节　机织地毯

目前机织毯因为起定量的需求，常用于商业订单或民用成品批量订单（开机不低于200平方米产量）。多种不同的织造方式可生产各种各样的地毯。地毯的组织结构与织造方式和设备有关。

一、阿克明斯特毯（Axminster Carpet / Rug）

阿克明斯特毯指用阿克明斯特织机织造的地毯，只能做割绒毯，大多是单层，目前的科技也可织造多层的。阿克明斯特毯的色彩和花型广泛，能承载高密度的人行量，大部分用于商业场所和成品区域块毯，是希尔顿酒店指定的标准使用地毯。

阿克明斯特地毯是1755年由织布工托马斯·怀特在一家位于英国德文郡阿克明斯特镇的地毯制造商织制的铺地用品。托马斯·怀特织制的地毯，看起来很像挂毯，成为1755~1835年

在乡村住宅和别墅中的畅销品。阿克明斯特公司生产的地毯曾用于布莱顿皇家馆的音乐室、查茨沃斯庄园、鲍德汉姆城堡和沃里克城堡等。

公元1800年，该公司为奥斯曼帝国的苏丹马哈茂德二世（Mahmud Ⅱ）制作了一块74英尺×52英尺（23m×16m）的地毯，就是现在被称为著名的阿克明斯特地毯。图案描绘了一个炽热的太阳，月亮和整个星座。1828年，一场大火烧毁了织毯机。1835年，公司宣告破产。位于索尔兹伯里附近威尔特郡威尔顿的布莱克·茂斯（Blackmores）购买了剩余的库存和织机，并将业务扩展到包括手工打结的地毯，这些地毯仍被称为阿克明斯特地毯。

如图5-22所示，在18世纪末19世纪初织造的方形团花阿克明斯特花毯，采用以单一对称中心为主的图案，如星形、圆形、四叶草图形或八角形，也称奖章地毯。

四叶草图形，也称梅花圆形，是一种装饰元

图5-22　方形团花阿克明斯特地毯

素，由对称形状组成，形成四个相同直径的重叠圆圈的整体轮廓。四叶草图形在哥特式和文艺复兴时期享有盛誉。它常见于窗饰，主要出现在哥特式建筑中（图5-23），通常用于哥特式拱门的顶部，有时还装满彩色玻璃。

如今，阿克明斯特地毯是唯一在编织地毯之前购买、清洗、梳理、纺纱（羊毛纱）和染色的地毯。现代的阿克明斯特动力织机能够编织多种颜色和图案的高品质地毯，由于其出色的耐磨和耐用性，阿克明斯特地毯常用于五星级酒店、飞机和火车的车厢中。

因为每一列绒头的经向都有两对或三对经纱，使阿克明斯特地毯很硬且难以弯曲。它大多只能做单层割绒，生产效率只是双面威尔顿地毯的30%，成本很高。阿克明斯特地毯设计相对比较复杂，生产的准备工作也比较长。地毯颜色艳丽，图案美观，色彩丰富（高达12色），品质高，耐用程度比普通地毯高很多（图5-24）。

阿克明斯特地毯的主要特点：

•适合生产高档次、长绒头的羊毛地毯；

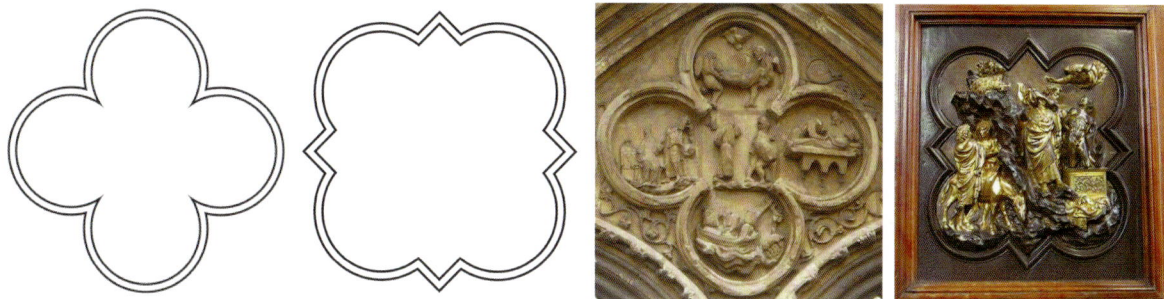

图5-23　四叶草图形及其在古代的应用

图5-24　阿克明斯特毯常使用80%的羊毛和20%的锦纶混纺织造

- 花型设计对图案、颜色数量等限制很少；
- 绒纱的利用率高，无毯背沉纱；
- 能使用不同细度、捻度、材质的纱线；
- 更换、调度地毯生产品种方便简捷。

二、威尔顿毯（Wilton Carpet/Rug）

约400年前，英国南部威尔特郡的威尔顿小镇开始在织布机上编织地毯，威尔顿地毯始于1655年，比阿克明斯特毯早100年，是在机器驱动的织机上制作地毯的最古老方法之一。直到今天，威尔顿地毯仍是三大地毯产品之一（威尔顿地毯、阿克明斯特地毯和簇绒地毯）。

威尔顿羊毛地毯是典型的割绒毯，是通过钩子在背衬表面上方用凸起的连续线制成的，并且可以用切割、环（通常称为布鲁塞尔编织）以及切割和环来完成。古老的威尔顿编织地毯采用多达5种颜色制成，能够再现简单的图案，如今现代化的工业织造设备可以常备8种颜色，最多高达16种颜色。威尔顿地毯毛高、厚实、柔软，舒适、耐磨且稳定，非常适合在室内重要的空间使用，如走廊，人行道和大厅等。

今天大部分威尔顿地毯织机的幅宽是4m，生产效率非常高，威尔顿织机是非常重的设备，因为高密度的要求，其挡车机头重达30吨。中国威尔顿地毯织机可以生产高达160万针的密度，脚踩上去，高高的地毯绒毛几乎不倒。

威尔顿地毯的组织结构中（图5-25），在绒纱头和底经之间有大量填充的背沉纱线，这样导致威尔顿地毯非常厚实、沉重且有韧性，同时也增加了生产成本。地毯通过经纱、纬纱、绒头纱三纱交织，经上胶、剪绒等后道工序整理而成。由于该地毯的工艺源于英国的威尔顿地区，因此称为威尔顿地毯。

单面威尔顿地毯：外观保持性好，毯形稳定，无脱毛现象，因其制作原料特殊，使其阻燃性、抗静电性能非常优良。适合在对阻燃性能要求较高的飞机上使用，也适合在高档游艇、客轮和酒店使用。

双层威尔顿地毯：织物丰满、结构紧密，花型织造细腻、平方米绒纱克重大，是双层织物，故生产效率较高，地毯织物丰满、弹性好，脚感舒适，是豪华酒店客房地毯的理想产品。

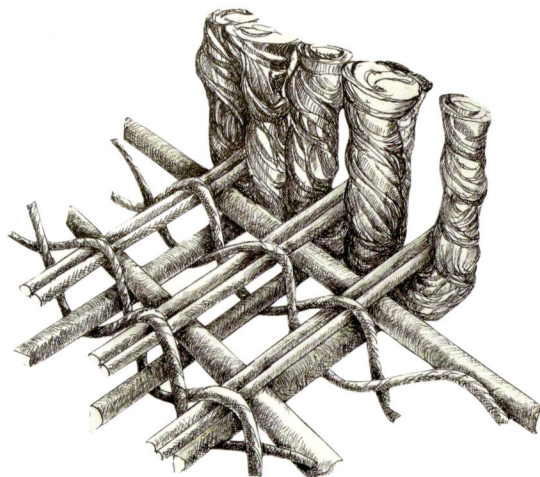

图5-25　威尔顿地毯组织结构的3D示意图

用威尔顿织机生产的割绒地毯，绒的高度从7~12mm不等，也可以混织多层绒高和割绒/圈绒。威尔顿织机可以生产大部分花型和色彩的地毯，可以承载高密度的人行量，是家用、商用地毯和区域块毯很好的选择。

威尔顿毯可以把针数调整到超高密度，织造的花型能达到高清图片的品质。如果把织造密度调高到150万~160万针/m²，织造的地毯花型和色彩细节极为丰富（图5-26~图5-28），同时也很昂贵。高密度织造的地毯绒毛挺立，不倒伏，但相对柔软性较差，80万~120万针/m²密度的威尔顿毯柔软程度较好。如果想要再降低成本，可加粗纱线并将纱线头弯曲（弯头纱），密度可以调到60万针/m²以下，柔软程度则会大幅提高，但是绒毛倒伏的程度也会大幅增加。

威尔顿织机有很多经轴，体积和能耗都很大，在纺织行业属于大型设备（图5-29），设备上的经纱常保持在8个常备颜色，因为更换经轴非常花费时间、成本和人工，所以依靠变化纬纱的颜色来满足大部分地毯设计和色彩的需求。设计工作者需要了解地毯织造设备上常备的纱线种类和色彩来调整产品设计。

三、熔融黏合地毯（Bonding Carpet）

熔融黏合地毯指纤维植入乙烯树脂基层或热塑料涂层的聚丙烯基层的地毯，常指模切的方块地毯。近年来大量使用在办公大楼、医院、学校、机场、酒店、图书馆、餐厅、会所、音乐厅、影视剧院等公共场合。方块毯可以制作成圈绒表面，也可以制作成割绒表面，还可以设计多层圈绒层次，使表面视觉效果变化多端。

方块毯有三层，表面绒毛层、胶合层和背衬层。

图5-26　威尔顿120万针/m²高精密毯（原液染丙纶）（图片由山东东升地毯提供）

图5-27　威尔顿160万针/m²高精密地毯（原液染丙纶）（图片由山东东升地毯提供）

图5-28　威尔顿150万针/m²高精密毯（原液染丙纶）（图片由山东东升地毯提供）

图5-29　威尔顿地毯的织造设备（图片由山东东升地毯提供）

大部分背衬使用PVC（聚氯乙烯树脂），PVC在高温或长期日照的情形下会老化，并挥发氯化氢，现在的PVC抗老化工艺已经非常成熟（图5-30，1、2、4为PVC，3为玻璃纤维）。方块毯铺设方便且拼色组合容易（图5-31），平直、整洁、时尚、耐用、好打理是其优势。

方块毯在背胶中的绒纤维只占据纤维总量的5%~8%，而簇绒毯却有15%~30%的纤维在第一层的底垫中，这样使方块毯浪费的纤维极其有限，但它可使用的表面纤维的摩擦面远远超过其他地毯，可承受高通行量区域的耐磨并延长使用寿命，具有出色的性能和高性价比。

熔融黏合是一种用于制造高质量方块地毯的常用技术。其中首先用黏性的乳胶或乙烯基涂覆背衬，然后将绒头插入黏性涂层中。通过将纱线插入涂覆的背衬中来生产熔融黏合或黏合的地毯。这种地毯通常是模切的，并由聚合物材料支撑，为产品提供额外的垂感和形体稳定性。方块地毯铺设方便，无须满铺地毯使用的海绵底垫和四周的钉条来固定地毯。因为PVC/PU聚合物底层所具有的垂感，使方块地毯铺在地面上非常服帖，即使地面有微小的不平或瑕疵，也能被柔软的底垫所克服。

熔融黏合地毯特有的构造和制造方法具有以下优点：

- 织造速度快，效率高；
- 比其他织造方法使用的纱线少；
- 将纱线永久固定在适当位置；
- 增加地毯密度，提高耐磨性和使用寿命；
- 极高的阻燃性能（永久性阻燃纱线）；
- 更换维护容易，铺设简单快捷；
- 形成不透水的屏障，抗微生物性能好；
- 可将多种颜色与花型组合，性价比高；
- 可大量使用可回收纤维（≥50%）；

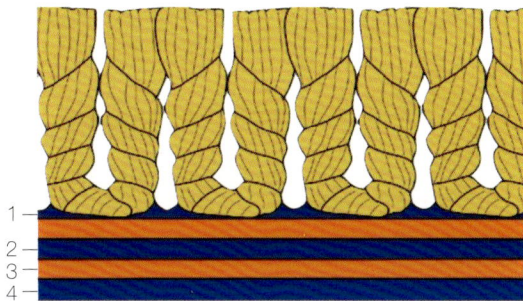

图5-30　PVC增强溶胶聚合物底层和玻璃纤维加强底层

图5-31　方块毯自由组合的花型

- 色牢度高（原液染色）；
- 抗静电，护理和清洁简单；
- 抗污能力强、极低的TVOC排放；
- 成箱包装容易，方便运输。

四、簇绒毯

是最流行的超过90%的地毯生产方式，可以生产各种肌理、各种纱线和颜色的地毯。簇绒毯分机织簇绒和手工簇绒两种，这里主要介绍机织簇绒毯。

- 割绒簇绒毯，既可织制任何花型，也可以变换颜色和绒毛的高度；
- 圈绒簇绒毯，分单层和多层圈绒；
- 割绒＋圈绒毯，不同高低的割绒和肌理可呈现各种设计效果。

1.簇绒毯的基本构成

（1）绒毛和纱线

机织簇绒毯使用锦纶、腈纶或丙纶的膨体长丝居多，手工簇绒毯使用的纤维有羊毛、棉、麻、竹纤维（合成纤维）和涤纶、腈纶等。

（2）背衬材料

① 黄麻

黄麻的韧性很强，但是怕水，因为麻的吸湿率非常高，有的高达16%，黄麻底衬在潮湿的环境容易腐败，滋生霉菌，底垫是黄麻的满铺簇绒地毯和簇绒块毯会在地面上留下霉菌的黑斑。黄麻产自热带地区，在20~40℃、相对湿度70%~80%的环境中生长，原材料来源不稳定。

② 丙纶

质地轻，比重低，耐用性强，因为吸湿率为零，是拒水材料，可以抵御潮湿，不易滋生微生物。纱罗织法的丙纶一般作第二层背衬材料，粗大的网状间隙可以增加黏合胶和纤维的强度。丙纶是石油产品，成本低，工业化生产程度高，货源充足，极易获取，而且价格稳定，目前大部分簇绒毯都是用丙纶来做背衬材料（图5-32）。

（3）胶黏剂

常用的胶黏剂是合成乳胶，大约使用12盎司/平方码（1盎司=28.35g，1平方码=0.836平方米）。一些企业使用热熔的热塑性化合物代替合成乳胶（合成乳胶大部分是丁苯乙烯），是化学合成的聚合物，需要注意VOC的排放指标。

为了减少静电的累积，有的企业把导电材料放入黏合剂，有的把导电化合物植入首层背衬中。阻燃的化学物质也可以植入背衬材料，以达到阻燃目的。大部分机织簇绒毯的幅宽是3660~4000mm（12~13英尺），也有的幅宽是1830~4572mm（6~15英尺）。簇绒毯很容易切割成小的块毯，适合各种场合使用。

簇绒毯因为物美价廉而受到商业和住宅用户的喜爱，簇绒毯的密度、绒高和绒的捻度决定了其脚感和耐用性，当然成本也会随之增加。为了克服因为毛稀、毯薄所造成的不适感，在簇绒毯下面加衬10~15mm海绵底垫，这样可使地毯的柔软性和回弹程度大幅提高。

太薄、太稀疏的簇绒地毯容易被鞋子勾起纱来，造成掉纱和破损，尤其是女性高跟鞋的鞋跟。适当的密度能让地毯的使用寿命更加符合设计寿命，而且可以控制在合理的成本内。

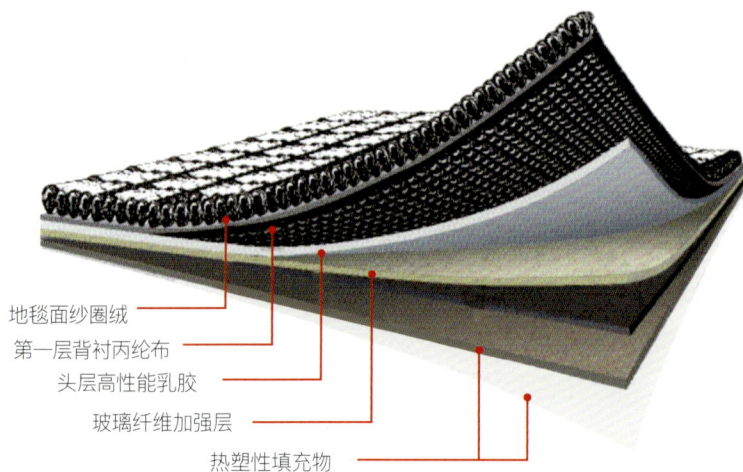

地毯面纱圈绒
第一层背衬丙纶布
头层高性能乳胶
玻璃纤维加强层
热塑性填充物

图5-32　机织簇绒毯结构示意图

2.簇绒操作

簇绒因为有机织簇绒和手工簇绒，故此处也介绍一下手工簇绒。

不像大部分的机织簇绒毯，手工簇绒毯的工艺流程相对简单，把绒线扎入已经准备好的头层背衬面料上，绒纱通过透明的塑料管进入针头按横列扎入背衬面料，针头的数量与地毯的幅宽有关；纱线的密度以"针数"来衡量，纱线之间的距离就是针孔的距离。用"针距"来表示距离的大小：1/8英寸的意思是每英寸有8个针距，1/10英寸就是10个针距/英寸；如果准备织12英尺（3.66米）幅宽的簇绒毯，针距指定的是1/10英寸，那么每行针的数量是12×12×10=1440针，针数密度的选择通常为4~11。

这种序列的排列适用于圈绒簇绒毯的织法，当织造割绒簇绒毯时，在绒钩处会有刀刃在起绒圈时切断上面的圈而形成U型绒纱。每一行绒纱扎入基层后立即移到下一行，直到完成簇绒工序，进入下一个流程——用背胶来固定簇进基层的绒纱。所以簇绒毯的生产流程简单、效率高、生产成本低、性价比优越。

在现代工业化生产中，机织簇绒毯的针头可以完成500排簇绒/分钟。如果不考虑簇绒的宽度、绒高和密度，这意味着割绒簇绒毯的产量1000平方码/天（836m²/天），比圈绒多出一倍。

与机织簇绒相比，手工簇绒的织造显得非常缓慢和昂贵，这只能用在定制的产品或极少产量的情况下。如图5-33所示，先把画稿印在第一层底衬上，然后按照规范的密度和绒高以及绒的品类进行簇绒。目前大部分手工簇绒毯都是用手拿电动簇绒枪（图5-34）生产的，如图5-35所示，使用电动簇绒工具生产手工簇绒地毯，使工人的劳动强度大幅降低，生产效率提高。

在簇绒毯上也可以设计不同层高的圈绒和割绒，控制针刺的深度和送纱的长度可以生产多层圈绒。现在机织簇绒毯的多层圈绒都是靠计算机控制送针行程来织造的，设计师可以设计不同层高和肌理效果的簇绒地毯来满足用户的特定需求。

3.簇绒毯常见的品质问题

（1）背胶脱落

背胶时，胶液是否能完全彻底穿透绒纱是产品的品质关键之一，否则割绒毯的绒纱很容易从底层脱落而形成表面空缺，而圈绒毯的绒纱一旦钩住，会拉扯出一串纱线，导致整个地毯损坏。

（2）起层

簇绒毯受到大量行人踩踏或沉重设备的碾压，都会挤压和冲击地毯的底层结构，从而产生上下层交错，并朝相反的方向变形，起层会导致

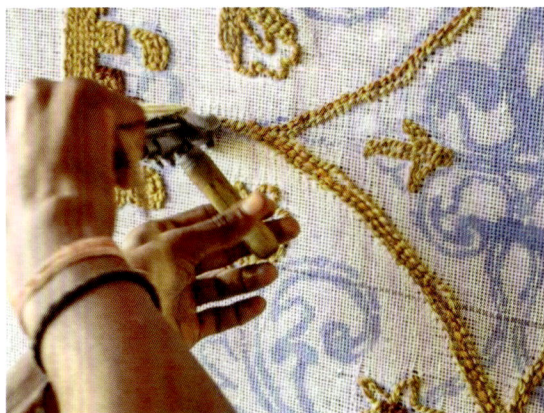

图5-33 簇绒

图5-34 电动簇绒枪

图5-35 用电动簇绒枪簇绒

地毯鼓包、波浪形和扭曲。胶水的黏合强度是关键，绒纱黏合在底层上的力是可以测量的，美国材料测试协会的标准 ASTM D3936 就是规范地毯底层起层力的测试方法和标准。

（3）密度

簇绒的密度是指每平方英寸簇绒的数量，这个和针数是一致的。地毯的绒纱越密集，对行人踩踏和重物压迫的承受力就越强，密集的绒纱也会因为拥挤而不易散开。同样密度的地毯，决定强度的还有绒纱的粗细，绒纱越粗，会显得簇绒越密集。在肌理效果允许的情形下，绒纱的粗细通常会影响整个地毯绒纱的使用重量，设计师在指定技术参数和设计地毯的规格时要很清楚地标示出来。

（4）与重量相关的因素

① 绒纱重量

簇绒毯在指定重量设计产品规格时常使用"每平方英寸多少盎司"或"每平方米多少克"。绒纱的重量与纱线的密度、绒纱的高度和绒纱的结构密度有关。设计师要弄明白表面的绒纱层和底层纱的区别。有效的面纱重量指方块毯的面纱重量，因为植入底层的纱很少。

② 总重量

指面纱、底层纱和胶的重量总和。重量评估师要根据地毯的使用目的、通行量等需求计算适合的织造数据。

③ 平均密度和重量密度

把绒纱的高度考虑到重量密度里计算得出的才是真实的地毯密度。

地毯的平均密度＝每平方码的绒纱重量×36÷绒纱的厚度（英寸）

地毯的重量不仅关系到耐久性，也关系到噪声控制和保温。

第四节 手工地毯

一、东方毯（Oriental Rug）

1. 东方毯的由来

东方毯是一种很重要的纺织品，既可以织绒，也可以平织。使用羊毛、丝和棉为原材料用手工编织而成。尺寸可以小到一个枕头，也可以大到一个房间。东方毯不仅用作地毯，也可以制作行李包、装饰品等，自公元11世纪开始进入欧洲，然后到北美。

东方毯最早产自"块毯带"，即从摩洛哥横着指向北非、中东、中亚和北印度，包括中国、土耳其、伊朗、印度和巴基斯坦。东方毯所涵盖的文化跨度很大。

东方毯用不同的打结方式来手工编织每一道绒纱，毯的品质在于每平方英寸中打结的道数、技工的技术和绒纱的尺寸。产自18世纪中期的古董地毯，密度高达500道/平方英寸，而现代手工毯的密度都在100~225道/平方英寸之间，也有较高密度的在324道/平方英寸。另外设计师要注意的是绒纱的高度、纤维的成分和光亮的程度。染色的方式也是最后仿古效果的关键，大部分工厂使用合成染色剂使地毯的光泽明亮。

伊朗、中国、印度、俄罗斯、土耳其、巴基斯坦、阿富汗和尼泊尔是较大的东方毯出口国。波斯地毯也是东方地毯，波斯地毯的特征包括非常厚的毛桩（每平方英寸高达160节）、丰富的色彩组合、独特的设计和打结。传统的波斯地毯以其设计、颜色、尺寸和编织方面的巨大变化以及每一块地毯的独特性而闻名。地毯通常以编织或收集的村庄、城镇的地区命名，或者由编织的部落命名。到6世纪，波斯地毯上使用的羊毛和丝绸在整个中东的宫廷中都很有名。

根据证据和科学家的观点，在公元前500年，伊朗就有了地毯编织艺术，巴泽雷克地毯（Pazyric Rug）的历史可以追溯到阿契美尼德时期。巴泽雷克地毯（Pazyryk rug）中使用的先进编织技术表明了该艺术的悠久发展历史。巴泽雷克地毯（Pazyryk Rug）被认为是目前世界上现存最早的羊毛地毯，距今大约2370年，尺寸为2m×1.8m，除了存在时间外，巴泽雷克地毯的色彩和品质也着实让人惊叹，它的中央区域是深红色，有两个宽边框。

图5-36为公元前4世纪的巴泽雷克地毯，出土于南西伯利亚早期铁器时代巴泽雷克5号墓，因为地处永冻地带而被保存了下来。曾经鲜艳的红、蓝、绿染色现在已经变淡，地毯中心的莲花结装饰自里到外被5层花边包围着：第一层是奇异的格里芬怪兽，第二层是鹿或麋鹿，第三层是莲花结，第四层是马和骑手，其中骑马的和遛马的间隔交替，第五层也是格里芬怪兽。地毯的密度大约是每平方英寸225结，也就是说，整个地毯共有125万结。

2. 东方毯图案和色彩的意义

每块东方毯的特殊图案、色调和编织都与本土文化有着独特的联系，编织技术特定于可识别的地理区域或游牧部落。通常情况下，图案越

图5-36　巴泽雷克地毯（藏于圣彼得堡美术馆）

多、花卉越正式，其制作区域越多，其中几何图案可能来自各个部落。明显沿单一方向流动的图案被设计为"祈祷"地毯。每个织布工的家族都会在地毯中设计特定的颜色和元素来记录，无论表达的是婚礼、死亡、狩猎还是饥荒，正是这些元素使每块东方毯都变得独一无二。

东方毯中常见图案和颜色的含义：

动物：

· 蝙蝠—幸福

· 狗—忠诚

· 鹿—长寿

· 骆驼—财富

· 大象—力量

· 蝴蝶—自由，幸福

· 狮子—胜利

植物：

· 竹子—坚韧

· 菊花—清新高雅

· 石榴—多子多福

· 塞浦路斯树—不朽

· 康乃馨—智慧

· 生命树—天堂

· 莲花—纯洁

· 牡丹—富贵

颜色：

· 红色—快乐

· 橙色—虔诚

· 黄色—力量，荣耀

· 绿色—天堂，神圣

· 蓝色—冷静，理智

· 白色—纯洁，和平

3. 东方毯的制作工艺及特点

（1）染料

传统的东方毯使用的天然染料来源于植物或昆虫，如靛蓝、茜草、橡树、漆树、石榴、胭脂虫和飞燕草等。自从合成染料发明后，合成染料能染出更美观的地毯，天然染料往往会随着时间而褪色。因此要结合使用需要选择染料。

（2）编织和结

大多数消费者都知道"计数结"，结数需要考虑单个地毯中使用的材料。例如，当使用的材料是丝绸时，因为丝绸较细密，需要有更多的结数。而用粗羊毛编织的地毯，如古董海瑞兹地毯（海瑞兹是伊朗东阿塞拜疆省的一个小村庄，是波斯地毯的重要产地，珍贵的海瑞兹丝绸地毯手工精细，结点密度大，偶尔会有古董地毯的拍卖和交易，存世量稀少），羊毛的结数远低于丝绸地毯，但地毯的手工也很精细。

结密度（每平方英寸的结）是地毯品质的重要指标。大多数编织只是通过计算沿经线方向单位长度（每英寸）内的结数和沿纬线方向单位长度内的结数，相乘得到的数来作为每平方英寸（或每平方厘米）的结数。但是这个简单的概念在实践中应用起来不太方便。

判断地毯背面的一个凹凸是否能算作一个结。如果地毯背面宽度方向的各个颜色区域是成对的彩色元素，则需要将每个对计为一个结；如果是单色元素，那么地毯就有偏移的经线，每个元素应算作一个结。

手工栽绒地毯以栽绒结的数量及密度来决定地毯的质量和品种。栽绒结多，则地毯厚实，图案精细。各地对手工栽绒地毯栽绒结数的计算方法不一，有的国家和地区以每平方米或每平方英寸的栽绒结数为计算单位，如伊朗的波斯地毯，每平方英寸有645个栽绒结，便是非常细密的丝绸毯了。中国手工栽绒地毯以每英尺长度内栽绒结的纬道数（行数）作为计算单位，如90道栽绒地毯即有90道栽绒结，即每平方英寸有56个栽绒结，相当于每平方米内有85984个栽绒结，道数越多，纱线越细密，地毯越薄，价格也越昂贵。

今天的手工栽绒毯（Hand Knotted）属于地毯产品中的奢侈品，大部分消费者使用的是机织毯或簇绒毯，也有少量背面有合成乳胶的手工簇绒毯，机织簇绒毯常使用抗压的尼龙，而机器编制的成品块毯则以物美价廉、密度轻的丙纶居多。手工簇绒毯常使用竹纤维、腈纶和涤纶。

地毯常用纤维密度见表5-7。

表5-7　地毯常用纤维密度一览表

纤维品种	平均密度（g/cm³）	纤维品种	平均比重（g/cm³）
涤纶	1.38	丙纶	0.91
尼龙66	1.14	竹纤维	1.49
尼龙6	1.13	芒麻纤维	1.54
腈纶	1.14~1.17	棉纤维	1.55

二、里亚毯（Rya Rug）

第一块里亚毯产自15世纪早期，粗糙，沉重，长毛，是水手和渔夫用来替代皮草御寒的被子。在有里亚毯之前，瑞典的农民睡觉时用动物皮草取暖，时间长了皮草会变硬，也无法清洗，于是他们就把羊毛打结做成类似皮草般肌理的毛毯用来当被子。因为没有经过捻纱，羊毛的蓬松感和天然光泽被瑞典皇室青睐而流行起来。到了17世纪，里亚毯成为大众的消费品，到19世纪，芬兰将其作为装饰品，如婚礼和祈祷用毯等。

里亚毯也叫长毛毯，北欧的家居风格对中国现代城市生活影响较大，长毛毯的成分不再仅限于羊毛。丙纶、腈纶和尼龙都可用在长毛毯上，机织和手工的里亚毯在世界各地广泛应用（图5-37）。

里亚毯是一种传统的斯堪的纳维亚羊毛地毯，毯的毛长约1~3英寸（25~75mm）。Rya英语的意思是地毯，瑞典语是带有打结桩的床罩。里亚毯是一种打结的绒毛地毯，每个结由三股羊毛组成，这使地毯能够呈现不同的丰富质感。

在20世纪70年代，里亚地毯在美国开始流行，芬兰手工编织的里亚毯价格昂贵且被认为是时尚的。图5-38所示的里亚毯以其粗犷、温馨的风格和温暖、亲切的手感而受到寒温带居民的欢迎。尤其是在寒冷的冬季，壁炉前或床前铺设一块里亚毯，能给室内带来温暖的气息。

里亚（Rya）这个词起源于瑞典西南部的一个村庄，也可以指制作里亚毯所用羊毛的一种绵羊。里亚绵羊也称瑞典里亚绵羊（图5-39），是一种原产于瑞典的绵羊品种，中等大小，腿较短，腿、尾巴、额头、脸颊处没有羊毛。三个月大的羊羔，羊毛长度可达6英寸（15cm），成年羊毛的长度可达12英寸（30cm）。羊毛有长而波浪状的闪亮光泽，有明显的宽幅卷曲，每5cm最多可达3个卷曲，这种羊毛通常用于制作地毯。

三、希腊厚绒毯（Flokati Rug）

靠近希腊北部西马其顿的萨马里纳村，牧羊人把山羊和绵羊（图5-40）作为贸易和商品的

图5-37　化学纤维制作的里亚毯

图5-38　北欧的里亚毯大多是用里亚绵羊产的羊毛制作的

图5-39　里亚绵羊（Rya Sheep）

图5-40　希腊北部西马其顿萨马里纳村的羊

主要来源，希腊厚绒毯的起源可追溯到公元5世纪，是当地的知名产品之一，并在20世纪70年代的美国风靡一时，成为长毛绒地毯的前身。希腊厚绒毯是希腊的重要的文化遗产。

希腊厚绒毯是一种类似里亚毯的长绒毛毯，是把圈绒拉出后剪断成类似长绒毛的地毯。希腊厚绒毯要用大量的羊毛和工时，是一种昂贵的编织羊毛地毯，其外观蓬松，厚实柔软，如今市场上有各种羊毛和化学纤维的厚绒毯。希腊厚绒毯以毛绒长著称，绒毛长度可达3~3 1/2英寸（75~89mm）（图5-41）。

厚绒毯常以单位重量来表示等级，以簇绒地毯的方式制作居多。北欧风格的家居产品中常使用厚绒毯来体现地域文化，可有效地渲染室内的温馨感，与极简主义风格的陈列形成强烈对比。

图5-41 希腊厚绒毯及其长毛绒

四、其他平织地毯

1. 基利姆双面平织毯（Khilim）

Khilim是土耳其语，意思是块毯，是一种无绒毛编织的地毯，基利姆毯由几种有共同或密切相关特点的古老文化遗产的平织技术生产而成。

基利姆地毯与其他地毯或绒毛地毯之间的主要区别在于：绒毛地毯上可见由不同颜色的单根短股线打结在经纱上，并通过紧紧地挤压纬纱而保持在一起，基利姆地毯则是通过各种颜色的纬纱和经纱交织制成，从而形成所谓的平织，地毯表面没有绒毛。

图5-42的基利姆地毯采用狭缝编织技术编织而成，狭缝指的是两块颜色区域之间留下的间隙，是通过在颜色区域中围绕最后一个系统的经线返回纬线而创建的，且相邻颜色的纬线稍后在相邻经线周围返回。基利姆地毯编织时，纬纱把经纱紧紧地包裹住，以完全覆盖经纱，通常倾向于对角线图案，以避免用垂直狭缝削弱地毯的结构。基里姆地毯的图案大胆、锐利，织毯工的创造性设计比平纹更自由，这也是基利姆地毯的图案与几何设计密切相关的原因，即使有花卉的设计，也是如此（图5-43）。

基利姆毯制作时需要织机、打浆梳子、梭子（可选）、刀或剪刀等简单工具。羊毛是主要材料，有时也使用棉、丝和其他动物毛，大多数与羊毛混合使用，金线、银线、珠子和其他装饰元素也会设计其中，但不常见。

羊毛是制作基利姆地毯最主要的原料，因为其柔软、耐用、易染色，在纺纱或编织时易处理，许多基里姆毯的经纱和纬纱完全使用羊毛，棉通常也用于基利姆地毯的经纱，因为棉纱具有高强度并供应丰富，而且能保持良好的形状，大部分基利姆地毯使用羊毛与棉混合的经纱。

其他动物毛，如山羊毛，骆驼毛或马毛，用来制作基利姆地毯效果也很好。坚固耐用的驼毛用来增加基利姆地毯的强度，有些游牧民族使用马尾或鬃毛来装饰基利姆地毯的条纹或流苏，山羊毛也可增加地毯的强度。

现代风格的基利姆地毯常用来装饰室内客厅，如图5-44所示。

2. 纳瓦霍毯（Navajo Rug）

纳瓦霍毯是典型的平织块毯（Flat Weave Rug）。纳瓦霍毯以印第安人的传统图案为主，

图5-42 采用狭缝编织技术编织的基利姆地毯

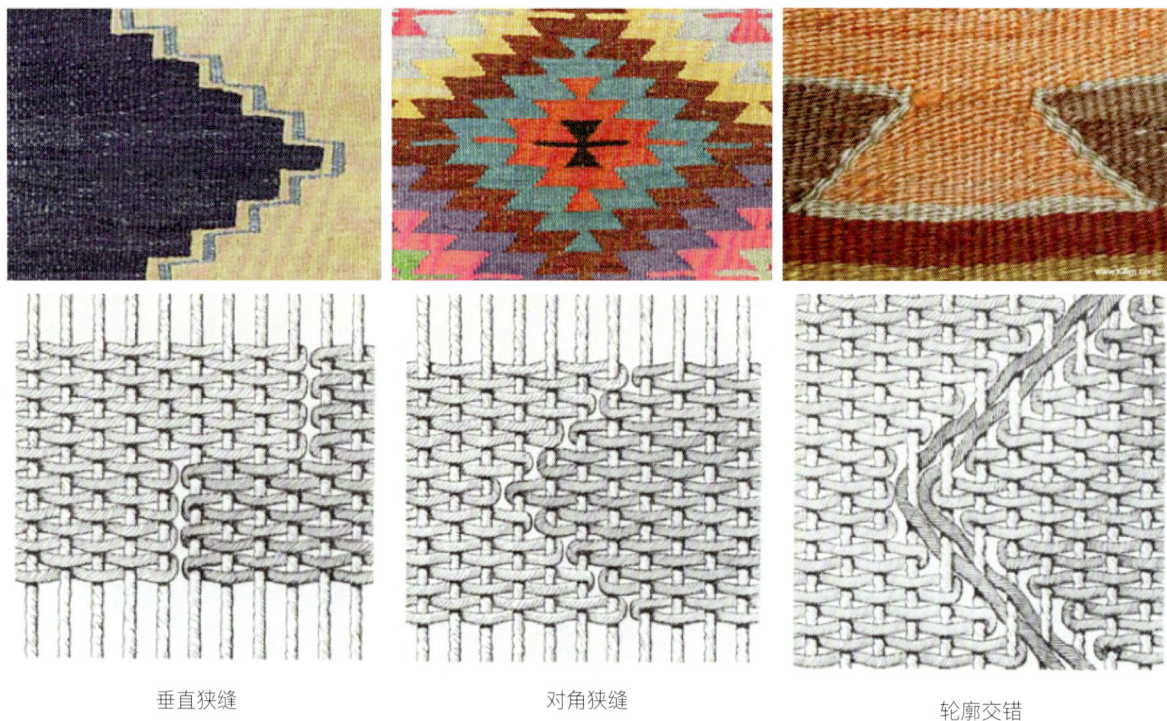

| 垂直狭缝 | 对角狭缝 | 轮廓交错 |

图5-43　基利姆地毯的图案和组织示意图

图5-44　现代风格的基利姆地毯

反映北美印第安人的生活与文化。纳瓦霍毯尺寸并不大，常用于过道、床前和客厅，也有的用来作为壁毯挂在墙上。纳瓦霍毯的风格迥异、原始，典型的印第安文化图腾和标识很容易辨认，设计工作者在使用和选择、设计纳瓦霍毯时，应着重了解北美印第安人的文化与现代社会之间的关系，而不能只关注地毯的图案是否美丽或色彩搭配（图5-45）。

从1700年左右开始，纳瓦霍人编织的地毯为部落提供了重要的经济来源，并体现出他们的艺术才能。现在的纳瓦霍毯是织布工人在垂直织机上用与三百年前相同的方法制作的，在今天的美国西南部，纳瓦霍人是唯一大量编织纳瓦霍毯的人。目前的编织量比过去少了很多，但是质量是迄今为止最好的。

地毯行业对纳瓦霍织工的创造性和艺术才能认知度较低。很多图案出于纳瓦霍人自己传统的想法，并没有用铅笔和纸绘画设计的过程，纳瓦霍人的图案是其民族精神在多年自然环境的逆境中诞生的骄傲，反映在他们的编织中。

纳瓦霍毯通常使用当地土生土长的羊毛，一些纳瓦霍织工还自己饲养羊。他们自己剪羊毛、清洁、梳理，染色和纺纱，然后将这种半成品羊毛纱线编织成地毯。现在纳瓦霍毯使用的大部分羊毛被送去进行商业化清洁和处理，然后用纺纱机将羊毛纺成纱，用于编织纳瓦霍毯。

纳瓦霍毯的价格基于所需的时间和在织造花型上所体现的技能来确定，具体可以通过使用的羊毛纱类型、纱线的细度、编织的紧密度、设计的复杂性、颜色和尺寸来体现。

3.印度手工纺纱棉毯（Dhurrie Rug）

印度手纺纱棉毯是一种厚的平织毯或毯状物，传统上在印度用作家居的覆盖物（图5-46）。

手工纺纱棉毯与普通地毯略有不同，因为它们也用于床上用品或包装，而不仅用作地板覆盖物。根据棉毯的尺寸、图案和材料，有多种用途，最小的棉毯是12英寸×12英寸，用作放置电话和花瓶的桌布。

在大型社交聚会中使用的印度手纺纱棉毯可

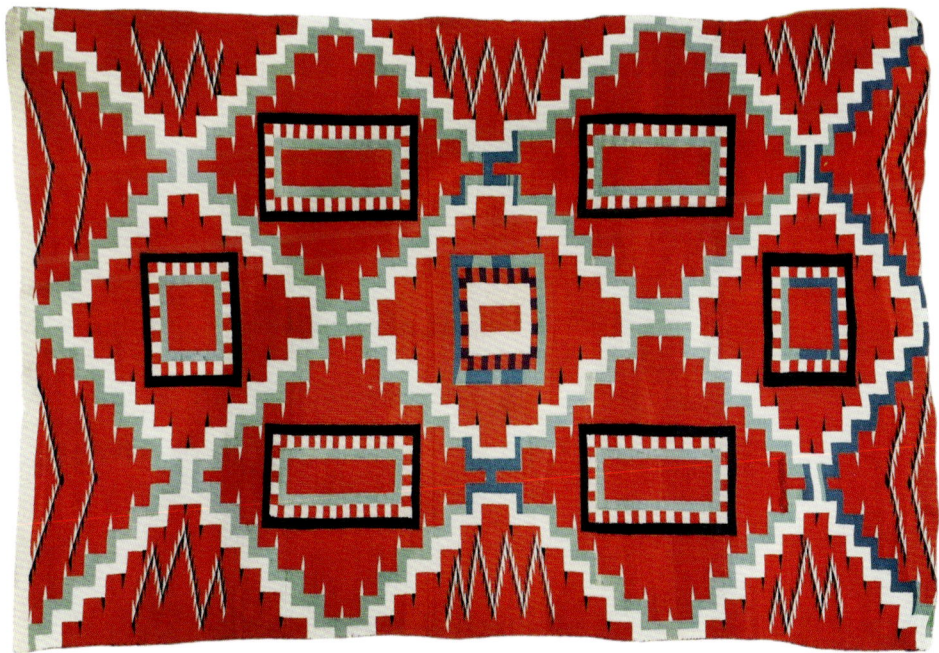

图5-45 纳瓦霍毯

图5-46 印度手工纺纱棉毯常使用简单、对称的几何图案

达20英尺×20英尺（6m×6m）。棉毯便于携带，重量轻，可折叠，有各种颜色组合和图案，可满足多种用途或场合的需求。棉质毯冬天温暖，夏天凉爽，维护成本低，可以全年使用。

棉毯通常用棉、羊毛、黄麻、丝制成。

图5-47是在印度拉贾斯坦邦使用的坑织机（Pit Loom），织布工坐在坑中，织机架在坑上，脚蹬踩可提上降下的综框进行编织，这样省去了支撑织机的支架，降低了织机成本。坑织机最大宽度为48英寸。

印度盛产棉花，但是印度的短绒棉在加工精细的棉纺织品时可加工性不高，适用于相对比较粗糙的棉毯，棉纤维特有的柔软和哑光质感，加上手工纺纱和织造的自然肌理变化，使得印度手工棉毯成为住宅消费品的一个重要品类，棉毯以其坚固的特性和赏心悦目的色彩而闻名。今天的工业化生产也是延续传统的印度手工棉毯织法而批量织造的，成本上更适合消费者对物美价廉的需求。只是印度手工棉毯独特的手工织造肌理是工业化生产难以复制的（图5-48）。

图5-47 坑织机

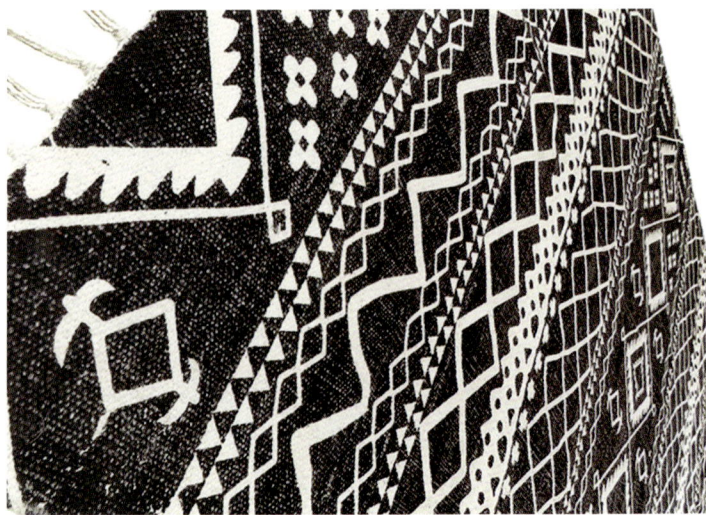

图5-48 印度手工纺纱棉毯

第五节　地毯底垫

一、纤维底垫

可以生产纤维底垫的材料有毛、黄麻、合成纤维（尼龙、涤纶、丙纶和腈纶等）和树脂化的纤维。

黄麻和毛制作的底垫容易老化、散落，需要使用抗微生物剂，避免发霉和生虫子。底垫对地毯有保护、缓冲和隔热作用，能防止地毯被压桩，并延长地毯的使用寿命。对针刺簇绒织物和带纹理的华夫格背衬，底垫可增加地毯贴地的抓握力。丰厚的底垫铺在瓷砖和不平整的地面上，可减少家具对地毯的压迫（图5-49、图5-50）。

图5-49　哥伦比亚马毛制作的地毯底垫

二、蜂巢橡胶底垫

蜂巢橡胶也称为发泡橡胶、海绵橡胶或胶乳橡胶。可以用天然乳胶、橡胶或合成材料。有两种：一种是波浪形的橡胶底垫，较柔软；另一种是平的底垫，偏硬。底垫的表面通常有一层纺粘型材料，可避免地毯的背后因拖行或移动而损伤下面的底垫。用每平方码多少盎司来衡量等级。

图5-51的橡胶底垫（Rubber mats）是天然橡胶、合成橡胶和其他成分的高分子材料制成的，厚度一般在1.5~2.5cm之间。

图5-50　地毯下面的羊毛垫

三、聚氨酯海绵底垫

（1）接枝共聚海绵底垫

通过接枝共聚原理的化学反应增加海绵底垫

图5-51　橡胶底垫

的强度和负重度。

（2）强稠化海绵底垫

通过化学结构的改变，使这种海绵比接枝共聚海绵的强度更好，蜂巢状的结构使海绵底垫无异味，韧性好，防霉菌。

（3）机械发泡海绵底垫

是聚氨酯海绵加上强化填充物在液体状态下和空气进行机械发泡制成的。这种海绵密度更佳，较硬的海绵可以直接贴在地毯下面或分开放置。机械发泡海绵底垫是市场上最好的地毯底垫之一，它非常耐用，TVOC排放为零，并有极强的承受能力，能支撑家具对地毯的压迫，有效延长了地毯的使用寿命。

（4）再生海绵底垫

为了加强再生海绵强度，可在底垫的一面增加纱网。回收的海绵底垫碎片中有阻燃剂，环保管理机构认为阻燃剂里含有多溴联苯醚（PBDEs），这种化学药剂的生物累积性及毒性对人类和大自然都有危害。回收海绵的使用有利也有弊，设计工作者在选用和指定底垫时不能仅考虑成本，也要考虑环保问题。

大部分地毯生产商并不生产地毯底垫，当用户需要底垫时，地毯生产商或供应商一般都从第三方采购，底垫的品质和阻燃标准不一定能够得到保障和控制，所以设计工作者需要提前按照设计标准建设好产品的供应链渠道。

原生聚氨酯海绵底垫（图5-52）和再生海绵底垫（图5-53）的品质、成本相差较大。大多数商业空间的地毯所使用的底垫，因为成本关系，都使用再生底垫。再生底垫的阻燃性能和抗压性能在再生过程中受到很大影响和妥协，供应商有义务给设计方和用户提供权威机构相关、有效的技术测试报告。达不到国家安全标准的底垫是不能采用的。一旦采用后出现安全事故，施工方（采购方）和设计方要负全责。可参考《中华人民共和国消防法》，GB 50222—2017《建筑内部装修设计防火规范（建筑标准）》等相关国家标准和法律法规（表5-8）。

表5-8　地毯底垫技术规格说明书

（仅为样本/Sample）

底垫材质	强稠化聚氨酯海绵，无填充物，清洁，无疵点
覆盖层	纺粘型丙纶
厚度	6.7mm
倾斜压缩载荷率	25%倾斜，最低1.5英镑/平方英寸 65%倾斜，最低6.5英镑/平方英寸 75%倾斜，最低11.0英镑/平方英寸
拉力	20英镑/平方英寸（最低）
延伸率	50%（最低）
阻燃标准	Bf1

注　1英镑/平方英寸=6.895kPa

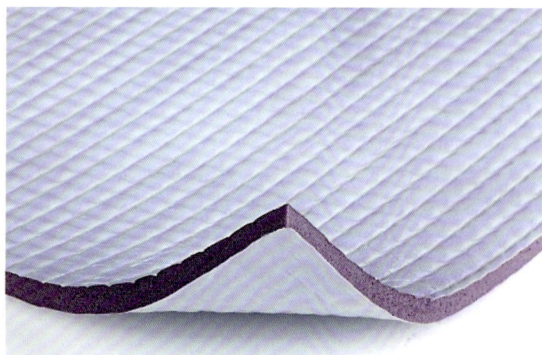

图5-52　原生聚氨酯海绵底垫

图5-53　再生海绵底垫

设计工作者需要向底垫生产商或供应商索取底垫产品相关的技术参数和规格说明，如没有相应的规格说明，设计工作需要根据其所提供的参数，自行编制规格说明，并随《产品说明书/Spec Sheet》提交给施工方、采购方和用户，规格说明必须符合和满足GB 5296—2012中规范的相关条款。

四、评估地毯底垫和地毯的性能

1. 评估底垫的功能

（1）老化

橡胶和乳胶底垫都会老化，按照其使用寿命，可以进行专业的测试。测试乳胶底垫老化的标准是AATCC 16—3测试方法，即20个小时在氙气灯下照射后颜色不得变化超过微小的褪色。

（2）载荷

可以使用ASTM D3574的标准来测试底垫材料的载荷。载荷率的计算：

$$载荷率 = \frac{原有厚度 - 载荷压缩后的厚度}{原有的厚度} \times 100\%$$

（3）拉力

最低拉力设置为20英镑/平方英寸，或根据相关产业标准和法律法规的规定数据。

（4）延伸率

$$延伸率 = \frac{拉伸长度（临界点）}{原始长度} \times 100\%$$

（5）阻燃标准

Bf1级。

2. 评估地毯的功能

（1）声控性

地毯的吸音和对噪声传播的控制，与地毯的表面肌理和铺设的面积有关。

（2）保温

厚实的地毯保温效果好，受地面大理石或瓷砖吸热效应的影响小。

（3）室内空气品质

地毯因为纤维材料、背胶黏合剂、染料等会对室内空气造成一定的影响。合格的地毯无异味，而且TVOC排放在允许范围之内。

相关的室内空气品质参见GB 8401—2010《国家纺织产品基本安全技术规范》和GB/T 18883—2002《室内空气质量标准》。

具体参数（以下数值为1h平均值）：

- TVOC：0.6 mg/cm^3（8h平均值）
- 甲醛：0.1mg/cm^3
- 苯：0.11 mg/cm^3
- 甲苯：0.2 mg/cm^3
- 二甲苯：0.2 mg/cm^3
- 苯并[a]芘B（a）P：1.0 ng/cm^3
- 二氧化硫：0.5 mg/cm^3
- 一氧化碳：10 mg/cm^3
- 二氧化氮：0.24 mg/cm^3
- 二氧化碳：0.1%（日平均值）
- 菌落总数：2500 CFU/m^3（CFU为菌落形成单位，只计算活的细菌）

（4）色牢度

摩擦色牢度、日照色牢度和水渍色牢度均要评估。

（5）抗微生物能力

GB/T 18883—2000《室内空气质量标准》和ASTM E2471都要求测试抗微生物的能力。有时抗微生物药剂会添加在原液染色里，在成丝时已经具备永久的抗微生物功能。设计师在选择纱线时要注意纱线的种类和功能，天然纤维的吸湿率高，抗微生物的能力相对于吸湿率极低的合成纤维来说较弱。

（6）阻燃性能

国标规范公共场所的地毯阻燃标准为Df1级，地毯底垫为Bf1级。

（7）静电的控制

AATCC 134可以测试地毯的导电性能。

（8）抗磨损能力

肌理变化和耐摩擦系数可参考ASTM D6119、ASTM 3884《织物耐磨性的试验方法》和GB 28476—2012《地毯使用说明及标志》中的内容。

图5-54所示为商用地毯，服务业中的酒店、医院、机场等使用的商用地毯对性能要求极高，其成分、耐用程度、阻燃标准、色牢度、耐倒伏、耐脏等标准和住宅用地毯截然不同。

3. 酒店用地毯的要求

很多酒店用的都是阿克明斯特地毯，图案精美、细腻且耐用。地毯按照使用类别，有着严格的品类和标准区分。阿克明斯特毯大部分用于公共场所，包含酒店、医院、餐厅以及会所等都属于商业类别的服务行业，每一种行业的地毯对设计、制造品质、属性和标准都不同，设计工作者需要在设计前了解清楚每个行业对地毯的特殊要求，而不能按照住宅建筑空间的习惯，或者一概而论地只从审美、功能和成本考虑。

大部分服务行业的地毯要求有：

• 阻燃性能
• 纤维的抗压能力（倒伏性和形体稳定性）
• 抗静电性
• 耐污染性
• 抗微生物性能
• 耐摩擦系数
• 色牢度

图5-54　商用地毯

· 抗起球等级

· TVOC 排放

· 回收纤维的应用比例和回收机制

回收机制在设计上称为可持续发展设计，是一种在设计时就开始把"消除废物"的概念植入设计方案中。材料的再利用在设计产品时就考虑到下一个生命周期。从摇篮到摇篮（Cradle to Cradle）的理念补充了循环经济，并使用两种类型的成分——生物营养素和技术营养素。这是从摇篮到摇篮设计的核心。

设计工作者应该了解的可持续设计趋势：

从摇篮到摇篮再生设计（C2C，Cradle to Cradle Design）是一种用于设计产品的仿生系统，模拟人类进入工业化后在自然过程中将材料视为健康、安全的新陈代谢循环的营养素。这个术语是一个企业短语"摇篮到坟墓（Cradle to Grave）"的反义词，意味着 C2C 设计模型是可持续的，并且考虑到生命和后代。

C2C 设计表明，工业必须保护和丰富生态系统及自然的生物代谢，同时保持安全、高效的技术代谢，以便有机和技术营养素的高质量使用和循环。它是一个整体的、经济的、工业的和社会的框架，旨在创建不仅有效而且基本上没有浪费的系统。其最广泛的意义不限于工业设计和制造，也可以应用于人类文明的许多方面，如城市环境、建筑、经济和社会系统。

"从摇篮到摇篮"是化学设计咨询公司（McDonough Braungart Design Chemistry，MBDC）的注册商标，"从摇篮到摇篮"认证产品计划始于专有系统。在 2012 年，MBDC 将认证转变为一个"从摇篮到摇篮"产品创新研究所，独立性、开放性和透明度是该研究所认证协议的首要目标。"摇篮到摇篮"这个词本身是由 Walter R. Stahel 在 20 世纪 70 年代创造的，目前是基于 20 世纪 90 年代环境保护激励机构（EPEA）的 Michael Braungart 及其同事发起的"生命周期发展"系统，并通过出版"生命周期评估技术框架"进行探索。

2002 年，《从摇篮到摇篮：改造我们的生活方式》出版（图 5-55），这是一个从摇篮到摇篮再生设计的宣言，它提供了如何实现模型的具体细节。该模型已由世界各地的许多公司，组织和政府实施，主要在欧盟，中国和美国。《从摇篮到摇篮》这本书和其产品认证计划代表未来世界经济和设计发展的一个风向和潮流。设计工作者应该熟悉行业的趋势变化，积极参与和了解国际上的设计理念和思维。

"从摇篮到摇篮"产品创新研究的五个认证

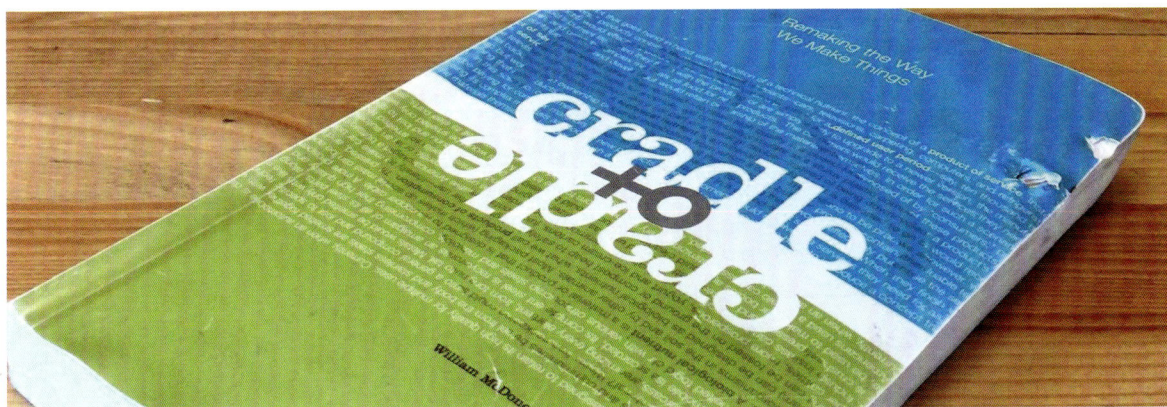

图 5-55　《从摇篮到摇篮》

标准是：

（1）材料健康

包括识别构成产品的材料的化学成分。无论浓度如何，都必须报告特别危险的材料（如重金属、颜料、卤素化合物等），并报告其中超过100mg/kg的其他材料。根据标准评估每种材料的风险，并最终按照绿色低风险材料的等级进行排序，黄色是具有中等风险但可以继续使用的材料，红色用于具有高风险且需要逐步淘汰的材料，数据不完整的材料为灰色。该方法在危险意义上使用术语"风险"（与结果和可能性相对）。

（2）材料再利用

即产品寿命结束时的回收和再循环。

（3）评估生产所需的能源

对于最高级别的认证，需要所有部件和组件至少有50%可再生能源。

（4）水

特别是使用和排放的质与量。

（5）社会责任

评估公平的劳工实践。

该认证有多种级别：基本、银、金、铂，每种都有更严格的要求。2012年之前，MBDC掌握着认证协议。

从对人的健康来看：目前，许多人每天直接或间接地接触或消费许多有害物质和化学物质，此外，这些有害物质还暴露和危害无数其他形式的植物和动物生命。C2C寻求从当前的生命周期中去除危险的技术营养素（合成材料，如诱变材料，重金属和其他危险化学品）。如果人们每天接触的材料没有毒性，并且没有长期的健康影响，那么就可以更好地保持整个系统的健康。例如，织物工厂可以通过仔细地重新考虑在染料中使用的化学物质来消除所有的有害技术营养素，以获得所需的颜色，并尝试使用更少的基础化学品。

从经济学的角度看：C2C设计模型显示出降低工业系统财务成本的巨大潜力。例如，在福特工厂的重新设计中，在装配厂屋顶上种植景天植被，可以保留和清洁雨水，还可以缓和建筑物的内部温度，以节省能源。屋顶是价值1800万美元的雨水处理系统的一部分，该系统旨在每年清理200亿加仑（76000000立方米）的雨水。这为福特节省了3000万美元，否则将用于机械处理设施。遵循C2C设计原则设计的产品，对生产者和消费者来说成本更低，从理论上讲，这些产品可以不用垃圾填埋等处理。

技术营养素：基本上是由人类制造的无机或合成材料，如塑料和金属，可以多次使用而不会有任何质量损失，保持连续循环。

生物营养素：是有机物质和材料，可以分解进入自然环境、土壤，水等，为微生物提供食物。

材料：通常被称为其他材料的构件，如用于纤维着色的染料或用于鞋底的橡胶。

降级回收：是将材料重复用于较小的产品。例如，塑料电脑外壳可以降级为塑料杯，然后可以制成公园长椅等。在传统的理解中，这与产生相同产品或材料的再循环没有区别。

现有合成材料：C2C设计理念中，讨论了如何处理无法回收或重新引入自然环境的现有的无数技术营养素（合成材料）的问题。可以重复使用并保持其质量的材料可以在技术营养循环中使用，而其他材料则难以处理，如太平洋中的塑料。

复习题

1. 满铺块毯和墙到墙的满铺毯有什么区别？各有什么优势？

2. 哪些肌理和色彩可以使地毯耐脏？

3. 讲述柏柏尔纱（Berber Yarn）的由来和使用。

4. 室内铺设地毯的优势和劣势有哪些？

5. 怎样选择可以帮助盲人和残疾人的地毯？

6. 什么是使用寿命成本？

7. 一般满铺商业地毯的寿命是多少？五星级酒店、高级餐厅和学校使用的地毯应该用什么材料和组织结构织造？

8. 家用簇绒毯有哪些优势和劣势？

9. 请设计一款在工作中使用的地毯，并把每个流程和细节记录下来。

10. 阿克明斯特毯和威尔顿毯有哪些区别？

11. 为什么方块毯可以承受高通行量？与簇绒毯和机织毯比如何？为什么？

12. 方块毯的优势在哪里？

13. 威尔顿毯上机后最多有几种颜色可以选择？为什么？阿克明斯特毯呢？

14. 设计师需要设计地毯吗？为什么？讲出你的理由。

15. 怎样实现地毯具有防微生物的功能？

16. 阿克明斯特毯常用在哪里？常用什么成分的材质？为什么？

17. 威尔顿毯的最高密度可达到多少？怎么计算？

18. 威尔顿毯的密度、品质及使用有什么关系？

19. 簇绒毯脱线，一脱线就是很长一段，这是为什么？

20. 簇绒毯是什么纱线织造的？

21. 簇绒毯有几层？用的是什么胶？

22. 在设计和制作簇绒毯时，怎样预防地毯鼓包或波浪形变形？这种现象是怎么造成的？

23. 绒纱重量和有效面纱重量的区别是什么？

24. 如何防止簇绒毯的绒纱脱落？

25. 簇绒毯有哪些优势？

26. 设计一款簇绒毯适用于你最近进行的设计项目。

27. 古董毯、半古董毯和现代手工毯的区别在哪里？

28. 东方毯产自哪里？有哪些特点？

29. 里亚毯和东方毯有什么区别？

30. 设计一款6英寸×9英寸的东方毯和5英寸×7英寸的里亚毯，可采用任何题材和花型，并说明设计理念和技术。

31. 印度手工毯有哪些尺寸规格和肌理特征？

32. 你是否设计过中国古典风格的手工毯？如果没有，尝试设计一款，并陈述设计原理和技术参数。

33. 哪些地毯需要用底垫？底垫的作用是什么？

34. 地毯底垫是用什么材料制作的？

35. 地毯底垫的技术标准有哪些？

36. 如何评估地毯的性能？

37. 为什么地毯和底垫材料对室内空气有影响？如何避免？

38. 商用地毯和家用地毯各自关注的是哪些技术指标？为什么？

39. 什么是可持续发展？什么是可持续设计？

40. 可持续设计对产品的成本有什么影响？是怎样影响的？

41. "从摇篮到摇篮"的认证目的是什么？你申请过吗？

06

第六章

———

床品

第一节　床品用纱线和面料

在床品零售市场上，大约有51%的材质是棉，47%是合成纤维，2%是羊毛，莫代尔纤维和竹纤维等纤维素纤维的使用也在逐渐增长。

一、床品用纱线的粗细规格和织物的经纬纱密度

表征纱线粗细规格的指标有线密度Tt、英支N_e、公支N_m、旦尼尔，线密度的单位是特克斯（tex），是目前的法定计量单位。特克斯和英支在棉型纱线上的应用非常普遍，公支是毛型和麻型纱线的习惯用指标，旦尼尔是化学纤维长丝纱的常用指标。

特克斯表示1000m长的纱线在公定回潮率时的重量克数；英支表示单位重量（1英磅）纱线的长度为840码的倍数，纱线越粗，纱线的英支数越小，例如，40英支的纱线比20英支的纱线更细；公支是指在公定回潮率时重量为1g的纱线所具有的长度米数；旦尼尔表示9000m长的纱线在公定回潮率时的量重克数。

床品面料所用纱线的粗细，可以衡量面料的精细程度。

织物的经纬纱密度也称线程数（Thread Count，TC），是指1平方英寸（6.45cm^2）的织物中排列的垂直经纱线和水平纬纱线数量的总和（图6-1），经纬纱密度较高的床品面料纱线排列较紧密。棉质床品常使用纱支和密度来规范面料的质地（图6-2）。

面料可用纱线的种类较多，很难一一列举，下面举例说明。毛巾通常使用10英支的单股纱线（很粗），双股纱线用20英支/2表示，表示由2根10英支的纱线捻合在一起形成。通常床品面料所用纱线最粗的是30英支，30英支的纱线通常织造密度144根/平方英寸的织物，40英支的纱线则织造密度200根/平方英寸的织物，60英支与40英支混合在一起可织造密度最佳的300根/平方英寸的织物；如果要织造密度500根/平方英寸的织物，则采用80英支纱线是最佳

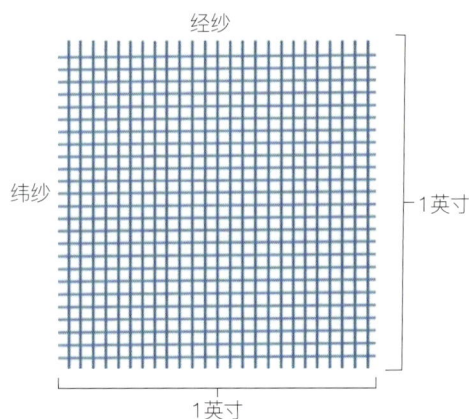

图6-1　织物的经纬纱密度计算

图6-2　棉质床品

选择；对于600根/平方英寸的织物，最好选用经纱80英支、纬纱120英支。更细的纱线还有140英支、160英支。织造企业可根据可用的纱线支数生产各种经纬密度的面料，但是过于细密的面料，因为所用纱线的捻度较高，其吸湿性和透气性会大幅降低，用于床品并不是很舒适，比较合理的棉质床品，纱线在40~80英支之间，经纬纱可以不同，用30英支/40英支纱线（30英支经纱、40英支纬纱）织造密度300~600根/平方英寸的织物较好，这个数字是每平方英寸织物中经纬纱根数的总和，并非单指经纱或纬纱的根数。

二、床品面料

1.床品面料常见的三种织造方式

平纹织造，经纱和纬纱每间隔一根纱线就进行一次交织，有时也称为"一对一"，纱线在织物中的交织最频繁，所以平纹织物挺括、紧牢、平整，最常见的织物经纬纱密度为144~300根/平方英寸。高支高密精梳棉织物（Percale）是由精梳纱采用平纹织造的一种高密度织物，通常用于床品面料，织物的经纬纱密度约为200根/平方英寸或更高，明显比用于床品的标准织物更紧密，织物重量中等，坚固而光滑，没有光泽，折叠和洗涤后效果较好，也可用麻、涤纶或其他混纺纱线织造。

斜纹织造，斜纹织物的表面有经（或纬）纱浮长线构成的斜向纹路，在实际生产中，通常织物的经纱质量优于纬纱，同时经纱密度大于纬纱密度，所以经纱通常浮于纬纱上面，织物表面的斜向纹路由经纱构成，所以经面斜纹织物应用较多。在使用相同纱支和织物密度相同的情况下，斜纹织物的坚牢度不如平纹织物，但手感相对较柔软。

缎纹织造，经纱或纬纱具有长浮线，覆盖于织物表面。缎纹织物包括经面缎纹和纬面缎纹，织物表面平滑匀整，质地柔软，富有光泽，稍呈纹路，但强度不如前两种织物。

2.棉质床品面料常用的棉纤维

（1）中国的新疆棉

中国的新疆棉主要分细绒棉和长绒棉，两者的区别是细度和长度，长绒棉的长度和细度比细绒棉好。新疆棉因为天气和产区集中，和国内其他产区的棉相比，色泽、长度、异纤、强力都是最好的。长绒棉的主体长度37.29mm，短纤指数（16.0mm）6.9%，马克隆值❶4.22，成熟度0.98，含杂率3.6%，回潮率5.7%，纤维整齐度86.3，线密度161mtex，棉结101个/g。

（2）美国棉

美国也生产品质优异的长绒棉，美国长绒棉的主体长度35.89mm，短纤指数（12.7mm）6.5%，马克隆值4.22，成熟度0.93，含杂率3.1%，回潮率5.7%，纤维整齐度87.1，线密度171mtex，棉结136个/g。

（3）埃及棉

埃及棉的品质可以生产很细的精梳棉纤维，并且可织造细腻的床品面料。品质优异的棉花需

---

❶ 马克隆值：是英文 Micronaire Value 的音译，马克隆值是反映棉纤维细度与成熟度的质量参数指标，是棉纤维重要的内在质量指标之一，与棉纤维的使用价值密切相关。马克隆值分为A、B、C三级，B级为标准级。A级取值范围为3.7~4.2，品质最好；B级取值范围为3.5~3.6和4.3~4.9；C级取值范围为3.4及以下和5.0及以上，品质最差。具体测量方法是采用一个气流仪来测量恒定重量的棉纤维在被压成固定体积后的透气性，并以该刻度数值表示，数值越大，表示棉纤维越粗，成熟度越高。

要日照长，气候干燥，阳光充足，云量少，适合灌溉而不能多雨（降雨容易使棉花长霉），尼罗河流域的棉花种植区土地肥沃，适合棉花生长。埃及长绒棉主体长度 35.74mm，短纤指数（16.0mm）8.9%，马克隆值 4.22，成熟度 0.98，含杂率 2.8%，回潮率 5.7%，纤维整齐度 89.7，线密度 159mtex，棉结 127 个 /g。

3. 棉质床品面料的丝光处理工艺（Mercerized Cotton）

丝光处理是棉制品（纱线、织物）在有张力的条件下，用浓烧碱溶液浸泡处理，然后在张力条件下用清水洗去烧碱的处理过程。丝光处理后，棉纤维表面平滑度、光学性能得到改善，增加了反射光的强度，织物具有丝一般的光泽。

物理性能的改善：

• 丝光棉的光泽更好，经过丝光处理后，棉纤维的表面光滑，对光的漫反射现象显著减少（图 6-3、图 6-4）；

• 丝光棉强度更高，经过丝光处理后，棉纤维的天然扭曲消失，纤维之间排列紧密、抱合力增加；

• 丝光棉的尺寸稳定性更好，棉纤维中纤维

素分子重新排列，原内应力消除。

化学性能的改善：

• 丝光棉反应性提高，无定形区增加，羟基随主价键的旋转由不可及变为可及；

• 丝光棉对水、碘、氢氧化钡和染料的吸附量比未经丝光处理的棉大。

棉制品因其良好的吸湿性能、柔软的手感以及与人体接触时舒适的触感，长期以来一直备受人们喜爱。但是未经丝光处理的棉制品容易缩水、起皱、染色效果差，丝光处理可改善棉制品的品质。

（1）可提高织物品质

经丝光处理与未经过丝光处理的棉及其混纺产品，外观及手感有明显差异。丝光产品外观呈现一种似棉非棉、似绸非绸的质地，手感既柔软又爽挺舒适，色泽丰满、光泽诱人。除改善光泽外，丝光处理还提高了织物的强度、光滑度和抗微生物性能，并减少了棉绒。因此，高品质的纱线和织物通常都会采用丝光处理。

（2）可改善织物的染色性能

棉织物的染色或印花大多采用活性染料，经过丝光处理，增加了棉纤维对染料的亲和力，可使纤维对染料的吸收大幅增加，不仅节约染化料，而且颜色更亮，还提高了色牢度，织物也具

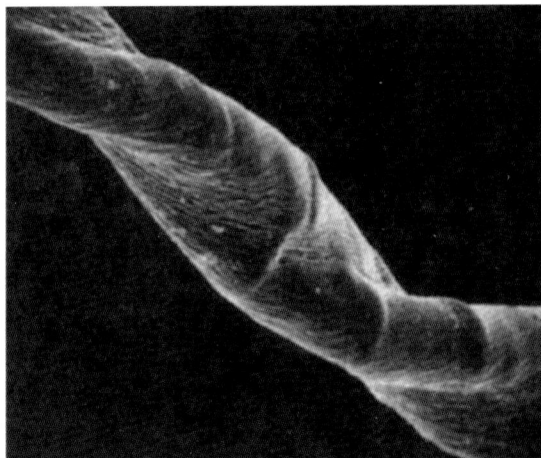

图 6-3 未经丝光处理的棉纤维显微图

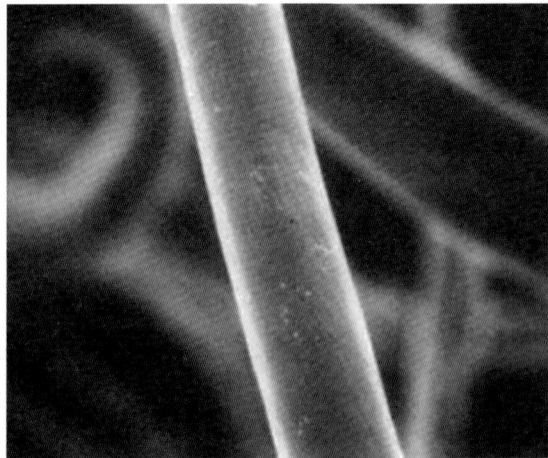

图 6-4 经过丝光处理的棉纤维显微图

有更好的耐洗涤性。生产中深色的棉制品，特别是黑色、深蓝色、墨绿色、咖啡色等，必须采用丝光处理才能生产出高质量的产品。

（3）可增加织物的吸湿性和弹性

棉织物经过丝光处理后，能够吸收更多的水，吸湿性、弹性明显增加，是高档床品、内衣等的首选面料。

（4）丝光棉的种类

按丝光对象不同，丝光棉一般可分为纱线丝光、织物丝光和双丝光。

纱线丝光是指对棉纱线进行丝光处理，使纱线既具有棉原有的特性，又具有丝一般的光泽。

织物丝光是指对棉织物进行丝光处理，使织物光泽更佳、更挺括、保形性更好。

双丝光是指用经过丝光处理的棉纱线制织成织物，然后再对织物进行丝光处理，使棉纤维在浓碱中发生充分、不可逆的溶胀，经双丝光处理后的织物表面光洁，具有丝绸般的光泽，而且强力、抗起毛起球性、尺寸稳定性等均有较大程度的提高。

如图6-5所示，现在棉织物的丝光处理都是使用大工业化设备进行的。

棉在粗纱状态（纱线无捻）比加捻后的纱线吸收的强碱溶液多，吸收的水或染料也更多。由于纤维较长且捻度最小的棉纱对溶液和染料的吸收最佳（在张力下需要一定的捻度才能获得光泽），通常选择长的棉纤维（中国的新疆棉、埃及棉和美国的匹马棉）纱线来进行丝光处理。因此，高质量的丝光棉织物始于质量更高的棉纱线（图6-6）。

三、床品规格

大部分床品（图6-7）采用纯棉面料和涤／棉混纺面料，面料在后处理过程中需要进行预缩

图6-5　棉织物在进行丝光处理

图6-6　浅粉色丝光棉编织纱

图6-7　纯棉和涤/棉混纺的床品

水处理（1%～2%收缩率），有的消费者会关注床品的保暖功能，将面料进行磨毛处理，保暖功效可大幅提高。

床品品质可参照美国ASTM D5431—2019《机构和家用机织和针织薄板产品的标准性能规范》中的具体规范来实施产品的设计标准，这个标准基本上覆盖了所有国际商用和家用床品的技术规范。相关的中国标准是GB/T 22796—2021《床上用品》，适用在中国的相关床品的产品设计和采购合同中援引。

国际通用的床品尺寸见表6-1。

表6-1 国际通用的床品尺寸 单位：英寸

床品	床的种类	尺寸（宽×长）
床单/Flat Sheet	小儿床/Crib	45×68
	单人床/Twin	66×104
	双人床/Full	81×104
	加大双人床/Queen	90×110
	特大双人床/King	108×110
床笠/Fitted Sheet（约为床垫的尺寸）	小儿床/Crib	29×54
	单人床/Twin	39×75
	双人床/Full	54×75
	加大双人床/Queen	60×80
	特大双人床/King	78×80
枕套/Pillowcase	标准床/Standard	21×35
	加大双人床/Queen	21×39
	特大双人床/King	21×44

第二节　床垫

一、折叠床的床垫

折叠床是以临时性使用为主，如酒店的房间加床、办公室和家庭的临时使用。折叠床通常占地不大，很容易放在有限的储藏空间里。折叠床基本上是以1～1.2m宽的小床为主。折叠床的床垫因为需要折叠和轻便，常使用较薄的海绵作为床垫材料，通常海绵的厚度为50～100mm。

折叠床的设置非常简单，不用花太长的时间即可打开使用，折叠床离地的高度通常为400mm，方便使用者从折叠床上坐起。折叠床的长度一般都是1.8m以上，用钢管制成，可以承载125~180kg（275~400磅）的重量，并且折叠后有轮子可以滑动推行（图6-8）。移动式折叠床在酒店和医院使用最普遍。

二、床箱

如果没有床架的情况下，床垫需要有一个床箱支撑床垫的摆放和使用。大部分床箱是由木头和层板加上软包制成的，也有的在床箱里放置弹簧来增加床垫的舒适程度。床箱和床垫一样，各个国家和地区都有自己的习惯尺寸。设计工作者

根据用户的需求、生活习惯和床垫的厚度以及床箱底架的高度来判断和考量床箱应有的尺寸参数。1.8m的床箱常由2个组合组成，主要是为了方便运输和搬运进户而设计的。而不到20cm高的床箱即使加上床箱铁架的高度（10cm），如果仍然达不到用户使用的舒适高度，则可在床箱的高度上以50~100mm为基数增加床箱的高度，不一定严格按表6-2中190mm的高度。图6-9是带排骨架的软包床箱，图6-10是带床箱的床垫。

图6-9　带排骨架的软包床箱

图6-10　带床箱的床垫

图6-8　移动式折叠床及床垫

表6-2　床箱的参考尺寸

床垫规格	床箱尺寸（宽×长×厚）		床箱大约重量	
	英寸	mm	kg	磅
标准单人床/Twin	$37\frac{1}{2}×74×7\frac{1}{2}$	950×1900×190	21	46
加长单人床/Twin XL	$37\frac{1}{2}×79×7\frac{1}{2}$	950×2000×190	22.3	49
双人床/Full	$52\frac{1}{2}×74×7\frac{1}{2}$	1330×1900×190	26.8	59
大双人床/Queen	$59\frac{1}{2}×79×7\frac{1}{2}$	1510×2000×190	29.5	65
超大双人床/King	$75\frac{1}{2}×79×7\frac{1}{2}$	1910×2000×190	37	82
加州超大双人床/Cal King	$71\frac{1}{2}×83×7\frac{1}{2}$	1810×2100×190	33	73

三、床垫基础和保护垫

图6-11的圈弹簧床垫是较传统的床垫制造工艺，每个圈弹簧用非织造布包裹起来，形成一个独立的弹簧筒，增加了弹簧受力的稳定性，也减少了弹簧因为挤压而产生的摩擦噪声。根据人体不同部位受力的不同，整个床垫的弹簧区域的软硬程度也不一样，这种分区域的独立弹簧筒设计常在高档床垫中使用。

床垫在使用一段时间后，需要转向和翻过来使用，这样可调整床垫的承压区域，有的床垫两面都可以使用。在甄别床垫的品质时，需要关注这个细节，床垫的两面都应该有密度不同的海

绵、发泡乳胶等衬垫材料。鉴于乳胶的价格比较昂贵，大部分使用聚氨酯发泡海绵，即"记忆海绵"，它是温敏材料，随着温度升高，海绵会变软。

如图6-12所示，有的厂家使用棕丝压制的垫子放在弹簧独立筒上下来代替聚氨酯海绵。棕丝的稳定性比聚氨酯海绵好，但成本也较高。

如图6-13所示，分区域弹性的独立弹簧筒和乳胶垫的使用，改变了传统床垫产生噪声和缺乏舒适度的缺点，天然乳胶的老化速度比聚氨酯海绵快，和正常品质的聚氨酯海绵的使用寿命、降解和老化时间相比，天然乳胶只有聚氨酯海绵的一半。很多乳胶（Latex）产品其实是仿乳胶的聚氨酯海绵。无论是物理发泡还是化学发泡，只有含天然乳胶成分达到90%以上，才能称为天然乳胶，其价格非常昂贵。目前市场上的乳胶产品（图6-14）并不一定是指"天然乳胶"，而是指任何"类乳胶"的合成乳胶或混合乳胶。在商业信息繁杂的时代，设计工作者要用清晰的参数来说明材料和工艺的选择以及产品的标准。

高品质的床垫通常比较厚（280mm或更高），这样舒适程度更高，如果有上下两层软垫，床垫的厚度可达300~325mm。双面床垫定期每六个月就要翻过来一次，以保证反复使用过程中两面都得到充分利用。

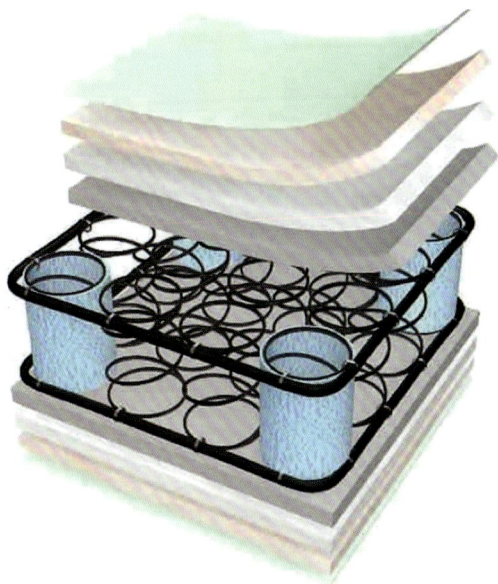

图6-11 圈弹簧床垫

图6-12 床垫中使用棕丝压制的垫子代替聚氨酯海绵

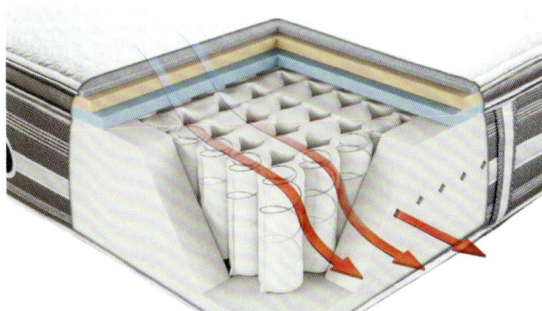

图6-13 床垫中分区域的独立弹簧筒设计和乳胶垫的使用

图6-14 乳胶产品

四、床垫规格

中国、美国和欧洲的床垫规格大致相同，只是略有区别，中美两国常用床垫规格见表6-3。

表6-3 中国、美国的床垫规格

床的规格	中国床垫尺寸（宽×长）	美国床垫尺寸（宽×长）		备注
	m	m	英寸	
标准单人床/Twin	0.9×1.9	0.965×1.905	39×75	在选择床垫和床箱、床架的设计尺寸时，需要和用户详细沟通相关的使用习惯和最佳舒适度尺寸 床垫的厚度是根据床垫的功能、内部弹簧种类、工艺和材料来决定的，通常较厚的床垫，舒适度较高，价格也较贵
加长单人床/Twin XL	0.9×2	0.965×2.035	39×80	
双人床/Full	1.2×1.9 1.2×2	1.345×1.905	54×75	
大双人床/Queen	1.5×1.8 1.5×2	1.525×2.035	60×80	
超大双人床/King	1.8×2	1.930×2.035	76×80	
加州超大双人床/Cal King	—	1.830×2.135	72×84	

第三节　枕头

枕头通常分为床枕和装饰枕两种。床枕有固定的规格，装饰枕的填充物和缝制方法虽然和床枕一样，但是尺寸、花色、面料和设计细节却比床枕有更广泛的选择。

如图6-15所示，装饰枕是以装饰为目的，所以更重视造型、色彩和花型。

装饰枕的规格：

·早餐枕：30cm×30cm（12英寸×12英寸）

·圆柱形枕：直径10cm×40cm（4英寸×16

英寸），直径15cm×50cm（6英寸×20英寸），直径18cm×68cm（7英寸×27英寸）

·长圆柱枕：直径15cm×（100~127）cm[6英寸×（40~50）英寸]

·土耳其枕：40cm×40cm（16英寸×16英寸）

·欧式枕：66cm×66cm（26英寸×26英寸）

·圆枕：直径30cm（12英寸）

图6-16的早餐枕（Breakfast Cushion）实

图6-15　装饰枕

图6-16　早餐枕

际上就是长方形的小型腰枕、腰垫，常用于餐椅或沙发椅上，起到支撑腰部的作用。

颈枕的尺寸偏小，直径在5英寸以下的称为颈枕（Neck Roll），直径在5英寸以上的称为长枕（Bolster）。圆柱形枕的长度可以根据床上的装饰需求变化来定，从300mm到1500mm的长度都可以设计。圆柱形枕的填充物通常是在圆柱形的海绵外裹一层涤纶纤维棉，并使用配色的隐形拉链。圆柱形枕不仅可以放在床上做装饰（图6-17），也常用在沙发和贵妃榻上，中式家

具中圆柱形枕的使用非常普遍，罗汉床和客厅椅上也常使用圆柱形枕。

床上睡眠用的枕头称为床枕，不同尺寸的床配置床枕的个数和尺寸也不相同，而且有规律可循，无论是商业酒店还是住宅，设计工作者应该了解床枕的基本配置和尺寸，这对用户的日常生活习惯会有影响。

床枕基本都是长方形的，大部分床枕的宽度都是51~53cm（20~21英寸），长度会根据床的尺寸而异，并且是成对的。

床枕的长度：

• 单人床的床枕：66~68.5cm（26~27英寸）

• 双人床的床枕：76~78.5cm（30~31英寸）

• 双人大床的床枕：94~96.5cm（37~38英寸）

床枕的规格：

• 标准床枕/Standard Pillow：20英寸×26英寸（500mm×660mm），单人床放2个；20英寸×28英寸（500mm×710mm），双人床放4个；20英寸×36英寸（500 mm×910mm），大双人床放4个。

297

图6-17　床上装饰的圆柱形枕（Neck Roll，Bolster）

• 欧式床枕/Euro Pillow：26英寸×26英寸（660mm×660mm），双人床放2个。

• 身体枕/Body Pillow：20英寸×54英寸（500mm×1370mm），长枕头，侧睡或趴睡人士比较喜欢，孕妇抱着侧睡也会更舒服。

床枕的装填和开口分两种，一种是简单地在侧边开口的长方形袋状枕套（Pillowcase），另一种是开口在背后，通常是交叠口设计，而且四边还带有装饰性的边缘（Flange），这种称为带边枕套（Pillow Sham）（图6-18），带边枕套的外观会更美观，常用在双人床上。

为避免枕头沾染汗水或油脂而变黄，可先加一个紧贴枕头且有拉链封口的保护性枕套（Pillow Protector），再在外面套普通枕套，这样枕头会更耐用。

侧面开口的床枕套是较常用的简约设计，商业酒店为了洗涤方便和控制成本，常采用侧面开口的床枕套设计。在酒店的产品说明书（Spec. Sheet for Hospitality FF&E）中，设计师需要详细地制定枕套的规格，有的侧开口枕套在开口处会留出12~15cm的面料用于包裹枕芯，看上去更加美观，但制造成本也会增加，这种枕套设计通常会用在四星级以上的高档酒店和住宅中。

图6-19所示的带边枕套的背面是一个类似信封口一样的有8~10cm交叠的开口。开口处不一定置中，也可放在偏左或偏右的1/3处。为了减少成本，很多枕套会将四周的装饰边减少到2cm以内，交叠部分的尺寸减少至5cm。

图6-20是侧面开口的枕套做了一个包裹枕芯的设计（Pillow Case with Wrap），这样的设计要求枕芯的尺寸配置恰到好处，要和枕套的长度一致。图6-21是枕套的镶边设计。

图6-22所示的方形枕称为欧式枕（Euro Sham），欧式枕的尺寸较大，660mm×660mm（26英寸×26英寸），常放在床上作为装饰，高档的商业酒店会在床上放置2~3个欧式枕来使房间显得更加豪华或温馨，尤其是使用白色的床单和被套时，一对浅色的欧式枕会衬托出床的魅

图6-18　采用绗缝工艺的带边枕套和床罩（Bed Spread）

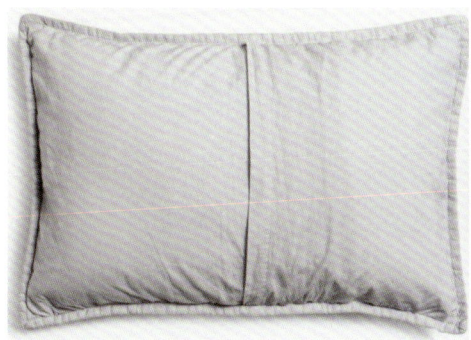

图6-19　带边枕套的开口

图6-20　侧面开口的枕套

图6-21　枕套的镶边设计

图6-22　欧式枕

力。欧式枕除具有装饰作用外，坐在床上看书或看电视时，也有背靠和支撑腰部的实用功能，蓬松的欧式枕可以提供最佳的舒适感和支撑作用。

如图6-23所示，床品常以"几件套"来形容一套床品所包含的产品内容，包括枕套、床单、被套和床笠等，但不包括装饰抱枕和床毯等其他产品。床上装饰抱枕的配色和造型给本来单一的床品带来丰富的装饰效果和温馨的体验感。有的装饰抱枕从大到小多达9~12个。

图6-24所示的土耳其枕也称为基利姆靠枕（Kilim Cushion），由于其图案和土耳其基利姆地毯上的图案同出一辙，因此也称该类抱枕为土耳其抱枕。采用土耳其的无绒毛织造技术和工艺，

这种织造技术和工艺也常用来织造手工地毯，几何图案特征明显，不仅在土耳其有，在北非、伊朗、阿富汗、摩洛哥、巴基斯坦、中国等国家和地区也有丰富的艺术作品和传统图案。

床品的品质参数：

• 纱支：纱支越高，纱线越细，面料的细腻程度越高。

• 密度：每英寸面料中的经纬纱根数越多，织物密度越大，要求的纱线越细。

• 织物组织：有经面缎纹、纬面缎纹、平纹、斜纹等。

• 成分：长绒棉，亚麻、棉/麻、涤/棉等。

• 后处理：丝光、预缩水、磨毛等处理。

图6-23　床品及床上陈列的装饰抱枕

图6-24　土耳其抱枕（Turkey Cushion）

第四节　床毯和披毯

一、床毯

床毯（Blanket）有装饰和保暖作用。床毯的材质有很多种，羊毛、丝绸、亚麻、棉和人造纤维，有机织的，也有针织或手工编织的，还有的在丝绸面料进行人工刺绣，或者在亚麻面料上设计毛线绣。

床毯有两种，成品床毯和定制床毯。成品床毯在市场上销售。定制床毯需要设计师根据场景需要表述的内容和元素另行设计的产品的材料、花型、肌理效果和色彩。另外，用于装饰的床毯通常性价会比量产的要高。所以设计师在选用床毯时，要清楚产品的使用目的。

床毯的设计和其他产品一样，都会涉及功能性和文化性，床毯的材质和色彩常给人非常强烈的视觉体验。各种细分的品类给人不一样的感受，例如，安哥拉羊毛、美丽奴羊毛和山羊绒等材质，赋予床毯与众不同的温馨感和亲切感（图6-25）；而丝绸床毯因华丽、变幻的光泽和精美的刺绣，更加凸显文化品位（图6-26）；棉、麻或仿羊绒的纤维素纤维（如竹纤维等）织造的床毯物美价廉（图6-27）；改性人造棉（莫

图6-25　新西兰美丽奴羊毛床毯

图6-26 镶流苏的丝绸床毯（图片由上海古典丝织的安东尼·朝提供）

图6-27 纯棉床毯

代尔或天丝纤维）织造的床毯手感柔软，亲肤性极佳，性价比高；腈纶和涤纶织造的床毯外观效果类似羊毛床毯，价格低，但容易产生静电，需要保持室内空间的湿度；现在几乎不再使用皮草来制作床毯了，市面上大部分都是仿皮草床毯（图6-28），珊瑚绒（涤纶和腈纶）是最常见的仿皮草材料。

床毯的尺寸规格、重量和款式设计根据地域的不同有着不同的规范和习惯，设计工作者需要熟悉各个国家和地区的规格与习惯，有的放矢地制定合理的床毯设计方案。

和很多纺织品一样，在美国，床毯的尺寸不是随便制作的，而是有规律可循，基本上都是根据床垫的尺寸来定，尤其是宽度，大部分床毯的宽度是一致的，而长度则由每个品牌自行决定。

床毯的尺寸通常基于标准床的尺寸：

•单人床的床毯/Twin Bed Blanket：66英寸×96英寸（1670 mm×2440mm），小号。

•大单人床和双人床的床毯/Full & Queen Bed Blanket：90英寸×96英寸（2286mm×2440mm），大号。

•大双人床的床毯/King Bed Blanket：108英寸×96英寸（2732mm×2440mm），特大号。

二、披毯

置于沙发上的披毯（Throw）常比床毯更小、更薄、更轻便，披毯不像床毯有固定的尺寸，其规格常以房屋的面积、家具的大小、用户的年龄和消费能力以及地域的气候和城市的生活习惯来确定。美国披毯通常宽36~60英寸（914~1520mm），长60~80英寸（1905~2032mm）。

披毯常用规格：

•50英寸×60英寸（1270 mm×1524mm）

•50英寸×70英寸（1270 mm×1778mm）

•54英寸×66英寸（1371 mm×1676mm）

•60英寸×80英寸（1524 mm×2032mm）

如图6-29所示，针织织造的披毯质地松软，具有弹性，手感柔软，给人温馨的感觉。在选择针织纱线时，应注意纱线的蓬松程度和密度，过于紧密的纱线（如棉纱）会使披毯死板、僵硬和沉重。腈纶与羊毛的卷曲蓬松感接近，使用腈纶和其他纤维混纺的纱线，会使披毯蓬松、轻便。

图6-28　仿皮草床毯

图6-29 针织披毯

第五节 床罩与被子

一、床罩

床罩是罩在被子外面作装饰用的罩子，比被子薄，但是比床毯要厚。床罩的款式和尺寸是根据床型和床垫的尺寸来定的。有的床罩可以拖到地面（图6-30），有的床罩只有床高的一半，距地还有一定距离，需要配置床裙把下面的床体遮住（图6-31）。

床罩是起装饰作用的，床上的陈设通常有床罩、床裙和装饰枕组成，使用面料大多与室内环境相关。床罩因为是装饰性产品，触感和手感并不太好，但要求色彩和花型与室内整体环境配套。床罩通常较薄，以绗缝、钉扣和普通平缝为主。

绗缝工艺在床罩的设计和制作上非常普遍（图6-32），绗缝与机绣相结合也是传统床罩制作常用的工艺（图6-33）。

图6-30　拖到地面的床罩

图6-31　距地一定距离的半长覆盖式床罩

图6-32　拖到地面的贴紧式绗缝床罩

图6-33　绗缝与机绣工艺相结合制作的床罩

二、被子

被子是常用的寝具,通常有固定的尺寸,对材质的要求也较高,太硬、太厚的装饰面料不适合用在被子上。面料的柔软性、印染面料使用染料的安全性以及填充物的舒适度都会影响被子的使用效果。在美国被子的厚度根据季节和地域不同有差别。色彩上,被子和配置的枕头需要与室内的设计元素相匹配。

美国的被子、床垫、床罩和床毯配套尺寸见表6-4。

表6-4　被子、床垫、床罩和床毯配套尺寸一览表　　　　单位:英寸

床的规格	床垫尺寸	床罩尺寸	被子尺寸	床毯尺寸
标准单人床/Twin	39×75	80×110	68×86	66×90
加长单人床/Twin XL	39×80	80×110	68×90	66×90
双人床/Full	54×75	96×110	78×86, 86×86	80×90
大双人床/Queen	60×80	102×116	86×86, 86×94	90×90
超大双人床/King	78×80	114×120	102×86, 102×94	108×90
加州超大双人床/Cal King	72×84	120×120	102×86, 102×94	108×90
两用沙发床 / Day bed or Trundle	39×75	84×117	66×92	66×90
水床单人床 / Waterbed Single	48×84	—	68×86, 66×92	66×90
水床双人床 / Waterbed Queen	60×84	84×108	68×86, 86×86	80×90, 90×90
水床超大双人床 / Waterbed King	72×84	84×108	86×86, 102×86	90×90, 108×90

表6-4中所列的两用沙发床(Day Bed)是一种比较典型的美式乡村风格,带有储藏功能(床下带抽屉),是一种实用型家具,在北美地区的家庭中使用非常普遍(图6-34、图6-35),常用作学龄前儿童的床,也可作为沙发用。

大部分两用儿童沙发床使用松木或白杨木制作,用水性环保涂料。随着子女长大后不再使用,还可自己动手改变沙发床木质部分的色泽,以做他用。

随着社会的发展,生活节奏的加快,人们对居住空间的要求发生了很大变化,人们没有更多的时间和成本用在整理烦琐的床罩和床裙以及装饰抱枕上,简约的生活方式逐渐取代了装饰感较强的床罩和床裙等产品。20世纪,酒店大多会采用床裙和床罩作为酒店房间中床品的基本款。21世纪的今天,鲜有高档酒店使用这种传统的装饰类床品了,取而代之的是几个点缀性的装饰抱枕或圆柱形枕,以及铺在床尾的装饰性床毯。

图6-34　两用沙发床在北美地区的家庭中使用非常普遍

图6-35　美式乡村风格的两用儿童沙发床（Day Bed）

复习题

1.商用床品和家用床品有哪些区别？

2.床品面料用的纱支数和密度（线程数）越高越好吗？

3.市面上常用的床垫有哪些种类？

4.什么是两用儿童沙发床？它有哪些功能？

5.床罩和被子有什么区别？

6.请分别设计一套酒店和家用床品。

7.装饰抱枕是和床品套件一起销售吗？为什么？

8.丝光处理对棉纤维或织物会产生什么作用？

9.烧毛是什么意思？

10.您认为在酒店里配置床毯是必须的吗？为什么？

11.您操作过绗缝设备吗？绗缝的设计应该如何入手？

第七章

设计流程及管理

本书的核心思想是引导设计工作者对纺织品在室内设计中的应用展开的讨论和对知识结构性的探索，设计工作的流程和管理技术不是本书的重点，在此仅作常识性介绍。在设计工作中，坚持科学的设计流程管理工作会让设计工作的品质、科学性、人文性、工作效率、性价比和可持续性以及设计工作者的话语权和用户、消费者的利益得到充分保障。

无论是针对产品设计，还是空间设计，都要有一个主导思想和方向，主导思想和方向错了，后面的工作也会发生难以更正的偏差，所谓"设计基因"，指的就是这个问题。设计是一种利他的行为，无论是科技创新还是艺术性创作，设计的根本目的是为用户/消费者解决问题。只有用这样的指导思想来规划设计流程并进行科学管理，设计工作才会回到正确的设计轨道上来。

第一节　提案（提报）：对用户/消费者需求的了解过程

深入、仔细地了解和解读用户/消费者的需求，并在此基础上升华到专业高度，设计方案不仅能够满足用户的需求，很多方面还应该超出用户的期待，这才是设计工作者真正的工作态度。所以，设计流程的第一步应该是深入地了解用户的需求，一遍不行，就两遍，再不行就三遍……彻底了解清楚后，再进行汇总，做出提案，因为这是签订合约前的工作。

提案的内容实际上就是设计工作者（团队）将要进行的工作内容、效率、方向和标准。

一、室内设计工作评估内容

无论是商业空间还是住宅空间，室内设计工作需要评估的内容基本有以下几点：

（1）空间功能布局

以平面构造为主，表达清楚用户对空间的功能需求。

（2）文化与艺术定位

普世价值观和文化属性的展示。

（3）设计工作内容和技术标准

这是专业技术的基本起点和展示。

（4）设计工作节点和周期

体现工作效率和责任心，让用户无忧。

（5）设计工作成本

如果是工程设计、采购、建设总承包（EPC, Engineering, Procurement & Construc-tion，俗称交钥匙工程）全案设计项目，则以单位造价估算。

二、产品设计工作评估内容

针对提案的不同要求，产品设计工作评估内容会有所不同：

（1）设计工作团队

体现工作能力和擅长专业。

（2）产品的市场分析

包括产品的市场份额，销售前景和销售渠道。

（3）产品的用户分析

细化消费群体及其消费能力和习惯。

（4）产品的类比分析

如何让产品具有独特性与可持续性。

（5）产品的设计内容

展示专业的设计技术和水平以及设计工作的全面性，设计内容可以局限于设计研发工作，也可以做全案设计+商业咨询+市场策划工作。

（6）产品的标准和成本

比较产业标准，列举生产工艺和成本。

（7）产品的供应链建设

列举产业供应链结构。

（8）产品的设计周期和节点

展示工作效率和执行力。

第二节　概念设计：设计工作和创意的核心价值

提案和合约通过、签署后，进入设计方案的概念设计阶段，概念设计也是一个设计方案的创意灵魂与核心思想，其价值占据整个设计方案的70%~80%。整个设计方案的核心价值基本就在概念设计方案中，所以，设计工作者在没有完全理解用户/消费者的需求时，不要急于进入概念设计阶段，换句话讲，在合约没通过之前，进行概念设计方案的工作条件是不具备的，为了获取订单而匆忙地提交概念设计，会严重影响设计的严谨性、科学性和系统性，这在设计工作中是不可取的。

概念设计的基本内容在室内空间设计和产品设计上是有区分的，单纯的设计工作和全案（EPC）设计工作也有所区别。设计工作者承担的工作越全面，对专业要求越高，责任越大，越具有话语权，工程的效率和性价比也越高，设计工作的可持续性也越长久。

概念设计的方案需要设计工作者精心准备和演练，演示的内容以精美的图稿和视频解说为主。用不超过15分钟的时间介绍案例的创意和设计概念，尤其是最初的8分钟时间，要引起用户足够的关注。摒弃没有实际意义的铺垫和内容延伸，不要把个人的喜好、生活经历和对审美的理解强加给用户。设计工作者自身的生活哲学和生活态度不需要、也没必要去得到每个人的认同，因此不要带入工作中。一个好的概念设计应该以"秒懂"的形式触及用户的内心和核心价值。

设计工作者如果本着设计的五大基本原则去实施概念设计方案，一定能设计出用户喜爱的设计。

一、室内空间的概念设计内容

• 主要空间的功能、布局图纸
• 主要空间的3D效果图
• 主要材料的品牌（供应链）和清单及预估造价
• 硬装和软装施工及采购的设计标准（等于或高于产业标准）
• 进入施工阶段的工作流程（EPC项目）

二、产品设计的概念设计内容

• 设计产品的清单、效果和图纸
• 市场调研与分析的结果与数据
• 用户调研与分析的结果与数据
• 商业（销售）模式的结果与数据
• 商业陈列效果图
• 具体指定的产品材料、制造工艺（配方）和设计标准（在产业标准的基础上）

第三节　设计的五大原则：人文关怀、高效率、绿色环保、性价比和可持续性

一、人文关怀

在概念设计方案中充分体现人文关怀是设计利他行为的具体表现。合理、充分利用的空间和功能规划，引导用户进入比较先进的生活方式，如具有遮阳功能的简约窗帘和物理抗菌性能的地毯等。人文关怀也体现在满足当代人快节奏生活方式的一些功能上，而不是一味地沿用传统的概念，引入很多品质化管理的设计理念，而不是仅从审美入手，如由于环境潮湿所导致的霉菌和空气品质对纺织品（壁布、窗帘、沙发和地毯等）的影响，设计中使用吸湿率较低或者零吸湿率的纤维原料，像丙纶、腈纶或涤纶等高分子材料，不仅可以避免微生物滋生，还具有免洗功能。

还有，在商业或住宅空间内使用的纺织品，国家有强制规定的阻燃标准（BF1），对面料进行阻燃整理，还是采用原液阻燃（永久性阻燃）纤维织造的面料，阻燃效果和安全性是完全不同的，尤其是对于高层建筑，设计时要慎重选择。

二、高效率

现代社会的工作与生活节奏由于信息化的发展变得越来越快，用户对设计工作者所设计的空间或产品使用的便捷程度和效率更加关注。例如：丝光处理的床品比较容易洗涤，而用涤纶和腈纶生产的窗帘耐候性则非常好，五年内不必担心面料因日晒破裂的问题；在住宅设计中，丙纶因为密度最小、吸湿率为零，用于地毯是最佳选择，商业地毯的设计则更倾向使用耐压、不倒毛、耐摩擦、无静电、阻燃效果佳的尼龙66，使用方便，能减少日常的维护和修理。这都是设计高效率的表现。

室内设计中采用自动化控制要根据个人的生活方式、成本投入和建筑面积来评估，大部分中小型住宅使用的自动化控制不一定是高效率的表现，例如，每个窗帘都使用电动遥控器控制不一定方便，寻找遥控器和经常出现电路信号、机械故障等问题也会影响用户的使用。

三、绿色环保

室内设计和产品设计的绿色环保是一项巨大的专业挑战，要使设计达到绿色环保，设计工作者必须要熟悉以下三个先决条件：

- 国际化的供应链
- 国家标准、国际产业标准和绿色环保标准
- 产品的材料和制造工艺

绿色环保的概念不仅无毒、无公害，也会涉及产品和使用的排放指标、可持续的生态建设等问题。在对室内和产品进行绿色环保设计的过程中，需要关注以下几方面：

（1）零甲醛、零TVOC排放

对材料的品质管控和标准的沿用。

（2）低碳、零碳排放设计

如对玻璃窗户和窗帘热传导系数的评估。

（3）对回收再生产品的关注与支持

如使用再生纤维材料的地毯产品。

（4）拒绝低劣品质和"漂绿"产品

例如，要避免使用没有或拒绝提供品质检测报告的产品或假冒伪劣商品，以及自称可以去甲醛、去TVOC的产品，却没有科学的依据和有信用的检测报告等。

（5）设计工作者需要教育用户对绿色环保概念的科学认知

绿色环保和产品的成本无关，而是和理念及专业技术水平有关。绿色设计是预防，而不是补救，从环保角度来讲，"补救"已经"迟"了，伤害已经造成。设计工作者交付给用户使用的设计方案，无论是商业空间或住宅空间，抑或是产品，都应该是无毒害的、低碳甚至零碳排放的、有利于可持续生态建设的、符合甚至超越国家标准和国际产业标准的方案和产品。

绿色环保的设计工作关系到用户的健康和生活品质，是设计工作中至关重要的一环，也是最容易被忽略的一环。对于绿色环保的倡议和执行，不仅是材料生产商和经销商的责任，设计工作者也有不可推卸的专业义务和社会责任。

四、性价比

性能与价格比永远都是消费者/用户最关注的核心问题之一，但大家往往忽略了性能的研究和诠释，而是单方面阐述价格和同行业的比较，这会导致消费者对成本的担忧和顾虑。

一种产品除了其社会文化属性和功能属性，在性能、环保、可持续性方面也有其不同的属性。每个用户的需求不一样、产品的性能、成本和针对性可以是千变万化的，关键是诠释清楚产品的性能和成本之间的关系，消除消费者对价格的过度担忧。

例如，同样一幅涤纶窗帘，纤维的生产技术、面料的织造工艺和功能、窗帘的设计款式及缝制工艺、产品的品牌及渠道等都是影响这幅窗帘性价比的因素。设计工作者需要用实际的案例和样品来教育消费者产品的不同性价比之间的区别。这与平常的消费品不同的是，一幅窗帘所包含的专业知识比较丰富，不能期待消费者自己通过表面的观察就能理解其中的区别；同样，也不是每个消费者都对生活的细节了解得非常清楚，诠释性价比的程度也要因用户的消费习惯而异。大部分用户更喜欢看得见、摸得着的直观的细节，如丝光处理过的纯棉面料（60英支×40英支，密度500根/平方英寸）用作高档窗帘的衬里，其服帖和柔顺的悬垂感以及华丽的外观与普通纯棉面料有直观的区别，同时在成本上又有相当的优势。

五、可持续性

EPC项目中有一项工作是售后服务，就是"交完钥匙"之后的持续服务。这只是可持续性中一个很小的部分。设计工作需要关注的可持续性有以下几个方面。

1. 时尚的可持续性

可持续的时尚是必然的趋势与方向，而认知是行动的基础，只有当大家真正认识和了解可持续时尚，良性的创新和设计才会持续发生。时尚可以通过多种方式提升可持续性，包括提升产品的绿色设计、选择环保材料、废料再利用、推动循环设计体系等。比如一款设计，用户可以使用十年不会因为时尚的原因而去更换，这就是时尚可持续性的直接体现。

2.品质的可持续性

日常使用和洗涤的磨损是纺织品常见的问题，纺织品的耐磨性、安全性、产品的正常护理和使用的频率等，是产品质量可持续性的参考因素。

3.售后服务的可持续性

大部分用户不了解纺织品的清洁、修理和日常维护，设计工作者需要提供给用户一个可靠、方便、成本合理的售后服务来满足售后的需求。对用户进行产品售后使用和护理的教育也很重要，除配置相应的说明书外（有一部分用户不会仔细去看），定期提醒和走访用户也是对产品售后可持续性的保障。例如，大部分装饰面料不推荐采用水洗进行清洁（床品除外），在现场使用蒸汽挂烫清洁是家居纺织品常用的方法（图7-1）。

4.产品与环境保护的可持续性

包括产品（资源）的再生、回收、碳排放，以及因生产与使用该产品而造成的对人类健康危害和对环境污染等，这些都是在设计过程中需要考虑的。

图7-1 使用蒸汽挂烫清洁窗帘和沙发

第四节 深化设计

深化设计是将概念设计方案完善到实施阶段。到深化设计阶段的时候，99%以上的设计细节基本上得到了业主的认同，并且期待看到所提交的成果。深化设计是一项技术工作，通过专业技术手段来诠释实施、落地的方案，主要有以下几方面的工作组成：

• 施工图纸、产品制造图纸与设计标准。

• 所有主要材料的设备、物料说明书（OSE和FF&E）和材料板。

• 施工、制造的流程和节点及管理团队（计划）。

• 详细的施工、采购和制造预算书。

FF&E：Furniture, Fixtures and Equipment，是酒店和商业设计中的一个常用术语，指的是家具、装置和设备，FF&E设计也称为物料设计；另外一部分是OSE（Operation, Service& Equipment），指运营、服务用品及设备。

物料设计是在商业和家居设计中不可缺少的一环。在设计行业中，物料设计是作为一个专门的行业存在着，一个成熟的设计公司必须有非常专业且成熟的物料设计来做支撑，因为物料设计涉及一个设计师事务所、工作室、公司或者设计工作者个人的设计标准的成立和话语权，这个话语权也是设计品牌的责任和价值所在。

物料设计需要长期不断地从实践中学习积累，这使物料设计的人才奇缺，刚走上设计工作岗位的新手基本没接触过物料设计，会导致设计方案缺乏充分的科学依据而无法阐述清楚设计方案本身所具备的价值和权威性。在这样的情形下，有的设计工作者为了表达方案的设计价值，往往过度使用大量篇幅阐述其感性的认知，比如审美、对生活和文化的个人认知、单方面的情感倾向等。这些感性认知是容易产生争议的内容，对用户来讲，很容易造成对方案的陌生感、排斥或否定，这样无疑会让用户失去对设计方案的信赖。而理性地呈现设计方案，引用物料设计的科学论据来支撑设计方案的理念和内容，即使用户不熟悉其中的科技论据，经过设计工作者耐心细致、通俗易懂的解释，也可以避免各种不必要的争议。

材料板（Mood Board）：在物料设计中，因为工程的体量和设计的方方面面众多，需要使用"材料板"来体现各个空间中各种材料之间的设计关系，于是便有了使用材料板和甲方确认设计方案的这个流程。材料板也称为物料板，是最后验收的重要依据之一。

图7-2是一个典型的简约版的面料材料板模型，是一个空间中面料材料板的配色和不同用途的面料配置。如果涉及整体的空间设计，材料板的内容会引用更多的材料样品和图片说明来阐述设计细节。材料板的制作是一个非常耗时的工作过程，物料设计工作者不仅要对所要表现的产品非常熟悉，同时也要对所引用的纺织品的各种特征、标准、成本和可替代性了如指掌。因为在大型设计项目的物料设计中，设计师所指定的原材料或半成品（成品）不一定会在项目施工（实施）中被采用，可能会因为成本太高、缺货、不再生产或工期太长导致更换方案。

如图7-3所示，材料板可以按产品分类，

图7-2 典型简约版的面料材料板模型

也可以按空间分类。按空间分类的，就需要把整个空间的设计内容通过主材料的样品来体现其中的设计关系，如果需要体现墙体的建筑材料，通常要以表面的涂料色彩（色卡）或者壁布（壁纸）为主，或是其他地面材料，如地毯、地板或地胶席等，也需要将材料切样，并在材料板上体现。

辅料通常不需要在材料板上体现，如水泥、沙或者钢筋等，只需要在材料说明书（Spec Sheet）中指定清楚就可以了。主材料的性能和设计标准或引用的产业标准、法律法规等按照材料板中的编号和清晰的图片，在材料说明书中予以详细注明。材料板和材料说明书通常要同时准备并提交给甲方，以便对应查阅。在商业空间和产品设计工作中，材料板和材料说明书是最重要的设计表达环节之一。

深化设计完成后，经过用户审核、验收，

图7-3　材料板可体现空间中各种材料间的设计关系

交由施工方实施。如果是EPC工程（交钥匙工程），则由设计方主持施工交底，并在施工、采购、制造加工的过程中严格按照设计标准进行每一个步骤的监管和验收。

EPC工程的好处在于可以预防用户如果没有合适的施工团队消化和执行设计方案和标准时，最后完工的效果有可能和设计初衷大相径庭。建筑设计因为已有数模化，从设计到施工比较容易得到精确的执行，而室内设计和产品设计因为体量和设计涉及的供应链非常复杂，往往衔接得不是很理想，分段实施的性价比和品质的完整性相对较差，难度也较大。

第五节　设计管理

设计管理是一个独立的跨学科专业，其研究领域涉及项目管理、设计、商业策划和供应链技术，服务整个创意设计过程、支持创意文化并为设计工作者建立和拓展可实施的计划和措施。设计管理的目的是开创和维护有效的设计工作及其业务环境，使设计通过必要的管理手段实现其战略目标和使命。从发现阶段到执行阶段，设计管理是从运营到战略过程中的一项综合性工作。简而言之，设计管理包含正在进行的设计流程、业务决策和方向，这些流程能够实现创新并创建有效设计的产品、服务、通信、环境和品牌，从而提高设计的工作质量和成功的概率。设计管理的学科与市场营销管理、运营管理和战略管理相重叠。

传统意义上，设计管理被视为仅限于单个设计项目的管理，但随着信息化社会的发展，它逐渐演变为包括职能和战略层面的其他方面的管理。设计行业的一些最新发展建议将设计思想整合到战略管理中，这是一种跨学科且以人为本的管理方法，与传统的管理模式相比，设计管理还关注行业协作和技术迭代的工作方式以及对商业市场推理的归纳模式。对于设计公司和个人工作室而言，设计已成为品牌、差异化技术与服务和产品质量方面的战略资产，越来越多的设计工作者使用设计管理来改善与设计相关的活动，并更好地将设计与其战略发展联系起来。

设计管理在宏观上是一门独立的学科，鉴于本书的篇幅和内容所限，无法完整地介绍和讲解所有设计管理的内容，以下针对纺织品在室内设计和产品设计中的应用予以整理和介绍。设计管理介入的工作内容比较多，归纳起来大致有以下几点。

一、室内设计的主要设计管理环节

•用户分析：通过对用户的了解和分析，挖

掘用户潜在需求和期待。

·用户体验：在如何满足用户需求的基础上，建立起充分的用户体验感。

·设计与创意的前瞻性和时尚性。

·供应链建设与成本控制。

·设计标准的建设。

·设计品质和实施保障。

·售后服务和用户回馈。

二、产品设计的主要设计管理环节

·用户分析：通过对用户的了解和分析，挖掘用户潜在需求和期待。

·市场分析：通过对市场的了解和分析，给出真实的市场环境、真正需求和发展前景。

·资本回报：论证投入与回收的关系和发展计划。

·用户体验：在如何满足用户需求的基础上，建立起充分的用户体验感。

·设计与创意的前瞻性和时尚性。

·供应链建设与成本控制。

·设计标准的建设。

·设计品质和实施保障。

·售后服务和可持续发展的计划。

设计管理是一项复杂的团队工作（Team Work），没有一个系统化的设计管理，设计的专业水准和高度不可能具备。设计管理也涉及不同的专业学科，跨学科程度甚至超过工业设计的范畴。设计管理需要对基础工业的现状有比较深入的了解，因为设计方案的实施、供应链的建设是设计管理工作中比较突出的矛盾，其难度就在于全球基础工业的发展状况所涉及的地理范围、行业结构和相关知识太广、太深、变化多端，而且信息量很大。

复习题

1.设计师的职责是销售还是设计？

2.很多用户比较在意设计师曾经设计的案例，为什么？

3.如何在2分钟内把自己的专业介绍给用户？

4.如果设计工作者的设计思路与用户相左，那么究竟要听取谁的意见？

5.设计流程的管控复杂吗？你有更好的办法吗？

6.是否有必要让用户了解设计工作的环节？

7.很多用户没有要求的环节在设计工作中是不是不必坚持？

8.有人说设计无论好坏，最后有人"买单"才是最好的，这样讲对吗？

9.产品的设计在生产和销售前，没人知道是否受消费者欢迎，如何规避这样的风险？

10.进行了非常多的设计工作，用户并不愿意支付相应的成本，也无法说服用户，怎么办？

11.设计管理是设计工作者自己管理自己吗？

12.无论是空间设计，还是产品设计，按照用户或公司的要求设计就可以，这样对吗？

13.尝试规划一个工作流程的设计管理计划。

第八章

室内纺织品的
科技与环保

第一节 设计与材料的关系

设计行业在工业制造领域里是比较滞后的，尤其是室内设计，室内设计和产品设计不一样，室内设计工作更多是一种对材料和技术的应用，而不是像科学家一样发明和创新。在技术上对室内设计师的要求还是相对比较直观和简单：

- 了解材料/产品以及制作材料/产品的工艺和技术；
- 了解国家标准、产业标准和企业标准；
- 能够把上述标准转化为更有针对性的设计标准（等于或高于上述标准）；
- 熟悉国内/国际产业/供应链结构。

无论是建筑材料、室内装饰材料，还是纺织品，材料的研发和生产都是在室内设计工作之前，在纺织行业中，面料永远都是先于室内设计工作出现。如果室内设计工作者对纺织品的专业知识缺乏了解，会导致在室内设计工作中不能科学地应用纺织品。所以，作为一名室内设计工作者，对纺织材料的了解是必须的。

图8-1所示的材料板是室内设计工作者用来表达设计与材料关系的工具，而面料则是每一位用户渴望去触摸、体验的产品，所以，材料板上的每一件纺织品都应该是有丰富的"故事"可以讲述的，这是设计工作者丰富用户体验感非常重要的组成部分。

设计工作者不仅要对当下纺织品的专业知识熟悉，对纺织品的发展历史和演变也需要了解得很清楚。因为在用户和消费者的认知中，也会存在一部分传统的思想和知识结构，如何援古证今地引导和教育用户和消费者，也是设计工作者的义务和责任。随着工业化和信息化的进程加快，产业标准也在日新月异地改变和更新，过去很多因为科技的局限所产生的认知，现在看来有可能是错误的。

设计的创新往往得益于新材料和新技术的出现，既然新材料和新技术走在设计工作者的前面，那么室内设计师和产品设计师更应该关注纺织行业的科技创新和前瞻性制备技术，这样才能及时更新自身的专业认知，提高设计水准，校正设计方向，更新和完善自身对设计专业的高度建设，为用户/消费者提供更有价值的设计服务。

图8-1 材料板用来表达设计与材料的关系

图8-2　三维纺织技术（3D Weaving Loom）

图8-3　使用玻璃纤维织造的3D建材骨架

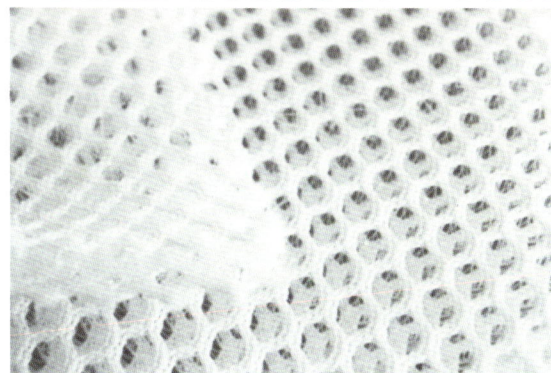

图8-4　仿造碳原子结构的针织3D涤纶网

如图8-2所示，利用提花织机和针织设备改进创新的三维纺织品早已广泛应用于航天、军事、交通和建筑材料构件中。图8-3所示的是使用玻璃纤维织造的3D建材骨架，可以用来制造复合材料的高强度的轻量墙体和砖。图8-4所示的仿造碳原子结构的针织3D涤纶网在中国已经具备量产能力，随着复合材料及其研发和技术的创新，纺织材料在设计领域的应用越来越多，已成为许多传统金属材料的替代品。

如图8-5所示，用碳纤维增强聚合材料（Carbon Fiber Reinforced Polymer，CFRP）制作的构件可以替代传统的金属和木质构件，其强度和韧性等技术指标大幅度提升，远远超过了金属合金的性能，制作和使用过程中的碳排放和污染显著减少，广泛应用在航天航空、交通工具、土木工程、建材、特种工业、军事、运动器材和家电家居等领域。CFRP主要由基材和增强材料两种材质组成，增强材料是碳纤维、聚酯纤维、尼龙、芳纶、超高分子聚乙烯纤维、纳米管等高分子材料，基材则是以热固性树脂（环氧树脂）将增强材料黏合在一起。CFRP和所有纺织品一样，都有定向强度的特点，其性能也取决于碳纤维（或其他高分子纤维）在聚合材料中的比例。

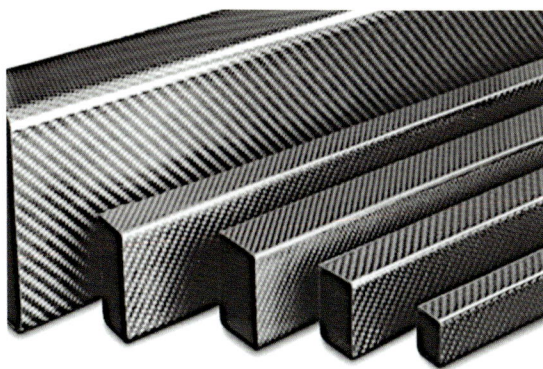

图8-5　碳纤维增强聚合材料制作的构件

第二节　设计的起点与评判的技术标准

以好坏来评判一个设计方案是非常模糊且感性的说法，设计究竟有没有评判标准，是一个长期以来在业界颇有争议的话题，设计究竟是感性的还是理性的？谁来评判其中的优劣呢？是不是用户接受的都是好的？很多设计工作者长期以来颇受此困扰。辛勤的设计工作和付出都希望得到最后的认可，但是用户和同行不一定会给予设计工作者所期待的结果，取而代之的，很可能是诸多的不满意，甚至抱怨。

设计工作不是一项慈善工作，而是商业行为。所有的用户/消费者对商业行为最多的期待是性价比。有一点容易被设计工作者所忽略，那就是在性能和价格之间的关系中，对性能清晰、科学和充分地表达，如果没有这种表达，用户往往会偏重于对价格的关注，一旦失去性能与价格之间的平衡或者可比较点，设计工作就会处于被动的状态。由此可见，科学地诠释一个设计方案的价值往往在于科学地诠释设计与产品的使用性能，使用户这样去理解一个设计方案的内涵和附加值就相对比较容易。产品的性能（Performance）是有据可循的，如"产品性能标准"。

有人说设计是哲学，是艺术，是一种自由的自我放飞……这些都没有错，但这都是站在设计工作者自己的角度来讲的一种情绪上的表达形式，而真正需要解决的问题，则远不止这些。设计的内涵更多的是解决用户需要解决的问题，而不是设计者自身的困惑。例如，奢华的表现形式是解决用户社交行为的需求，各种文化风格是符合用户的生活业态和节奏而产生的。尽管这样，全世界也没有统一不变的文化风格，即使是同一种风格，每个设计工作者和用户也会因为感性的理解而诠释不同的内容。而设计标准和产业标准则是科学、统一的，是随着时代的发展进步并更新的，它代表着一个产品的品质和性能是无需争议和讨论的。所以一个好的设计起点往往是基于国家标准或产业标准之上，符合先进的产业标准的设计则是一个先进的设计，而超越产业标准的设计则是领先的设计。

例如，室内窗帘的阻燃标准是中国国标硬性规定和必须执行的（GB 8624—2012，GB 50222—2017），因为涉及用户的安全，其中对极限含氧量和毒烟的要求是非常苛刻的。这不仅关系到检测的权威性，也关系到在纺织品上使用的阻燃剂及其工艺和技术的先进程度等一系列标准。标准不仅是设计方案先进与否的依据，还是涉及生命安全以及是否符合法律法规的问题。图8-6所示为阻燃涤纶和未经阻燃处理的涤纶对火焰的反应。

人们常说，一个工程师可以懂得艺术，而一个艺术家却很难懂得科学。感性和理性认知在设计工作中发挥着不同的作用，设计工作者需要孜孜不倦地学习、了解和掌握产品的科学与技术知识，来解决设计中遇到的技术问题。设计工作是一个永不间断的学习过程，理性地思考，总结设计中的规律、规范设计步骤，使设计有章可循，不断规范和长远健康发展。

图8-6　阻燃涤纶和未经阻燃处理的涤纶对火焰的反应（图片由德国特雷维拉 Trevira CS 提供）

第三节　面料的阻燃与环保

纺织品和其他建筑材料一样，也面临着很多绿色环保的问题和诉求。大部分纺织品都是工业化生产的产品，随着产品的升级换代，任何工业化的进程，都会带来相对应的负面影响。设计工作者需要清楚地了解其中的缘由和关系，合理地应用和采纳绿色环保的规范和理念。室内纺织品的污染可能会随着纺织品的功能增加而增大；很多纺织品为了提升使用功能，也可能会因为商业市场的需求和广告效应而强行附加一些所谓的"功能"，从而导致更进一步的环境污染和危害。设计工作者如果对纺织品选择和处理不慎，也会给用户/消费者带来生活环境和健康上的困扰和伤害。

一、面料的阻燃功能

通常，面料的阻燃功能是在纤维或面料中添加阻燃剂，通过物理作用阻止火势或通过引发化学反应来停止燃烧，从而降低材料的可燃性。

1.物理作用阻燃

•通过冷却：一些化学反应实际上是使材料冷却。

•通过形成防止下层材料着火的保护层。

•通过稀释：一些阻燃剂在燃烧时释放出水和/或二氧化碳，这可能会稀释空气中的自由基而使火焰熄灭。

常用的阻燃剂包括硅藻土和菱镁矿的混合物，氢氧化铝和氢氧化镁。加热后，氢氧化铝脱水形成氧化铝，在此过程中释放出水蒸气，该反应吸收了大量的热，冷却了其所结合的材料，此外，氧化铝残留物在材料表面形成保护层。硅藻土和菱镁矿的混合物以相似的方式起作用，它们吸热分解，释放出水和二氧化碳，使纺织品具有阻燃性能。

2.化学作用阻燃

（1）气相反应

阻燃剂会中断火焰中的化学反应（即气相），通常，这些阻滞剂是有机卤化物（卤代烷烃），这类阻滞剂中使用的化学药品通常是有毒的。

（2）固相反应

阻燃剂会分解聚合物，使它们融化并从火焰中流走，尽管可以使材料通过某些可燃性测试，但这尚不清楚是否能真正改善防火安全性。

（3）碳化层反应

对于碳基燃料，固相阻燃剂会在燃料表面形成一层碳质焦炭，这种碳化层很难燃烧，可以防止纺织品进一步燃烧。

（4）膨胀反应

这类阻燃剂中掺入的化学物质会使保护性碳化层膨胀，从而提供更好的绝缘性。它们可以作为塑料添加剂，也可以作为油漆来保护木质建筑物或钢结构。

在中国民用 I 类和 II 类建筑中，窗帘、地毯等纺织品所具有的阻燃性是国家硬性规定的法律法规，是必须执行的技术条款。但是国家法律法规只规范了阻燃条件（极限含氧量）和毒烟浓度，并没有规定使用哪一类阻燃剂或采用哪一种阻燃工艺是适合的，这就需要设计工作者了解和熟悉国际国内纺织基础工业，来判断纺织品的最佳阻燃材料、工艺和实施方案。

二、阻燃剂的环保性

纺织品阻燃效果最好的是溴系阻燃剂，但因为溴系阻燃剂如多溴联苯、六溴环十二烷、HBCD、多溴二苯醚等被欧美国家和联合国认定为持久性有机污染物（POPs）而淘汰。中国84%的有机阻燃剂是氯系阻燃剂，阻燃效果没有溴系阻燃剂的效果好。用于涤纶阻燃效果较好的阻燃剂主要以三磷酸酯、2，3-二溴丙基（TDBPP）为主，但有致癌作用。低烟无毒的无机阻燃剂还在研发阶段，虽然有广阔的市场前景，但是仍然有待得到普及。

阻燃分后处理阻燃和原液阻燃（永久性阻燃）。前者是纱线和面料在纺纱和织造完成后浸轧处理让阻燃剂附着在纱线或面料上。而后者是在喷丝之前将阻燃剂熔融到色母粒中，喷出来的丝已经具有了阻燃功能。

人们对阻燃剂的安全考量主要是阻燃剂在环境中的暴露和外泄所造成的对人和自然环境的污染。溴系阻燃剂是脂溶性的，皮肤接触到有被皮肤吸收的可能。阻燃剂不断地从纺织品中释放、迁移出来，进入室内空气中被人体吸收。由于幼儿常有手到嘴的动作和爬行，受到阻燃剂污染的可能性最大。此外，阻燃剂会从纺织品中释放到土壤、河流和海洋中，它们是持久性污染物，可以在食物链中的生物体内累积，在海洋中的哺乳动物体内也发现了这类化学物质和超细纤维、重金属、氟碳材料等。

阻燃剂对环境的危害很大，所以应该对纺织品进行合理的阻燃处理和设计要求。阻燃处理一直是室内设计和家居产品设计中最重要的安全因素，是一项很严峻的技术挑战。

大部分在家具、儿童产品、电子产品外壳和建筑材料中使用的阻燃剂只能带来有限的防火安全效益。例如，这些阻燃剂通常仅可将点火延迟几秒钟，并且有可能产生更多毒烟。使用像烟雾探测器、洒水/喷淋系统等防火产品来防止着火是一种更有效、更健康的预防火灾的方法。

欧洲的很多阻燃剂仍然是磷系阻燃剂，如3-苯基磷酸丙基羧酸（3-Phenylphosphonic Acid Propyl Carboxylic Acid）。美国对阻燃的要求相对不同，更多使用改性溴系阻燃剂。所以当设计项目和产品确实需要具备阻燃功能时，设计工作者应通过对新材料和绿色化学知识的了解采用良性的替代品。例如，本身就具有阻燃功能的产品，如对位芳纶（Aramid1414）、PBI纤维、PBO纤维等，其阻燃的副作用对日常环境的危害和外泄大幅度减少，甚至为零。还有原液阻燃（永久性阻燃）的产品，不需要对纺织品用阻燃液体进行浸轧处理，不存在废水排放问题，而工业化生产的原液阻燃纤维，成本并没有显著提升。

原液阻燃只适用于高分子聚合材料，如涤纶、腈纶和尼龙等。天然纤维的阻燃仍然需要靠后处理来完成。如棉制品的阻燃处理需要用四羟甲基氯化磷（THPC），俗称PROBAN（英国化学公司的阻燃剂产品品牌）阻燃处理，THPC是高分子氯化磷聚合物，在高温下降解为磷酸，使棉纤维碳化形成碳化层而无法燃烧，也没有焖烧和阴燃的现象，对棉制品的阻燃效果来讲相对是安全的。

后处理阻燃都会存在水洗/干洗脱落和降解的问题，功效时间有限，而且对室内环境也会产生一定影响。设计工作者在选择阻燃剂时需要谨慎小心，可要求送检指定的第三方来获取有效的质检认证报告，给自己的设计方案和用户的使用提供技术保障。

阻燃功能和阻燃剂的使用应该和室内消防喷淋设施与烟雾报警器结合使用。在并非频繁使用的住宅空间区域里，如沙发和软家具上，使用阻燃的功能是极其有限的，除非用于公共空间内的纺织品（床品除外）。一般情况下，无论是在商业空间还是住宅空间中，贴肤用的纺织品不建议使用具有阻燃功能的纤维和阻燃剂，如床品，浴巾、床毯等。

第四节　面料的三防功能与环保

一、面料的三防功能

面料的三防功能指防水、防油、防污功能，三防面料最早是用来解决户外面料的耐候性问题，在户外家具和防雨产品中比较常用（图8-7）。

大部分生产三防面料的工艺是在已经织造好的面料上再涂覆一层透明涂料，与美国杜邦公司不粘锅的涂料特氟龙（Teflon）的成分是一致的。1938年，美国杜邦公司发明了特氟龙——聚四氟乙烯（PTFE），聚四氟乙烯的表面能非常小，只有16~19达因/cm，而水的表面能则是72达因/cm，由于水的表面能大于面料涂层PTFE的表面能，在面料表面形成一个球状的水滴而不会摊开，如图8-8所示，在表面能理论中，水和固体接触面的夹角为0度，接触面则呈湿水状态，反之，夹角越大，疏水性越强。大部分食用油的表面能为25～32达因/cm，这也是为何油会漂浮在水面上、具有三防功能的面料会防止油污染的原因。

图8-7 三防面料

二、三防材料的环保性

PTFE是一种氟碳涂料，分子组成是$(C_2F_4)_n$，常温下的PTFE是乳白色的，其阻燃性能非常高，极限氧指数（Limiting Oxygen Index，LOI）接近90%。一般极限氧指数<22%属于易燃材料，极限氧指数在22%～27%之间属于可燃材料，极限氧指数>27%属于难燃材料。大气中的含氧量为21%。国家阻燃标准规定的极限氧指数为26%和32%（BF2、BF1）。通常不会单独使用PTFE，而是和不同大小的二氧化硅颗粒（2μm和15μm）以及大小不同等级的PTFE（5μm和15μm）混合使用。不同大小的二氧化硅颗粒相互填充产生明显团聚的致密微观结构，使材料具有2.157g/cm³以上的理想密度（PTFE的密度为2.28～2.30g/cm³，透明的二氧化硅密度为2.1～2.2g/cm³，PTFE和SiO_2的混合比例为38%～62%）。同时，获得了PTFE／SiO_2复合材料的最佳性能，包括优异的介电性能、热膨胀系数、可接受的吸水率和低介电常数等。

三防功能的实施通常是采用后处理工艺将聚

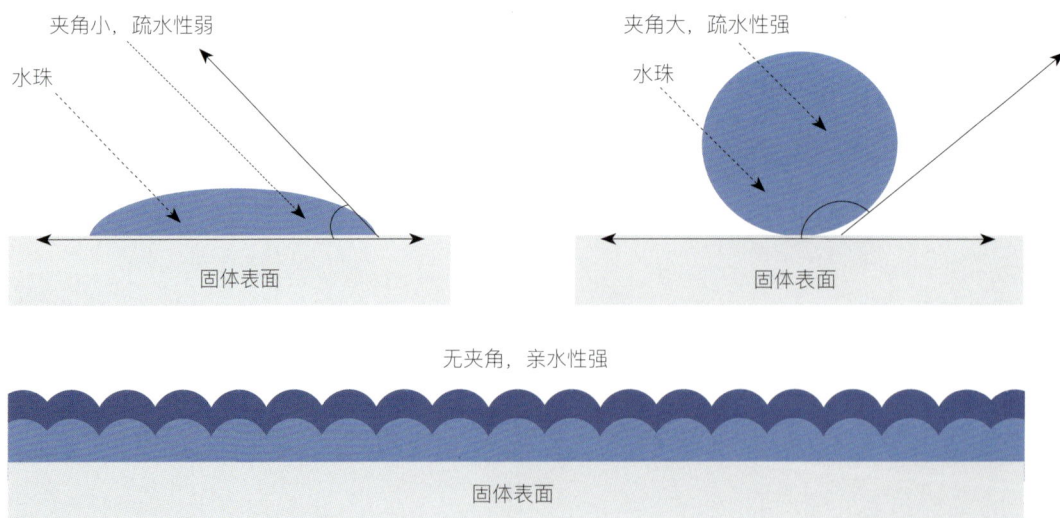

图8-8 水和固体接触面的夹角示意图

四氟乙烯涂层涂覆在面料上，这种功能通常是在"静压力"条件下具有的表面能现象，即在普通大气压力环境中面料处于静止状态时对液体和污染物的拒（疏）承受能力，因为纺织品的特殊结构，经纬纱线之间存在大小不同的间隙，在外力作用下，液体和其他污染物可能进入纺织品的间隙内，从而对纺织品造成污染。

三防功能的后处理工艺包括浸轧和烘干等基本流程，面料浸入处理液后，短时间内经过烘干室进行干燥，面料表面往往会附着已结晶的多余的"三防"材料，如果在室内使用（如沙发、椅垫或地毯等）摩擦、清洗等，容易扩散、附着在衣服、皮肤和环境中，形成有害的污染源。三防功能主要是为户外有纺织品的家具设计的，是为了提高户外用纺织品的耐候性。户外用纺织品如果吸收过多的水分，容易形成霉斑或苔藓现象。

设计工作者也可以利用物理作用使纺织品具有"三防功能"。随着纺织技术的发展，大部分人造纤维面料，使用如涤纶、丙纶、腈纶、尼龙等的空气变形丝或拉伸丝（DTY或ATY大都使用长纤维，但有棉、麻甚至羊毛的质感），这类高分子材料本身的拒水和疏水性能较强，提高纱线的捻度和织造密度后，面料的拒/疏水功能很好，即使受到污染，也比较容易清洗干净。人造纤维中纤维素产品是比较难清洁的，如人造棉、人造丝等，遇到水或油脂污染物时，因为其吸湿率较高，会产生难以清洗的痕迹，除非是改性过的高湿模量黏胶纤维（成本较高，较少用于装饰面料，常用于寝具和内衣）。

棉麻类天然纤维产品的抗污、防水效果不如化学纤维产品，大部分天然纤维都是短纤维，提高纱线捻度和织造密度会增大耐摩擦系数，也会对污染有一定防治作用。使用正确的清洁方法和有针对性的清洁剂（不同污染源要使用不同的清洁剂来分解污染物），也能使天然纤维面料保持清洁状态。如图8-9所示，喷涂清洁液后用蒸汽加热的吸回工艺常用于地毯和软包家具的清洁工作中，对窗帘也同样适用。大部分地毯清洁公司会提供这样的专业服务。

三、环保的抗污清洁方法

1. 干洗药液

也称干洗油或干洗剂，是溶剂型石油化工产

图8-9　蒸汽加热+喷涂清洁液清洁软包家具

品——四氯乙烯，适用于大部分装饰面料。但不适用于皮革，大部分皮革（真皮或人造革）的表面涂层是聚氨酯涂层材料，溶剂型清洁剂和除尘蜡对皮革表面可能产生溶解作用而毁坏皮革表面。皮革清洁应采用专用的清洁剂或遵从厂家的技术指导。

2. 水性清洁剂

如果室内纺织品污染得不严重，而且清洁标准允许水洗，可以采用水性清洁剂（如洗洁精或洗衣粉等），其清洁原理和肥皂一样，以表面活性剂为主。肥皂可以使含有油脂的污染物溶于水中，从而达到去除污染物的功效。肥皂的清洁效果受水温和水的硬度影响较大，在冷的硬水中，肥皂容易起渣，钠离子和"硬水"中的矿物质（如钙离子或镁离子）因为发生离子交换，导致去污效果变差。洗涤剂（如阴离子洗涤剂）使用的是烷基苯磺酸盐，烷基苯是亲脂的，而磺酸盐是亲水的，其清洁原理与肥皂类似。大多数清洁剂都含有阴离子或非离子表面活性剂，也有部分产品使用阳离子表面活性剂，阳离子和阴离子表面活性剂不能同时用于同一清洁剂中。

3. 软水剂

软水剂如正磷酸三钠、正磷酸单钠或三聚磷酸钠，可以抵消"硬"离子（特别是钙和镁离子）的影响。在有些国家和地区，由于环境保护的要求，不再使用磷酸盐，因为地表水中含有过量的磷酸盐会刺激藻化，如河流、近海或池塘由于排污问题导致磷酸盐浓度上升而产生大量藻类植物，使水中氧气含量降低，严重窒息水生动物，造成生态环境恶化，可用其他螯合剂或离子交换材料作为替代产品。

4. 氧化剂

氧化剂会漂白表面并破坏污垢。在北美地区，次氯酸钠基漂白添加剂较常见，这类漂白剂可以在较低的温度下工作，不需要激活。在欧洲，99%的洗衣粉添加的活性剂为过氧化物基漂白剂（TAED，四乙酰乙二胺），在40℃左右激活，这也是为何很多欧洲品牌的洗衣机常用温度设置为40℃的原因。次氯酸钠有氧化还原、漂白、去色作用，对纺织品的伤害也比较大，使用的浓度和剂量及针对性要严格把握。

5. 填充剂

填充剂用在许多洗涤剂中，改变了材料的物理性能。在固体洗涤剂中，添加硫酸钠或硼砂可使粉末自由流动；在液体洗涤剂中，添加醇可增加化合物的溶解度并降低混合物的凝固点；添加非表面活性剂可使污垢保持悬浮状态。

6. 分解酶

分解酶是消化蛋白质、脂肪或碳水化合物的一种酶，它们有助于去除生物污渍（如草汁或血液污渍），通常使用由枯草芽孢杆菌和地衣芽孢杆菌产生的酶来去除蛋白质类的污染物。

7. 苏打粉

学名碳酸氢钠，碳酸氢钠可以使油脂皂化，形成溶于水的脂肪酸钠，从而清除纺织品中不严重的污染物。因为碳酸氢钠是弱碱性，其清洁效果不如肥皂和烷基苯磺酸盐洗涤剂，但是清洁原理类似。小苏打价格低廉、腐蚀性低，而且功能强，适用性普遍，是家用常备的清洁剂。

第五节　面料的抗静电、抗菌功能与环保

一、面料的抗静电功能与环保

室内空间产生静电（Electrostatic Discharge，ESD）通常是由摩擦造成的。例如，当人在地毯上行走时，摩擦所产生的负电荷积聚在身上，遇到导体会瞬间释放。静电是物体中负电荷与正电荷之间不平衡的结果，这些电荷会累积在物体表面，直到找到释放的方式。

静电会给生活带来很多困扰，灰尘与尘螨会聚集和吸附在织物上，对室内的空气品质、电器的使用寿命和清洁程度造成不同程度的影响，也对人们的生活品质，包括身体健康产生困扰，例如老年人容易受静电影响，诱发心脏早搏、心律失常等现象。持久的静电环境可以使血液中的碱性升高，血清中的钙含量减少。过多的静电在人体内积聚，会引起脑神经细胞膜电流传导异常，影响中枢神经，使人出现头晕、头痛、烦躁、失眠、食欲不振、焦躁不安、精神恍惚等症状。人体静电对孕产妇的健康也有危害，可使孕产妇体内孕激素水平下降，容易感到疲劳、烦躁和头痛等。

中国南方地区的湿度相对较大，静电现象相对较少，北方地区比较干燥，导致静电现象大幅增加。高层建筑中的写字楼和酒店是封闭的空间，空气的流动依赖空调系统，大部分商业空调系统没有调节湿度的功能，空气的密闭性和干燥性比较突出，产生静电的概率比较大。

静电是室内污染源的一种（图8-10），设计工作者应将抗静电功能体现在设计方案中。设计过程中要根据设计对象的地理位置、气候、空间属性和当地的技术能力来科学地判断和规范抗静电功能的处理方式。

图8-10　静电现象

使积聚的电荷及时得到疏导是消灭静电现象的主要方法。水分是导电最简易的材料，增加和控制室内的湿度是最有效、最环保的控制静电的方法。天然纺织品（棉、麻、丝绸等）的吸湿率较高，导电性能也较强，不容易产生静电。室内加湿器、空气循环系统中的湿度控制设计都是解决室内湿度问题最简单的方法。

抗静电整理针对每种纤维有不同的作用和效果，不同纤维携带的正负电荷秩序如下：

正电荷+ ←———— 羊毛　尼龙　黏胶纤维　棉　丝绸　亚麻/汉麻　醋酯纤维　涤纶　腈纶　丙纶 ————→ 负电荷−

很明显，合成纤维比天然纤维的静电问题更严重，合成纤维具有的非导体性和拒水性，使之非常容易产生静电。随着工业化的发展和合成纤维的大量使用，很多绝缘性能较高、含湿率较低的合成纤维，如涤纶、丙纶、腈纶、尼龙等成为地毯、沙发、窗帘等装饰面料的原材料，商业与住宅空间内产生的静电现象变得更加普遍，尤其在北方空气干燥的空间环境内。

抗静电整理主要是解决合成纤维表面的导电性，用含有亲水基团的高分子材料，如聚乙烯乙二醇、聚对苯二甲酸乙二醇酯的嵌段共聚物处理面料，在其表面形成薄膜，或通过高能射线、电子束辐射接枝，对纺织品用丙烯酸或其他亲水基团的乙烯类单体进行接枝，使纤维变性而改变纺织品的吸湿率。

也可以在生产合成纤维时，在色母粒中添加抗静电剂，如磷酸酯、磺酸盐等表面活性剂，或引入第三单体，如聚氧乙烯及其衍生物，使生成的纤维本身具有抗静电效果。添加在聚合物中的抗静电剂大多具有极性基团，这些极性基团在聚合物的外层形成导电层，或通过氢键与空气中的水分相结合，使纤维表面的电阻减少，加速电荷的流散。

采用混纺导体纤维或在织物中嵌织导电纤维也可以解决合成纤维的静电问题。用含水率较高的天然纤维与合成纤维混纺的纺织品也能有效降低静电现象；有的生产企业把金属丝织入丙纶地毯中，使丙纶地毯成为导体材料；有的纤维生产商把尼龙设计成中空结构，在其中加入石墨芯作为导电材料，解决了酒店行业中尼龙地毯易产生静电的问题。

经过抗静电剂整理后的纺织品不一定就100%抗静电，因为大部分抗静电处理都是以亲水基团材料增加纺织品表面的吸湿率来导电的；室内空间湿度的大小也会影响抗静电效果，空气过于干燥的室内环境，即使经过抗静电处理的纺织品，也会因为湿度不够导致亲水率低而绝缘。GB/T 24249—2009《防静电洁净织物》中要求防静电织物的表面电阻率为 $1\times10^5\sim1\times10^{11}\Omega$。常用的抗静电技术标准会就表面电阻来判断面料导电和绝缘的程度。

表面电阻是衡量纺织材料导电性能的指标之一。沿面料样品表面传导的直流电位差与该处单位宽度的表面电流之比，数值等于试样长度和宽度都是1cm时的电阻值，单位为 Ω。是直接影响材料静电衰减速度的主要原因。如图8-11所示，面料的表面电阻率达到"静电耗散"的程度，基本上就可以避免静电对人的电击。在面料或地毯的设计标准中，抗静电功能的设计可以制定"静电耗散优于GB/T 24249—2009"的条款。

纺织品表面电阻率和抗静电效果见表8-1。

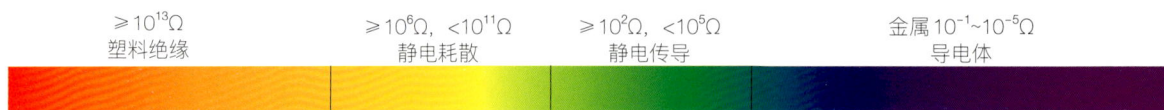

$\geq10^{13}\Omega$ 塑料绝缘　　$\geq10^6\Omega$, $<10^{11}\Omega$ 静电耗散　　$\geq10^2\Omega$, $<10^5\Omega$ 静电传导　　金属 $10^{-1}\sim10^{-5}\Omega$ 导电体

图8-11　面料的导电率

表8-1　纺织品表面电阻率和抗静电效果

表面电阻率（Ω）	抗静电效果	表面电阻率（Ω）	抗静电效果
$<10^9$	良好（低于国标上限）	$10^{11}\sim10^{12}$	较差（超出国标上限范围）
$<10^{10}$	普通（介于国标上限）	$>10^{13}$	很差（超出国标上限范围较大）

二、面料的抗菌功能与环保

为了消除静电,需要加大室内空间的湿度。而室内空间的湿度过大或失控也会滋生微生物,尤其是在不通风的场所,天然材料生产的地毯底部、床垫下面,有可能滋生影响人们健康的微生物,于是产生了抗菌功能纺织品。

面料有两种抗菌原理,一种是采用化学助剂杀灭微生物的"化学"抗菌,另一种是材料的物理性能中本身就具备"抗菌"性能。

以色列科学家使用3%的纳米氧化铜制成的无机抗菌涤纶/棉/氨纶混纺纤维织造的袜子、手套和内衣可以杀灭手脚癣中的真菌。从海蟹或海虾壳中提取的几丁质去乙酰基后生成的壳聚糖纤维本身就有很强的抗菌功效。装饰面料中的大部分高分子聚合物纤维,吸湿率较低,很难滋生微生物,具备天然的物理抗菌功能。

"化学"抗菌,是使用化学抗菌剂对面料进行浸轧处理,使化学抗菌剂附着在面料表面产生抗菌作用。有机抗菌剂是以有机酸类、酚类、季铵盐类、苯并咪唑类等为抗菌物质的抗菌剂,已有30多年的应用历史,有机抗菌剂作为传统的抗菌剂,在医疗领域及工业领域得到了广泛应用,虽然杀菌力强,但在使用的安全性、持久性、抗菌的广谱性、耐高温等方面存在不足。无机抗菌材料(主要是纳米锌、纳米铜和纳米银)主要涉及金属元素抗菌剂、光催化材料抗菌剂和纳米材料抗菌剂,与有机抗菌剂相比,无机抗菌剂在安全性、持久性、耐热性等方面具有明显优势,但也存在一些缺点,如时效性较差,另外,银系抗菌剂存在防霉作用较弱、成本较高、易变色等缺点。

采用化学有机助剂和金属无机抗菌材料都是被动的抗菌方式,适合临时性、密集型或公共性的空间需求。大量使用化学抗菌剂会对环境造成污染,使用时需要谨慎。尤其是在亲肤的环境中,化学抗菌剂在杀灭微生物的同时,也会进入人的皮肤中,对人体造成伤害。表8-2所示为国际抗菌检测标准。

表8-2 国际抗菌检测标准

类别	标准号	标准名称	备注
抗菌剂	ISO 20743:2021	纺织品的抗菌活性测定 Textiles Determination of antibacterial activity of textile products	国际标准组织
	AATCC 100—2004	纺织材料抗菌整理剂的评价 Antibacterial Finishes on Textile Materials:Assessment of	美国
	JIS L 1902—2008	纺织品的抗菌性能试验方法 Testing for antibacterial activity textile products and efficacy	日本
	GB/T 20944.1—2007	纺织品抗菌性能的评价	中国国标
防霉菌	AATCC 30—2004	纺织品材料的抗真菌能力评估 Antifungal Activity, Assessment on Textile Materials	美国
	FZ/T 60030—2009	家用纺织品防霉性能测试方法	纺织行业推荐标准
	JIS Z 2911—2000	纺织品防霉性能测试方法 Methods of test for fungus resistance	日本

第六节　纺织品的后整理与环保

一、纺织品的后整理工艺

表8-3所示为常见纺织品后整理工艺。

表8-3　常见纺织品后整理工艺

序号	整理工艺	内容
1	预缩	将织物先经喷汽或喷雾给湿，再施以经向机械挤压，以降低缩水率的工艺过程
2	拉幅（定幅）	利用纤维素、蚕丝、羊毛等纤维在潮湿条件下所具有的可塑性，将面料幅宽逐渐拉至规定尺寸进行烘干，使面料形态得以稳定的工艺过程
3	上浆	将面料浸涂浆液并烘干，以获得手感厚实和硬挺效果的整理过程。酒店用床品常在洗涤完后进行上浆整理
4	热定型	使热塑性纤维及其混纺或交织物形态相对稳定的工艺过程，主要用于受热后易收缩变形的锦纶、涤纶等合成纤维及其混纺织物的加工。热定型整理可以提高面料的尺寸稳定性，手感较硬挺
5	轧光轧纹	轧光是利用纤维在湿热条件下的可塑性将面料表面轧平或轧出平行的细密斜纹，以增加织物光泽的工艺过程。平轧光是由硬辊和软辊组成硬轧点，面料经轧压后，纱线被压扁，表面光滑，光泽增强、手感硬挺。软轧光是由两只软辊组成软轧点，面料经轧压后，纱线稍扁平，光泽柔和、手感柔软。 轧纹是由刻有阳纹花纹的钢辊和软辊组成轧点，在热轧条件下，面料可获得呈现光泽的花纹
6	磨绒（磨毛）	用砂磨辊或带将面料表面磨出一层短而密的绒毛的工艺过程，也称磨毛，磨毛整理能使经纬纱同时产生绒毛，且绒毛短而密
7	起毛（拉绒）	用密集的针或刺将织物表层的纤维剔起，形成一层绒毛的工艺过程，又称拉绒，起毛主要用于粗纺毛织物、腈纶织物和棉织物等。绒毛层可以提高面料的保暖性，改善织物外观，手感柔软
8	剪毛	用剪毛机剪去面料表面不需要的茸毛的工艺过程，其目的是使面料纹清晰、表面光洁，或使起毛、起绒织物的绒毛或绒面整齐。一般毛织、丝绒、人造毛皮以及地毯等产品都需要剪毛
9	柔软整理	有机械整理和化学整理两种方法，机械整理是将织物进行多次揉搓弯曲实现的，整理后的柔软效果不理想；化学整理是在织物上施加柔软剂，如改性氨基硅油等，降低纤维和纱线间的摩擦系数，从而获得柔软、平滑的手感，效果显著
10	硬挺整理	将织物浸涂浆液（2D树脂等）并烘干，以获得厚实和硬挺效果的工艺过程，是以改善织物手感为目的的整理方法。利用具有一定黏度的天然或合成的高分子物质制成的浆液，在织物上形成薄膜，从而使织物获得平滑、硬挺、厚实、丰满等手感，同时可提高织物强力和耐磨性
11	丝光	对棉织物用强碱进行处理，消除纤维的内应力，改善织物的光泽和服用性能，减少织物缩水，增加织物的回弹性、断裂强度和吸湿性，使织物手感柔软、弹性好、抗皱性强、尺寸稳定

序号	整理工艺	内容
12	增重	主要是为了弥补丝织物脱胶后的重量损失,使用化学方法使丝织物增加重量的工艺过程。方法主要有锡加重、单宁加重(不适用于白色或浅色丝织物)、树脂增重
13	减重	利用涤纶在较高温度和一定浓度的氢氧化钠溶液中发生水解,使纤维逐步溶蚀,织物重量减轻(一般控制在20%~25%),并在表面形成若干凹陷,使纤维表面的反射光呈现漫反射,形成柔和的光泽,同时纱线中纤维的间隙增大,从而形成丝绸的风格
14	背胶	在面料背面覆盖一层聚氨酯涂料来加固面料的稳定性,也有的在背胶涂层中加入阻燃剂同时提升面料的阻燃性能,这种阻燃工艺成本相对较低
15	缩绒	利用羊毛的毡缩性使毛织物紧密厚实,并在表面形成绒毛的工艺过程,也称缩呢。缩绒可改善织物的手感和外观,增加其保暖性,适用于粗纺毛织物
16	防毡缩	防止或减少毛织物在洗涤和使用过程中的收缩变形,使面料尺寸稳定的工艺过程。其原理是用化学方法局部侵蚀羊毛鳞片,改变其表面状态,或在其表面覆盖一层聚合物,使纤维交织点黏着,从而去除产生毡缩的基础
17	防皱	改变纤维原有的成分和结构,提高其回弹性,使织物在服用过程中不易折皱的工艺过程。主要用于纤维素纤维的纯纺或混纺织物,也可用于蚕丝织物。2D树脂常用作防皱整理的助剂
18	折皱	使织物形成形态各异且无规律的皱纹的工艺过程。其方法主要有两种:一种是用机械加压的方法使织物产生不规则的凹凸折皱外观,如手工起皱、绳状轧皱、填塞等;另一种是运用搓揉起皱,如液流染色和转筒烘燥起皱等。主要用于纯棉、涤/棉混纺和涤纶长丝织物等
19	拒水	用化学拒水剂(如聚四氟乙烯等氟碳基涂料)处理,使纤维的表面张力降低,使水滴不能润湿织物表面的工艺过程,又称透气性防水整理,适用于雨衣、旅游袋等材料。按拒水效果的耐久性,可分为半耐久性和耐久性两种
20	拒油	用拒油剂(氟碳基涂料)处理,使纤维形成拒油表面的工艺过程。经过拒油整理的织物,也能拒水,并具有良好的透气性,主要用于高档雨衣和特种服用材料
21	抗静电	用亲水化学药剂施于纤维表面,增加其表面亲水性,以消除或减轻纤维上的静电。主要方法是在疏水性纤维表面形成亲水导电层,使纤维表面亲水化,也可使纤维表面离子化。织物的抗静电整理效果和持久性不如在织造时用导电纤维或纱线进行混纺或交织更有效
22	易去污	使织物表面的污垢容易用一般洗涤方法除去,并使洗下的污垢不至于在洗涤过程中回污的工艺过程。易去污整理的基本原理是用化学方法增加纤维表面的亲水性,降低纤维与水之间的表面张力,最好是表面的亲水层润湿时能膨胀,从而产生机械力,使污垢能自动离去。通常是在织物表面浸轧一层亲水性的高分子材料,如羧甲基纤维素、聚乙二醇、聚对苯二甲酸乙二醇酯的嵌段共聚物、丙烯酸含量超过20%的聚丙烯酸酯共聚物等
23	防霉、防腐	在纤维素纤维织物上施加化学防霉剂,以杀死或阻止微生物生长。为了防止纺织品在贮藏过程中霉腐,可采用对产品的色泽和染色牢度无显著影响、对人体健康也比较安全的水杨酸等防腐剂处理
24	防蛀	针对毛织物易被虫蛀,对毛织物进行化学处理(溴氰菊酯类化合物),杀死蛀虫或使羊毛结构产生变化,不再是蛀虫的食粮,从而达到防蛀目的

序号	整理工艺	内容
25	阻燃	将织物用某些化学助剂处理后遇火不易燃烧或一燃即熄，这种处理过程称为阻燃整理。其主要原理是改变纤维着火时的反应过程，在燃烧条件下生成具有强烈脱水性的物质，使纤维碳化而不易产生可燃的挥发性物质，从而阻止火焰的蔓延。阻燃剂分解产生不可燃气体，从而稀释可燃性气体并起遮蔽作用，使纤维不易燃烧或阻止碳化纤维氧化
26	夜光	采用夜光涂层整理的织物用于生产特殊功能的服装，这种涂层在无光或漆黑的夜晚能显现光亮。发光固体有无机和有机两种，主要是高纯度的硫化物
27	反光	采用玻璃微珠或彩色的透明塑料微球黏附在织物表面，通过反光整理后的织物在黑暗中遇到光束能产生定向反射
28	抗紫外线	在天然纤维织物上添加防紫外线剂，紫外线反射剂有超细粒氧化锌、氧化钛，紫外线吸收剂有二苯甲酮类和苯并三唑类化合物，方法主要有浸轧法和涂层法两种
29	抗菌防臭	采用对人体无害的抗菌物质，通过化学结合使它们能够保留在织物上，在使用过程中缓慢释放达到抑菌的作用，常用的方法是有机硅季铵盐法
30	蒸煮呢	在张力下用热水浴和汽蒸处理毛织物，使其平整、有秩序，且在后续的湿处理中不易变形的工艺过程，主要用于精纺毛织物的整理，在烧毛和洗呢后进行。蒸煮呢整理能使织物获得良好的尺寸稳定性，避免在以后的湿加工时发生变形、褶皱现象，手感也有改善。蒸呢主要用于毛织物及其混纺产品，也可用于蚕丝、黏胶纤维等毡织物，经蒸呢整理后的织物尺寸形态稳定，呢面平整，光泽自然，手感柔软且富有弹性

二、后整理工艺的环保性

纺织品的印染工艺、后整理工艺都有可能排放TVOC，无论使用的是天然纤维还是人造纤维，窗帘、壁布、家具和地毯等大部分室内装饰类纺织品都会涉及印染与后整理工艺。印染与后整理工艺中使用的化学助剂是排放TVOC的直接来源。

在印染工艺中，偶氮染料是国家禁止使用的，但是由于其印染效果好，成本低，难免会有产品使用，对面料印染工艺的审核也是设计工作中对物料设计的审核与要求规范。国家强制执行标准GB 19601—2013《染料产品中23种有害芳香胺的限量及测定》中对芳香胺染料有明确的限定与测量标准，GB 18401—2010《国家纺织产品基本安全技术规范》对芳香胺

染料和儿童纺织品的安全也有强制性的规范。在后整理工艺中，有的企业使用具有强烈挥发性的二甲苯对在织造过程中沾有油污的面料进行清洗。

20世纪20年代末，因为脲醛树脂溶液可以使面料变硬、变挺和去皱，被用于面料的后整理工艺，到了90年代，新型、廉价的面料后整理剂（抗皱剂）二羟甲基二羟基乙烯脲树脂（Dimethylol Dihydroxyethyleneurea, DMDHEU, 也称2D树脂）得到工业化应用，现在2D树脂已成为常用的耐久压整理剂，几乎所有的抗皱服装或装饰面料都是涤/棉混纺面料采用2D树脂进行抗皱整理制成的。2D树脂会产生游离甲醛，用二氧化钛作为这些反应的催化剂或助催化剂可以减少游离甲醛的形成。设计工作者要保障用户的

利益，在选择纺织品时要了解防皱后整理工艺和使用的助剂，并索取纺织品的TVOC检测报告。

纺织品的生产是比较传统的工业化生产，纺织行业是重污染、高能耗的行业，尤其是染整工艺中污水的排放和人造纤维的生产会对环境造成严重的污染。设计工作者在设计与纺织品相关的产品和案例时，需要考虑产品和设计的可持续性、回收再利用性，并尽量减少对低品质或不实用产品的使用，避免这些产品过早报废及其对环境造成的冲击和伤害。

第七节　商业物料设计及标准

在室内设计中，住宅和商业空间因为用途的不同，对纺织品的设计和要求以及法律法规的标准与产业标准都是不同的。商业空间和住宅空间按照国家标准区分，可以Ⅰ类民用建筑和Ⅱ类民用建筑来划分其类别。GB 50325—2013《民用建筑工程室内环境污染控制规范》中规定：

Ⅰ类民用建筑工程：住宅、医院、老年建筑、幼儿园、学校教室等民用建筑工程。

Ⅱ类民用建筑工程：办公楼、商店、旅馆、文化娱乐场所、书店、图书馆、展览馆、体育馆、公共交通等候室、餐厅、理发店等民用建筑工程。

在GB 50016—2014（2018年版）《建筑设计防火规范》中，根据消防的需求进一步规范了高层建筑的类别（中国90%以上的住宅和酒店都是Ⅰ类高层民用建筑），见表8-4。

表8-4　高层民用建筑分类

类别	Ⅰ类民用建筑	Ⅱ类民用建筑
住宅建筑	建筑高度>54m的住宅建筑，包括楼下的商业网点和零售店铺	建筑高度>27m、<54m的住宅建筑，包括楼下的商业网点和零售店铺
公共建筑	1.建筑高度>50m的公共建筑 2.建筑高度24m以上部分任何一层楼层建筑面积大于1000m²的商店、展览、电信、邮政、财贸金融建筑和其他多种功能组合的建筑 3.医疗建筑、重要公共建筑 4.省级及以上的广播电视和防灾指挥调度建筑、网局级和省级电力调度建筑 5.藏书超过100万册的图书馆、书库	除Ⅰ类高层公共建筑外的其他高层公共建筑

在室内设计行业，民用建筑在法律上的划分和商业类别上的划分是有区别的。室内设计中常以住宅空间和商业空间来划分设计的等级和标准，纺织品在商业设计中覆盖的范围和概念较大，商业空间设计有两种，一种是酒店业（Hospitality Industry），包括餐饮业、咖啡厅和各种快捷与豪华酒店（包含商业酒店、度假酒店和民宿等）；另一种是将酒店设计细分出来

之后，其余的商业（含公共）空间都称为商业空间设计。因为商业空间设计所针对的是公共群体，涉及的人流和消费者、使用者的数量巨大，如车站、图书馆、机场、大型酒店等，商业空间的室内设计对纺织品的要求不同于住宅空间设计。在北美市场中，纺织品阻燃主要是针对商业空间，在住宅空间中只是一个选项，没有强制性规定。在日本，窗帘的阻燃有硬性规定，所以日本市场上销售的窗帘面料很少使用天然纤维生产。中国的国家标准对Ⅰ类和Ⅱ类民用建筑的窗帘都要求具有 BF1 级阻燃的硬性规定。所以在执行商业空间设计时，物料设计（FF&E）中的标准规范成为室内设计中一项非常重要的专业。

物料设计主要在设计大纲（Design Outline）的指导下选取最适合的物料及其标准和技术说明，以物料样板和物料说明书（Specification Sheet，Spec Sheet）来完成对物料的设计与规范。物料设计师必须对产品、材料、工艺、国家与产业标准、成本、产业链/供应链相当熟悉。

物料设计在设计中是一个非常重要的环节，也是体现创意设计的灵魂所在。一个创意设计能否在实施过程中得到充分体现，物料设计是最关键的环节。

一、什么是物料说明书

物料说明书不仅说明设计方案中使用的产品的性能和安全性，也让用户或消费者未来在采购、施工、维护和替换方案上更加方便和直观，同时也展示了设计工作者的专业水平和责任心。

物料说明书通常有以下内容组成：

• 项目、用户名称及编号

• 说明书制作日期

• 设计单位和设计师名称

• 空间名称及编号（对应的图纸和产品文件）

• 使用具体产品的名称及编号（配图片）

① 材料名称

② 材料图片

③ 材料成分和规格（幅宽、克重、成分比例）

④ 材料产地

⑤ 材料供应商信息（电话、地址、邮箱）

⑥ 材料工艺要求

⑦ 材料标准（纺织品）

⑧ 阻燃标准

⑨ 耐摩擦系数标准

⑩ 摩擦色牢度标准

⑪ 水洗色牢度标准（地毯、家具）

⑫ 光照色牢度标准（户外用品）

⑬ 抗静电性能标准（地毯、家具为主）

⑭ 三防功能标准

⑮ 抗微生物、抗霉菌、抗细菌标准

⑯ 指定清洗和维护方式

⑰ 采购单价与供货时间（如果要求提供）

⑱ 材料用量（平方米或延长米）

⑲ 材料是否可替换选择

⑳ 材料是否需要后整理处理（如背胶、背衬、永久性去皱等）

㉑ 其他要求

二、物料说明书的作用

物料设计（FF&E）虽然是一个财务人员用来归类产品、方便核算的术语，在商业空间设计中，其含义就不再局限于家具（Furniture）、配置（Fixture）、设备（Equipmen）这些范围了，而是指在商业空间中一切可以移动的产品。本书主要涉及的是纺织品，所以重点讲述FF&E设计中和纺织品有关的设计。但这不等于其他的产品不需要FF&E设计，大致的原理和方法都是一样的，只是适配的标准不同。

FF&E设计是一种比较国际化的先进的设计工作方法和流程，要把设计方案中每一件产品专业地表述给用户，并不是一件容易的事情。FF&E设计的工作方法也常在大型住宅设计中被沿用，尤其是全案（交钥匙工程）设计工作，设计工作者的设计工作是系统性的，不仅是一个设计概念和技术，还包括实施过程中的品质管控和依据。因此，FF&E的设计方法就显得尤为重要。

要具有FF&E设计功能，除了了解和学习专业知识外，对国家的法律法规、国内和国际的产业标准也要非常熟悉。除此之外，还需要建立一个比较完整的物料资料库并不停地更新。物料资料库对纺织品来说就是各种符合标准的纺织品样品。按照类别、等级、用途、花色、品质、成本、产地、品牌进行分类并建立索引和样品进出（制作）管理制度。FF&E设计工作者需要定期培训进行知识更新，也需要请纺织行业和研发企业的技术工程师和专业教师来对物料设计部门进行指导、授课与交流，每年至少有2次以上的产品/信息更新（Update）。

建立FF&E部门和工作流程的成本较高，但是FF&E工作对设计的专业支持是不可或缺的。FF&E的专业水平代表了设计公司和设计工作的专业水平，也体现出设计工作的专业信誉和对用户的责任心。FF&E设计部大致有三部分组成：

（1）物料样品部分

这部分是存放设计工作者经常使用的面料样品，这些样品每一种都有若干块裁剪好的大小不一的方块样品，供物料设计师制作材料板和确认方案时使用，因为大部分材料板都是按照空间来划分的，所以往往物料部也会有其他相关产品，如壁纸、地板、涂料色卡、家具色片等，产品设计师也会尽量存放与产品设计相关的辅料，如涤棉衬里、纱线或配饰等。

（2）物料数据库

物料数据库是针对每个产品样品的电子资料，包括高清图片、样品存放区、技术参数、产业技术标准、供应链状况、生产周期、起订量等，而且需要实时验证和更新。厂家、供应商所提供的数据需要核实、确认，使数据真实、准确。最好建立一个可搜索的资料库（Data Base），这样可以提高效率和准确度。

（3）标准资料库

把国标、ISO标准、ASTM/AATCC、JIS等标准根据设计工作的地域需求，尽可能归纳在电子资料库里，以便物料设计师随时查阅和引用，并以此为依据制定更高的设计标准。

表8-5是一个仅供设计工作者参考的物料说明书范本，每个设计公司可根据自己的业务情况设计适合自己和用户使用的物料说明书样板。该范本的内容如果不符合当地的法律法规，则以当地的法律法规为准。物料说明书的格式和文字表达方式不是一成不变的，可以根据用户所在地相应地进行内容和标准的规范。物料说明书一式二份或三份，装订成册，随设计工作的进度交付给用户或指定接收方，设计公司需要留存一份作为资料归档。

每个设计公司的物料说明书的格式都可能不同，无需统一。表8-5只是个范例，大部分设计工作需要根据设计的对象和产品类别因地制宜地规划和设计适合自己使用的物料说明书的形式和内容。

表8-5　物料说明书范本

项目名称：		用户名称：		日期：　年　月　日		项目编号：12345ABC
物料设计师：		空间：咖啡厅餐椅		产品编号：1234		空间编号：012345ABC
产品名称：		产地：中国杭州临平		产品规格		幅宽137cm，克重340g/m²
				产品成分		100%涤纶ATY
				材料工艺要求		无TVOC排放 GB 18401—2010 GB/T 24281—2009
				阻燃标准		GB 8624—2012　B1级
				耐摩擦系数 摩擦色牢度		≥30000转马丁代尔测试 耐摩擦系数GB/T 21196—2007 摩擦色牢度GB/T 3920—2008 GB/T 22800—2009
				水洗色牢度 光照色牢度		≥4 GB/T 22800—2009
				抗静电性能		静电耗散≤10⁹Ω GB/T 24249—2009
				三防功能		PFTE后整理
				抗微生物性能		无
				后整理要求		背衬细纱棉布，加强稳定性
						2D树脂抗皱后整理
清洁方式		S		品牌信息		DIDC
采购单价 供货时间		30.00元/m 3～4周		供应商信息		名称： 电话： 邮箱：
材料用量		120m（含损耗）				
可否替换		不可		物料设计师签字： 　　　　　　年　月　日		
部门主管签字： 　　　　　　年　月　日				设计总监签字： 　　　　　　年　月　日		

复习题

1.纺织品的哪种阻燃功能最好？

2.用户如果没有要求，就不必增加甚至提及那么多功能，你赞同吗？

3.纺织品产生静电现象很少，是否可以不必理会？为什么？

4.后整理是无法掌控的，所以有必要了解面料的后整理工艺吗？为什么？

5.TVOC是一项复杂的检测工作，取证很难，有必要关注纺织品的TVOC排放标准吗？

6.TVOC即使在室内发现了，也可以去除，比如喷洒药液，或者使用吸收TVOC的面料和墙体材料，这样理解正确吗？怎样避免TVOC对室内环境的伤害？

7.负离子壁布或涂料可以去除TVOC吗？为什么？

8.制作一份你认为合理的物料说明书，然后与同行和用户相互交流，征求一下他们的意见。

09

第九章
————
标准及其应用

第一节　标准的定义和类别

标准分为全共识标准和非共识标准两大类。

一、全共识标准

全共识标准是指通过全民共识建立的，提供产品工艺的规则、准则或特征的文档，是根据严格的共识原则，由国内外的标准制定组织制定、评估、通过并采用的标准。全共识标准有助于提高监管质量，因为基于共识的标准制定组织必须表现出对透明性、对感兴趣的利益相关者开放参与，代表着对平衡和正当程序等原则的遵守。国际上几个大型的标准组织制定的都是全共识标准。中国的国家标准（GB）是由政府主导制定的，既是法律法规，也是产业标准，属于全共识标准。

二、非共识标准

非共识标准大多数是通过利益相关者之间达成的某种形式的共识而产生的。利益相关者是某种产品的制造商，这些产品的制造商决定在产品发展的某个时刻标准化他们的某些技术功能，以实现互操作性或易于在不同产品之间进行比较。

非共识标准不一定就不好，很多先进的、超前的技术因为基础工业没有形成广泛的产业化时，只能由技术领先的企业率先提出技术标准来执行，比如计算机芯片产业、5G通信、人工智能、新能源技术等。大部分全共识标准因为顾及和涉及基础工业的发展进度和现状，标准相对滞后，尤其是形成了法律法规的标准。

三、世界五大产业标准体系（图9-1）

- ISO——国际标准化组织
- ASTM——美国材料与测试协会
- CEN——欧洲标准化委员会
- JIS——日本工业标准调查会
- GB——中华人民共和国国家标准

其中ISO体系最完善，ASTM次之，但是ASTM的历史最悠久，涉及面最广，影响力较大。

1. ASTM——美国材料与测试协会

在所有的标准体系中，ASTM的历史最悠久，成立于1898年，有140多个国家参与，12700多个产业标准，它影响着全世界的政府采购、商业和产业发展，美国的商业和政府采

图9-1　中国GB、美国材料测试协会ASTM、国际标准化组织ISO、日本工业标准调查会JIS和欧洲标准化委员会组织CEN 五大全共识标准组织的标志

购、美国海军，甚至美国航天总署等机构都使用 ASTM 制定的产业标准。

和 ISO 一样，ASTM 的产业标准并不是由政府主导的，而是非营利性组织通过多年以来的开放和建设而发展起来的。美国政府通过立法，鼓励企业、商业和政府沿用 ASTM 标准，但是政府不参与评估和研发。ATSM 和 ISO 的功能与 FDA（美国食品药品监督管理局，Food and Drug Administration）或 CEN 最大的不同是：

ASTM 更关注全球的公共健康和安全、消费者的信心和生活品质以及产业技术的整体提升，它是以全球开放式的平台形式邀约技术专家等志愿者共同参与和打造的技术创新服务。

而 FDA 和 CEN 以关注大众的安全基础构建的成分为主导。2017 年，ASTM 发布了 208 个新标准，再次审核通过了 909 个之前没通过的产业标准，修改了 1897 个旧标准，ASTM 和 ISO 一样，是一个向全世界开放的产品标准平台，ASTM 在全球拥有 34000 多个会员，148 个技术委员会和 2053 个技术委员会分会。现在，全球向美国出口的所有商品都会遵守 ASTM 的标准规范，中国出口企业也对 ASTM、ISO 和 CEN 等标准非常熟悉。

2. ISO——国际标准化组织

ISO 成立于 1947 年，总部在瑞士日内瓦，它是一个更加开放的、具有全球影响力的国际标准化组织，截至 2020 年 8 月，ISO 共有 165 个成员，官方语言是英语、法语和俄语，2008 年 10 月中国正式成为 ISO 的常任理事国。截至 2017 年底，ISO 发布了 2 万多个国际标准，其中 ISO 9001（ISO 9001 Quality Management System，品质管理系统）条款曾经在 20 世纪 90 年代风靡全中国，仅 2016 年就颁发了 110 万份 ISO 9001

证书，而 ISO 的标准检测证书仅 164 万份。

3. CEN——欧洲标准化委员会

CEN 成立于 1961 年，主要是欧盟主导的，为了保证欧盟国家之间的公平贸易，防止成员之间的贸易壁垒和保护大众安全而构建的，欧盟成员国的标准如果和 CEN 的标准冲突，则以 CEN 的标准为准。后来也成为欧盟成员国之外的贸易国产品进入欧盟的一道屏障。CEN 自身的标准研发能力有限，CEN 与 ISO 有密切的合作，于 1991 年签订了双方产业标准互用的《维也纳协议》，并在 2005 年开始执行。

4. JIS——日本工业标准调查会

基本上是 1949 年 7 月实施《工业标准法》才开始建立的，日本在 1952 年加入 ISO，1953 年加入 IEC，JIS 是日本国家级标准中最重要和最有威信的标准。日本工业标准调查会是日本经济产业省、厚生、农林、运输、建设、文部、邮政、劳动和自治等省的主管大臣在产业标准方面的咨询机构，经过调查会审议的 JIS 标准由主管大臣代表国家批准公布。

2017 年 JIS 公布的日本产业标准的总数量为 10622 个，其中 5855 个标准（超过一半）是和国际标准配套的，39% 的产业标准类似国际标准，59% 的产业标准来自对国际标准的更改（更新）。只有 2% 的本土产业标准和 ISO 没关系。由此可见，日本的工业设计理念是建立在泛国际化的产业标准基础上的。

在日本，每个产业标准都是强制执行的，在市场上很少有天然纤维生产的窗帘面料，基本都是以涤纶为主的化纤产品，日本人民并非不喜欢用棉、麻、丝绸等制作窗帘，而是 JIS 标准规范的窗帘面料必须是阻燃产品，因此人们理智地选择了安全性能，但这并不妨碍日本的传统文化和艺术的持续发展。

5.中国的标准体系

标准包括国家标准、行业标准、地方标准和团体标准、企业标准。国家标准分为强制性标准（GB）、推荐性标准（GB/T），行业标准、地方标准是推荐性标准。强制性标准必须执行。国家鼓励采用推荐性标准。

（1）国家标准

由国家标准化管理委员会制定。国家标准化管理委员会是中华人民共和国国务院授权履行行政管理职能、统一管理全国标准化工作的主管机构，正式成立于2001年10月，2018年3月，根据第十三届全国人民代表大会第一次会议批准的国务院机构改革方案，将国家标准化管理委员会职责划入国家市场监督管理总局，对外保留牌子。

（2）行业标准

由国务院有关行业主管部门制定。行业标准是对没有国家标准而又需要在全国某个行业范围内统一的技术要求所制定的标准。行业标准不得与有关国家标准相抵触。有关行业标准之间应保持协调、统一，不得重复。行业标准由行业标准归口部门统一管理。行业标准均为推荐性标准。

（3）地方标准

地方标准是由地方（省、自治区、直辖市）标准化主管机构或专业主管部门批准、发布，在某一地区范围内统一的标准。

（4）团体标准

由具备相应专业技术能力、标准化工作能力和组织管理能力的学会、协会、商会、联合会和产业技术联盟等社会团体制定的标准。

（5）企业标准

企业标准是在企业范围内需要协调、统一的技术要求、管理要求和工作要求所制定的标准，是企业组织生产、经营活动的依据。国家鼓励企业自行制定严于国家标准或行业标准的企业标准。企业标准由企业制定，由企业法人代表或法人代表授权的主管领导批准、发布。企业标准一般以"Q"开头。

产业标准是随着世界工业的进步而不断更新和发展的，产业标准是衡量一个国家的工业水准、系统建设和实力的指标和分水岭。产业标准也是形成制造业技术和市场话语权的基础。

第二节　标准化设计和设计标准化

一、标准化设计

指在一定时期内，面向通用产品，采用共性条件，制定统一的标准和模式，开展的适用范围比较广泛的设计，适用于技术上成熟、经济上合理、市场存量充裕的产品设计。

二、设计标准化

指在日常设计工作中，面向新产品的设计方案，基于共性条件，制定基本的或先进/领先的标准和模式，给予适用范围比较广泛的设计指标和参数的指定，适用于技术上成熟（或可以攻克）、经济上合理、便于工业化生产的产品/服务设计。简单地讲就是在先进的产业标准基础上建立新的设计标准，一次性推动产业的创新。

设计标准的建立，会使设计创意和方案有的放矢、有据可循。在落地实施时不至于脱离基础工业的现状，成为"纸上谈兵"的设计。设计标准的建立，可以充分说明设计的先进性和领先性，对设计理念和技术具有完整的比较参照。

图9-2所示的家具面料中加入了氨纶，大幅增加了面料的弹性，从而改变了家具软包制造工艺流程，不再使用以往传统工艺用"马钉"钉制的做法，改变和拓展了家具整体外观造型和生产工艺的可能性和使用的便捷性。这样的设计标准离不开纺织品基本产业标准参数的指导。

三、设计标准的服务对象

设计标准是针对设计方案、用户和消费者制定的，是在现有的国内/国际先进的产业标准的基础上制定的。设计标准不仅提升了设计专业水平，也保证了消费者的利益并能体现技术和材料的先进性。随着新技术的迭代，优化工艺、材料和技术，设计出符合甚至超越现有标准的产品。

图9-2 家具面料中加入氨纶的设计

设计标准的服务对象：

• 消费者/Consumers

• 生产企业和销售企业/Manufacturer & Retail

• 市场监管部门/Marketing Regulations

• 标准检验认证部门（企业）/Standard Testing

• 政府采购部门/Government Purchasing

• 设计与研发工作者/Design & Research Services

• 设计类专业院校/College & Universities

设计标准的应用流程如图9-3所示。

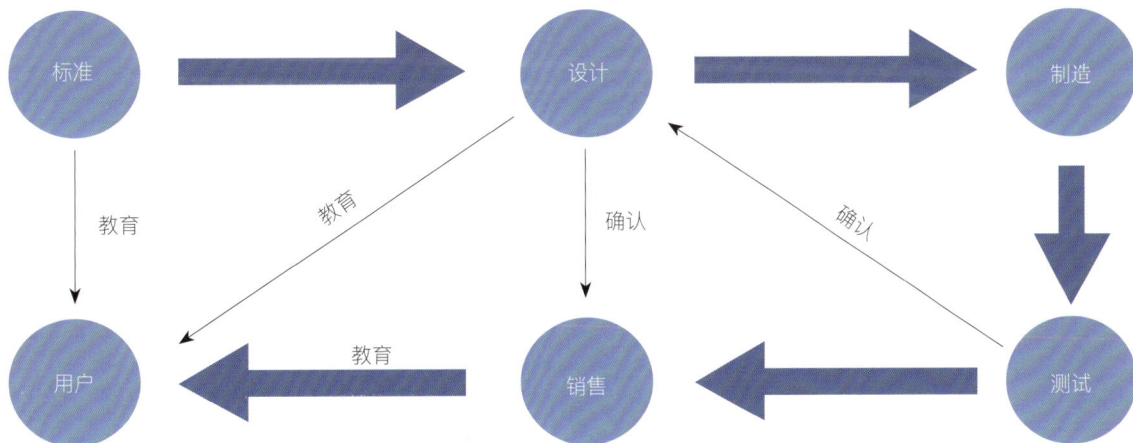

图9-3 设计标准应用流程示意图

第三节 设计标准的植入

设计标准存在于多个设计工作环节中。设计工作者不仅要自己熟悉产业标准，而且要与供应链的工程师、技术人员和标准测试专业机构沟通，制定的设计标准到销售和使用环节时，设计工作者有义务和责任对设计标准进行解释、教育、宣传和辅导，这样才能完成一个完整的创新设计。植入标准设计对社会的影响是巨大的（图9-4）。

一、植入设计标准的积极效应

- 有利于高效开展设计工作的创新和实施
- 对设计的产品和空间具有安全保障
- 有较高的品质保障和科学依据
- 有利于建立设计的商业信誉与话语权

建立设计标准是一项对数据的采集和处理的信息化建设工作，是设计工作者的必修课。没有设计标准体系，设计方案就会缺乏科学依据，仅依赖过去的经验或碎片化知识，是无法设计出优秀的方案的。标准需要经过测试验证，设计师要熟悉测试的工作流程和对应的标准（图9-5），植入设计标准对产品的创新、安全使用和品牌效应有着积极的作用（图9-6）。

图9-5 设计师要熟悉测试的工作流程和对应的标准

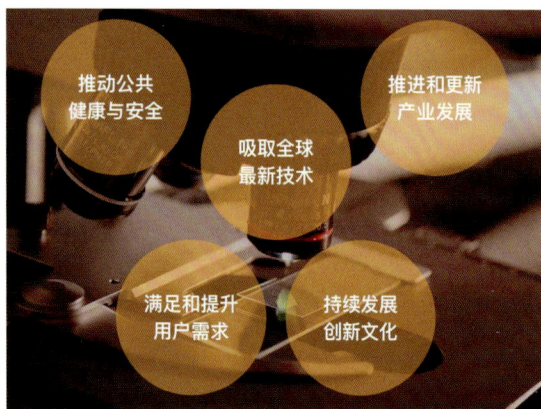

图9-4 植入标准设计对社会的影响是巨大的

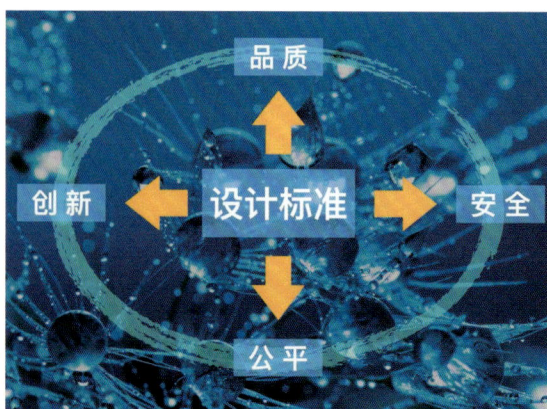

图9-6 植入设计标准的积极作用

二、设计标准的内容和建立

·根据用户的类别和设计案例的属性不同，设计标准不得低于国家标准，可基于国际上先进的产业标准，并在此基础上提升设计标准。

·设计标准应结合供应链所能提供的技术、工艺、材料和检测手段来设计，过高地追求不切实际的标准，则无法实施。设计标准的制定必须务实，供应链也需要同步建设。

·设计标准在建设和执行过程中，需要与生产企业（供货方）、检测机构进行沟通协调，要有足够的时间和耐心寻找相关的解决方案，使产品的品质满足设计标准。一个好的检测机构能够提供相关的技术咨询服务，可帮助设计工作者高效完成标准的实施。

·设计标准始终要从"安全构建→性能→高性能→高性价比"的发展方向逐步叠加实现，不能一味地追求高性价比和高性能，毕竟大部分产品仍然要以安全构建为主。

设计工作者坚持在设计工作中推行以产业标准为基础的设计标准化工作，不仅可以满足或超越用户的需求，而且能身体力行地推动公共健康和安全的建设，同时也能学习到来自全球最先进的专业技术，客观上促进了科技的普及和产业的发展，这样就形成了一个可持续发展的创新体系，这也是设计工作者的工作职责和社会使命。

三、设计标准的具体工作体现

·指定物料说明书/Specification Sheet of Materials（Spec. Sheet）

·物理测量数据/Physical Measurements

·加工与制造工艺/Processing & Manufacturing

·产品性能/Products Performance

·服务特征/Characteristics of Services

·可持续性设计/Sustainable Design

·优化设计方案/Optimized Design Solution

·设计标准数字化/Digitalized Design Standard

四、需要熟悉的纺织品国家标准

1. 22个安全类别的国标

（1）GB 18401—2010 国家纺织产品基本安全技术规范

（2）GB 50222—2018 建筑内部装修设计防火规范

（3）GB 8624—2012 建筑材料及制品燃烧性能分级

（4）GB/T 20286—2006 公共场所阻燃制品及组件燃烧性能和标识

（5）GB/T 2912.1.2—2009 纺织品 甲醛的测定

（6）GB/T 17592—2011 纺织品 禁用偶氮染料的测定

（7）GB/T 17593.1.2—2007 纺织品 重金属的测定

（8）GB/T 30157—2013 纺织品 总铅和总镉含量的测定

（9）GB/T 30158—2013 纺织制品附件镍释放量的测定

（10）GB/T 20382—2006 纺织品 致癌染料的测定

（11）GB/T 20383—2006 纺织品 致敏性分散染料的测定

（12）GB/T 20385—2006 纺织品 有机锡化合物的测定（聚氨酯弹性纤维不应使用）

（13）GB/T 20384—2006 纺织品 氯化苯和氯化甲苯残留量的测定

（14）GB/T 23344—2009 纺织品 4-氨基偶氮苯的测定

（15）GB/T 24101—2018 染料产品中4-氨基偶氮苯的限量及测定

（16）GB/T 22282—2008 纺织纤维中有毒有害物质的限量（助剂有害物质）

（17）GB 19601—2004 染料产品中23种有害芳香胺的限量及测定

（18）GB 20814—2006 染料产品中10种重金属元素的限量及测定标准

（19）GB/T 23345—2009 纺织品 分散黄23和分散橙149染料的测定（致敏测试）

（20）GB/T 24279—2009 纺织品 禁／限用阻燃剂的测定

（21）GB/T 24281—2009 纺织品 有机挥发物的测定

（22）GB/T 18412.1.2.3.4.5—2008 纺织品 农药残留量的测定

2.17个性能类别的国标

（1）GB/T 21196—2007 纺织品 马丁代尔法织物耐磨性的测定

（2）GB/T 3917—2009 纺织品 织物撕破性能

（3）GB/T 4802—2008（2020） 纺织品 织物起毛起球性能的测定

（4）GB/T 12703—2008 纺织品 静电性能的评定

（5）GB/T 3920—2008 耐摩擦色牢度测试

（6）GB/T 5713—2015 耐水色牢度试验

（7）GB/T 5711—2015 纺织品 色牢度试验 耐干洗色牢度

（8）GB/T 35744—2017 公用纺织品清洗质量要求

（9）GB/T 8427—2008 纺织品 色牢度试验 耐人造光色牢度

（10）GB/T 3922—2013 纺织品 色牢度试验 耐汗渍色牢度

（11）GB/T 18886—2002 纺织品 色牢度试验 耐唾液色牢度

（12）GB/T 20944—2007 纺织品 抗菌性能的评价

（13）GB/T 35611—2017 绿色产品评价 纺织产品

（14）GB/T 4745—2012 纺织品 防水性能的检测和评价 沾水法

（15）GB/T 12704—2009 纺织品 织物透湿性试验方法

（16）GB/T 13772—2008 纺织品 机织物接缝处纱线抗滑移的测定

（17）GB/T 22800—2009 星级旅游饭店用纺织品

第四节　法律法规及标准在设计工作中的应用

一、标准在设计工作中应用的优势

把标准（或法律法规）作为设计工作的起点，不仅可以规避违反行业要求和法律法规的风险，也可以参照当地的基础工业水准，在不影响整体预算的情况下，给用户提供相对专业和优质的设计方案和服务。在参照产业标准的基础上规范设计标准，不仅可以提升设计工作者的设计水准，把创新思维有针对性地与现有的基础工业及产业标准结合起来，把现有的产业标准（或在产业标准之上）作为设计标准植入设计工作中，要想达到这样的目的，需要设计工作者做到以下几点：

· 清晰的市场定位（以市场/用户为导向）

· 明显能够使用户受益（健康、环保、经久耐用等诸多特点）

· 高性价比的用户体验（用户可以立即体验到设计的差异化）

· 基础工业的支持（产业链的供应和有效的技术支持）

· 用户的理解和认同（包含必要的成本支出）

有很多与纺织品相关的国家标准可参照，但是如果每种标准都在空间设计和家居产品设计中实施，则工作量巨大。设计工作者应因地制宜，根据实际情况，除了坚持"安全构建"的底线外，在性能上，要更多地考虑用户的需求和必要性所带来的性价比，切忌一味地堆砌"标准"来表现专业水平，这样不仅会导致采购成本和维护成本大幅上升，实施阶段也会有相当大的难度。设计的依据应该是科学的，经得起反复验证和实践的，是可以无公害、无风险使用的科学数据。设计工作者在深入了解产业标准的同时，也要学习设计标准化的相关知识，以便积累丰富的、科学的、基础工业认可的设计依据和素材。

设计标准在市场营销和工程管理中也可以提供科学依据。这种数模化的设计方案所生产的产品在市场营销和工程管理中使设计工作者具有更多的话语权和主动权，也更容易使消费者、用户或工程管理方所采纳和实施，解决了市场营销和工程管理中的很多困扰。

做好纺织品设计工作的原则如下。

1. 具有多功能、多学科交叉的科技知识

纺织品所涉及的知识是多学科交叉的，从纤维、纺纱、织造、染整（后整理）一直到成品制造、产品用途和用户体验等一系列多功能、多学科交叉的科技知识。

2. 满足"以用户为导向"的原则

所有的标准，无论设计标准还是产业标准，或者法律法规的应用，都是以用户为导向的，用户的需求是标准建立的目标，所有的设计标准都离不开用户的根本需求。

3. 致力于设计系统化

设计系统化的基本原则包括：

（1）建立新产品研发（设计）的品质标准

这些标准应该是清晰、简洁、具体和可验证的。

（2）在研发（设计）过程中对比标准

根据工作量，可以分为几个阶段将产品的设计目标进行比较，一旦新产品无法满足设计标准，说明设计思路有问题，必须重建模型。

（3）在现有设计标准的基础上进行创新

根据对基础工业和工艺技术的了解，敢于超越现有的设计标准/产业标准，提出新的创意，并选择最佳方案。

（4）广泛了解制造业（基础工业）的业务

无论是用于空间还是商业成品的纺织品设计，都会接触到很多不同的制造业，每个设计标准/产业标准也是针对不同的用户和供应链上的企业来实施。设计工作者需要彻底了解制造业的每个环节。例如，由于每个企业织造的产品特点、擅长的技术、周边的产业链配置不同，如果

因为客户的需求不同，随意让织造面料的企业改变纱线的捻度和种类并不容易。设计工作者如果不了解企业的生产情况，主观地设计出的产品则无法在期待的供应链里得到实现。对制造业的了解，可以精准、高效率地落实设计方案中所规范的产品和技术指标。

二、设计标准和实施标准时的注意事项

1.设立清晰和现实的标准

设立清晰和现实的标准，是使产品在市场上成功销售的重要保证，设计工作者必须重视这个问题。其中最重要的是如何让所设计的标准充分满足用户的需求；其次是产品要能够得到制造商的技术、工艺和设备的兼容和支持，并且适用于预期的市场、销售和分销渠道，因为设计工作者指定的相关标准也是和制造商在专业技术层面上沟通的桥梁和媒介，可以保证制造商提供的产品和设计者的设计方案一致。如果设计工作中忽略了该问题，则意味着在设计标准的建设工作中产生了盲点，可能会导致新产品在市场流通和营销过程中的风险剧增。

2.标准实施的过程监控

仅有产品标准和制造目标是远远不够的，除非在研发、制造过程中进行监控，定期按照时间节点对产品按规定的标准进行检查，是确定产品不会偏离标准的唯一方法。监控的举措可以解决不同制造商对同一种标准的不同诠释所带来的产品差异化。比如，在后整理工艺上，因为织物的成分和组织结构不同，每个工厂对喷蒸的面料整理工艺都有不同的解释，对标准实施的过程监控，有利于及早发现问题，及时制定新的工艺流程和标准，使产品开发得到持续、有效地进行。

3.专业地诠释标准

无论产业标准还是系统化的设计标准，都是专业度较高的技术要求和条件，未经过专业培训的市场营销、服务人员和用户很难理解标准中比较抽象的技术用语。设计工作者有教育用户的责任和义务，这些专业术语和技术条款需要设计工作者"翻译"成通俗易懂的语言来为市场营销、服务人员和用户解读。专业地诠释标准的内容也是设计工作的一个重要环节，忽略了这个"诠释"工作，可能导致营销滞后，用户无法了解产品的性能和先进性，更无从理解设计的初衷和设计思想。

由此看来，在标准设计的初期和实施过程中，设计工作者的技术匹配不仅要落实在设计规范中，还必须在监管过程和实施配套工作中逐一落实。高质量的标准化管理工作不仅能够降低人为因素带来的不确定性，同时也降低了企业投入的风险和成本。

第五节 标准解读实例

纺织品国家标准大致涉及两部分内容：安全构建（Safety Construction）和性能表现（Performance）。

通常，安全构建是为了满足用户在产品上

的安全使用所规范的技术标准，安全标准是全共识标准，是为全民安全构建所考虑的，尤其是在工业化时代。纺织品的安全使用是事关人民生活品质和安全问题的最基本的要求，这方面的标准是强制执行的，也是设计工作者必须熟悉、了解和执行的技术条款。很多安全标准同时也是法律法规，设计工作者不能因为成本、供应链的缺失、用户要求降低成本或者用户没有要求而轻易放弃对安全标准的执行。因为安全标准造成的事故，比如火灾，将会根据

损害的情况依法根据国家《标准法》和《质量法》追究刑事和民事责任。了解标准的规范和测试方法，对设计工作者了解纺织品的特征和性能有很大帮助。图9-7所示为面料进行马丁代尔干摩擦测试的情景，每一块面料背后都有很多技术参数（图9-8），如果一名设计工作者看到一块面料，能够立即说出其主要参数，如材质、成分、克重、染色工艺、用途、符合的标准等，那说明他已经是一名经验丰富的设计工作者了。

图9-7　面料进行马丁代尔干摩擦测试

图9-8　每一块面料背后都有很多技术参数

一、GB 18401—2010《国家纺织产品基本安全技术规范》解读

GB 18401—2010《国家纺织产品基本安全技术规范》是强制执行的国家标准，GB是国标拼音的首字母，推荐性国家标准为GB/T，T为"推"拼音的首字母，在强制性标准中也会引用推荐性标准，但不影响标准执行的强制性。下面详细注释了其中各种内容和含义，以帮助设计工作者快速读取和熟悉其内容和表述习惯（图9-9～图9-16）。

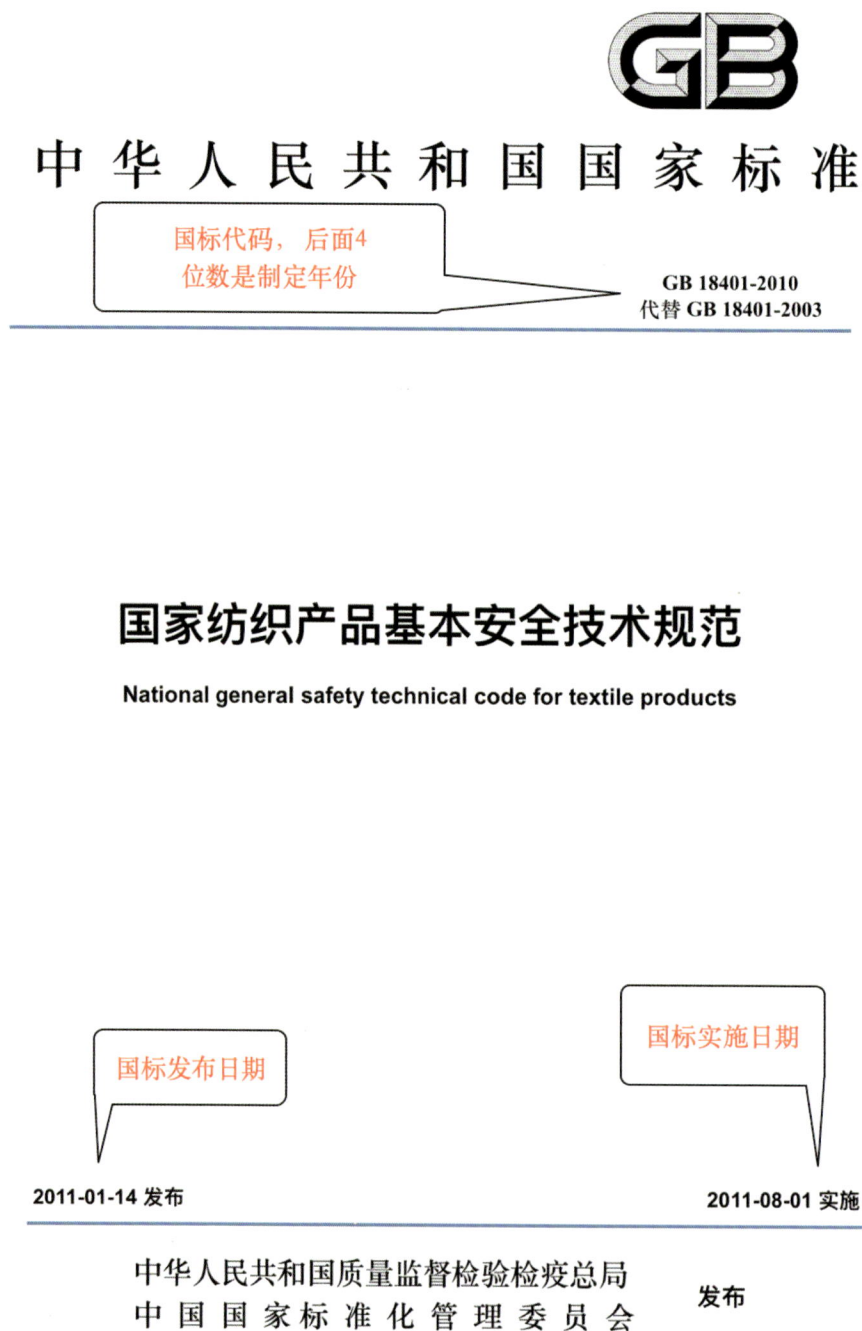

GB

中华人民共和国国家标准

国标代码，后面4
位数是制定年份

GB 18401-2010
代替 GB 18401-2003

国家纺织产品基本安全技术规范

National general safety technical code for textile products

国标发布日期

国标实施日期

2011-01-14 发布

2011-08-01 实施

中华人民共和国质量监督检验检疫总局
中国国家标准化管理委员会

发布

图9-9　读懂国标的封面

前　言

本标准的全部技术内容为强制性。 GB后面没有"T"，是强制性标准

本标准代替GB 18401—2003《国家纺织产皮基本安全技术规范》。本标准与GB 18401—2003相比， 主要内容变化如下：

—— 范围内增加"家用"， 删除"使用"、删除"供需双方另有协议的除外"；

—— 第2章增加1项饮用标准 GB/T 23344；

—— 婴幼儿的年龄由 24 个月改为 36 个月； 增加的内容

——4.1的产品分类由A、 B和C类代号改为直接以文字描述分类；

—— 表 1 中的 B 类的 pH 值由 4.0～7.5 修改为 4.0～8.5；

—— 表 1 的脚注 a 和 b 的产品明确为"非最终产品"；

—— 表 1 的脚注 b 增加了"本色几漂白产品不要求； 扎染、蜡染等传统的手工着色产品不要求
　　耐 唾液色牢度仅考核婴幼儿纺织产品。"；

—— 表 1 的脚注 c 增加了致癌芳香胺的限量值≤20mg/kg； 增加的内容

——5.2 增加"窗帘等悬挂类装饰产品不考核耐汗渍色牢度"；

——5.3 增加"产品按件标注一种类别"， 该条注中的 80cm 改为 100cm；

—— 删除了 6.8 中的检出限；

—— 将 7.4 注的内容纳入条文中；

—— 附录 A 增加了 A.11、A.12 和 A.13、A.9 修改为"布艺工艺品"；

—— 调整了附录 B 中的一些示例；

—— 附录 C 清单中增加了 "4-氨基偶氮苯"； 增加的内容

—— 增加了附录D。

本标准金队纺织产品的基本安全性能提出要求， 其他要求按相应标准执行。

本标准的附录 C 为规范性附录， 附录 A、 附录 B 和附录 C 为资料性附录。

本标准由中国纺织工业协会提出。

本标准由全国纺织品标准化技术委员会归口。

本标准由纺织工业标准化研究所、国家纺织制品质量监督检验中心负责起草。

本标准主要起草人： 郑宇英、徐路、王宝军。

本标准做代替标准的历次版本发布情况为： 取代的旧标准

——GB 18401—2001, GB 18401—2003.

图9-10　读懂国标的前言

国家纺织产品基本安全技术规范

1 范围

本标准规定了纺织产品的基本安全技术要求、试验方法、检测规则及实施与监督。纺织产品的其他要求按有关的标准执行。

本标准适用于我国境内生产、销售的服用、装饰用和家用纺织产品。出口产品可根据合同的约定执行。

　　注：附录 A 中所列举产品不属于本标准的范畴，国家另有规定的除外。

适用于家纺产品

2 规范性引用文件

下列文件中的条款通过本标准的引用而成为本标准的条款。凡事注日期的引用文件，其随后所有的修改单（不包括勘误的内容）或修订版均不适用本标准，然而，鼓励根据本标准达成协议的各方研究是否可使用这些文件的最新版本。凡是不注日期的引用文件，其最新版本适用于本标准。

参考其它标准

GB/T 2912.1 纺织品甲醛的测定 第1部分：游离和水解的甲醛（水萃取法），
　　（GB/T 2912.1– 2009，ISO 14184.1: 1998，MOD）

GB/T 3920 纺织品色牢度试验/耐摩擦色牢度 （GB/T 3920–2008, ISO 105–X12:2001，MOD）

GB/T 3922 纺织品耐汗渍色牢度试验方法 （GB/T 3922–1995, eqv ISO 105 –E04:1994）

GB/T 5713 纺织品 色牢度试验 耐水色牢度 （GB/T 5713–1997, eqv ISO 105 –E:1994）

GB/T 7573 纺织品 水萃取液 pH 值的测定 （GB/T 7573–2009， ISO 3071:2005 MOD）

GB/T 17592 纺织品 禁用偶氮染料的测定

GB/T 18886 纺织品 色牢度试验 耐唾液色牢度

GB/T 23344 纺织品 4-氨基偶氮苯的测定

3 术语和定义

下列术语和定义适用于本标准：

学会对书面术语的定义

3.1 纺织产品textile products： 以天然纤维和化学纤维为主要原料，经纺、织、染等加工工艺或再经缝制、复合等工艺制成的产品，如纱线、织物及其制成品。

3.2 基本安全技术要求General safety specification： 为保证纺织产品对人体健康无害而提出的最基本的要求。

3.3 婴幼儿纺织产品Textile products fro infants： 年龄在 36 个月几以下的婴幼儿穿着或使用的纺织产品。

3.4 直接接触皮肤的纺织产品Textile products with direct contact to skin： 在穿着或使用时，产品的大部分面积直接于人体皮肤接触的纺织产品。

3.5 非直接接触皮肤的纺织产品Textile products without direct contact to skin： 在穿着或使用时，产品不直接与人体皮肤接触，或仅有小部分面积直接与人体皮肤接触的织产品。

图9–11 读懂国标的规范内容（一）

4　产品分类

4.1　产品按最终用途分为以下 3 类：

　　——婴幼儿穿纺织产品

　　——直接接触皮肤的纺织产品

　　——非直接接触皮肤的纺织产品

　　附录 B 给出了3种类型的产品的典型示例。

4.2　需用户再加工后方可使用的产品（例如，面料、纱线）根据最终用途归类。

适用产品类别

标准规范的安全数值

5　要求

5.1　纺织产品的基本安全技术要求根据指标要求程度分 A 类、B类和 C 类，见表1。

项目		A 类	B 类	C 类
甲醛含量/（mg/kg）		20	75	300
pH 值a		4.0~7.5	4.0~8.5	4.0~9.0
染色牢度b/级≥	耐水（变色、沾色）	3~4	3	3
	耐酸汗渍（变色、沾色）	3~4	3	3
	耐碱汗渍（变色、沾色）	3~4	3	3
	耐干摩擦	4	3	3
	耐唾液（变色、沾色）	4	—	—
异味		无		
可分解致癌芳香胺染料c/(mg/kg)		禁用		

a 后续加工工艺中必须要经过湿处理的非最终产品，pH值可放宽至 4.0～10.5 之间。

b 对需经洗涤褪色工艺的非最终产品、本色及漂白产品不要求；扎染、蜡染等传统的手工着色产品不要求；耐唾液色牢度仅考核婴幼儿纺织产品。

c 致癌芳香胺清单见附录 C，限量值≤ 20mg/kg。

5.2　婴幼儿纺织产品应符合 A 类要求，直接接触皮肤的产品至少符合 B 类要求，非直接接触皮肤的产品至少符合 C 类要求，其中窗帘等悬挂类装饰产品不考核耐汗渍色牢度。

5.3　婴幼儿纺织产品必须在使用说明上标明"婴幼儿用品"字样。其他产品应在使用说明上标明所符合的基本安全技术要求类别（例如，A 类、B 类或 C 类）。产品按件标注一种类别。

注：一般适用于身高100cm及以下婴幼儿适用的产品可作为婴幼儿纺织产品。

对婴幼儿产品的解释

图9-12　读懂国标的规范内容（二）

6　试验方法

6.1　甲醛含量的测定按 GB/T 2912.1 执行

6.2　pH值的测定按 GB/T 7573 执行

6.3　耐水色牢度的测定按 GB/T 5713 执行

6.4　耐酸碱汗渍色牢度的测定按 GB/T 3922 执行

6.5　耐干摩擦色牢度的测定按 GB/T 3920 执行

6.6　耐唾液色牢度的测定按 GB/T 18886 执行

　　　　　　　　　　　　　　　　　　标准中的测试方法

6.7　异味的检测采用嗅觉法，操作者应是经过训练和考核的专业人员。
样品开封后，立即进行该项目的检测。检测应在洁净的无异常气味的环境中进行。操作者洗
净双手后戴手套，双手拿起样品靠近鼻孔，仔细嗅闻样品所带有的气味，如检测出有霉味、
高沸程石油味（如汽油、煤油味）、鱼腥味、芳香烃气味重的一种或几种，则判为"有异
味"类别。否则判为"无异味"。应有 2 人独立检测，并以 2 人一致的结果为样品检测结果。
如2人检测结果不一致，则增加 1 人检测，最终以 2 人一致结果为样品检测结果。

6.8　可分解致癌芳香胺染料的测定按 GB/T 17592 和 GB/T 23344 执行。

注：一般先按 GB/T 17592 检测，当检出苯胺和/或 1,4-苯二胺时，再按 GB/T 23344 检测。

7　检测规则

7.1　从每批产品中按品种、颜色随机抽取有代表性样品，每个品种按不同颜色各抽取1个样品。

7.2　布匹取样至少距端头 2 m，样品尺寸为长度不小于 0.5m 的整幅宽；服装或其他制品的取
样数量应满足试验需要。

7.3　样品抽取后应密封放置，不应进行任何处理，相关试验的取样方法参见附录D的取样
说明。

7.4　根据产品的类别对照表1评定，如果样品的测试结果群不符合表1 响应的类别的要求（含
有2种及以上的组件的产品，每种组件均符合表1相应类别的要求），则该样品的基本安全性
能合格，否则为不合格。对直接接触皮肤的产品和非直接接触皮肤的产品中重量不超过整件
制品 1% 的小型组件不考核。

7.5　如果所抽取的样品全部合格，则判定该批产品的基本安全性能合格。如果有不合格产品，
则判定该样品所代表的品种或颜色的产品不合格。

8　实施与监督

8.1　依据《中华人民共和国标准化法》及《中华人民共和国标准化实施条例》的有关规定，
从事纺织产品科研、生产、经营的单位和个人，必须严格执行本标准。不符合本标准的产
品，禁止生产、销售和进口。

8.2　依据《中华人民共和国标准化法》及《中华人民共和国标准化实施条例》的有关规定，任
何单位和个人均有权检举、申诉、投诉违反本标准的行为。

8.3　依据《中华人民共和国产品质量法》的有关规定，国家对纺织产品实施以抽查为主要方
式的监督检查制度。

8.4　关于纺织产品的基本安全方面的产品认证等工作按国家爱有关法律、法规的规定执行。

9　法律责任

对违反本标准的行为，依据《中华人民共和国标准化法》、《中华人民共和国产品质量法》
等有关法律、法规的规定处罚。

图9-13　读懂国标的规范内容（三）

附录 A
(资料性附录)
不属于本标准范围的纺织产品目录

A.1　土工布、防水油毡基布等工程用纺织产品
A.2　造纸毛毯、帘子布、过滤布、绝缘纺织品等工业用纺织产品
A.3　无土栽培基布等农业用纺织产品
A.4　防毒、防辐射、耐高温等特种防护用品
A.5　渔网、揽绳、登山用绳索等绳网类产品
A.6　麻袋、邮包等包装产品
A.7　医用纱布、绷带等医疗用品
A.8　布艺类及毛绒类玩具
A.9　布艺工艺品
A.10　广告灯箱布、遮阳布、帐篷等室外产品
A.11　一次性使用卫生用品
A.12　箱包、背提包、鞋、伞等
A.13　地毯

> 不在本标准范围内的
> 13类产品清单（目录）

附录 B
(资料性附录)
纺织产品分类示例

> 对三类产品的分类举例
> 但没有包含全部产品

表 B1 给出的产品作为陈述产品分类的示例。表 B1中没有列出的产品应按照产品的最终用途确定类型。

表 B 1

类型	典型示例
婴幼儿纺织产品	尿布、内衣、围嘴儿、睡衣、手套、袜子、外衣、帽子、床上用品
直接接触皮肤的纺织产品	内衣、衬衣、裙子、袜子、床单、被套、毛巾、泳衣、帽子
非直接接触皮肤的纺织产品	外衣、裙子、裤子、窗帘、床罩、墙布

图9-14　读懂国标的规范内容（四）

附录 C

（规范性附录）

致癌芳香胺清单

> 规范致癌禁用清单24个
> 禁用偶氮染料清单

序号	英文名称	中文名称	化学文摘编号
1	4-aminobiphenyl	4-氨基联苯	92-67-1
2	Benzidine	联苯胺	92-87-5
3	4-chloro-toluidine	4-氯-邻甲苯胺	95-69-2
4	2-naphthylamine	2-萘胺	91-59-8
5	0-aminoazotoluene	邻氨基偶氮甲苯	97-56-3
6	5-Nitro-o-toluidine	5-硝基邻苯甲胺	99-55-8
7	p-Chloroaniline	对氯苯胺	106-47-8
8	2,3-diaminoanisole	2，4-二氨基苯甲醚	615-05-4
9	4,4'-Diaminodiphenylmethane	4，4'-二氨基二苯甲烷	101-77-9
10	3,3'-dichlorobenzidine	3,3'-二氯联苯胺	91-94-1
11	3,3'-dimethoxybenzidine	3,3'-二氧基联苯胺	119-90-4
12	3,3'-dimethylbenzidine	3,3'-二甲基联苯胺	119-93-7
13	3,3'-dimethy-4,4'-diaminobiphenylinthane	3,3'-二甲基-4,4'-二氨基二苯甲烷	838-88-0
14	p-cresidine	2-甲氧基-5-甲基苯胺	120-71-8
15	4,4'-methylene-bis-(2-chloroaniline)	4,4'-亚甲基-二-(2-氯苯胺)	101-14-4
16	4,4'-oxydianiline	4,4'-二氨基二苯醚	101-80-4
17	4,4'-thiodianiline	4,4'-二氨基二苯硫醚	139-65-1
18	o-toluidine	邻甲苯胺	95-53-4
19	2,4-toluylendiamine	2,4-二氨基甲苯	95-80-7
20	2,4,5-trimethylaniline	2，4，5-三甲基苯胺	137-17-7
21	o-anisidine	邻氨基苯甲醚	90-04-0
22	4-aminoazobenzene	4-氨基偶氮苯	60-09-3
23	2,4-xylidine	2，4-二甲基苯胺	95-68-1
24	2，6-xylidine	2，6-二甲基苯胺	87-62-7

图9-15 读懂国标的规范内容（五）

附录 D

（资料性附录）
取样说明

D.1 染色牢度试验的取样

按相应的试验方法规定。对于花型循环较大的或无规律的印花和色织产品，分别取各色相检测，以级别最低的作为试验结果。

D.2 甲醛、pH值和可分解致癌芳香胺染料试验的取样

D.2.1 有眼色图案的产品

——有规律图案的产品，按循环取样，剪碎混合后作为一个式样。
——图案循环很大的产品，按地、花面积的比例取样，剪碎后混合作为一个式样。
——独立图案的产品，其图案迈纳基能满足一个试样时，图案单独取样；图案很小不足一个试样时，取样应包括图案，不宜从多个样品上剪取后合为一个试样。
——图案较小处仅检测可分解芳香胺。

D.2.2 多层及复合的产品

——能手工分层的产品，分层取样，分别鉴定；
——不能手工分层的产品，整体取样。

— 完 —

本GB规范不同面料检测的取样方式
设计工作者们需要学会如何取样，并将规范知会FF&E部门或者供应商/工厂

在取样之前咨询检测机构，如 SGS 或者 **Intertek**

图9-16 读懂国标和规范内容（六）

《国家纺织产品基本安全技术规范》仅是国家为了保障广大消费者的基本生命安全和利益制定的强制性法律约束，不只针对纺织品制造企业和零售商，也针对家居产品设计师、工业设计师、室内设计师、软装设计师、装饰顾问和家居顾问等为广大消费者服务的一线服务人员。尤其是设计工作者，不仅要严格要求自己的专业行为，也要教育消费者，帮助他们做出正确的选择。

设计工作者有权要求供应商（企业）提供国家硬性规定（强制执行）的检测结果文本，文本的检验有效期和批次以及送检企业应符合实际产品的批次和供应商企业。设计工作者应注意用户在设计任务书上列举的标准规范，如果是公开招标的公共项目，或者用户在设计任务书上没有注明，一般在中国都会使用国标，除非有其他指定。切勿盲目认为没有指定就是不需要标准检测，从而放弃设计工作的标准制定。

二、室内纺织品阻燃标准解读

1.英国面料阻燃标准

（1）BS 7177（BS 5807）适用于英国公共场所的家具及床垫等织物。特别要求防火性能，测试方式严格。火种分为0～7级八个火源，分别对应于低度、中度、高度和极高度危险四个防火等级。

（2）BS 7175适用于酒店宾馆、娱乐场所及其他人员密集场所的永久性防火标准。测试要求通过Schedule 4 Part 1及Schedule 5 Part 1两种或更多的测试火种。

（3）BS 7176适用于家具覆盖织物，要求防火和耐水洗，测试时要求织物和填充物同时达Schedule 4 Part 1和Schedule 5 Part 1以及

烟密度、毒性等测试指标，是比BS 7175（BS 5852）更严格的防火标准。

（4）BS 5452适用于英国公共场所及所有进口家具中的床单及枕头类纺织品，要求经过50次水洗或干洗后仍然能够有效防火。

（5）BS 5438系列：BS 5722适用于儿童睡衣，BS 5815.3适用于床上用品，BS 6249.1B适用于窗帘。

2.美国面料阻燃标准

（1）CA—117在美国是广泛使用的一次性防火标准，不要求经过水洗后测试，适用于出口美国的纺织品。

（2）CS—191是美国通用的防护服防火标准，强调长期防火性能和穿着舒适性，加工工艺通常是两步合成法或多步合成法，有较高的技术含量和利润附加值。

（3）NFPA—701、703是美国消防协会公布的一项防火标准，适用于公共场所的窗帘、帷幔、桌布、悬挂纺织品等不要求耐水的悬挂织物。测试中同时要求吸附干量、手感等理化指标。

（4）TB—603全称BHFTI CTB—603，主要用于床垫、床褥等床具用品。

（5）NFPA 261.94适用于家具覆盖织物，包括沙发等。

（6）FAR 25—83是飞机内装饰织物所要求的防火标准。

3.德国面料阻燃标准

（1）DIN 4102（DIN 66084）装饰织物防火标准。

（2）DIN 23320及DIN 54336—80（DIN 66083）防护服防火标准。

4.日本面料阻燃标准

（1）JIS L1008—69飞机装饰织物防火标准。

（2）JIS L1091 防护服标准。

（3）JIS D 1201汽车装饰织物防火标准。

5.法国面料阻燃标准

（1）NFG 07—184防护服面料。

（2）NFG 92—501、505装饰织物防火标准。

6.中国面料阻燃标准

（1）GB/T 17591—2006　阻燃织物。

（2）GB 8965.1—2009　阻燃服阻燃防护。

（3）GB 50222—2017　建筑内部装修设计防火规范。

三、与室内设计相关的纺织品安全性国家标准（表9-1）

表9-1　与室内设计相关的纺织品国家标准（安全性）

序号	国家标准	应用范围/目的
1	GB 50222—2017 建筑内部装修设计防火规范	强制性的阻燃要求/安全性
2	GB 8624—2012 建筑材料及制品燃烧性能分级	强制性的阻燃要求/安全性
3	GB 20286—2006 公共场所阻燃制品及组件燃烧性能要求和标识	强制性的阻燃要求/安全性
4	GB18401—2010 国家纺织产品基本安全技术规范	强制性的对人体和婴儿无害的工艺要求/安全性
5	GB 19601—2013 染料产品中23种有害芳香胺的限量及测定	强制性的有害染色限制/安全性
6	GB 20814—2014 染料产品中重金属元素的限量级测定	强制性的有害染色限制/安全性
7	GB/T 18412.1—2006 纺织品　农药残留量的测定　第1部分：77种农药	推荐性的农药残留量测定/安全性
8	GB/T 18412.2—2006 纺织品　农药残留量的测定　第2部分：有机氯农药	推荐性的农药残留量测定/安全性
9	GB/T 18412.3—2006 纺织品　农药残留量的测定　第3部分：有机磷农药	推荐性的农药残留量测定/安全性
10	GB/T 18412.4—2006 纺织品　农药残留量的测定　第4部分：拟除虫菊酯农药	推荐性的农药残留量测定/安全性
11	GB/T 18412.5—2008 纺织品　农药残留量的测定　第5部分：有机氮农药	推荐性的农药残留量测定/安全性
12	GB/T 18412.6—2006 纺织品　农药残留量的测定　第6部分：苯氧羧酸类农药	推荐性的农药残留量测定/安全性

序号	国家标准	应用范围/目的
13	GB/T 18412.7—2006 纺织品 农药残留量的测定 第7部分：毒杀芬	推荐性的农药残留量测定/安全性
14	GB/T 2912.1—2009 纺织品 甲醛的测定 第1部分：游离和水解的甲醛（水萃取法）	推荐性的甲醛残量测定/安全性
15	GB/T 2912.2—2009 纺织品 甲醛的测定 第2部分：释放的甲醛（蒸汽吸收法）	推荐性的甲醛残量测定/安全性
16	GB/T 17593.1—2006 纺织品 重金属的测定 第1部分：原子吸收分光光度法	推荐性的重金属测定/安全性
17	GB/T 17593.2—2007 纺织品 重金属的测定 第2部分：电感耦合等离子体原子发射光谱法	推荐性的重金属测定/安全性
18	GB/T 17593.3—2006 纺织品 重金属的测定 第3部分：六价铬分光光度法	推荐性的重金属测定/安全性
19	GB/T 17593.4—2006 纺织品 重金属的测定 第4部分：砷、汞原子荧光分光光度法	推荐性的重金属测定/安全性
20	GB/T 20384—2006 纺织品 氯化苯和氯化甲苯残留量的测定	推荐性的有机物残留量测定/安全性
21	GB/T 20385—2006 纺织品 有机锡化合物的测定	推荐性的有机物残留量测定/安全性
22	GB/T 22282—2008 纺织纤维中有害有毒物质的限量	推荐性的有机物残留量和重金属等的测定/安全性
23	GB/T 17592—2011 纺织品 禁用偶氮染料的测定	推荐性的染料安全测定/安全性
24	GB/T 20382—2006 纺织品 致癌染料的测定	推荐性的染料安全测定/安全性
25	GB/T 20383—2006 纺织品 致敏性分散染料的测定	推荐性的染料安全测定/安全性
26	GB/T 23344—2009 纺织品 4-氨基偶氮苯的测定	推荐性的染料安全测定/安全性
27	GB/T 23345—2009 纺织品 分散黄23和分散橙149染料的测定	推荐性的染料安全测定/安全性
28	GB/T 24101—2018 染料产品中4-氨基偶氮苯的限量及测定	推荐性的染料安全测定/安全性

序号	国家标准	应用范围/目的
29	GB/T 20386—2006 纺织品 邻苯基苯酚的测定	推荐性的染料安全测定/安全性
30	GB/T 20387—2006 纺织品 多氯联苯的测定	推荐性的染料安全测定/安全性
31	GB/T 23322—2018 纺织品 表面活性剂的测定 烷基酚和烷基酚聚氧乙烯醚	推荐性的表面助剂安全测定/安全性
32	GB/T 24279—2018 纺织品 某些阻燃剂的测定 第1部分：溴系阻燃剂	推荐性的表面助剂安全测定/安全性
33	GB/T 18885—2020 生态纺织品技术要求	推荐性生态无害测试/安全性
34	GB/T 24281—2009 纺织品 有机挥发物的测定 气相色谱—质谱法	推荐性的纺织品TVOC测定/安全性
35	GB/T 30157—2013 纺织品 总铅和总镉含量的测定	推荐性的纺织品重金属测定/安全性
36	GB/T 30158—2013 纺织制品附件镍释放量的测定	推荐性的纺织品重金属测定/安全性
37	GB/T 23973—2018 染料产品中甲醛的测定	推荐性的染料安全测定/安全性
38	GB/T 28190—2011 纺织品 富马酸二甲酯的测定	推荐性的后整理助剂（防霉保鲜剂）测定/安全性
39	GB/T 23325—2009 纺织品 表面活性剂的测定 线性烷基苯磺酸盐	推荐性的后整理助剂（工业洗涤剂）残留测定/安全性
40	GB/T 23323—2009 纺织品 表面活性剂的测定 乙二胺四乙酸盐和二乙烯三胺五乙酸盐	推荐性的染料残留测定/安全性

以上40条国家标准是针对纺织品行业从染料到制成品的安全性设置的，有些是强制执行的标准，大部分是推荐性标准。设计工作者根据设计方案的需要、用户的类别、产品的特征、市场的要求等来判断和使用上述标准。以上国标具有一定的代表性，不是全部的国标内容，也不仅限于目前列出的版本，标准每年都在更新，如GB/T 18885《生态纺织品技术要求》就是每年更新，设计工作者需要时时关注和学习国家及产业标准，安全性标准是最基本的设计起点，也是保障人们生命安全和工作的最低要求。

四、与室内设计相关的纺织品功能性国家标准（表9-2）

表9-2　与室内设计相关的纺织品国家标准（功能性）

序号	国家标准	应用范围/目的
1	GB/T 3917.1—2009 纺织品　织物撕破性能　第1部分：冲击摆锤法撕破强力的测定	推荐性纺织品抗撕裂强度/功能性
2	GB/T 3917.2—2009 纺织品　织物撕破性能　第2部分：裤形试样（单缝）撕破强力的测定	推荐性纺织品抗撕裂强度/功能性
3	GB/T 3917.3—2009 纺织品　织物撕破性能　第3部分：梯形试样撕破强力的测定	推荐性纺织品抗撕裂强度/功能性
4	GB/T 3917.4—2009 纺织品　织物撕破性能　第4部分：舌形试样（双缝）撕破强力的测定	推荐性纺织品抗撕裂强度/功能性
5	GB/T 3917.5—2009 纺织品　织物撕破性能　第5部分：翼形试样（单缝）撕破强力的测定	推荐性纺织品抗撕裂强度/功能性
6	GB/T 3920—2008 纺织品　色牢度试验　耐摩擦色牢度	推荐性耐摩擦色牢度测试/功能性
7	GB/T 3922—2013 纺织品　色牢度试验　耐汗渍色牢度	推荐性汗渍擦色牢度测试/功能性
8	GB/T 4745—2012 纺织品　防水性能的检测和评价　沾水法	推荐性纺织品防水性能测定/功能性
9	GB/T 5711—2015 纺织品　色牢度试验　耐四氯乙烯干洗色牢度	推荐性纺织品耐溶剂型的色牢度测定/功能性
10	GB/T 5713—2013 纺织品　色牢度试验　耐水色牢度	推荐性纺织品耐水色牢度测定/功能性
11	GB/T 8427—2019 纺织品　色牢度试验　耐人造光色牢度：氙弧	推荐性纺织品耐光照牢度测定/功能性
12	GB/T 12703.1—2021 纺织品　静电性能试验方法　第1部分：电晕充电法	推荐性纺织品抗静电性能测定/功能性
13	GB/T 12703.2—2021 纺织品　静电性能试验方法　第2部分：手动摩擦法	推荐性纺织品抗静电性能测定/功能性
14	GB/T 12703.3—2009 纺织品　静电性能的评定　第3部分：电荷量	推荐性纺织品抗静电性能测定/功能性
15	GB/T 12703.4—2010 纺织品　静电性能的评定　第4部分：电阻率	推荐性纺织品抗静电性能测定/功能性

序号	国家标准	应用范围/目的
16	GB/T 12703.5—2020 纺织品 静电性能的评定试验方法 第5部分：旋转机械摩擦法	推荐性纺织品抗静电性能测定/功能性
17	GB/T 12703.6—2010 纺织品 静电性能的评定 第6部分：纤维泄漏电阻	推荐性纺织品抗静电性能测定/功能性
18	GB/T 12703.7—2010 纺织品 静电性能的评定 第7部分：动态静电压	推荐性纺织品抗静电性能测定/功能性
19	GB/T 12704.1—2009 纺织品 织物透湿性试验方法 第1部分：吸湿法	推荐性纺织品透湿性能测定/功能性
20	GB/T 12704.2—2009 纺织品 织物透湿性试验方法 第2部分：蒸发法	推荐性纺织品透湿性能测定/功能性
21	GB/T 13772.1—2008 纺织品 机织物接缝处纱线抗滑移的测定 第1部分：定滑移量法	推荐性纺织品纱线组织稳定性测定/功能性
22	GB/T 13772.2—2008 纺织品 机织物接缝处纱线抗滑移的测定 第2部分：定负荷法	推荐性纺织品纱线组织稳定性测定/功能性
23	GB/T 13772.3—2008 纺织品 机织物接缝处纱线抗滑移的测定 第3部分：针夹法	推荐性纺织品纱线组织稳定性测定/功能性
24	GB/T 13772.4—2008 纺织品 机织物接缝处纱线抗滑移的测定 第4部分：摩擦法	推荐性纺织品色牢度测定/功能性
25	GB/T 18886—2019 纺织品 色牢度试验 耐唾液色牢度	推荐性纺织品色牢度测定/功能性
26	GB/T 20944.1—2007 纺织品 抗菌性能的评价 第1部分：琼脂平皿扩散法	推荐性纺织品抗菌性能测定/功能性
27	GB/T 20944.2—2007 纺织品 抗菌性能的评价 第2部分：吸收法	推荐性纺织品抗菌性能测定/功能性
28	GB/T 20944.3—2008 纺织品 抗菌性能的评价 第3部分：振荡法	推荐性纺织品抗菌性能测定/功能性
29	GB/T 21196.1—2007 纺织品 马丁代尔法织物耐磨性的测定 第1部分：马丁代尔耐磨试验仪	推荐性纺织品耐摩擦系数性能测定/功能性
30	GB/T 21196.2—2007 纺织品 马丁代尔法织物耐磨性的测定 第2部分：试样破损的测定	推荐性纺织品耐摩擦系数性能测定/功能性
31	GB/T 21196.3—2007 纺织品 马丁代尔法织物耐磨性的测定 第3部分：质量损失的测定	推荐性纺织品耐摩擦系数性能测定/功能性
32	GB/T 21196.4—2007 纺织品 马丁代尔法织物耐磨性的测定 第4部分：外观变化的评定	推荐性纺织品耐摩擦系数性能测定/功能性

序号	国家标准	应用范围/目的
33	GB/T 4802.1—2008 纺织品　织物起毛起球性能的测定　第1部分：圆轨迹法	推荐性纺织品起毛起球性能测定/功能性
34	GB/T 4802.2—2008 纺织品　织物起毛起球性能的测定　第2部分：改型马丁代尔法	推荐性纺织品起毛起球性能测定/功能性
35	GB/T 4802.3—2008 纺织品　织物起毛起球性能的测定　第3部分：起球箱法	推荐性纺织品起毛起球性能测定/功能性
36	GB/T 4802.4—2020 纺织品　织物起毛起球性能的测定　第4部分：随机翻滚法	推荐性纺织品起毛起球性能测定/功能性
37	GB/T 35611—2017 绿色产品评价　纺织产品	推荐性纺织品绿色产品定义/功能性
38	GB/T 22800—2009 星级旅游饭店用纺织品	推荐性酒店/餐厅用纺织品标准测定/功能性

推荐性功能标准虽然在法律上不强制执行，但是对人们的工作和生活品质的影响也很大。设计工作者不论是进行室内空间设计，还是产品设计，在考虑所设计的产品功能时，上述38条功能性标准就是很好的参照技术指标。标准可以是一个设计的起点，但绝不是设计的终点，满足国家标准是设计工作者的本职工作，这些安全性和功能性标准可以给设计工作者和用户提供产品的基本安全和性能的起点。

纺织品在绿色设计环节中所涉及的环保与健康指标可参照GB/T 35611《绿色产品评价　纺织产品》，符合该标准中的技术指标，可以称为绿色产品。

在商业设计中，酒店和餐厅（Hospitality & Contract）的纺织品设计标准可参照GB/T 22800《星级旅游饭店用纺织品》，并在该标准的基础上提升与创新。

五、93个AATCC标准

另外一个重要的纺织品标准体系是美国的AATCC（American Association of Textile Chemists and Colorists，美国纺织化学家和染色师协会），和美国的ASTM不同的是，AATCC在纺织产品的标准上更具有专业性和专属性，在纺织测试标准领域具有权威性，由其编制的针对纺织品的AATCC测试方法涵盖了纺织品纤维成分分析、色牢度试验及织物水洗的物理性能等测试标准，是纺织产品进入美国市场采用的最广泛的测试标准。

适用于室内设计中纺织品的AATCC产业标准：

（1）AATCC 6—2016　耐酸和耐碱色牢度，对面料耐酸碱的功能性测定。

（2）AATCC 8—2016　耐摩擦色牢度：摩擦测试仪法，对面料耐摩擦色牢度的功能性测定。

（3）AATCC 15—2013　耐汗渍色牢度，对面料耐汗渍色牢度的功能性测定。

（4）AATCC 16—2014　耐光色牢度（户外等级面料），对面料耐光照、日晒色牢度的功能性测定。

（5）AATCC 17—2018　湿润剂效果评价，对面料表面湿润剂性能的功能性测定。

（6）AATCC20—2013　纤维分析：定性，用于纤维成分含量检测和品质分析，对应GB/T 2910.11—2009《纺织品　定量化学分析》。

（7）AATCC 22—2017　面料的疏水性：喷淋试验，对面料疏水性能的功能性测定。

（8）AATCC 23—2015　耐烟熏色牢度，对面料耐烟熏色牢度的功能性测定。

（9）AATCC 24—2004　纺织品耐昆虫测试，对面料耐昆虫性能的功能性测试。

（10）AATCC 26—2013　硫化染料染色纺织品的老化测试：加速法，测量硫化染料染色的纺织品在正常的储存条件下是否会发生脆化现象。

（11）AATCC 27—2018　湿润剂：对湿润剂的评估，对纺织品获取湿润功能的功能性测定。

（12）AATCC 28—2004　纺织品的防昆虫、害虫测试，对整理后的纺织品免受昆虫侵害的功能性测定。

（13）AATCC 30—2017　抗真菌活性纺织材料的评价：纺织材料的防霉和耐腐性，该测试方法是确定纺织材料对霉菌和腐烂的敏感性，并评估杀真菌剂对纺织材料的功效。

（14）AATCC 35—2018　耐水渍：雨水渗透测试，对所有纺织品疏水性和结构渗透的功能性测定。

（15）AATCC 42—2017　拒水性：冲击水渗透测试，对所有纺织品疏水性和结构渗透的功能性测定。

（16）AATCC 43—2018　丝光处理润湿剂❶（丝光渗透剂），仅适用于织物浓碱丝光溶液中湿润剂的性能评估。

（17）AATCC 61—2013　耐洗涤色牢度：快速法，纺织品在水洗涤下的色牢度功能性测定。

（18）AATCC 66—2017　机织物折皱恢复性的测定：回复角度法，用于确定机织物的折皱回复率，适用于任何纤维织造的织物。

（19）AATCC 70—2015　防水性：滚筒式动态吸收测试，适用于任何经过或未经过防水处理的织物，测量织物对水的润湿性；它特别适用于测量涂有整理剂的织物的防水效果，用该测试方法获得的结果主要取决于织物中纤维和纱线的抗湿性或防水性，而不取决于织物的结构。

（20）AATCC 76—2018　织物表面电阻率，表面电阻率可能影响织物静电荷的积累。

（21）AATCC 79—2018　纺织品的吸水性，用于测定纱线、织物和服装的吸水率，可用于任何纤维含量或结构的纺织品，包括机织，针织和非织造布的吸水（湿）率的测定。

（22）AATCC 81—2016　湿处理纺织品的水萃取液pH值的测定，该测试方法确定湿处理纺织品的pH值。为了进行定量测定，必须从织物样本中去除影响pH值的化学物质，制备水萃取液，然后通过pH计进行精确测定。

（23）AATCC 82—2016　漂白织物中纤维素分散液的流动性，此测试程序适用于漂白后未整理成的棉布。

（24）AATCC 84—2018　纱线电阻率，用于测定含有天然和人造纤维的纺织纱线的电阻

---

❶ 丝光处理润湿剂：一种化合物，加入水中后，可降低液体的表面张力及其与固体间的界面张力。

率。纺织纱线积累电荷的趋势取决于纱线的电阻，由于导电机理，该方法不适用于随机含有金属丝或其他高导电性纤维的纱线。

（25）AATCC 86—2016 干洗：纺织品外观图案和涂饰漆的耐用性，该方法表明了反复干洗对纺织品上外加图案和涂饰漆的耐用性影响。它也适用于评估外加图案材料和涂饰剂的耐用性，这些设计材料和涂饰剂主要用于服装和家庭用织物。该测试方法将用于评估面料上的颜色、斑点和污渍对干洗去除程序的抵抗力。本测试方法不是用来评估面料干洗的色牢度，对于色牢度特性，请使用AATCC 132—2013耐干洗色牢度。

（26）AATCC 88B—2018 反复家庭洗涤后织物接缝的平整度，用于评价经过家庭洗涤程序后织物中接缝的平整外观。几种洗涤和干燥程序提供了代表常见家庭护理选项的标准参数，使用此方法可以评估任何可洗织物（机织，针织或非织造布）中的接缝是否平整。该测试不涉及接缝技术，因为接缝的目的是评估接缝的制造和生产准备时间。此外，接缝技术是由织物特性来决定和控制的。

（27）AATCC 88C—2018 织物经家庭洗涤后的褶裥保持性，确定经过家庭洗涤程序后织物中的褶裥保持性。可用此方法评估任何可洗织物（机织、针织或无纺布）中的褶裥是否保留。

（28）AATCC 89—2019 棉纱与棉织物的丝光测试，该测试方法用来确定染色和未染色棉纱和织物的丝光程度。另外，该测试表明棉与丝光浴之间反应的完全程度。

（29）AATCC 92—2019 单一样品的氯残留量对织物抗拉伸强度的损坏实验，这是一种加速测试方法，用于确定由残留氯引起的对纤维的潜在损坏。适用于棉和黏胶织物，也可以用于任

何单独受热不会损坏的织物。可用于酒店、医院和餐饮业的常用次氯酸钠消毒和漂白的桌布、餐巾和床品等产品的耐洗/耐用性能的测试。

（30）AATCC 93—2019 织物的耐磨性：埃克西来罗试验仪法，该测试方法旨在评估织物的耐磨性，在测试过程中，样品经受弯曲，摩擦，冲击，压缩，拉伸和其他机械力作用。

（31）AATCC 94—2017 纺织品整理剂：鉴别方法，识别方法可能涉及以下任何或所有的方法：a.依次萃取溶剂，然后通过红外光谱法IR、气相色谱法GC、高效液相色谱法HPLC、薄层色谱法TLC、核磁共振法NMR或其他仪器进行鉴别。b.通过X射线荧光光谱法、红外反射光谱法、原子吸收光谱法以及其他仪器或湿化学分析法直接测量织物的化学元素。c.通过对纺织品的萃取物进行化学斑点测试来鉴别特定的整理剂成分。

（32）AATCC 96—2012 除毛织物外的机织和针织面料经商业洗涤后的尺寸变化，该测试方法用于确定由除毛织物外的机织物和针织物在经过商业洗涤后的尺寸变化。

（33）AATCC 97—2019 纺织品中的可萃取物含量，该测试方法主要确定纤维素纤维或其混纺的纱线或织物中水、酶和有机溶剂萃取物的总含量。

（34）AATCC 98—2016 过氧化氢漂白浴中碱含量的测试，该测试方法主要确定过氧化氢和碱的漂白浴的总碱含量。总碱含量用氢氧化钠百分含量表示。

（35）AATCC 99—2004 机织或针织羊毛纺织品的尺寸变化：松弛、固结和毡结，该方法用于确定羊毛含量大于或等于50%的机织和针织纺织品的松弛，固结和毡缩收缩率。

（36）AATCC 100—2019 纺织材料抗菌整

理剂的评价，测试的目的是评估抗菌整理剂对纺织材料的抗菌活性，以检查抗菌剂的抗菌功效是否渗入织物的纱线中或应用于纺织品的表面，以检查织物的抗菌效果，无论纺织品是否经过洗涤。

（37）AATCC 101—2013　过氧化氢漂白的色牢度测试，评估各种（除含聚酰胺纤维以外）类型的纺织品的颜色对纺织品加工过程中常用浓度的过氧化氢漂白浴的抵抗力。

（38）AATCC 102—2016　高锰酸钾滴定法测定过氧化氢，该测试方法确定水溶液（尤其是用于纺织品漂白的水溶液）中过氧化氢（H_2O_2）的浓度，用硫酸酸化样品，并用高锰酸钾标准溶液滴定。

（39）AATCC 103—2012　细菌 α- 淀粉酶用于退浆的测定，该测试方法旨在分析商业上用于纺织品退浆的细菌 α- 淀粉酶，不适用于同时含有 β- 淀粉酶的产品。

（40）AATCC 104—2014　耐水斑色牢度，该测试方法用于评估染色、印花或其他有颜色的纺织面料的耐水斑色牢度，白色面料也会出现颜色变化，如泛黄。该测试方法不能确定变色是否可去除。

（41）AATCC 106—2013　耐海水的色牢度，该测试方法用于测量各种染色、印花或其他有色纱线和织物耐海水的色牢度。由于天然海水的成分可变且通常难以获得，因此在该测试中使用了人工海水。

（42）AATCC 107—2013　耐水渍色牢度，该测试方法用于测试染色、印花或其他有色纺织纱线和织物的耐水渍色牢度。该测试方法使用蒸馏水或去离子水，因为天然（自来水）的成分是不稳定的。

（43）AATCC 109—2016　耐低湿大气中臭氧色牢度，该测试方法用于测定纺织品的颜色对室温下相对湿度不超过67%的大气中臭氧作用的抵抗力。

（44）AATCC 101—2015　纺织品的白度，该测试方法提供了使用CIE**推荐的公式测量纺织品白度和色彩的程序，该方法描述了要使用的过程、局限性和限制条件。

（45）AATCC 111—2015　纺织品的耐候性：暴露在日光和气候条件下，该测试方法提供了一种确定纺织材料耐气候性的方法。测试方法适用于纤维、纱线、织物及其制成品，包括天然、有色、整理或未整理的涂层织物。

（46）AATCC 112—2014　织物甲醛释放量的测定：密封广口瓶法，该测试方法适用于可能释放甲醛的纺织品，特别是用含甲醛的化学试剂整理的织物，它提供了加速储存条件，并提供了一种测定加速储存条件下释放甲醛量的分析方法。

（47）AATCC 115—2011　织物静电吸附：织物与金属测试，该测试方法评估了特定织物由于静电荷而产生的相对吸附性，该测试综合了织物重量、刚度、组织结构、表面特性、后整理和其他影响织物静电吸附的参数。

（48）AATCC 116—2018　耐摩擦色牢度：旋转垂直摩擦仪法，用于确定通过摩擦从有色纺织材料表面转移到其他表面的颜色数量，适用于各种纤维制成的各种类型的有色纱线和织物，包括染色、印花和其他方法着色。

（49）AATCC 117—2019　耐干热色牢度（热压除外），该测试方法用于评估各种纺织品和各种形式的颜色对干热（不包括烫熨）作用的抵抗力。提供了几种不同温度的测试，根据纤维的要求和稳定性，可以使用它们中的一种或多种。当该测试方法用于评估染色、印刷和后整理过程中的颜色变化和染色时，必须认识到其他化学和物理因素可能会影响结果。

（50）AATCC 118—2013 拒油性：抗碳氢化合物测试，通过评估织物对一系列不同表面张力的液态碳氢化合物的耐湿性，来检测织物上是否存在含氟整理剂或其他能够产生低能表面的化合物。

（51）AATCC 119—2019 平面磨损（霜白）色牢度测试方法：金属丝网法，该测试方法用来评估有色织物抵抗由平磨引起的颜色变化的能力，可用于所有的有色织物，尤其适用于耐久熨压混纺套染织物的颜色变化。

（52）AATCC 120—2013 平面磨损（霜白）色牢度测试方法：金刚砂法，该测试方法用于评估有色织物抵抗因平磨引起的颜色变化的能力，可以用于所有的有色织物，对全棉织物中较差的染料渗透性以及同色混纺织物由于磨损引起的颜色变化特别敏感。

（53）AATCC 121—2014 地毯沾污测试方法：目光评级法，该测试方法用于评价绒头地毯从干净到中等污垢程度的清洁程度，可用于评价污垢的积累程度或清洁程序的去污能力。以与任何颜色、图案、组织结构或纤维成分的绒头地毯。此方法不评估结构外观变化。

（54）AATCC 122—2019 地毯污染评估：实地沾污，地毯和选定的对照样品在受控的测试区域中进行实际踩踏。并以预定的时间间隔取出试样和对照样，进行沾污评级。

（55）AATCC123—2000 地毯污染评估：加速污染法，该测试方法描述了加速地毯污染的程序，可用来比较两个或多个人为污染的地毯，也可作为评估地毯清洁能力或清洁过程效率的程度。

（56）AATCC 124—2018 反复家庭洗涤后织物的外观平整度，用来确定经过家庭洗涤程序后织物的外观平整度。几种洗涤和干燥程序提供了代表常见家庭护理选项的标准参数，此方法可评估任何可洗织物（机织，针织或非织造布）的平整度。

（57）AATCC 125—2013 耐汗渍和光照组合色牢度，该方法用于测定汗渍溶液和光暴晒的共同作用对有色纺织样品的色牢度影响。将有色试样在汗渍溶液中浸泡规定的时间，并立即在褪色设备中暴晒指定的时间。褪色设备是氙弧灯耐光色牢度测试设备，如AATCC 16.3《耐光色牢度：氙弧法》。

（58）AATCC 127—2018 耐水性：静水压法，该测试方法用于测量织物在静水压下对水渗透的抵抗力。它适用于所有类型的织物，包括经过防水整理或拒水整理的织物，耐水性取决于纤维和纱线以及织物结构对水的排斥性。

（59）AATCC 128—2017 织物折皱回复性：外观法，该测试方法用于确定织物起皱后的外观，适用于由任何纤维或混纺制成的织物。

（60）AATCC 129—2016 织物在高湿度大气中对臭氧的色牢度，该测试方法用于确定纺织品的颜色在高温且相对湿度高于85%的大气中对臭氧作用的抵抗力。

（61）AATCC 130—2018 织物去污性：油渍清除法，用于测量织物在家庭洗涤过程中去除油性污渍的能力。

（62）AATCC 131—2019 耐皱褶色牢度：蒸汽皱褶，用于评估各种纺织品在蒸汽打褶过程中的颜色坚牢度。

（63）AATCC 132—2013 织物的耐干洗色牢度，该测试方法用于确定纺织品对各种干洗的色牢度。该测试方法既不适用于评估纺织品整理剂的耐用性，也不适用于评估干洗店的去污程序中颜色的耐久性。

（64）AATCC 133—2013 耐高温色牢度：热压，用来测定在热压条件下各种类型和各种形式的纺积品对颜色变化和沾色的抵抗力。

（65）AATCC 134—2019 地毯的静电倾向测试，该标准用来评估当人走过地毯时产生静电的倾向。

（66）AATCC 135—2018 家庭洗涤后织物的尺寸变化，用来确定经过家庭洗涤程序后织物尺寸（长度和宽度）变化。四种洗涤温度、三种搅拌周期和四种干燥程序提供了代表常规家庭护理选项的标准参数，适用于所有适合家庭洗涤的织物。

（67）AATCC 136—2013 黏合和层压织物的黏合强度测试，该测试方法提供了表征黏合和层压织物黏合强度的测试程序。可以在黏合或层压后或在指定次数或干洗和/或洗涤循环后对织物进行黏合强度测试。

（68）AATCC 137—2012 地毯背面对乙烯基地板的污染测试，该测试方法用于确定染色地毯背面或表面对乙烯基地板的沾色程度。

（69）AATCC 138—2014 清洁：铺地纺织品的清洁，该测试方法是一种实验室程序，用来模拟铺地纺织品在清洁过程中发生的变化，可用于已沾污和未沾污的铺地纺织品。此湿法清洁程序可用于评估：a.耐湿洗性和抗微生物的耐久性能；b.色牢度；c.铺地纺织品在制造前、中、后其绒头的耐整理性；d.可清洁性；e.尺寸稳定性。

（70）AATCC 139—2005 耐光性：光致变色的检测，用于检测和评估有色纺织品在短暂暴露于光后发生的颜色变化，但在黑暗中存放时会恢复其原始色泽。

（71）AATCC 140—2018 浆料干燥过程中的颜料泳移性评估，该方法用于评估浸轧液系统中染料或颜料（着色剂）的泳移性。当干燥条件不恒定和/或不均匀时，可能会发生不均匀迁移，从而导致运行过程中的颜色变化，或者是正面与背面色差，或是织物边缘与中心之间的色差。

（72）AATCC 141—2019 腈纶用碱性染料的配伍性，在用碱性染料对腈纶染色时，追求的一些典型参数，由于在正常的染色条件下碱性染料在腈纶中不会发生移染，因此配伍性在选择具有最佳染色性能的染料组合中至关重要。

（73）AATCC 142—2016 反复家庭洗涤和干洗后植绒织物的外观，该测试方法用来评估植绒织物对家庭洗涤或干洗的耐久性，并通过模拟裤腿试样的植绒损失和边缘区域的外观变化为标准。

（74）AATCC 144—2016 纺织品湿加工过程中的总碱含量，该测试方法用于确定湿加工过程纺织品的总碱含量。碱可用于确定织物经湿加工后，特别是漂白后的洗涤和/或中和效率，并可用于衡量所制备织物对随后的染色和后整理操作的适用性。

（75）AATCC 146—2015 分散染料的分散性：过滤测试法，该测试通过在标准条件下，在水溶性介质中分散染料的过滤时间和过滤残留物来确定分散染料的分散性。指定了影响测试准确性和可重复性的变量，该测试方法仅用于确定在特定条件下及在水溶性介质中的分散性。

（76）AATCC 147—2016 纺织材料的抗菌活性评估：平行条纹法，平行条纹方法满足了对相对快速且易于执行的定性方法的需求，该方法用于确定可扩散的抗菌剂对经处理的纺织材料的抗菌活性。AATCC 100《纺织品材料上抗菌整理剂的评估》是一种定量程序，该程序足够灵敏，但繁琐且耗时，需要进行常规质量控制和筛选测试。因此，当要用抗菌剂在琼脂中的扩散来表明抑菌活性时，AATCC 147满足了这一需求。事实证明，平行条纹方法在评价抗革兰氏阳性和革兰氏阴性细菌活性上的多年应用证明该方法有效。

（77）AATCC 157—2017　耐溶剂色牢度：四氯乙烯，用于测量当织物上沾有干洗溶剂时发生的颜色转移程度。四氯乙烯是一种常见的干洗溶剂。

（78）AATCC 158—2016　四氯乙烯干洗的尺寸变化：机械法，该测试方法规定了使用商用干洗机的干洗程序，用于确定在四氯乙烯中干洗后织物和衣服的尺寸变化。非常敏感的材料（仅当采取特殊的预防措施时才可以清洗）不在本方法的范围之内。该方法仅用于评估单次干洗和精加工操作后样品的尺寸变化。当需要确定渐进的尺寸变化量时，可以将该方法重复指定的次数，通常不超过五个循环。

（79）AATCC 159—2017　尼龙上的酸和含金属络合酸性染料的转移，该测试方法评估在模拟染浴条件下，酸性（阴离子）染料或金属络合染料从染色的尼龙织物到未染色尼龙织物的转移。为了使染色过程均匀，包括了将酸性染料染尼龙的一般方法。

（80）AATCC 161—2018　螯合剂：由金属引起的分散染料色变，确定螯合剂[1]在分散染浴中灭活重金属的有效性，重金属可引起色调变化，可评估分散染料对金属在染色过程中引起的色调变化的敏感性。

（81）AATCC 162—2011　耐氯化游泳池水色牢度测试，用来评估各种染色、印花或其他染色的纺织纱线和织物对氯化游泳池水的色牢度。在规定的温度、时间、pH和硬度条件下，在稀释的含氯溶液中以一定的速率搅拌纱线或织物样品，评估干燥后样品的颜色变化。

（82）AATCC 163—2013　存储中染料转移色牢度：测试方法，不同颜色的织物折叠在一起并紧密接触时，就会发生染料转移。通常，当存在水分时，转移的染料量会增加，因此，在温暖、潮湿的天气中染料转移会更严重。存放在塑料袋中会保持织物环境的初始相对湿度，并且取决于织物放入袋中时的状况，也会加剧或减轻染料转移。

（83）AATCC 164—2015　耐高湿度下大气中二氧化氮色牢度，该测试方法用来测定纺织品的颜色对高温和相对湿度高于85%的大气中二氧化氮的抵抗力。在某些纤维上，染料在湿度低于85%时不易褪色，需要在更高的湿度下测试才能产生颜色变化，从而预测在温暖潮湿的环境下使用时的褪色情况。

（84）AATCC 165—2013　铺地纺织品耐摩擦色牢度：摩擦针法，用来确定通过摩擦，从铺地纺织品表面到其他表面的颜色转移程度。目的是尽量模拟各种铺地纺织品在实际使用中的情况。由于纺织地板覆盖物的使用表面在真实的情况下可能会暴露在各种条件下，例如防污剂，抗静电剂，抗菌剂等，因此可以在此类情况之前、之后或之前和之后一并进行测试。

（85）AATCC 169—2017　纺织品的耐气候性：氙弧灯暴晒测试，该测试方法提供了一种在人造曝光设备中使用受控测试条件对各种纺织品

[1] 螯合剂：在纺织化学中，能使金属离子形成水溶性络合物而失去活性的化学物质，也称络合剂。

材料（包括涂层织物及其产品）进行光照暴晒的程序。该测试方法包括控制润湿和干态样品的测试程序。在标准纺织品测试条件下评估时，抗降解性可以用强度损失百分比或残余强度百分比（断裂，撕裂或胀裂）和/或材料的色牢度来衡量。

（86）AATCC 171—2019　地毯去污性能测试：热水萃取法，该测试方法提供了一种实验室程序，通过模拟热水喷/抽取来清洁已安装的地毯的技术来测试地毯的特性，如色牢度、尺寸稳定性、整理剂的持久性、易清洁性等，有时被误称为"蒸汽清洁"。

（87）AATCC 172—2016　家用洗涤中耐粉状非氯漂白剂的色牢度，用来评估纺织品经家庭洗涤后对非氯漂白粉的色牢度，该纺织品会承受频繁的洗涤，如酒店、医院的布帘，床品和餐厅的餐巾、桌布等。评估了粉状非氯漂白剂、洗涤溶剂在五次家庭洗涤后织物的颜色变化。首先确定粉末状非氯漂白剂的性能标准，如果发现有漂白效果，则仅用洗涤溶剂重新测试。有必要仅用水洗来区分如硬度、pH或含氯成分等的影响。由于目前可用的粉状非氯漂白粉含有除粉状非氯漂白剂以外的成分，如荧光增白剂、蓝光等，也要评估这些化学物质对颜色变化的总体影响。

（88）AATCC 174—2016　新地毯的抗菌活性评估，用来评定新地毯材料的抗菌活性，包括三个步骤：定性抗菌评估、定量抗菌评估和定性抗真菌评估。它也可用于评估清洁过程对地毯的抗菌性的影响。

（89）AATCC 183—2014　紫外线辐射通过织物的透过或阻挡性能，用于评定防紫外线的织物阻挡或透过紫外线辐射的能力。该方法用来测试干态或湿态试样的防紫外线辐射性能。紫外线防护（>40+UPF值）产品在ASTM D6603《紫外线防护纺织品标准指南》和GB/T 18830《纺织品防紫外线性能的评定》中进行了规定。

（90）AATCC 186—2015　耐气候性：紫外线下湿态暴露，该测试方法提供了一种在实验室人工气候暴晒设备中对各种纺织材料（包括涂层织物及其产品）进行暴晒的程序，该设备使用荧光UV灯作为光源并使用冷凝湿度和/或喷水进行润湿，适合测试不同湿度、不同地区的紫外线辐射对织物耐气候性的影响。

（91）AATCC 187—2013　织物尺寸变化：快速法，该测试方法用于对织物尺寸变化进行快速测试，使用具有可编程设置的设备，可模拟多种家庭、商业洗涤或湿法处理。该方法不能替代当前使用的尺寸变化测试方法。

（92）AATCC 188—2017　家用洗涤中耐次氯酸钠漂白的色牢度，该测试方法用于评定纺织品在家庭洗涤中对次氯酸钠漂白剂（通常称为"氯漂白剂"）的色牢度，这种纺织品会经受频繁的洗涤，如餐厅的餐巾、医院的布帘和酒店的床品等。如果氯漂白剂包含次氯酸钠以外的其他成分，则要评估的是这些化学物质对颜色变化的总体影响。此测试方法专为家庭洗涤设备而设计。

（93）AATCC 189—2017　地毯纤维中的氟含量，该方法通过测量绒头纤维中的含氟量来确定地毯纤维中碳氟化合物防污剂的含量。在50~1000μg/g范围内进行测试时，对于测量地毯绒毛纤维中的碳氟化合物很有用，也适用于用氟碳抗污剂处理过的纱线。

复习题

1.什么是设计标准？什么是标准设计？二者有什么不同？

2.设计标准需要强调什么？

3.设计的话语权和信用建立在哪些科技基础上？

4.但凡是工业化产品，就一定有相应的标准吗？

5.手工制作的产品有标准吗？

6.为什么有的标准是强制执行，有的却是推荐性的？如何看待推荐性标准？

7.你所设立的设计标准难以执行怎么办？

8.你执行过哪些标准？请列举出来。

9.设计标准的依据是什么？

10.中国的国标有多少个？为什么会有强制执行和推荐性执行之分？

11.产业标准和国标究竟采用哪一个比较好？为什么？

12.日本的产业标准有多少个？他们是怎么执行的？

13.标准在设计工作中重要吗？它的作用是什么？

14.国标是法律法规吗？甲方不要求的话，可以不采用吗？

15.如何使设计方案更加先进，甚至领先？

16.标准植入了，但是执行起来有难度该如何处理？

17.谁来诠释最后的产品品质和工艺是符合指定的标准？如何避免争执？

18.如何看待当前对标准缺乏执行或执行不严格的现象？

19.你的《物料说明书》中有指定的标准吗？尝试制作一份规范的带有标准的《物料说明书》。

跋

2015年的秋天，一次偶然的机会，在上海结识了托马斯·查尔斯(朝阳)先生，因为他直爽、智慧，更因为他在室内设计与纺织行业中所拥有的跨界理论体系，很快我们便成了莫逆之交。他不仅在行业中彰显了与众不同的艺术才华，更对纺织品与室内设计跨界的理论具有深入的研究，他是一位设计工作者，更是一位学者，这部《纺织品在室内设计中的应用》是他职业生涯中不可或缺的价值信念。

2019年的冬季，他完成初稿后广泛地征求业界的意见，我终有幸拜读了托马斯·查尔斯(朝阳)先生撰写的《纺织品在室内设计中的应用》初稿，感触颇深。这部著作从八个方面分别对室内设计与纺织品进行了详尽的阐述，著作中涉及设计思维方式与导向、纺织品基础知识、家具软包、窗帘、地毯、床品，以及设计流程及管理、环保、国家产业标准等诸多学术问题。尤其是对各种纺织品的品类、原料、产地、生产规格、优缺点以及国内外的产业标准提供了准确的依据，这是一部十分难得的专业与科技相结合的书籍。他极大范围地囊括了不同专业和群体的受众者，是值得珍藏的"设计工具书"。因此，我作为一名从事多年室内设计教育的高校教师，更感谢托马斯·查尔斯(朝阳)先生为中国室内设计行业撰写了这部极具价值的学术著作。

李群

新疆师范大学教授

中国美术家协会环境艺术设计委员会委员

2019年12月16日于上海·静安